Erfahrungsgeschichte
der Gewalt
Freikorpserfahrungen
in Deutschland nach
dem Ersten Weltkrieg
1918-1923

暴力の経験史
第一次世界大戦後ドイツの義勇軍経験 1918〜1923

今井宏昌 Imai Hiromasa

法律文化社

まえがき

　「戦後の平和」は、はたして自明なことであろうか。確かに、第二次世界大戦が終結して70年が過ぎた今、戦後日本における平和の存在を疑う者は、そう多くはない。実際、昨年（2015年）夏に日本列島を覆った安全保障関連法案をめぐる議論を振り返ってみても、賛成派・反対派ともに「日本の平和を守る」ことをその第1の理由として掲げていたことは、記憶に新しい。「戦後＝平和」という等式は、それほどまでに現下の日本社会に深く根を下ろしている。

　しかし、戦後が必ずしも平和であるわけではない。第二次世界大戦後の東アジアにおいては、中国大陸で第二次国共内戦（1946-1950）が、また朝鮮半島で朝鮮戦争（1950-1953）が勃発し、ともに数百万人もの死者を出した。琉球列島でも、1945年から始まるアメリカの統治下において、米軍の「銃剣とブルドーザー」が人びとの生活基盤を破壊し、それは今なお基地として残存している。東アジア全体でみたとき、第二次世界大戦の終結は、むしろ平和の訪れを意味しなかった。

　実はこれと同様の光景は、今からおよそ100年前、第一次世界大戦（1914-1918）終結後の世界においても見られた。第一次世界大戦は1918年11月11日、連合国とドイツが結んだ休戦協定をもって終結したとされる。だが、アジア・アフリカにおいては、列強諸国による暴力的・抑圧的な帝国主義支配が依然として続いていたし、また列強がひしめくヨーロッパにおいても、中東欧やアイルランドを中心に、内戦や国境闘争、そして干渉戦争など、大戦を経てなお、凄惨な暴力の応酬が繰り広げられた。一昨年の開戦100周年を機に刊行されたシリーズ『現代の起点　第一次世界大戦』（山室信一／岡田暁生／小関隆／藤原辰史編、岩波書店、2014年）の第4巻でも指摘されるように、第一次世界大戦はその意味で「未完の戦争」であった。

　ところで、戦後日本の言論空間においては、しばしば第一次世界大戦後のドイツ・ヴァイマル共和国（1918-1933）が、日本の写し鏡として論じられてきた。これはヴァイマル民主主義を「戦後民主主義」の前例として捉え、教訓化しようという問題意識に根ざしており、戦後日本のドイツ現代史研究もまた、

こうした意識に支えられながら発展してきたという側面がある。

　だが，安易な比較は危険である。われわれはヴァイマル共和国もまた，「未完の戦争」という問題に直面した国のひとつであったことに，注意を払わねばならない。そこでは，革命の帰趨をめぐって内戦状況が到来するとともに，ポーランドとの国境闘争やボルシェヴィキに対する干渉戦争が同時並行的に展開された。将兵の少なからずが，前線からの帰還後も武器を手にとり，またそこに従軍経験のない青年男子が加わる形で，「内なる敵」や「外敵」に対する暴力を行使した。ヴァイマル共和国と戦後日本とのあいだに決定的な差異が存在するとすれば，それはまさに，このような形での「未完の戦争」あるいは「戦後の戦争」の有無であったといえよう。

　本書は，こうした第一次世界大戦後のドイツで展開された暴力の担い手たちに注目し，彼らの経験がもつ歴史的意味を問うものである。

iii

目　次

まえがき

序　章　「政治の野蛮化」？ ————————1

1　問題の所在……1
ドイツ史の連続性と「政治の野蛮化」　「野蛮化」テーゼへの批判　パラミリタリ暴力への注目

2　研　究　史……10
「義勇軍」という名称について　「ナチズムの前衛」？　義勇軍経験の位置づけをめぐって　義勇軍運動から抵抗運動へ

3　方法と史料……20
課題と対象設定　経験史の分析視角　史料としてのエゴ・ドキュメント　同時代文脈との照合

第1章　ドイツ革命期における義勇軍運動の形成と展開——31

はじめに　31

1　義勇軍の結成とその背景……32
志願兵部隊設立構想の浮上　ドイツ東方からの要請　義勇軍の結成と投入

2　ドイツ国内における義勇軍運動……40
ベルリンでの市街戦　ドイツ各地における治安維持　暫定国軍設立法の成立　バイエルン・レーテ共和国の打倒

3　ドイツ東方における義勇軍運動……48
東部国境地域における「東方国家構想」の浮上　ベロウ一揆とその挫折　バルト地域における一揆主義の胎動　リバウ一揆とその挫折

4　義勇軍の社会的構成……61
運動の規模について　軍人層　学生層　小市民層あるいは中間層とその他　年齢構成と世代構成

小　括　72

iv

第2章　裏切りの共和国
アルベルト・レオ・シュラーゲターの義勇軍経験—————75

はじめに　75

1　カトリック青年から前線兵士へ……77

戦場に立つカトリック青年　　戦死の宗教的解釈　　「野蛮人」との戦い

2　前線兵士から前線将校へ……85

将校への昇格　　「前線兵士の精鋭」という神話　　三月攻勢とその論理
敗北の予感

3　義勇軍戦士への道……92

第一次世界大戦からの帰還　　メデム義勇軍への志願　　義勇軍文学にお
ける帰還描写

4　バルト地域における暴力・不信・憎悪……98

バルト地域への出征　　リガ制圧とその代償　　共和国への不信　　左翼
への憎悪

5　反共和国の旗の下に……106

バルト地域からの帰還　　大戦末期における「匕首伝説」の生成　　大戦
後における「匕首伝説」の普及　　反共和国戦線の構築

6　暴力のエスカレート……114

ブレスラウのカップ一揆　　「闇の中の戦争」　　一揆主義と民族至上主義
の結合

7　「ナチ党ベルリン支部」の結成……123

「ナチ党ベルリン支部」をめぐる問題　　「ナチ党ベルリン支部」としての
大ドイツ労働者党　　義勇軍戦士の政治的再結集

小　　括　　130

第3章　共和国の防衛　ユリウス・レーバーの義勇軍経験—————133

はじめに　133

1　社会主義青年から青年将校へ……135

エルザス出身の社会主義青年　　大戦への参加　　エルザス出身のドイツ
軍将校として

2　ドイツ社会民主党員の義勇軍運動……140

東部国境守備義勇軍への入隊　　ドイツ社会民主党の「秩序症候群」と反

目　次　v

　　　　ボルシェヴィズム　　ドイツ東方における反共和国の胎動

　　3　ポンメルンにおけるカップ一揆との対峙……147
　　　　反共和派義勇軍の結集　　ポンメルンのカップ一揆　　カップ一揆との対
　　　　峙と軍からの離脱

　　4　「ドイツの救済」から「共和国の防衛」へ……153
　　　　「ドイツの救済」への期待と失望　　「血まみれの闘争」への危機感　　「共
　　　　和国の防衛」の提唱

　　　　小　　括　159

第4章　コミュニストとの共闘
ヨーゼフ・ベッポ・レーマーの義勇軍経験─────────161

　　はじめに　161

　　1　青年将校から義勇軍戦士へ……163
　　　　バイエルンの青年将校　　右翼急進派の台頭とアイスナーの暗殺　　ミュ
　　　　ンヘンの政変とオーバーラント義勇軍の結成

　　2　コミュニストとの闘争からコミュニストとの共闘へ……170
　　　　コミュニストとの闘争とその結末　　鉄拳団の結成とバイエルンの「秩序
　　　　細胞」化　　コミュニストへの接近　　オーバーシュレージエンにおける
　　　　コミュニストとの共闘

　　3　「国の一体性」とナショナル・ボルシェヴィズム……180
　　　　オーバーラント同盟の結成　　一揆主義批判と「国の一体性」　　ナショ
　　　　ナル・ボルシェヴィストとして

　　　　小　　括　186

第5章　ルール闘争期における義勇軍経験の交差─────────189

　　はじめに　189

　　1　ふたつのルール闘争……190
　　　　「国民的統一戦線」の形成　　ユリウス・レーバーと「消極的抵抗」　　義
　　　　勇軍運動の再活性化とナチ党の政治主義　　ヨーゼフ・ベッポ・レーマー
　　　　と「積極的抵抗」

　　2　アルベルト・レオ・シュラーゲターの死……198
　　　　ルール地方での破壊工作活動　　逮捕と投獄　　フランス軍事法廷におけ
　　　　る有罪判決　　判決の受け入れと「愛国者」意識　　刑の執行をめぐるセ
　　　　ンセーション

3　シュラーゲター崇拝と共和国の危機……209

　　　　シュラーゲター崇拝の高揚　　共和国批判の先鋭化　　「国民の英雄」か
　　　　「冒険者」か　　リューベックにおける共和国協会の結成

　　4　ドイツ共産党の「シュラーゲター路線」……216

　　　　カール・ラデックの登場　　「反革命の勇敢な兵士」としてのシュラーゲ
　　　　ター　　「虚無に向かう放浪者」としてのシュラーゲター　　「何百という
　　　　シュラーゲター」への訴え　　「シュラーゲター路線」が遺したもの

　　　小　括　225

終　章　**義勇軍経験と戦士たちの政治化**───────227

　　1　義勇軍経験をめぐる連続性……227

　　　　背景としての第一次世界大戦　　「政治の野蛮化」と「匕首伝説」　　「政治
　　　　の野蛮化」に対する反作用

　　2　義勇軍戦士たちの政治化……232

　　　　ナチズムへの合流？　　共和派としての模索　　コミュニズムとの共鳴

　　3　義勇軍経験の行方……237

　　　　暴力をともなうアクティヴィズム　　ナチズム運動への寄与と抵抗運動へ
　　　　の回路

結　語……243

略語一覧……251

史料・文献一覧……253

あとがき……293

年　表……300

人名索引……307

序 章

「政治の野蛮化」?

1 問題の所在

1 ドイツ史の連続性と「政治の野蛮化」

　20世紀前半のドイツにおいて，ヴァイマル共和国の崩壊とナチズムの台頭，そしてホロコーストに代表される未曾有の大量殺戮がなぜもたらされたのか。この問題は，今なおドイツ現代史研究の主柱をなす重要な問いである。とりわけ，その原因をドイツ史の連続性の中に求めようとする動きは，フリッツ・フィッシャー『世界強国への道』（1961年）[1]を嚆矢とする1960年代のフィッシャー論争以降，1970年代に隆盛したハンス＝ウルリヒ・ヴェーラーら「ドイツ社会史」派による「ドイツ特有の道」論を経て[2]，近年の「ホロコーストと植民地主義」をめぐる議論に至るまで，半世紀以上にもわたり連綿と続けられてきた。[3]

　確かに，そうした動きに対する批判がなかったわけではない。こと「特有の道」論に関しては，理想化された「西欧近代」に「遅れたドイツ」を対置し，そうした「遅れ」の中から「破局」への道を説き起こそうとするその論法に，

---

1) フリッツ・フィッシャー（村瀬興雄監訳）『世界強国への道：ドイツの挑戦 1914-1918年〈Ⅰ・Ⅱ〉』岩波書店，1972-1983年。

2) フィッシャー論争から「ドイツ特有の道」論に至るまでの歴史学界の議論については，イマヌエル・ガイス（鹿毛達雄訳）「第一次世界大戦におけるドイツの戦争目的：『フィッシャー論争』と西ドイツの歴史学界（上・下）」『思想』503-504号（1966年）33-56, 103-118頁；村瀬興雄「ドイツ現代史における連続性の問題」『成蹊法学』3号（1972年）43-103頁；同「フィッシャー論争と現代史における連続性の問題：批判に対する反批判」『西洋史学』103号（1976年）191-200頁；松本彰「「ドイツの特殊な道」論争と比較史の方法」『歴史学研究』543号（1985年）1-19頁を参照。

3) 例えば，ユルゲン・ツィンメラー（猪狩弘美／石田勇治訳）「ホロコーストと植民地主義」石田勇治／武内進一編『ジェノサイドと現代世界』勉誠出版，2011年，73-99頁；副島美由紀「ドイツの植民地ジェノサイドとホロコーストの比較論争：ナミビアにおける『ヘレロ・ナマの蜂起』を巡って」『小樽商科大学人文研究』119号（2010年）89-113頁；永原陽子「『戦後日本』の『戦後責任』論を考える：植民地ジェノサイドをめぐる論争を手がかりに」『歴史学研究』921号（2014年）1-10, 22頁を参照。

かねてから多くの批判がなされてきた。[4] そしてこの傾向は結果として，英米圏の研究者を中心とする「反特有の道コンセンサス」（ヘルムート・ヴァルザー・スミス）の形成をもたらすこととなる。[5] しかしながら，近年ではそのようなコンセンサスに対する揺り戻しもまた起きており，そこでは「特有の道」論が重視してきた，「ドイツ史を長期的連続性の観点から考えるという態度」が再評価されつつある。[6] したがってドイツ史の連続性をめぐる議論は，今日においてなお，その魅力と効力を失っていない，といえるだろう。

　ただ，ドイツ史の連続性を論じる際，常につきまとうのは，「破局」への起点をどこに求めるかという問題である。例えばヴェーラーは，18世紀末以降のドイツ市民層の政治的未成熟と市民革命の挫折の中に，「特有の道」の出発点を見出しているし，[7] また「ジェノサイド思想の起源」を探るユルゲン・ツィンメラーにしても，「ナチ・ドイツの膨脹・絶滅政策が，人種と空間というその中心的構想において，ヨーロッパ植民地主義の伝統と一本の線でつながっている」としている。[8] ここでは，ドイツ近代の「後進性」を問題とする前者と，「西欧」含むヨーロッパ全体の植民地主義を問題とする後者，という違いはあるものの，双方ともに「破局」への起点を19世紀以前のドイツ＝ヨーロッパ史に求めている点で共通する。ナチズムの台頭やホロコーストの発生は，ここにおいて中・長期的な要因から説き起こされるのである。

　他方で，「第三帝国の知的諸起源」を探るジョージ・L・モッセもまた，19世紀のドイツ・ロマン主義からナチズムへと至る「民族至上主義［Völkisch］」思想の連続性を，1964年の単著『「ドイツ」イデオロギーの危機』（邦題『フェ

---

4)　その代表的な例としては，デーヴィド・ブラックボーン／ジェフ・イリー（望田幸男訳）『現代歴史叙述の神話：ドイツとイギリス』晃洋書房，1983年が挙げられる。その他の批判については，末川清「『ドイツ特有の道』論再考」『政策科学（立命館大学）』11巻3号（2004年）185-200頁に詳しい。また今野元氏による一連の研究は，「ドイツ特有の道」論がもつ「西欧とドイツ」という視座そのものを問題視し，新たに「西欧・ドイツ・東方」という視座を提起した点で画期的であった。今野元『マックス・ヴェーバーとポーランド問題：ヴィルヘルム期ドイツ・ナショナリズム研究序説』東京大学出版会，2003年；同『マックス・ヴェーバー：ある西欧派ドイツ・ナショナリストの生涯』東京大学出版会，2007年；同『多民族国家プロイセンの夢：「青の国際派」とヨーロッパ秩序』名古屋大学出版会，2009年。

5)　Helmut Walser Smith, Jenseits der Sonderweg-Debatte, in: Sven Oliver Müller / Cornelius Torp (Hgg.), *Das deutsche Kaiserreich in der Kontroverse*, Göttingen 2009, S. 31-50, ここでは S. 35.

6)　小野寺拓也「ナチズム研究の現在：経験史の観点から」『ゲシヒテ』5号（2012年）33-51頁，ここでは44頁。

7)　ハンス＝ウルリヒ・ヴェーラー（大野英二／肥前栄一訳）『ドイツ帝国　1871-1918年』未来社，1983年。

8)　ツィンメラー「ホロコーストと植民地主義」93-94頁。

ルキッシュ革命』）の中で確認している。ただ，ここで注意すべきは，モッセが
ドイツ・ロマン主義からナチズムへの連続性を直線的なものと捉えず，むし
ろ，その中に決定的なターニング・ポイントを見出している点である。1981年
に『「ドイツ」イデオロギーの危機』が再刊された際，彼は新たに付された序
文において，次のような補足をおこなっている。

　　もし仮に私が今日，本書を書くとしたら，民族至上主義思想の大躍進を
　準備した第一次世界大戦に，より多くの頁を割くだろう。それは単に，戦
　争体験の神話が民族至上主義の諸理念に染まりやすかったからというだけ
　でない。敗戦とその余波に直面することで，ドイツは初めて，民族至上主
　義の夢が実現されるべき国となったからである。

　ここからわかるのは，モッセが20世紀初頭の第一次世界大戦を，「破局」へ
の直接的な端緒として位置づけていることである。つまりモッセは，19世紀か
らの思想面における中・長期的な連続性を視野に入れながらも，「特有の道」
を論じる際には，より短期的な要因の方を重視しているのである。
　こうしたモッセの議論はその後，「２つの世界大戦と戦争体験の神話」（1986
年）や，「第一次世界大戦と政治の野蛮化」（1987年）といった論文を経て精緻
化され，単著『英霊』（1990年）へと結実するに至った。彼がそこで論じたの

9）　George L. Mosse, *The Crisis of German Ideology. Intellectual Origins of the Third Reich*, New York ²1981［ジョージ・L・モッセ（植村和秀／大川清丈／城達也／野村耕一訳）『フェルキッシュ革命：ドイツ民族主義から反ユダヤ主義へ』柏書房，1998年].

10）　*Ibid.*, p. vi［同訳，2頁。ただし大幅に改訳した].

11）　この点については，Jürgen Kocka, German History before Hitler. The Debate about the German Sonderweg, in：*JCH* 23 (1988), No. 1, pp. 3-16, ここでは p. 8 を参照。ちなみにこのような短期的要因の重視は，「特有の道」論批判の中で生じた傾向であった。西山暁義『『文明化』と『野蛮化』：ドイツ近現代史における市民社会と暴力』『ヨーロッパ研究』12号（2013年）145-151頁，ここでは146頁。

12）　George L. Mosse, Two World Wars and the Myth of the War Experience, in：*JCH* 21 (1986), No. 4, pp. 491-513；ders., Der Erste Weltkrieg und die Brutalisierung der Politik. Betrachtungen über die politische Rechte, den Rassismus und den deutschen Sonderweg, in：Manfred Funke / Hans-Adolf Jacobsen / Hans-Helmuth Knütter / Hans-Peter Schwarz (Hgg.), *Demokratie und Diktatur. Geist und Gestalt politischer Herrschaft in Deutschland und Europa*, Düsseldorf 1987, S. 127-139.

13）　George L. Mosse, *Fallen Soldiers. Reshaping the Memory of the World Wars*, Oxford 1990, esp. Chapter 8［ジョージ・L・モッセ（宮武実知子訳）『英霊：創られた世界大戦の記憶』柏書房，2002年，特に第8章].

は、「戦争体験の神話」にもとづく「政治の野蛮化」であり、その要点をまとめると以下のようになる。すなわち、第一次世界大戦後のドイツにおいては、保守的・右翼急進的な退役軍人らが自身の「戦争体験」を一種の英雄譚として語り、また戦没者を「英霊」として崇拝する過程で、「政治の野蛮化」というべき現象がもたらされた、と。ここでいう「野蛮化」とは、単なる急進化や暴力化、軍事化を指すのではなく、人種主義および反ユダヤ主義の伸長と、それらにもとづく政敵の非人間化を意味しており、また、前線で培われた戦友意識に支えられつつ、ただひたすらに政敵の殲滅を志向する態度の浸透をも含意している。つまりモッセは、「戦争体験の神話」が「戦時の伝統」を平時にも継続させ、人びとに非合法の物理的・肉体的暴力への順応を促した結果、大戦後のドイツ社会に政治的暴力の氾濫を招いたと結論づける。そして彼の議論においては、こうした「野蛮化の過程」の先に、ヴァイマル共和国の崩壊とナチズムの台頭が位置づけられるのである。

2 「野蛮化」テーゼへの批判

モッセの「野蛮化」テーゼは、ポスト冷戦期といわれる1990年代以降、ドイツ現代史研究のみならず、第一次世界大戦研究や戦間期研究においても大きな注目を集めた[14]。とりわけドイツ語圏では、ナチ暴力やホロコーストの起点を第一次世界大戦の経験に見出しうるのかという、「暴力の連続性」をめぐる問題が議論の中心に据えられることとなる。その際、焦点として浮上したのは、第一次世界大戦下の戦時暴力と大戦後の政治的暴力との間に、ひとつの線を引くことができるのか否か、という問題であった[15]。そしてこの点に関する実証的歴

---

14) フランスではステファヌ・オードワン＝ルゾーとアネット・ベッケル、アングロ＝サクソン圏ではジェイ・ウィンター、ジョン・ホーン、アラン・クレイマーといった歴史学者たちが、モッセの「野蛮化」テーゼを参照しながら、第一次世界大戦下の暴力（経験）に関する研究を進展させた。ミシェル・ヴィヴィオルカ（田川光照訳）『暴力』新評論、2007年、184-185頁。なお、オードワン＝ルゾーとベッケルは、モッセの「野蛮化」テーゼを支持する立場である。Stéphane Audoin-Rouzeau / Annette Becker, *14-18. Understanding the Great War*, New York 2003, pp. 35-36.
　またアンドレアス・ヴィルシングは、戦間期のベルリンとパリにおける政治的過激主義を比較した研究において、モッセが「政治の野蛮化」をもっぱら極右の問題として論じていることを批判し、「野蛮化の過程」は極左にも同様に生じていたことを明らかにしようとした。Andreas Wirsching, *Vom Weltkrieg zum Bürgerkrieg? Politischer Extremismus in Deutschland und Frankreich 1918-1933/39. Berlin und Paris im Vergleich*, München 1999, 特に S. 5, Anm. 12を参照。
15) この間の第一次世界大戦研究の進展とモッセの「野蛮化」テーゼとの関係について整理を試みたものとし

史研究の進展は，結果として，モッセの提起した「野蛮化」テーゼの説得性を大きく揺さぶることになる。

「野蛮化」テーゼに対する批判は，すでに1990年代前半から始まっていた。[16] ただし，その本格的な端緒を形作ったのは，ベンヤミン・ツィーマンの単著『前線と故郷：南バイエルンにおける農村の戦争経験 1914-1923』（1997年）だった。[17] ツィーマンはここで，モッセの研究が大戦中の兵士たちの具体的な経験ではなく，大戦後に回想録などを通じて形成された保守的・右翼急進的な退役軍人たちの自画像に過度に依拠していることを問題視した。そして自身は，同時代の文書館史料や野戦郵便を駆使することで，バイエルンの農民兵士たちの戦争経験の検討を試みたのである。その結論によると，彼ら農民兵士にとって，前線での軍隊・戦闘経験と故郷での生活経験の間には決定的な断絶は存在せず，むしろ多くの兵士たちは，大戦前の過酷な農作業や飢えの経験を想起しながら，前線経験を乗り越え，大戦後も市民的な日常生活へと回帰した（ないしは回帰しようとした）のだという。

ては，以下の論文が挙げられる。Gerd Krumeich, Einleitung. Die Präsenz des Krieges im Frieden, in：Jost Dülffer / Gerd Krumeich（Hgg.）, *Der verlorene Frieden. Politik und Kriegskultur nach 1918*, Essen 2002, S. 7-18；Dirk Schumann, Europa, der Erste Weltkrieg und die Nachkriegszeit. Eine Kontinuität der Gewalt?, in：*JMEH* 1（2003）, No. 1, S. 24-43；Benjamin Ziemann, Germany after the First World War - A Violent Society? Results and Implications of Recent Research on Weimar Germany, in：*ibid.*, pp. 80-95；Nicolas Beaupré, Brutalisierte Gesellschaften? Zur Entfesselung der Kriegsgewalt in und nach dem Ersten Weltkrieg, in：Martin Sabrow（Hg.）, *Das Jahrhundert der Gewalt*, Leipzig 2014, S. 49-63；ジョン・ホーン（伊藤順二訳）「第一次世界大戦とヨーロッパにおける戦後の暴力 1917-23年：『野蛮化』再考」『思想』1086号（2014年）33-46頁；鍋谷郁太郎「ポスト冷戦期ドイツにおける第一次世界大戦史研究」『軍事史学』50巻 3/4号（2015年）107-133頁，ここでは117-118頁を参照。

16) その代表例としては，戦間期フランス退役軍人研究の第一人者であるアントワーヌ・プロストの批判が挙げられる。Antoine Prost, The Impact of War on French and German Political Cultures, in：*The Historical Journal* 37（1994）, No. 1, pp. 209-217. プロストはここで，「平和主義は，戦争体験の神話の衝撃に対して，なんら実効ある防波堤を築けなかった」というモッセの見解 [Mosse, *Soldiers*, p. 200 [モッセ『英霊』203頁]] に対し，フランス退役軍人の大多数が「戦争を二度と繰り返すな」という平和主義を唱えた事実をもって反論している [Prost, Impact, p. 210]。また，独仏の退役軍人の間に生じた態度の違いについて，プロストは第一次世界大戦の経験ではなく，大戦前から連綿と続く独仏間の社会的文化的伝統にその原因を見出している [*ibid.*, p. 217]。

なお，フランスの退役軍人については，日本でも反ファシズム人民戦線の構築に寄与し，「ファシズムに対する防壁」として機能したとの理解が定着している。渡辺和行「退役兵士たちの政治力」福井憲彦編『結社の世界史〈3〉：アソシアシオンで読み解くフランス史』山川出版社，2006年，287-301頁；同『フランス人民戦線：反ファシズム・反恐慌・文化革命』人文書院，2013年，38-53頁。

17) Benjamin Ziemann, *Front und Heimat. Ländliche Kriegserfahrungen im südlichen Bayern 1914-1923*, Essen 1997. またこの増補英訳版として，Benjamin Ziemann, *War Experiences in Rural Germany 1914-1923*, Oxford/New York 2007 がある。

このようにツィーマンは，モッセの議論で見過ごされてきた大多数の一般兵士における戦争経験の実相と，それが兵士たちの人生にとって大きな断絶とはなり得なかった点を明らかにすることで，「野蛮化」テーゼに対する批判をおこなった。だが，これによって「野蛮化」をめぐる議論に終止符が打たれたわけではない。なぜならここで否定されたのは，あくまで第一次世界大戦への参加を通じた「兵士たちの野蛮化」でしかなかったからである。

この点について，ツィーマン自身は次のように整理している。第一次世界大戦下における「前線体験」は，当事者たる兵士たちにとっての経験上の断絶とはならなかったものの，社会における言説上の断絶とはなり得た。つまり大戦後のドイツ社会においては，政治的・文化的な言説が紡がれる際，そこに意味と論拠を与えるための基点ないしは枠組みとして，「前線体験」が絶えず参照されるようになったのだという[18]。こうした議論はいうまでもなく，モッセの「戦争体験の神話」論と大きく重なり合うものである。ただ，ここでツィーマンがいおうとしたのは，あくまで「前線体験」言説のもつ政治的多様性であり，つまりは，それがモッセのいうような右翼の占有物ではなく，むしろ様々な政治勢力によって広範に参照され，利用されていたという事実だった。

続いてツィーマンは，第一次世界大戦後のドイツにおける最大の退役軍人団体が，保守派や右翼急進派のそれでなく，ドイツ社会民主党によって組織された共和派のそれであったというベッセルの指摘に注目し[19]，次なる研究課題として，共和派退役軍人における大戦の記憶と語りの分析へと向かうこととなる。そしてその成果は近年，『競合する追悼：共和派退役軍人とヴァイマル政治文化』（2013年）へと結実するに至った[20]。

「競合する追悼」とは，言論空間が政治的に多極化したヴァイマル期のドイツ社会において，共和派退役軍人たちが自らの戦争経験を想起しながら，保守派や右翼急進派による「戦争体験の神話」に立ち向かったことを意味してい

---

18) Benjamin Ziemann, Das „Fronterlebnis" des Ersten Weltkrieges - eine sozialhistorische Zäsur？ Deutungen und Wirkungen in Deutschland und Frankreich, in: Hans Mommsen (Hg.), *Der Erste Weltkrieg und die europäische Nachkriegsordnung. Sozialer Wandel und Formveränderung*, Köln/Weimar/Wien 2000, S. 43-82, ここでは特に S. 80-81.

19) Richard Bessel, *Germany after the First World War*, Oxford 1993, p. 258.

20) Benjamin Ziemann, *Contested Commemorations. Republican War Veterans and Weimar Political Culture*, Cambridge 2013.

る。ツィーマンによると，ヴァイマル期ドイツの共和派退役軍人たちは，自身[21]
の悲惨な戦争経験を踏まえつつ，帝政ドイツの軍国主義や排外主義への反省に
立ちながら，民主主義や社会主義のもつ崇高さを再認識するとともに，平和主
義と議会制民主主義の堅持を訴えたのだという。

　以上の議論は当然ながら，モッセの「野蛮化テーゼ」に対する明確な反論と
なっている。つまり，フランスの退役軍人が「ファシズムに対する防壁」とし
て1930年代の人民戦線構築に寄与したのに対し，ドイツの退役軍人はナショナ
リスティックで反動的な「ファシズムの温床」であった，とする見方や，戦間
期の平和主義が「戦争体験の神話」の前に無力だった，とする主張は，ここに
おいて根本的な再考を迫られたのだった。そしてツィーマンはさらに踏み込
み，ヴァイマル共和国の崩壊が第一次世界大戦とその敗戦によって運命づけら
れていたわけではないことを強調しながら，「野蛮化」テーゼを「ヴァイマ
ル・ドイツに関する実証的歴史学の議論としては，説得的でない」として斥け
るのである。[22]

3　パラミリタリ暴力への注目

　ツィーマンによる「野蛮化」テーゼ批判は，このように舌鋒鋭く，なおかつ
的を射ている。だが，第一次世界大戦がヴァイマル期における政治的暴力の直
接的な起点でないとすれば，それははたしてどこに求められるのだろうか。こ
うした問題について，ひとつの解答を導き出したのは，プロイセン州ザクセン
県をフィールドに「ヴァイマル共和国における政治的暴力」を検討したディル
ク・シューマンであった。[23] 彼によると，ヴァイマル初期，とりわけ1919年から
1921年までの断続的な内戦状況の到来は，ドイツ市民層が大戦前から抱いてい
た労働運動への恐怖心とともに，1918年秋の軍事的敗北と革命，そして続くイ
ンフレの到来という状況性によって説明することができる。すなわち，ドイツ
市民層はこれらの混乱に直面する中で，労働運動への恐怖心をよりいっそう深

---

21)　*Ibid.*, pp. 3-5.

22)　*Ibid.*, p. 268.

23)　Dirk Schumann, *Politische Gewalt in der Weimarer Republik 1918-1933. Kampf um die Straße und Furcht vor dem Bürgerkrieg*, Essen 2001. 英訳版は，Dirk Schumann, *Political Violence in the Weimar Republic 1918-1933. Fight for the Streets and Fear of Civil War*, New York 2009.

めていくとともに，ロシアのようなボルシェヴィキ支配が，ドイツでも成立するのではないかとの危機感を抱いた。そして彼らは，そのような事態を未然に防ぐべく，右翼とともに評議会運動やストライキの鎮圧に乗り出し，徐々に暴力に順応していったとされる[24]。

シューマンによると，このようなドイツ市民層の危機感を背景に行使され，容認された右翼暴力こそ，ヴァイマル期における政治的暴力の「実質的な推進力」であった[25]。そしてより厳密にいえば，こうした暴力の担い手となったのは，敗戦と革命のさなかにドイツ各地で結成された，志願兵部隊や民兵組織などのパラミリタリ（準軍隊的）組織のメンバーだったとされる。つまりここでは，右からのパラミリタリ暴力に「野蛮化」の起点が求められるのである。

このような「野蛮化」をめぐる議論の進展は，近年，ヨーロッパ・レヴェルでの比較研究へと発展を遂げた。例えばロベルト・ゲルヴァルトとジョン・ホーンが編纂した論集『平和の中の戦争：パラミリタリ暴力と第一次世界大戦後のヨーロッパ』（2012年）は，ロシア革命ないしは大戦後の中東欧，南欧，アイルランドで広くみられたパラミリタリ暴力の伸張に注目した比較研究である[26]。そこでは，軍人同士による大砲や手榴弾，機関銃などを介した大戦中の塹壕戦の経験よりも，市民をも巻き込む形で展開された市街戦や白兵戦，ゲリラ戦の経験の方が，戦間期のヨーロッパ社会に対して，より大きな爪痕を残したのではないかという問題関心が共有されている。また，ここではそのようなパラミリタリ暴力が第一次世界大戦後のヨーロッパで伸長した要因として，①19世紀から続く民族紛争のエスカレートや，②オーストリア＝ハンガリー帝国，ロシア帝国，そしてオスマン帝国といった中東欧の多民族帝国の解体，ならびに③ロシア革命を契機とする革命と反革命との対立といった3つの要素が重視

---

24) Ebd., S. 359-363. また，こうした「共産主義の危険」という危機イメージは，ヴァイマル末期の政治を大きく規定することとなる。この点については，Dirk Blasius, *Weimars Ende. Bürgerkrieg und Politik 1930-1933*, Göttingen 2005；熊野直樹「統一戦線行動・『共産主義の危険』・ユンカー：ヴァイマル共和国末期におけるドイツ共産党の農村進出と農村同盟」『法政研究』70巻2号（2003年）287-308頁；星乃治彦『ナチス前夜における「抵抗」の歴史』ミネルヴァ書房，2007年，第9章を参照。

25) Ebd., S. 11. シューマンによると，ヴァイマル期の左翼暴力はあくまで右翼暴力への応答でしかなかった。こうした議論は，右翼暴力を極左の「全体主義運動」への市民的なリアクションとして矮小化しようとするヴィルシングの研究〔Wirsching, *Bürgerkrieg*〕への明確な反論でもある。

26) Robert Gerwarth / John Horne (eds.), *War in Peace. Paramilitary Violence in Europe After the Great War*, Oxford 2012.

されている。[27]

　ただし，ナチズム・ホロコーストの問題を常に意識せざるを得ないドイツ現代史研究の場合，こうした第一次世界大戦後のパラミリタリ組織とその暴力に関しては，シューマンの研究を待つまでもなく，かなり早い段階から検討がなされてきた。[28]特に歴史家たちの間で「最も有名な志願兵部隊」（ジェームズ・M・ディール），ないし「内戦のスペシャリスト」（ハーゲン・シュルツェ）として注目を集めたのが，「義勇軍［Freikorps］」と呼ばれる志願兵部隊だった。[29]

　1918/19年のドイツ革命期に結成された義勇軍は，敗戦と革命を経た政治的・軍事的混乱状況のもと，国内の治安維持や東部国境地域におけるポーランドとの国境闘争，そしてバルト地域での反ボルシェヴィキ闘争を展開し，成立間もないヴァイマル共和国の基盤固めに寄与した。だが，その一部は1920年3月の反政府クーデタ・カップ一揆に参加し，共和国政府に叛旗を翻した。一揆の挫折後，義勇軍は公式に解体されるが，その一部は地下に潜伏し，1923年9月にフランス占領軍に対するルール闘争が終結するまで，政治的暗殺に代表される数々の暴力行為に及ぶこととなる。[30]

　こうして義勇軍運動の概略をまとめただけでも，それがいかに暴力的な運動であったかは一目瞭然であろう。したがって義勇軍に関しては，モッセの「野蛮化」テーゼにおいても，「戦時の仲間意識が平時に継続されたことを象徴する存在」とみなされており，[31]また，「野蛮化」テーゼ批判を展開したツィーマンの研究以降も，シューマンやバルトによって「野蛮化の過程」の直接的な担

---

27) Robert Gerwarth / John Horne, Paramilitarism in Europe after the Great War. An Introduction, in : ibid., pp. 1-18. またこの点についてはさらに，Dirk Schumann, Gewalterfahrungen und ihre nicht zwangsläufigen Folgen. Der Erste Weltkrieg in der Gewaltgeschichte des 20. Jahrhunderts, in : *Historisches Forum* 3 (2004), S. 7-28 ; ホーン「第一次世界大戦とヨーロッパにおける戦後の暴力」を参照。

28) その代表的な研究としては，James M. Diehl, *Paramilitary Politics in Weimar Germany*, Bloomington 1977 ; Hans-Joachim Mauch, *Nationalistische Wehrorganisation in der Weimarer Republik. Zur Entwicklung und Ideologie des „Paramilitarismus"*, Frankfurt a.M./Bern 1982 ; 岩崎好成「ワイマール共和国における準軍隊的組織の変遷」『史学研究』153号（1981年）59-70頁が挙げられる。

29) Diehl, *Paramilitary*, p. 29 ; Hagen Schulze, *Freikorps und Republik 1918-1920*, Boppard a.Rh. 1969, S. 327 ; Hannsjoachim W. Koch, *Der deutsche Bürgerkrieg. Eine Geschichte der deutschen und österreichischen Freikorps 1918-1923*, Dresden ³2014, S. 376.

30) Matthias Sprenger, Landsknechte auf dem Weg ins Dritte Reich? Zu Genese und Wandel des *Freikorpsmythos*, Paderborn 2008, S. 10.

31) Mosse, *Soldiers*, p. 168 [モッセ『英霊』169頁]。

10

い手とみなされている。³²⁾つまり第一次世界大戦後のドイツにおける「政治の野蛮化」を論じる際には，戦争経験のみならず，義勇軍経験の検討を避けては通れないのである。³³⁾

2　研 究 史

1　「義勇軍」という名称について

　では，義勇軍はこれまで，いかなる形でドイツ現代史の中に位置づけられてきたのだろうか。この点を把握することは，義勇軍経験を検討するうえで必須である。だが，ここではその整理に入る前に，まずは「義勇軍 [Freikorps]」という名称が孕む問題について確認しておこう。

　ペーター・ケラーの最新の研究が確認しているように，そもそもこの名称は，18世紀前半のプロイセン王国で刊行された百科事典に登場する，フランス由来の「義勇中隊 [Frey-Compagnie]」という言葉に起源を有しており，18世紀半ばの七年戦争（1756-1763）の時代には，正規軍の外部で結成された国家公認の志願兵部隊を指す言葉として，すでに「義勇軍 [Frey-Corps]」という名称が用いられていた。この名称はその後，18世紀初頭の対ナポレオン解放戦争（1813/14）における「リュッツォウ義勇軍 [Lützowsches Freikorps]」の活躍を経て，一般に広く使用されるようになる。³⁴⁾そして第一次世界大戦前夜には，「義勇軍 [Freikorps]」という名称が，正規軍の外部で結成されながらも，国家の軍隊として投入される部隊を指す言葉として定着することとなった。³⁵⁾

　しかしケラーによれば，第一次世界大戦の終結とともに「皇軍 [Kaiserheer]」が崩壊し，「国軍 [Reichswehr]」が正規軍として定着するまでの移行期に結成された諸部隊を「義勇軍 [Freikorps]」と総称するのは適切ではない。この点に関する彼の主張をまとめると，次のようになる。すなわち，①こ

---

32)　Schumann, *Gewalt*；Boris Barth, *Dolchstoßlegenden und politische Desintegration. Das Trauma der deutschen Niederlage im ersten Weltkrieg 1914-1933*, Düsseldorf 2003.

33)　ホーン「第一次世界大戦とヨーロッパにおける戦後の暴力」。

34)　ただしプロイセン軍は，公式には「義勇猟兵分隊 [Freiwilliges Jäger-Detachement]」という名称を用いていた。Peter Keller, *„Die Wehrmacht der Deutschen Republik ist die Reichswehr". Die deutsche Armee 1918-1921*, Paderborn 2014, S. 83.

35)　Ebd., S. 84-85.

れまで先行研究において「義勇軍［Freikorps］」と呼ばれてきた諸部隊のほとんどは，正規軍の枠内に存しており，②また同時代においても，これらの部隊が「義勇軍［Freikorps］」と総称されたことは一度としてなかった。③ましてや，1923年にルール地方で活動した破壊工作部隊までをも「義勇軍［Freikorps］」と呼ぶのは，完全な誤用である。④むしろ，「義勇軍［Freikorps］」という名称が大戦後の諸部隊を総称する言葉として頻繁に利用されるようになるのは，ヴァイマル末期からナチ期にかけてであり，それは義勇軍の中にナチズムの前史を見出そうとする政治的・イデオロギー的動機からであった，と。つまりケラーによれば，大戦後の諸部隊を「義勇軍［Freikorps］」と総称することは，歴史的にみても，また学問的にみても不適切であり，したがって彼は，そのうち特に1918/19年に活躍した諸部隊を，同時代に使われた「政府側部隊［Regierungstruppe］」という名称を用いて総称することで，上記のような問題を回避しようと試みている。そして「義勇軍［Freikorps］」という名称については，同時代にその名を冠した個別の部隊を指し示す以外に，利用を差し控えるのである[36]。

　義勇軍経験をテーマとする本論においても，こうしたケラーの指摘は傾聴に値する。しかしながら，ドイツ国内で「反政府的な」左翼急進派との闘争を繰り広げた諸部隊を「政府側部隊」と総称するのはともかくとして，ポーランドの志願兵部隊を相手とする東部国境守備や，ボルシェヴィキを相手とするバルト地域での闘争に参加した諸部隊を，「政府側部隊」と総称することについては，やはり違和感が残る。なるほど，確かにケラーの指摘するように，これまで「義勇軍」と総称されてきた諸部隊のほとんどが，その本来の意味に沿わない実態を有していたことは事実である。しかしながら，それを「政府側部隊」という総称に置き換えることで，諸部隊の活動範囲がもつ地域的な広がりや，その内部に発生したダイナミズム，そして1920年3月の反政府クーデタ・カップ一揆を境に，国軍へと統合されることなく，そのまま切り捨てられた部隊やそのメンバーたちの存在を，むしろ適切に表現することができないのではないかという懸念もまた，拭い去ることができないのである。

　したがって本論では，このような「義勇軍」という名称のもつ問題性に注意

36）Ebd., S. 81-101.

12

を払いながらも，第一次世界大戦後のドイツに出現した諸部隊と，その後継組織，そしてそれらによって展開された国内外での活動を論じる際には，従来どおり「義勇軍」ならびに「義勇軍運動」と呼び，その参加者を「義勇軍戦士[Freikorpskämpfer]」と呼ぶこととしたい[37]。ただし，ドイツ国内の義勇軍運動を叙述する場合に限り，ケラーの指摘を採用し，「政府側部隊」という名称も，文脈に応じて併用することとする。

　また本論でいう「義勇軍」とは，反民主主義的かつ反共和主義的な組織をアプリオリに意味するものではない。むしろ当初は，「政府側部隊」とほぼイコールであったはずの「義勇軍」が，その後の歴史的展開の中で，どのような変化を遂げたのか，そしてそうした変化が，それぞれの構成員の人生，ひいては第一次世界大戦後のドイツ社会に対して，どのような影響をもたらしたのかというのが，本論の基本的な問題関心である。

2 「ナチズムの前衛」？

　それでは，研究史の整理に移ろう。第二次世界大戦直後，義勇軍にまっ先に注目したのは，ナチズムの源流探しに熱心なアメリカや東ドイツの歴史家たちだった。特にアメリカの歴史家ロバート・G・L・ウェイトの単著『ナチズムの前衛』（1952年）は，義勇軍研究の古典ともいうべき研究であり，英米圏を中心に，今なお多くの研究者によって参照されている。ウェイトはここで，義勇軍からナチへの人的連続性を強調し，その存在が「ヒトラー・ドイツに根本的な直接的貢献をした」との結論に達した[38]。つまり表題で示されるように，義勇軍こそが「ナチズムの前衛」だったというわけである。またこれに続いて，マルクス主義歴史学の立場から「ナチズムの前衛」テーゼを支えたのが，東ドイツの歴史家ギュンター・パウルスの論文（1955年）だった。パウルスはここで，

---

37) 「義勇軍兵士[Freikorpssoldat]」という言葉は，ここでは使用しない。なぜならシュプレンガーの言うように，義勇軍の闘争を「戦争」とみなすことができるか，またそのメンバーを「兵士」とみなすことができるかは，それ自体で大きな議論となるからである。Sprenger, *Landsknechte*, S. 10, Anm. 6.

38) Robert G. L. Waite, *Vanguard of Nazism. The Free Corps Movement in Postwar Germany 1918-1923*, Cambridge ³1970, p. 281 [ロバート・G・L・ウェイト（山下貞雄訳）『ナチズムの前衛』新生出版，2007年，244頁]。なお，日本においても篠原一氏や山口定氏の研究が「ナチズムの前衛」テーゼを取り入れている。篠原一『ドイツ革命史序説：革命におけるエリートと大衆』岩波書店，1956年，234頁；山口定『アドルフ・ヒトラー：第三帝国への序曲』三一書房，1962年，42頁。

義勇軍の性格を「労働者階級を抑圧するための，ドイツ帝国主義者と軍国主義者の階級闘争の道具」と規定し，「義勇軍の労働者殺害犯からは，ナチ親衛隊（SS）の大量殺人犯へのまっすぐな道がのびていた」と結論づけている。[39]

　だが，そうした見方への反駁がなかったわけではない。例えばハロルド・J・ゴードン『国軍とドイツ共和国 1919-1926』（1957年）は，ナチに還元されない義勇軍の多様な実態を早くから指摘していたし，[40] 未公刊の文書館史料を駆使して義勇軍の実態に迫ったユルゲン・クーロン『オーバーラント義勇軍とオーバーラント同盟』（1960年）やハーゲン・シュルツェ『義勇軍と共和国 1918-1920』（1969年）も，義勇軍からナチへの単線的な連続性を否定している。[41] またハンスヨアヒム・W・コッホ『ドイツ内戦：ドイツ＝オーストリア義勇軍史 1918-1923』（1978年）は，シュルツェが扱わなかった1920年以降の時代やオーストリアをも視野に入れる形で，義勇軍運動の全般的解明を試みた研究であるが，そこでも同様に，義勇軍のもつオルタナティヴな側面が重視されている。[42]

　コッホの『ドイツ内戦』が刊行されたのち，義勇軍研究は一時的な停滞期を迎えた。例えばニーゲル・H・ジョーンズ『ヒトラーの先駆者たち：義勇軍の物語 1918-1923』（1987年）は，基本的にウェイトの焼き直しに過ぎず，結論ありきの書物だといえる。[43] またこれとは反対に，バルト地域の義勇軍運動を個別

---

39) Günter Paulus, Die soziale Struktur der Freikorps in den ersten Monaten nach der Novemberrevolution, in : *ZfG* 3 (1955), H. 5, S. 685-704, ここでは S. 704.

40) ゴードンはカップ一揆以前の義勇軍を，①将軍の義勇軍（部隊数10），②国境守備義勇軍（22），③海軍義勇軍（3），④局地的・地域的義勇軍（40），⑤旧陸軍部隊を前身とする義勇軍（18），⑥共和派の義勇軍（13），⑦バルト義勇軍（18），⑧その他（20）という８つのタイプに類型化し，その多様性を指摘している。Harold J. Gordon, *The Reichswehr and the German Republic 1919-1926*, Princeton 1957, pp. 431-438 (Appendix I).

　なお，日本では村瀬興雄氏がゴードンの説を支持しており，義勇軍の多様な実態を指摘する形で，篠原・山口両氏に反論している。村瀬興雄「西洋史：現代１（1962年の歴史学界：回顧と展望）」『史学雑誌』72編５号（1963年）849頁。

41) クーロンはバイエルンで結成されたオーバーラント義勇軍とその後継組織であるオーバーラント同盟から，ナチだけでなく反ナチ抵抗運動の闘士が輩出されたことを明らかにしている。Hans Jürgen Kuron, *Freikorps und Bund Oberland*, Erlangen 1960. シュルツェもまた，義勇軍から反ナチ抵抗運動の闘士が輩出された点や，ナチ突撃隊（SA）の中核を担った義勇軍戦士の大部分がヒトラー率いる党中央の路線と対立していた点を指摘し，「義勇軍が実際にナチズムの先駆者であったかといえば，そうともいえない」と結論づけている。Schulze, *Freikorps*, S. 333.

42) Koch, *Bürgerkrieg*.

43) Nigel H. Jones, *Hitler's Heralds. The Story of the Freikorps 1918-1923*, London 1987. こうした「ナチズムの前衛」テーゼの影響力の大きさは，ジョーンズの著書が2004年に『ナチス誕生小史』[Nigel H. Jones, *A Brief History of the Birth of the Nazis. How the Freikorps blazed a Trail for Hitler*, London 2004] と表題を変えて再刊されたことからも窺い知れる。また，心理学的手法を用いて義勇軍戦↗

に検討したベルンハルト・ザウアーの論文（1995年）は，義勇軍からナチへの単線的な連続性を否定しているものの，他方で，1919年を通じてバルト地域での闘争に参加した義勇軍戦士，通称「バルティクマー［Baltikumer］」の少なからずが，のちにナチ党員となった事実を強調しており，アンビヴァレントな印象は拭いきれない。[44]

こうした中，新たに神話批判研究の観点から「ナチズムの前衛」テーゼの問題性を指摘したのが，2008年に刊行されたマティアス・シュプレンガーの単著であった。[45] この研究は，ヴァイマル期からナチ期にかけて刊行された108にも及ぶ膨大な数の義勇軍文学を分析し，「義勇軍神話の生成と変遷」に迫った意欲作であり，義勇軍運動が後世の語りの中で多様に意味づけられながらも，最終的に第三帝国の前史として位置づけられていく過程を明らかにしている。そしてシュプレンガーはこの分析結果をもって，「ナチズムの前衛」テーゼが戦前の義勇軍神話の影響から決して自由でなく，むしろそれらを踏襲・再生産してきたに過ぎないと警鐘を鳴らすのである。

またこれと並行して，2000年代から目覚ましい成果をあげているのが，ヴァイマル期の国防政策や秘密再軍備を対象とした軍事史研究である。この分野はもともと，1945年にポツダムの陸軍文書館が空爆の被害にあったことで，関連史料の多くが失われるという困難に直面していた。[46] だが，1990年代以降に旧東

士の回想録や小説を分析し，彼らをファシスト的な「兵士的男性」のプロトタイプとして位置づけたクラウス・テーヴェライトの研究［クラウス・テーヴェライト（田村和彦訳）『男たちの妄想〈1・2〉』法政大学出版局，1999-2004年］も，おおむねこの見解に立っているといえる。ただ，テーヴェライトの議論は義勇軍戦士やファシズムの問題を男性一般の問題として捉えている点で，非常に特殊である。

なお，ジョーンズの単著にはほとんど註がついていないが，同様の問題は義勇軍を「保守革命［Konservative Revolution］」の文脈で捉えたドミニク・ヴェネールの単著［Dominique Venner, *Söldner ohne Sold. Die deutschen Freikorps 1918-1923*, Wien 1974］においても見られる。本論では，このような出典不明の二次文献については，極力使用を差し控えた。

44) Bernhard Sauer, Vom „Mythos eines ewigen Soldatentums". Der Feldzug deutscher Freikorps im Baltikum im Jahre 1919, in : *ZfG* 43 (1995), H. 10, S. 869-902. またザウアーはこのほかにも，2000年代から現在にかけて，個別の義勇軍闘争を検討した論文を複数発表している。詳細は本論史料・文献一覧を参照。

45) Sprenger, *Landsknechte*.

46) Erwin Könnemann, Freikorps 1918-1920, in : *LzP*, Bd. 2, S. 669-679, ここでは S. 675 ; Jun Nakata, *Der Grenz- und Landesschutz in der Weimarer Republik 1918-1933. Die geheime Aufrüstung und die deutsche Gesellschaft*, Freiburg 2002, S. 18.

なお，1945年における史料の焼失は，義勇軍研究に回想録を主な史料として活用する傾向をもたらした。このことは，義勇軍神話が第二次世界大戦後の学術研究においても生きながらえた最大の要因とされる。Keller, *Wehrmacht*, S. 94-95.

側諸国の文書館が開放され，またドイツ国内の州立・市立文書館の整備が飛躍的に進む中で，今やそうした困難は克服されつつある。特に中田潤氏やリュディガー・ベルギーン，ペーター・ケラーによる研究は，ヴァイマル初期におけるパラミリタリ組織の政治的多様性や，形成過程の「国軍［Reichswehr］」が有していた共和主義的な側面に光をあてることで，第一次世界大戦直後にみられた軍事史上の変化が，必ずしもヴァイマル共和国の崩壊に帰結するものではなかったことを，再度明らかにしている。[47]

3　義勇軍経験の位置づけをめぐって

　このように「ナチズムの前衛」テーゼは2000年代以降，神話批判研究と実証的軍事史研究の双方から批判に晒され，その問題性も改めて浮き彫りにされた。ただ，これにより義勇軍をナチズムとの連続性の中で捉える議論が下火になったわけではない。義勇軍研究において「ナチズムの前衛」テーゼが疑問視される一方，義勇軍のもつ歴史的意義を再び明確化させていったのは，むしろナチ暴力やホロコーストの実行者・協力者を対象とする「加害者研究［Täter-forschung］」[48]だった。

　例えば，クラウス = ミヒャエル・マルマンとゲルハルト・パウルが編纂した論集『暴力の経歴』（2004年）においては，ナチ暴力の行使主体における重要な「暴力の経歴」のひとつとして，義勇軍運動への参加が頻繁に指摘されているし，[49]またヨハネス・ヒュルターやディーター・ポールによるナチ時代の「国防軍［Wehrmacht］」研究においても，独ソ戦と東方占領を担った国防軍の将軍た

---

47)　特に中田潤氏のドイツ語の単著『ヴァイマル共和国における国境・国土守備』（2002年）［Nakata, Grenz- und Landesschutz］は，ヴァイマル期を通じた秘密再軍備と東部国境守備をめぐるポリティクスを，多種多様なパラミリタリ組織と政治勢力が織りなすダイナミズムの中で捉えた，ポスト冷戦期を代表する研究である。またこれに続いて，ヴァイマル期における秘密再軍備の背後に，超党派的な安全保障上の合意と，「国防力強靭化［Wehrhaftmachung］」という課題が存在していたことを明らかにしようと試みたのが，ベルギーンの単著『好戦的共和国』（2012年）［Rüdiger Bergien, Die bellizistische Republik. Wehrkonsens und „Wehrhaftmachung" in Deutschland 1918-1933, München 2012］であった。さらに1918年から1921年にかけての国軍の形成を扱ったケラーの単著（2014年）［Keller, Wehrmacht］は，少なくともヴァイマル共和国が成立してから数年間，国軍が体制に従順な「共和国の防衛力」となる可能性を十分に有していたことを明らかにしている。

48)　ただし日本においては，芝健介氏の武装 SS 研究［芝健介『武装 SS：ナチスもう一つの暴力装置』講談社，1995年］がこの傾向を先取りしていた。

49)　Klaus-Michael Mallmann / Gerhard Paul (Hgg.), Karrieren der Gewalt. Nationalsozialistische Täterbiographien, Darmstadt 2004.

16

ちに共通する経験として，東部国境地域やバルト地域といったドイツ東方での義勇軍経験が重視されている[50]。さらに同様の傾向は，パトリック・クラスニッツァー，スヴェン・ライヒャルト，ダニエル・シュミットによるナチ突撃隊（SA）メンバーの研究[51]，カリン・オルト，ミヒャエル・ヴィルト，クラウス・ミューエス＝バロン，クリストファー・ディロン，クリスティアン・アングラオによるナチ親衛隊（SS）幹部の研究[52]，そしてパトリック・ヴァーグナーやエドワード・B・ウェスターマンによるナチ警察研究にもみてとることができる[53]。これら加害者研究の議論を総合すると，義勇軍経験はその当事者たちに対し，暴力との親和性や政治的急進性，コロニアルな東方観，そして「ユダヤ・ボルシェヴィズム」への憎悪を授けた，ということになる。

だが，義勇軍研究の立場からすると，加害者研究は基本的に義勇軍への遡及的アプローチをとっており，したがって，そこで析出される義勇軍経験の性格もまた，「ナチズムの前衛」テーゼから抜け出すものではない。古くはゴードンやシュルツェ，コッホにより指摘され，近年の軍事史研究でも改めて確認されている義勇軍の多様性という議論は，ここにおいて，ほとんど捨象されてしまっているのである[54]。

---

50) Johannes Hürter, *Hitlers Heerführer. Die deutschen Oberbefehlshaber im Krieg gegen die Sowjetunion 1941/42*, München ²2007 ; Dieter Pohl, *Die Herrschaft der Wehrmacht. Deutsche Militärbesatzung und einheimische Bevölkerung in der Sowjetunion 1941-1944*, Frankfurt a. M. ²2011.

51) Patrick Krassnitzer, Die Geburt des Nationalsozialismus im Schützengraben. Formen der Brutalisierung in den Autobiographien von nationalsozialistischen Frontsoldaten, in : Jost Dülffer / Gerd Krumeich (Hgg.), *Der verlorene Frieden. Politik und Kriegskultur nach 1918*, Essen 2002, S. 119-148 ; Sven Reichardt, *Faschistische Kampfbünde. Gewalt und Gemeinschaft im italienischen Squadrismus und in der deutschen SA*, Köln 2002 ; Daniel Schmidt, Der SA-Führer Hans Ramshorn. Ein Leben zwischen Gewalt und Gemeinschaft (1892-1934), in : *VfZ* 60 (2012). H. 2, S. 201-235.

52) Karin Orth, *Die Konzentrationslager-SS. Sozialstrukturelle Analysen und biographische Skizzen*, Göttingen 2000 ; Michael Wildt, *Generation des Unbedingten. Das Führungskorps des Reichssicherheitshauptamtes*, Hamburg 2002 ; Klaus Mües-Baron, *Heinrich Himmler. Aufstieg des Reichsführers SS (1900-1933)*, Göttingen 2011 ; Christopher Dillon, *Dachau and the SS. A Schooling in Violence*, Oxford 2015 ; クリスティアン・アングラオ（吉田春美訳）『ナチスの知識人部隊』河出書房新社，2012年。

53) Patrick Wagner, *Hitlers Kriminalisten. Die deutsche Kriminalpolizei und der Nationalsozialismus*, München 2002 ; Edward B. Westermann, *Hitler's Police Battalions. Enforcing Racial War in the East*, Lawrence 2005.

54) 実は，こうした多様性の捨象という問題は，加害者研究に大きく依拠したブロックスハムのジェノサイド論 [Donald Bloxham, *The Final Solution. A Genocide*, Oxford 2009] にもあてはまる。つまりそこで↗

では，「ナチズムの前衛」テーゼ（ないしは加害者研究）とは異なる視点から義勇軍経験にアプローチした試みは，はたしてこれまでに存在したのだろうか。実は，この点について重要な議論をおこなったのが，コッホの『ドイツ内戦』だった。彼はそこで，世紀転換期の青年運動の経験と，第一次世界大戦の経験，そしてその後の革命・敗戦の経験が，義勇軍の性格を強く規定したというウェイトの主張を継承しつつ[55]，それを「ナチズムの前衛」テーゼから解き放とうと試みた。すなわち，ナチ期から過去を遡及的に考えたとき，義勇軍は確かに「ナチズムの前衛」として位置づけられるが，帝政期からその先を展望するとき，義勇軍は青年運動と大戦に刻印づけられた，青年男子たちの集団として立ちあらわれてくる。そしてそこでの経験もまた，必ずしもナチズムへと帰結するものではない，というわけである。

その際，コッホが指摘したのは，義勇軍を構成した青年男子たちが，その世代経験ゆえに「国民革命的態度［Nationalrevolutionäre Haltung］」を獲得したということだった[56]。ここでいう「国民革命的［Nationalrevolutionäre］」とは，ナチと一部重なり合いながらも，基本的にはそれと対立ないし競合（そして時には共闘）関係にあった「保守革命［Konservative Revolution］」の一派を指す。思想史家アルミン・モーラーの整理によると，ヴァイマル期の保守革命思想は，①「民族至上派［Völkische］」，②「青年保守派［Jungkonservative］」，③「国民革命派［Nationalrevolutionäre］」，④「同盟青年［Bündische Jugend］」，⑤「ラントフォルク運動［Landvolkbewegung］」の5つに類型化することが可能である[57]。このうち国民革命派は，とりわけ戦争や闘争，そして兵士であることに至上の価値を見出す反市民的・反民主主義的なグループであり，代表的な人物としては，「戦争文学のマルティン・ルター」（ヴェルナー・ミッテンツヴァイ）[58]と呼ばれる復員作家，エルンスト・ユンガーが所属してい

　　は，ヴァイマル期ないし戦間期という時代が，単に2つの世界大戦とそこでの大量殺戮をつなぐ，いわばストローのような時代として位置づけられており，この時期のドイツ＝ヨーロッパに存在した多様な政治的潮流や「連帯」，「抵抗」，「反ファシズム」といった歴史的営為が，概して見落とされてしまう傾向にある。

55)　Waite, *Vanguard*, pp. 17-18 ［ウェイト『ナチズムの前衛』16頁］.

56)　Koch, *Bürgerkrieg*, S. 56.

57)　Armin Mohler / Karlheinz Weissmann, *Die Konservative Revolution in Deutschland 1918-1932. Ein Handbuch*, Graz ⁶2005. S. 99-177.

58)　Werner Mittenzwei, *Der Untergang einer Akademie oder Die Mentalität des ewigen Deutschen. Der Einfluß der nationalkonservativen Dichter an der Preußischen Akademie der*↗

た。そしてコッホは，この「国民革命的な態度」を義勇軍運動のメインスト
リームとみなし，それが政治的な右左にかかわらず，ナチズムよりも幅広い形
で「動乱のドイツ現代史」を規定し続けたと結論づけるのである。[60]

4　義勇軍運動から抵抗運動へ

　こうしたコッホの「国民革命派」テーゼは，その後，ズザンネ・マインルの
単著『ヒトラーに反対した国民社会主義者たち：フリードリヒ・ヴィルヘル
ム・ハインツ周辺の国民革命的反対派』（2000年）へと引き継がれた。[61]マインル
はここで，義勇軍出身のナチで反ヒトラー派のフリードリヒ・ヴィルヘルム・
ハインツのバイオグラフィを検討しているが，その内容を要約すると以下のよ
うになる。すなわち，第一次世界大戦期に前線将校だったハインツは，義勇軍
とその後継組織で暗躍したのち，同じく義勇軍出身のシュトラッサー兄弟率い
るナチ左派へと合流した。だが，ハインツ周辺の元義勇軍戦士たちは，ヴァイ
マル末期にヒトラーへの叛逆を企てたために，他のナチ左派とともに党から除
名されるに至る。ナチ政権成立後，義勇軍時代の人脈を頼りに国防軍で軍人と
しての活動を再開したハインツは，「国防軍諜報部［Abwehr］」長官ヴィルヘ
ルム・カナリスら国防軍内の反ヒトラー派と連携し，第二次世界大戦中はハン
ス・オスター少将を中心とする国防軍内の抵抗運動の組織化に携わった。そし
て第二次世界大戦後，ハインツは西ドイツ初代首相コンラート・アデナウアー
のもと，軍事諜報機関の結成に携わることとなる。

　マインルは，このようなハインツの道程を丁寧に解き明かすことで，義勇軍
出身の「国民革命的反対派［Nationalrevolutionäre Opposition］」と，ヒト
ラー率いるナチ党中央との間に，絶えざる緊張・対立が存在していたこと，そ
して前者における義勇軍時代のネットワークが，最終的に後者に対する抵抗運

　　　↘*Künste 1918 bis 1947*, Berlin 1992, S. 203.

　59）　Mohler/Weissmann, *Revolution*, S. 144-158, S. 291-305. ユンガーについては，川合全弘「前線世代
　　　の政治意識とプレナチズム：エルンスト・ユンガーのナショナリズム論」『産大法学』27巻3号（1993年）
　　　1-13頁；同「エルンスト・ユンガーとナチズム（1〜3）」同上，47巻3/4号，48巻1/2号・3/4号
　　　（2014-2015年）；糸瀬龍「エルンスト・ユンガーの〈新〉ナショナリズムについて」『METROPOLE』（2013
　　　年）1-52頁を参照。

　60）　Koch, *Bürgerkrieg*, S. 370.

　61）　Susanne Meinl, *Nationalsozialisten gegen Hitler. Die nationalrevolutionäre Opposition um
　　　Friedrich Wilhelm Heinz*, Berlin 2000.

動の形成に寄与したことを明らかにしたのである。

　ただし，義勇軍出身の抵抗運動の闘士は，何もハインツのような「ヒトラーに反対した国民社会主義者たち」だけでなかった。クーロン，シュルツェの義勇軍研究やライナー・ヴォールファイル／ハンス・ドリンガーの国軍研究が早くから指摘していたように，義勇軍の中には共和主義やコミュニズムへと通じる潮流も存在しており，そこからは社会民主党員のユリウス・レーバーや，コミュニストのヨーゼフ・ベッポ・レーマーなど，のちの反ナチ抵抗運動の中心人物も少なからず輩出されたのである。このことはまさに，義勇軍経験の多様性・複雑性を示しているといえよう。

　それでは，ここでドイツ史の連続性をめぐる議論に再度立ち返りつつ，これまでの研究史をまとめてみたい。モッセの「野蛮化」テーゼをツィーマンが批判して以降，ナチズム・ホロコーストへとつながる「野蛮化の過程」の直接的担い手とされたのは，ヴァイマル初期のパラミリタリ組織だった。確かに，その代表格とされる義勇軍は，早くから「ナチズムの前衛」とみなされてきたし，またそこでの経験は，ナチ暴力やホロコーストの実行者・協力者を対象とする加害者研究においても，暴力と憎悪の源泉として位置づけられている。しかしながら，人的連続性という点からすると，義勇軍からはナチだけでなく，反ヒトラー・反ナチ抵抗運動の闘士も同時に輩出されたのであり，この事実を無視することは，義勇軍経験の検討としては片落ちというほかないだろう。

　ドイツ現代史研究がナチズム・ホロコーストの問題を常に意識せざるを得ないのは当然として，そこではしばしば，次のような常識が忘却されがちである。すなわち，連続性を論じるということは，ナチズム・ホロコーストへとつながる道を探ることと，決してイコールではない，ということである。「『ドイツ社会史』派の最強の論争相手」と呼ばれるトーマス・ニッパーダイが，かつて隆盛のまっただなかにあった「特有の道」論を批判する際に論じたように，歴史上には単一の連続性 [Kontinuität] が存在しているのではなく，複数の

---

62) Kuron, *Oberland*; Schulze, *Freikorps*, S. 64-65, 333; Rainer Wohlfeil / Hans Dollinger, *Die Deutsche Reichswehr. Bilder, Dokumente, Texte. Zur Geschichte des Hunderttausend-Mann-Heeres 1919-1933*, Frankfurt a.M. 1972, S. 34.

63) 今野元「トーマス・ニッパーダイと『歴史主義的』ナショナリズム研究（1）」『紀要 地域研究・国際学編（愛知県立大学）』44号（2012年）97-119頁，ここでは99頁。

連続性［Kontinuitäten］が併存しているのであり，重要なのは，その相互作用をいかに分析するかである[64]。したがって義勇軍経験を検討する際にも，ナチズムへ連続する方向性と，それとは異なる方向性，つまりは共和主義やコミュニズムへ連続する方向性との相互作用を分析する作業が求められるのである。

3　方法と史料

1　課題と対象設定

　以上のような研究史上の問題を踏まえたうえで，本論では，第一次世界大戦後のドイツにおける「政治の野蛮化」について，義勇軍経験という観点から今一度検討を加えてみたい。課題となるのは，義勇軍のもつ多様な実態を踏まえつつ，そこでの複数の経験が歴史的にどのように形成され，そしてどのような相互作用を生み出したのかを明らかにすることである。したがって分析に際しても，これまで幾度となく論じられてきたナチズムへと連続する方向性のほか，逆にほとんど論じられることのなかった共和主義，コミュニズムへと連続する方向性をあわせてみていく必要がある。そこで本論では，以下の3名の人物を主な検討対象として設定することとしたい。

　1人目は，アルベルト・レオ・シュラーゲター（1894-1923）である。彼は第一次世界大戦への従軍後，1919年にバルト地域への義勇軍運動に身を投じた人物であり，その後も代表的な義勇軍闘争のほとんどすべてに参加した。その後1922年にナチ党に接近した彼は，続く1923年，フランス＝ベルギー占領下のルール地方で破壊工作活動を展開し，その結果フランス軍の手で処刑されるに至る。こうした劇的な最期は，彼を一躍「ドイツの英雄」へと押し上げた。そしてその存在は，1933年1月のヒトラー政権成立以降，ナチ党により「第三帝国の最初の兵士」として称揚され，義勇軍からナチズムへの連続性を証明する重要なシンボルのひとつとなった[65]。

---

64)　Thomas Nipperdey, 1933 und Kontinuität der deutschen Geschichte, in: *Historische Zeitschrift* 227 (1978), S. 86-111. この点についてはさらに，末川清「『ドイツ特有の道』論再考」190頁；今野元「トーマス・ニッパーダイと『歴史主義的』ナショナリズム研究（2）『紀要地域研究・国際学編（愛知県立大学）』45号（2013年）69-102頁，ここでは90頁を参照。

65)　管見の限り，シュラーゲターに関する本格的な学術研究が始まるのは1980年代以降のことである。その嚆矢となった1980年のマンフレート・フランケの単著は，シュラーゲターの死とそれをめぐるプロパガンダに関⤢

序　章　「政治の野蛮化」？　　21

　2 人目はユリウス・レーバー（1891-1945）である。第一次世界大戦前からド
イツ社会民主党（SPD）のメンバーだった彼は，開戦と同時に従軍を志願し，
大戦後は不安定化した東部国境地域の守備を担っていた。しかし1920年 3 月の
反政府クーデタ・カップ一揆を契機に軍を離れて以降，言論と議会政治の世界
に参入し，1924年には右翼テロへの対抗措置として「共和国の兵士」を自称す
る共和派の自衛組織「黒・赤・金の国旗団［Reichsbanner Schwarz-Rot-
Gold］」を設立することとなる。彼はナチ政権成立後も抵抗を続け，最終的に
クラウス・フォン・シュタウフェンベルク大佐らによる1944年 7 月20日のヒト
ラー暗殺計画に関与し，その後1945年に処刑された。[66]

　　＼する初の学術研究であり［Manfred Franke, *Albert Leo Schlageter. Der erste Soldat des 3.*
　　Reiches. Die Entmythologisierung eines Helden, Köln 1980］，続く1983年には，パウル・ロートムン
　　トが1923年から1983年までの60年間におけるシュラーゲター言説の変遷を追った［Paul Rothmund, *Albert*
　　Leo Schlageter 1923-1983. Der erste Soldat des 3. Reiches? Der Wanderer ins Nichts?
　　Eine typische deutsche Verlegenheit? Ein Held? in: *Das Markgräflerland. Beiträge zu*
　　seiner Geschichte und Kultur 2 (1983), S. 3-36］。ただし，同時期に刊行されたカール・ヘフケス／ウ
　　ヴェ・ザウアーマンの共著［Karl Höffkes / Uwe Sauermann, *Albert Leo Schlageter. Freiheit, du*
　　ruheloser Freund, Kiel 1983］と，ヴォルフラム・マレブラインの単著［Wolfram Mallebrein, *Albert*
　　Leo Schlageter. Ein deutscher Freiheitskämpfer, Preußisch Oldendorf 1990］は，どちらも戦間期
　　の叙述の焼き直しに過ぎない。
　　　他方，1990年のジェイ・W・ベアードの単著［Jay W. Baird, *To Die for Germany. Heroes in the*
　　Nazi Pantheon, Bloomington 1990］は，「ナチ・パンテオンの英雄たち」のひとりとしてシュラーゲター
　　に注目し，彼の生涯とその劇的な最期に対する世論の反応，そしてナチによる英雄化のプロセスを追ったもの
　　である。日本でもこれと同様に，芝健介氏が1991年にナチズムにおける「英雄化」の一局面としてシュラーゲ
　　ター崇拝を取り上げている［芝健介「ナチズムにおける政治的儀礼と『統合』：〈英霊化〉の諸局面」『歴史学
　　研究』621号（1991年）48-63頁］。また1994年のエリザベス・ヒレスハイムの単著［Elisabeth Hillesheim,
　　Die Erschaffung eines Märtyrers. Das Bild Albert Leo Schlageters in der deutschen Literatur
　　von 1923 bis 1945, Frankfurt a.M./Berlin 1994］は，1923年から1945年にかけて出版された55本のナチ文学
　　をもとに，ナチ的シュラーゲター像の普及・浸透を明らかにしており，さらに日本では，池田浩士氏の文学研
　　究［池田浩士『虚構のナチズム：「第三帝国」と表現文化』人文書院，2004年］が，ナチズムへとつながる英
　　霊神話の創生プロセスを検討し，それをナチの文化政策全体の中に位置づけている。これと同様にデレク・ヘ
　　イスティングスの単著［Derek Hastings, *Catholicism and the Roots of Nazism. Religious Identi-*
　　ty and National Socialism, Oxford 2010］は，ナチがカトリックとの共同のシンボルとしてシュラーゲ
　　ターを利用したことを明らかにしている。
　　　しかしこれらの研究はいずれも，シュラーゲター自身の生涯よりも，むしろ彼をめぐる後世の神話や語りに
　　重点をおいている。これに対して，虚実入り混じった「国民的殉教者」としてのシュラーゲターの生涯を，可
　　能な限り歴史学的に解き明かそうと試みたのが，2006年のシュテファン・ツヴィッカーの単著［Stefan
　　Zwicker, *„Nationale Märtyrer". Albert Leo Schlageter und Julius Fučík. Heldenkult, Propagan-*
　　da und Erinnerungskultur, Paderborn 2006］だった。本論もまた，このツヴィッカーの研究に多くを
　　依っている。
　66)　レーバーの全生涯を検討した本格的な伝記研究としてはドロテーア・ベックの単著［Dorothea Beck, *Ju-*
　　lius Leber. Sozialdemokrat zwischen Reform und Widerstand, Berlin ²1994］があるが，レーバーの
　　義勇軍経験に関する分析はごくわずかである。また，近年ではヘルムート・アルトリヒターがレーバーの生涯
　　を扱っているが［Helmut Altrichter, „Politik ist keine Religion" - Julius Leber (1891-1945), in: ↗

22

　3人目はヨーゼフ・ベッポ・レーマー（1892-1944）である。第一次世界大戦期の前線将校である彼は，1919年春にバイエルン・レーテ共和国が成立した際，その打倒を率先して遂行した。しかし1921年初夏，ポーランドとの国境闘争を繰り広げる中で，彼は敵であるはずのコミュニストとの共闘を果たし，さらにはソヴィエト・ロシアとの提携を志向する民族思想「ナショナル・ボルシェヴィズム［Nationalbolschewismus］」へと傾倒していくこととなる。そしてヴァイマル末期，ドイツ共産党（KPD）への入党を果たした彼は，「革命の兵士」への「転向」を宣言し，ナチ政権成立後は他のコミュニストとともに反ナチ抵抗運動を展開，1944年に処刑された。[67]

　本論では，このようにほぼ同じ年代に生まれ，第一次世界大戦と義勇軍運動に参加しながらも，その後はナチ，共和派，コミュニストといったように，それぞれ異なる政治的道程を歩むに至った3名のバイオグラフィを軸としながら，各人の義勇軍経験の形成とその相互作用について，歴史学の観点から分析をおこなうこととしたい。

2　経験史の分析視角

　その際参考になるのは，「経験史［Erfahrungsgeschichte］」の分析視角である。経験史とは文字どおり，「経験」を分析の主軸に据えた歴史学の一分野である。以下では，ドイツ史研究における経験史の成り立ちを踏まえながら，その特長を確認しておこう。

　ドイツ史研究において，個人ないし集団の「経験」を歴史研究の対象とする

　Bastian Hein / Manfred Kittel / Horst Möller (Hgg.), *Gesichter der Demokratie. Porträts zur deutschen Zeitgeschichte*, München 2012, S. 78-88]，ここでも義勇軍経験は分析対象とはされていない。ヴァイマル共和国崩壊に関するナチ時代のレーバーの反省を検討した山本佐門氏の研究［山本佐門『ドイツ社会民主党とカウツキー』北海道大学図書刊行会，1981年，第8章］も同様である。

67)　レーマーの生涯については，東ドイツの軍事史家ヴェルナー・ザロモンの先駆的業績［Werner Salomon, Josef Römer. Vom kaiserlichen Offizier zum Soldaten der Revolution, in: *Militärgeschichte* 13 (1974), S. 321-331]によって一応のアウトラインが描かれた。またドイツ統一後は，旧カール・マルクス大学（現ライプツィヒ大学）の学生オスヴァルト・ビントリヒの卒業論文が，レーマーの娘ズザンネ・レーマーの助力のもとに公刊されており［Oswald Bindrich, Beppo Römer, in: Oswald Bindrich / Susanne Römer, *Beppo Römer. Ein Leben zwischen Revolution und Nation*, Berlin 1991, S. 25-63]，これによってレーマーの全生涯にわたる活動が明らかとなった。なお同書には，反ナチ抵抗運動におけるレーマーの位置づけを検討したペーター・シュタインバッハの序文［Peter Steinbach, Beppo Römer in der Geschichte des Widerstands gegen den Nationalsozialismus, in: ebd., S. 7-22]も寄せられている。

試みは，すでに1970年代末から東西両ドイツで隆盛を迎えた「日常史［All-tagsgeschichte］」の分野においてなされてきた[68]。だが，そこにおいては「経験［Erfahrung］」概念が理論的に吟味されることはなく，それゆえ「体験［Erlebnis］」概念や「認識［Wahrnehmung］」概念としばしば混同されるという問題が生じていた[69]。

　そうした中で，「経験」概念の理論的・方法的な整理をおこなったのが，ベンヤミン・ツィーマンやクラウス・ラッツェルの戦争経験研究であった[70]。彼らはそこで，アルフレッド・シュッツやその弟子であるピーター・L・バーガー，トーマス・ルックマンらの現象学的社会学ないし知識社会学[71]，そしてラインハルト・コゼレックの概念史ならびに歴史的意味論を参照しながら[72]，「体験［Erlebnis］」概念と「経験［Erfahrung］」概念とを明確に区別した。すなわち，「体験」が「ある出来事に対する膨大な印象が，当事者の中ですでに選別・限定された状態」のことを指すのに対し，「経験」とは「体験」の解釈ないし説明であり，いってみれば「注意を向けることで特徴づけられた体験」である[73]。例えば戦場で友人を失うといった体験は，リアルタイムで歴史主体が受

68）　この点については，星乃治彦「ドイツ民主共和国における最近の研究動向素描：『DDR 国民史』『日常史』等をめぐって」『歴史評論』429号（1986年）71-79頁；井上茂子「西ドイツにおけるナチ時代の日常史研究：背景・有効性・問題点」『教養学科紀要（東京大学）』19号（1986年）19-37頁；斎藤哲「日常史をめぐる諸問題：J. クチンスキー『ドイツ民衆の日常史』に寄せて」『政経論叢（明治大学）』55巻1/2号（1986年）233-322頁を参照。

69）　鈴木直志「新しい軍事史の彼方へ？：テュービンゲン大学特別研究領域『戦争経験』」『戦略研究』5号（2007年）247-261頁，ここでは250頁；同『広義の軍事史と近世ドイツ：集権的アリストクラシー・近代転換期』彩流社，2014年，74頁。

70）　Ziemann, *Front*；Klaus Latzel, Vom Kriegserlebnis zur Kriegserfahrung. Theoretische und methodische Überlegungen zur erfahrungsgeschichtlichen Untersuchung von Feldpostbriefen, in: *MGM* 56 (1997), S. 1-30.

71）　アルフレッド・シュッツ（桜井厚訳）『現象学的社会学の応用』新装版，御茶の水書房，1997年；ピーター・バーガー／トーマス・ルックマン（山口節郎訳）『現実の社会的構成：知識社会学論考』新版，新曜社，2003年。

72）　Reinhart Koselleck (Hg.), *Historische Semantik und Begriffsgeschichte*, Stuttgart 1979.

73）　Ziemann, *Front*, S. 23；Latzel, Kriegserlebnis, S. 13-14. また日本においても，オーラル・ヒストリー研究の第一人者である桜井厚氏や，「世代の歴史社会学」の構築を試みる村上宏昭氏が，それぞれアルフレッド・シュッツとウルリケ・ユーライトの議論に依拠しながら，「体験」と「経験」の違いについて論じている。桜井氏の整理において，「体験」とは「それを生きることによってしか把握できない」ものであるのに対し，「経験」とは「注意作用」によって反省的にとらえられたもの」である。[桜井厚『ライフストーリー論』弘文堂，2012年，18頁]。また村上氏の整理においても，「体験」は「出来事の直接的な，解釈以前の知覚」であるのに対し，「経験」は解釈だとされる。[村上宏昭『世代の歴史社会学：近代ドイツの教養・福祉・戦争』昭和堂，2012年，80頁]。両氏の認識は，ツィーマンやラッツェルのそれとほぼ一致する。

けとった知覚的印象であるが，それをもって平和主義を志向するのか，それとも逆に報復主義を志向するのかは，その後の体験の解釈，つまりは経験に左右される問題だといえる。そしてツィーマンとラッツェルは，こうした整理をもとに，第一次および第二次世界大戦下の兵士たちが戦場から書き送った野戦郵便を分析することで，その戦争経験の実相，つまりは兵士たちが戦争をどう受け止め，そしてどう意味づけたのかに迫ったのであった。

　ツィーマンとラッツェルによる戦争経験研究は，1990年代以降の「新しい軍事史」あるいは「軍隊の社会史」と呼ばれるドイツ軍事史研究のひとつの成果であった。そしてこうした戦争経験研究を軸に，経験史の方法は精査され，鍛え抜かれていくこととなる。とりわけその理論的枠組みの構築に寄与したのは，テュービンゲン大学において1999年から2008年まで推進された共同研究プロジェクト「戦争経験：近代における戦争と社会 [Kriegserfahrungen – Krieg und Gesellschaft in der Neuzeit]」であった。2006年8月から約半年間現地に赴き，同プロジェクトに携わった鈴木直志氏は，その特色を以下のようにまとめている。

　　　関心の対象となるのは，戦争を経験した当事者が，戦争の現実をどのように解釈し，習得していったかということであり，さらには戦争経験が戦後の諸集団にどのような影響を及ぼしたかということである。「戦争経験」とはすなわち，一方では文字通り戦時の経験なのであるが，他方でそれは，平時にはいわば沈積し，コミュニケーションの過程を通じて人々が現実を認識し，解釈する時のモデルとして機能するのである。

　つまりここでいう経験とは，歴史主体と社会（構造）の間に位置し，前者が後者を認識し解釈する中で常に変化していくものであると同時に，時として認

---

74) 「新しい軍事史」ないし「軍隊の社会史」については，鈴木『広義の軍事史と近世ドイツ』第2章を参照。

75) このプロジェクトは，ドイツ研究振興協会（DFG）から助成を受けた「特別研究領域 [Sonderfor-schungsbereich：SFB]」として運営された。そこでの議論と成果は，日本においてもドイツ近世史家の鈴木直志氏により紹介されている。鈴木「新しい軍事史の彼方へ？」；同「ドイツ歴史学における戦争研究：戦争の経験史研究補遺」福間良明／野上元／蘭信三／石原俊『戦争社会学の構想：制度・体験・メディア』勉誠出版，2013年，279-299頁；同『広義の軍事史と近世ドイツ』第3章。

76) 鈴木「新しい軍事史の彼方へ？」253頁；同『広義の軍事史と近世ドイツ』77頁。

識や解釈の枠組み，つまりは「解釈型［Deutungsmuster］」そのものとして機能し，前者ならびに後者を強く規定するものでもある。例えば戦後日本において，第二次世界大戦は往々にして「二度と起こしてはいけない悲劇」とされてきたが，そうした戦争経験は平和主義という解釈型へと昇華され，日本社会に生きる人びとが目下の政治や国際情勢を認識し，解釈する際に用いられている[77]。このように経験史においては，歴史主体による出来事の認識や解釈という内面化のベクトルだけでなく，その外界としての社会（構造）への働きかけや影響という外面化のベクトルに対しても注意が向けられるのである。

　その際，コゼレックにより提唱された「期待の地平［Erwartungshorizont］」という概念が，特に重要な意味をもつ。例えば平和主義という解釈型が支配的な社会では，次なる戦争はあってはならないものであり，そのため人びとは戦争の阻止に向けて努力するであろう。逆に報復主義という解釈型が支配的な社会では，次なる戦争はむしろ望むべきものであり，そのため人びとは復讐と勝利の奪還に向けた準備を始めるだろう。つまり次に何が起こりうるか，ないしは起こるべきかという期待は，解釈型に左右されるし，そうした期待の地平は，常に現在と過去とを往還する中で形づくられる。そしてその広がりに準ずる形で，歴史主体は次なる「行為［Handlung］」に及ぶと仮定されるのである[78]。

　このように経験史における経験とは，現在という時間軸に足場を置きながら，過去の意味づけや未来への展望を繰り返す一連のプロセスということができる。そしてそのプロセスは，歴史主体がおかれた外的状況，つまりは社会的，経済的，そして政治的状況とその時代性によって規定されると同時に，逆にそれらに対して常に影響を及ぼすのである。

77）　この点については，鈴木『広義の軍事史と近世ドイツ』44頁；吉田裕『兵士たちの戦後史』岩波書店，2011年から大きな示唆を得た。

78）　「期待の地平」という概念は，コゼレックに由来するものである。Reinhart Koselleck, „Erfahrungsraum" und „Erwartungshorizont" - zwei historische Kategorien, in: ders., *Vergangene Zukunft. Zur Semantik geschichtlicher Zeiten*, Frankfurt a.M. ⁴2000, S. 349-375；鈴木「新しい軍事史の彼方へ？」252頁；同『広義の軍事史と近世ドイツ』76-77頁。こうした分析視角の実践例として，柳原伸洋氏は，ヴァイマル期のドイツ社会において，第一次世界大戦で使用が本格化した飛行兵器や空爆の経験を教訓とし，将来の戦争でドイツが空爆されることを想定した人びとにより，民間防空の必要性が積極的に宣伝されたという事実を明らかにしている。柳原伸洋「ヴァイマル期ドイツの空襲像：未来戦争イメージと民間防空の宣伝」『ヨーロッパ研究』8号（2009年）43-61頁。

26

　ここではそのような経験史の分析視角を採用し，まずは①歴史主体が義勇軍でいかなる事態に遭遇し（体験のレヴェル），②それをいかなる形で解釈し（経験のレヴェル），③その過程でいかなる将来を展望し（期待の地平のレヴェル），④次なる行動を展開していく（行為のレヴェル）のかを明らかにしたい。そうすることで，義勇軍経験が歴史主体と社会に及ぼした影響と，その相互作用を明らかにできるはずである。

3　史料としてのエゴ・ドキュメント

　なお，経験史の分析視角を意識的に取り入れて義勇軍戦士の生涯を検討した研究としては，管見の限りにおいて，コルネリア・ラウ゠キューネのものがほぼ唯一である[79]。彼女は，1919年に東部国境地域で対ポーランド国境闘争を展開したパウルスゼン義勇軍の指導者ハンス・コンスタンティン・パウルスゼンの戦時日誌を分析することで，その戦争体験と戦争経験を明らかにした[80]。ラウ゠キューネによれば，パウルスゼンの戦争体験は1918年ではなく，義勇軍を去る1920年にようやく終結した[81]。そしてその戦争経験の中で形作られた形式的権威への反感と有機的な戦友関係の重視は，彼が市民的生活に回帰し企業家となった後も，ヴァイマル共和国，第三帝国，ボン共和国を通じて，労使間の有機的

---

79) Cornelia Rauh-Kühne, Gelegentlich wurde auch geschossen. Zum Kriegserlebnis eines deutschen Offiziers auf dem Balkan und in Finnland, in : Gerhard Hirschfeld / Gerd Krumeich / Dieter Langewiesche / Hans-Peter Ullmann (Hgg.), *Kriegserfahrungen. Studien zur Sozial- und Mentalitätsgeschichte des Ersten Weltkrieges*, Essen 1997, S. 146-169.

　なお，日本では川合全弘氏の先駆的業績［川合全弘「戦争体験，世代意識，文化革新：ドイツ前線世代についての一考察」『産大法学』33巻3/4号（2000年）570-597頁］が，義勇軍運動への参加後に青年保守派の論客となったエドガー・ユリウス・ユングの戦争体験解釈を，エルンスト・ユンガーやハンス・ツェーラーといった同世代のナショナリストのそれとともに論じているが，そこで検討される史料はヴァイマル末期の回想録や論説が主である。

80) ハンス・コンスタンティン・パウルスゼンは1892年にヴァイマルの教養市民層家庭に生まれ，1914年8月に戦時志願兵となったのち，翌15年2月に予備役将校として東部戦線に赴いた。その後1916年半ばから1917年12月までの期間，マケドニアのプリレプに配された第11軍総司令部の兵站基地に勤務したのち，1918年12月までセルビア戦線とフィンランド内戦において山岳機関銃大隊を率いて戦った [Ebd., S. 146-150]。ドイツに敗戦と革命がもたらされた1918年11月，彼は「人々が全人格を投げ打ってまで得ようとした栄光が，もうじき終わろうとしている」と感じ，12月初頭の本国帰還後に「秩序の回復」を目指して義勇軍を結成した [S. 166]。また，パウルスゼンの全生涯については，Cornelia Rauh-Kühne, Hans Constantin Paulssen - Sozialpartnerschaft aus dem Geiste der Kriegskameradschaft, in : Paul Erker / Toni Pierenkemper (Hgg.), *Deutsche Unternehmer zwischen Kriegswirtschaft und Wiederaufbau. Studien zur Erfahrungsbildung von Industrie-Eliten*, München 1999, S. 109-192 を参照。

81) Rauh-Kühne, Kriegserlebnis, S. 163.

協調関係を重視する企業経営や社会政策を進めるうえでの原点となったとい[82]う。

　ラウ＝キューネによる戦争経験研究のパースペクティヴはこのように広いが，はたして戦争経験だけをもって第二次世界大戦後まで続くパウルスゼンの企業家活動の原点を説明できるのかは疑問である。そこでは当然，第一次世界大戦や義勇軍の経験だけではなく，ヴァイマル共和国の経験や第三帝国の経験，そして第二次世界大戦の経験とそれらの影響についても考慮する必要があるだろう。それゆえ義勇軍経験の史的分析を目指す本論では，シュプレンガーが「義勇軍の時代」と呼んだ1918年11月のドイツ革命勃発から1923年9月のルール闘争終結までの期間に焦点を絞ることとしたい。[83]

　ただ，史料の選定に際しては，ラウ＝キューネがパウルスゼンの戦時日誌を用い，またツィーマンやラッツェルが第一次および第二次世界大戦下の兵士による野戦郵便を利用したことに倣って，いわゆるエゴ・ドキュメントを主に用いることとしよう。

　鄭昞旭氏と板垣竜太氏が簡潔にまとめているように，そもそもエゴ・ドキュメントとは「ある個人が自らのことを中心に書いた記録全般を指す用語であり，具体的には日記のみならず書簡，回顧録などをも含む概念」である。[84]またドイツ，オーストリア，スイスなどのドイツ語圏においては，このエゴ・ドキュメントとほぼ同じ意味で「自己証言（文）[Selbstzeugnis]」という言葉が用いられている。この点を概観したクラウディア・ウルブリヒによると，個人が自分のこと，ないしは自分の属する集団について語ったり，証言したりしていれば，それはいかなる媒体であれ，自己証言（文）＝エゴ・ドキュメントとなりうるとのことである。[85]そしてミヒャエル・エプケンハンスらも指摘するように，このような自己証言（文）＝エゴ・ドキュメントは，「軍隊と戦争の経験史にとって，とりわけふさわしい。なぜならそこでは，軍隊や戦争の経験に意味を付与する試みとして，アクターと観察者による認識と解釈とが，まずもっ

---

82) Ebd., S. 167-168.

83) Sprenger, *Landsknechte*, S. 10.

84) 鄭昞旭／板垣竜太「はじめに」同編『日記が語る近代：韓国・日本・ドイツの共同研究』同志社コリア研究センター，2014年，1-11頁，ここでは8頁。

85) クラウディア・ウルブリヒ（服部いつみ訳）「歴史的視点から見たヨーロッパの自己証言文：新たなアプローチ」同上，38-58頁。

28

て重要とされるからである」。[86]

　本論で利用するエゴ・ドキュメントは，基本的に対象人物たるシュラーゲター，レーバー，レーマーによって記されたものである。ここでは，その中でも特に中心的な位置を占める3つの史料について確認しておこう。

　1つ目はシュラーゲターの手紙である。これは，ナチ政権成立後の1934年，シリーズ『決起：現代史史料集 [Erhebung. Dokumente zur Zeitgeschichte]』のひとつとして，『ドイツは生きねばならない：書簡集』という題名で刊行されたものであり，同シリーズのラインナップにはその他にも，ヨーゼフ・ゲッベルス，ヘルマン・ゲーリング，そしてアドルフ・ヒトラーの著作が並んでいる。[87] それゆえ厳密にいえば，手紙の原本ではなく，ナチ期に編纂され刊行されたプロパガンダ的性格の強い『書簡集』が検討の対象となる。本論ではその点に十分注意を払いつつ，シュラーゲターの脱神話化と並行する形で，彼の第一次世界大戦と義勇軍運動の経験について検討することとしたい。

　2つ目はレーバーの論説記事である。これは，彼が1921年からリューベックのドイツ社会民主党（SPD）機関紙『リューベッカー・フォルクスボーテ [Lübecker Volksbote]』の編集委員を務めた際，その紙面に掲載された論説記事を指す。媒体が新聞という性格上，内容は主に時事問題についてであり，彼が自分自身のことについて語った記事はごくわずかである。だが，そこからはレーバーの社会民主党員，そして共和派としての「われわれ」意識をみて取ることができる。本論ではそうした意識と義勇軍経験との絡み合いに注目してみよう。

　3つ目はレーマーの尋問調書である。ヴァイマル期を通じ，右翼としても左翼としても官憲側からその言動を注視され，さらにナチ期にはゲスターポの監

---

86) Michael Epkenhans / Stig Förster / Karen Hagemann, Einführung. Biographien und Selbstzeugnisse in der Militärgeschichte - Möglichkeiten und Grenzen, in: dies. (Hgg.), *Militärische Erinnerungskultur. Soldaten im Spiegel von Biographien, Memoiren und Selbstzeugnissen*, Paderborn 2006, S. IX-XVI, ここでは XV を参照。また，鈴木「ドイツ歴史学における戦争研究」283頁も参照。なお，エゴ・ドキュメントを用いて歴史主体の経験に肉薄しようとする試みは，すでに日本の西洋史研究においても大きな成果を残している。この点については，松井康浩『スターリニズムの経験：市民の手紙・日記・回想録から』岩波書店，2014年；槇原茂編『個人の語りがひらく歴史：ナラティヴ／エゴ・ドキュメント／シティズンシップ』ミネルヴァ書房，2014年を参照。

87) Albert Leo Schlageter, *Deutschland muß leben. Gesammelte Briefe*, hg. und mit einem Nachw. versehen von Friedrich Bubendey, Berlin 1934, S. 2.

視下におかれていた彼は，その生涯において幾度となく尋問を経験している。ここではそのうち，ミュンヘン検察庁のもとでおこなわれた1922年10月の尋問と，ドイツ最高検察庁のもとでおこなわれた1926年10月の尋問の調書記録を中心に用いることとする。焦点となるのは，彼の義勇軍経験がどのような形でコミュニストへの回路を準備したかである。

4　同時代文脈との照合

　ただし，エゴ・ドキュメントをもとに個人や集団の経験を検討しようとする際，常につきまとうのは，彼ら／彼女らがはたして本当のことを語っているのか，という真正性をめぐる問題である。なるほど，確かに本論が経験史的な視座に立つのであれば，これはあまり大きな問題ではないように思われる。なぜなら，歴史主体の主観とそれにもとづく証言を重視するのであれば，たとえ証言内容が実際の出来事にそぐわないものだとしても，そのような矛盾やズレそのものに価値があるのであって，その真正性を問うこと自体が不毛だからである。

　だが，経験という問題を，体験→解釈→期待→行為という絶えざる円環運動の中で考えるとき，歴史主体が実際にいかなる行為に及んだかという点に関しては，従来的な実証研究の作法が依然として必要になってくる。なぜなら，体験の解釈と期待が主体の内面世界における営みであるのに対して，行為だけは外界に働きかける実際の出来事に相違ないからである。

　したがって本論では，主体の行動の分析に際しては，別の証言とのつきあわせによって，その確からしさを担保することとしたい。それゆえ史料としては，シュラーゲター，レーバー，レーマーらのエゴ・ドキュメントだけでなく，彼らの所属部隊の内部史料や，その上官などが記した戦史や連隊史も同時

---

88)　尋問調書はバイエルン州立文書館のミュンヘン検察庁関係文書［StAM, StAnw, Nr. 2870a/2］とベルリン＝リヒターフェルデ文書館の最高検察庁関係文書［R 3003/14aJ 356/26］に所蔵されている。

89)　さらに鈴木氏は，経験史と真正性をめぐる問題について，次のようにまとめている。「経験史では，戦争の直接経験と戦後に変容した経験，すなわち後世に顧みられた戦争とのあいだに真正性の優劣を認めない。つまり戦後の読み替えは，それがどのような種類のものであろうとも，戦争経験の「歪曲」とは見なされないのである。なぜなら，経験史的アプローチに基づけば，後に顧みられた戦争経験もまた，それが語られている時期の人々の行動を方向づけるものである限り，そこに真正性が見いだされるからである。」鈴木「ドイツ歴史学における戦争研究」283頁。

に用いる。とりわけ重要なのは，シュラーゲターが所属した「バルト国土防衛軍［Baltische Landeswehr］」の部隊史料と，レーマーが所属した「オーバーラント義勇軍［Freikorps Oberland］」の部隊史料である。ここからは部隊がおこなった作戦についての詳細とともに，部隊全体の集団的経験を読み取ることができる。

　また，当時の新聞雑誌や第三者による証言，そしてシュプレンガーやツヴィッカーらが検討した義勇軍神話ないしはシュラーゲター神話の源泉たる義勇軍文学もまた，重要な史料である。そこでは，彼らを英雄視したり，逆に貶めたりするような語りも少なくなく，内容に関しても，彼らの自己証言と矛盾する部分も多い。しかしだからこそ，それらをつきあわせ，同時代の文脈に照らすことが重要なのである。

　本論は5つの章からなる。まず第1章で1918/19年のドイツ革命期における義勇軍運動の形成と展開を確認し，続く第2章でシュラーゲター，第3章でレーバー，第4章でレーマーの義勇軍経験を1922年の段階まで検討したのち，第5章では1923年のルール闘争期における3名の義勇軍経験の交差について明らかにする。そして最後に，全体の考察をまとめることとしたい。

---

90) ベルリン＝リヒターフェルデ連邦文書館に所蔵されるバルト国土防衛軍関係文書［BAB, R 8025］バイエルン州立中央文書館第四部門戦争文書館に所蔵されるオーバーラント義勇軍関係文書［BayHStA, Abt. IV, Freikorps Mannschaftsakten 13］がそれにあたる。

第1章

ドイツ革命期における義勇軍運動の
形成と展開

はじめに

　第一次世界大戦の敗北とドイツ革命は，ドイツが帝政と決別し，新たに共和
国として出発するうえでの重要な転機であった。だが，そこでは同時に「国家
暴力が弱体化し，私兵や民間暴力が復活」するという「歴史の逆転現象」が生
じており，成立間もない共和国は，この「逆転現象」をいかにして克服するか
という課題に直面することとなる。そして国家の「暴力装置」たる正規軍が機
能不全に陥っている以上，「国家暴力」回復のためには，「私兵や民間暴力」の
中から新たな「暴力装置」を創出するほかなかった。

　第一次世界大戦後のドイツにおいて，義勇軍をはじめとする志願兵部隊が叢
生し，ドイツ国内での市街戦や東部国境地域の守備，そしてバルト地域への干
渉戦争に投入されたのは，まさにこのような歴史的文脈においてである。そし
てその動きは，政府による「上からの」介入や軍隊的な上意下達の指揮命令系
統に加えて，様々な意図や目的，方向性が入り乱れる中で形成された，まさに
義勇軍運動と呼ぶにふさわしいものだった。

　本章では，ヴァイマル初期における義勇軍運動の経験史を解明するうえでの
前段階として，ひとまずドイツ革命期における義勇軍運動の全体像を明らかに
することを課題としたい。具体的には，まず義勇軍の結成とその背景を概観し
たのち，ドイツ国内における義勇軍運動，ならびに東部国境地域やバルト地域
といったドイツ東方における義勇軍運動の軌跡をそれぞれ検討し，最後に義勇
軍がいかなる社会層から構成されていたのかを考察してみよう。

---

1)　星乃治彦「街頭・暴力・抵抗」田村栄子／星乃治彦編『ヴァイマル共和国の光芒：ナチズムと近代の相克』
　　昭和堂，2007年，256-285頁，ここでは258-259頁。

32

1 義勇軍の結成とその背景

1 志願兵部隊設立構想の浮上

　志願兵部隊設立構想の起源は，第一次世界大戦末期の1918年9月末にまで遡る。中央同盟諸国の軍事的敗北が決定的となったこの当時，ドイツ政治権力の中枢を握っていた最高陸軍司令部（OHL）は，国内における厭戦気分の高まりを前に，革命への危機感を募らせていた。だがその一方で，「万一の革命的事態に対する，体制側の唯一の備えであった」本国軍は，すでに解体の兆しをみせており[2]，また前線後方の兵站部隊においても，脱走や物資の略奪が日常茶飯事となっていた[3]。事態をみかねた OHL は，これ以上の戦争継続を困難と判断し，政府との協働のもと敗戦処理に乗り出した。そこでは，和平交渉を成功に導くという外政上の目標とともに，議会主義にもとづく「上からの革命」を通じて「下からの革命」を未然に防ぐという内政上の目標も掲げられることとなった[4]。

　1918年10月1日，OHL 参謀次長エーリヒ・ルーデンドルフはスパーの大本営に集まった参謀将校らに向けて，戦争の即時終結がもはや不可避であることを宣言した。ただし，彼はそこで自らの戦争指導上の誤りを省みることなく，帝国陸軍が「スパルタクス的・社会主義的理念という害毒」からの「深刻な汚染」を受けた「もはや信頼のおけない」軍隊であることをひたすらに強調した[5]。そしてこの演説が終わったのち，OHL 内部では「今後起こりうる革命の

---

2)　木村靖二『兵士の革命：1918年ドイツ』東京大学出版会，1988年，34-36頁。

3)　Georg Ludwig Rudolf Maercker, *Vom Kaiserheer zur Reichswehr. Geschichte des Freiwilligen Landesjägerkorps. Ein Beitrag zur Geschichte der deutschen Revolution*, Leipzig 1921, S. 19; Wilhelm Deist, *Militär, Staat und Gesellschaft. Studien zur preußisch-deutschen Militärgeschichte*, München 1991, S. 225-226.

4)　この「10月改革」の推進者のひとりである外務長官ヒンツェは，次のように述べている。「上からの改革を私はさしあたり，下からの革命の予防策と考えた……上から国王の発意によって革命を開始すれば，それが1つの転機となり，勝利から敗北への転換が，多くの利害関係者を政府協力に引き込むことで，耐えうるものとなるであろう。これは一時的な効果があるであろう。」『ベルリン・嵐の日々 1914-1918：戦争・民衆・革命』ディーター・グラツァー／ルート・グラツァー編（安藤実／斎藤瑛子訳）有斐閣，1986年，336頁。

5)　Albrecht von Thaer, *Generalstabsdienst an der Front und in der O.H.L. Aus Briefen und Tagebuchaufzeichnungen 1915-1919*, hg. von Siegfried A. Kaehler, Göttingen 1958, S. 234-235 (Tagebuch, 1.10.1918). ルーデンドルフはこのほか，西部戦線軍がドイツ国内に革命をもちこむのではないかとの懸念も表明していた。

鎮圧」を目的とした志願制の精鋭部隊の組織化が提案され，その実現に向けて複数の参謀将校たちが動き始めた[6]。いうなれば，義勇軍はその構想の段階からすでに「帝国陸軍の有事に備えたオルタナティヴ」（ウルリヒ・クルーゲ）としての役割を期待されていたのである[7]。

ただ，志願兵部隊設立構想が革命に先駆けて実現することはなく，OHL の対応は1918年11月3日に始まる評議会運動を前に，完全に遅れをとる形となる。参謀本部の内部では，革命の鎮圧と皇帝ヴィルヘルム2世の護衛のため「信頼できる」前線軍部隊を動員する案が出された。だが，そうした目論見はスパーに集められた約2万の部隊が，皇帝と将校団に叛旗を翻した瞬間，もはや現実性を失った。将軍たちには，今や皇帝に退位を進言する道しか残されていなかった[8]。

かくして帝政から共和政への転機が訪れた。1918年11月9日，首都ベルリンでは皇帝の退位が布告されると同時に，ドイツ社会民主党（SPD）党首フィリップ・シャイデマンがドイツ共和国の建設を宣言し，彼と共同党首を務めるフリードリヒ・エーベルトが臨時宰相に就任した。ただ，ピーター・ゲイがいうように，それは「純粋な共和主義の熱狂からではなく，カール・リープクネヒトによるソヴィエト共和国をなんとか出し抜こうとする焦りから」生じたものだった[9]。第一次世界大戦末期から政権の座にあった SPD の指導者らにとって，優先すべきは目下の政治的・軍事的混乱の収拾であり，革命運動のこれ以上の進展は決して望ましいことではなかったのである[10]。

それゆえ新生ドイツ共和国の最初の目標は，いかにして早急に秩序を回復・

---

6) Ebd., S. 297；Hagen Schulze, *Freikorps und Republik 1918-1920*, Boppard a.Rh. 1969, S. 23-24.

7) Ulrich Kluge, *Die deutsche Revolution 1918/1919. Staat, Politik und Gesellschaft zwischen Weltkrieg und Kapp-Putsch*, Frankfurt a.M. 1985, S. 152.

8) *RdV*, T. 1, S. 13；Ernst-Heinrich Schmidt, *Heimatheer und Revolution 1918. Die militärischen Gewalten im Heimatgebiet zwischen Oktoberreform und Novemberrevolution*, Stuttgart 1981, S. 125；J・W・ウィーラー=ベネット（木原健男訳）『ヒンデンブルクからヒトラーへ：ナチス第三帝国への道』東邦出版社，1970年，170-175頁；木村『兵士の革命』190-191頁。

9) ピーター・ゲイ（亀嶋庸一訳）『ワイマール文化』みすず書房，1999年，13頁。

10) Aufzeichnung über die Besprechung zwischen der sozialdemokratischen Deputation und dem Reichskanzler Prinzen Max von Baden, 9.11.1918, in：*MuO*, Dok. 13, S. 140-142.
　　なお，1918年11月9日までドイツ帝国宰相を務めたマックス・フォン・バーデン公の回想によれば，エーベルトは11月7日に次のように語ったとされる。「皇帝が退位しなかった場合，社会革命は避けられないでしょう。しかし，私はそれを望んではいません。そう，私はそれを罪悪のように憎んでいるのです。」Prinz Max von Baden, *Erinnerungen und Dokumente*, Stuttgart 1927, S. 599.

維持するかという点に向けられた。エーベルトは1918年11月10日，SPD と独立社会民主党（USPD），民主党（DDP）からなる臨時政府「人民委員会議［Rat der Volksbeauftragten]」を立ち上げると同時に，10日夜から翌11日にかけて，ルーデンドルフの後任である OHL 新参謀次長ヴィルヘルム・グレーナー[11]との間で電報を交わし，ドイツに再び「安寧と秩序」を取り戻すという点で一致した（「エーベルト＝グレーナー同盟」）[12]。ドイツ共和国では以後しばらくの間，この政軍間の協力関係を基軸とする形で，「共和国ないし国家の防衛のためには，ラディカルな手段をも辞さない」という「国防上の合意」（リュディガー・ベルギーン）[13]が形成されることとなる。そして革命勃発により一時凍結状態におかれた志願兵部隊設立構想は，まさにこうした動きの中で再浮上し，現実のものとなっていくのである。

2　ドイツ東方からの要請

　ドイツ革命勃発後，「強力な政府権力」の樹立を目指した OHL は，大本営のカッセル移設と並行する形で，西部線戦における精鋭部隊の組織化を検討していた[14]。ただ，最終的に志願兵部隊の設立を決定づけたのは，ドイツ国内の情勢ではなく，ドイツ東方からの要請であった。

　第一次世界大戦後のドイツ東方，つまりプロイセン東部諸県と東欧の旧ドイツ占領地域は，政治的・領域的にみて非常に不安定な状態にあった。ボルシェヴィズムの台頭とともに，ポーランドやウクライナ，バルト諸民族のナショナリズムが興隆する中，OHL は各地域の兵士評議会と協力関係を結ぶことによ

---

11)　ルーデンドルフは1918年10月26日，OHL とドイツ政府が連合国との和平交渉の最終調整に臨む中で，突如として陸軍に対し戦争継続を呼びかけた。これは完全な独断にもとづくものであり，それゆえルーデンドルフは同日中に参謀次長を解任され，その後任にはグレーナーが就任した。このルーデンドルフ失脚劇は，OHL における戦争継続主義の終焉を意味すると同時に，ドイツにおける政治的イニシアティヴが再び文民政府の手に委ねられたことを示す象徴的な出来事であった。H・A・ヴィンクラー（後藤俊明／奥田隆男／中谷毅／野田昌吾訳）『自由と統一への長い道〈Ｉ〉：ドイツ近現代史 1789-1933年』昭和堂，2008年，369頁。

12)　Telegramm Groeners an den Reichskanzler und die neue Regierung, 10.11.1918, in : *MuO*, Dok. 20, S. 148-149 ; Wilhelm Groener, *Lebenserinnerungen. Jugend, Generalstab, Weltkrieg*, hg. von Friedrich Frhr. Hiller von Gaertringen, mit einem Vorw. von Peter Rassow, Göttingen 1957, S. 468-469.

13)　Rüdiger Bergien, *Die bellizistische Republik. Wehrkonsens und „Wehrhaftmachung" in Deutschland 1918-1933*, München 2012, S. 80.

14)　Telegramm Groeners an den Reichskanzler Ebert, 11.11.1918, in : *MuO*, Dok. 27, S. 160 ; 篠塚敏生『ドイツ革命の研究』多賀出版，1981年，154頁。

り，一刻も速い秩序の立て直しをはかった[15]。しかしながら，目下の混乱に対する現地のドイツ人エリート層の不安は膨らむ一方であり，それは最終的に中央機関に対する志願兵部隊の派遣要請へと帰結した。例えば1918年11月14日，ブレスラウの人民評議会は「ポーランドのボルシェヴィスト分子[16]」がドイツ人労働者を「絶えず」煽動しているという理由から，「非常に信頼のおける，他地域出身者からなる部隊」を「早急に派遣する」よう，エーベルトに要請した[17]。またその翌日には，東部戦線を覆う広大な占領軍政「オーバー＝オスト ［Ober-Ost][18]」から，OHL とプロイセン陸軍省に志願兵部隊設立への同意が求められた。それは，「旧年次兵たちからなる東部陸軍の諸部隊は，迅速な帰郷を切に望んでいます。兵員たちの大半は自宅や農場，妻や子どものことを心配

---

15) *Darstellungen aus den Nachkriegskämpfen deutscher Truppen und Freikorps*, Bd. 1 : *Die Rückführung des Ostheeres*, im Auftr. des Reichskriegsministeriums bearb. und hg. von der Forschungsanstalt für Kriegs- und Heeresgeschichte, Berlin 1936, S. 16-17 ; Schulze, *Freikorps*, S.102-103 ; Hannsjoachim W. Koch, *Der deutsche Bürgerkrieg. Eine Geschichte der deutschen und österreichischen Freikorps 1918-1923*, Dresden ³2014, S. 125 ; Bernhard Sauer, Vom „Mythos eines ewigen Soldatentums". Der Feldzug deutscher Freikorps im Baltikum im Jahre 1919, in : *ZfG* 43 (1995), H. 10, S. 869-902, ここでは S. 870-871 ; Boris Barth, Die Freikorpskämpfe in Posen und Oberschlesien 1919-1921. Ein Beitrag zum deutsch-polnischen Konflikt nach dem Ersten Weltkrieg, in : Dietmar Neutatz / Volker Zimmermann (Hgg.), *Die Deutschen und das östliche Europa. Aspekte einer vielfältigen Beziehungs- geschichte. Festschrift für Detlef Brandes zum 65. Geburtstag*, Essen 2006, S.317-333, ここでは S. 318-319.

16) ドイツ革命期の東部諸県で結成された「人民評議会 [Volksrat]」は，ドイツ本国の労働者・兵士評議会とは異なり，社会主義的性格はほとんど有しておらず，実態としてはポーランド・ナショナリズムへの対抗組織であった。Koch, *Bürgerkrieg*, S. 126 ; Rainer Schumacher, *Die Preußischen Ostprovinzen und die Politik des Deutschen Reiches 1918-1919. Die Geschichte der östlichen Gebietsverluste Deutschlands im politischen Spannungsfeld zwischen Nationalstaatsprinzip und Machtanspruch*, Köln 1985, S. 42.

17) Volksrat in Breslau an Reichskanzler Ebert, dringend, 14.11.1918, in : Archiwum Państwowe we Wrocławiu, Zentraler Volksrat in Breslau, 1918-1920, Nr. 12, Bl. 33, zit. nach : Bergien, *Republik*, S. 79.

18) 「オーバー＝オスト [Ober-Ost]」とは，「東方における全ドイツ軍最高司令官 [Oberbefehlshaber der gesamten deutschen Streitkräfte im Osten]」の略称である。第一次世界大戦中，ドイツ軍とオーストリア＝ハンガリー軍は東部戦線におけるロシア軍への勝利により，今日のエストニア，ラトヴィア，リトアニア，ベラルーシの一部を含む広大な領域を手にした。当時ドイツ第8軍の参謀長であったルーデンドルフは，1915年秋からこの領域に軍政を敷き，自給自足の官僚制的支配体制を確立するとともに，「軍や祖国への食料供給のため，また部隊やわれわれの戦時経済が必要とする雑多な装備や資材を調達するために」利用した。Erich Ludendorff, *Meine Kriegserinnerungen 1914-1918*, Berlin 1919, S. 146. オーバー＝オストについては，Vejas Gabriel Liulevicius, *War Land on the Eastern Front. Culture, National Identity and German Occupation in World War I*, Cambridge 2000 ; ders. Ober-Ost, in : *EEW*, S. 753-754 を参照。

また，日本でもこのリューレヴィシャスの研究に依拠したものとして，谷喬夫『ナチ・イデオロギーの系譜：ヒトラー東方帝国の起原』新評論，2012年がある。ここでは特に21-31頁を参照。

36

しているのです。当地域のこれ以上の占拠は不可能と判断します」との状況判断ゆえであった[19]。

　こうしたドイツ東方からの要請に対し，軍部はすぐさま反応した。東部諸県については1918年11月15日，プロイセン陸軍省が「国境の東側から迫る危険から東部諸県を防衛する」ために「労働者・兵士評議会と共同で軍司令部『東部郷土守備機構［Heimatschutz-Ost]』を設立する」旨を公布し[20]，さらにこの方針は11月19日に新政府からの承認を得た[21]。また旧ドイツ占領地域についても16日，「志願制の部隊の設立」がOHLによって承認された[22]。

　しかしながら，ドイツにとってより深刻な事態は，休戦協定の第13条から15条までの規定にもとづく形で，第一次世界大戦中に他国と結んだ協定および条約のほとんどが無効とされたことであった[23]。これにより，1918年3月に独ソ間で締結されたブレスト＝リトフスク講和条約は効力を失い，ソヴィエト・ロシアによる侵攻の可能性が，現実的な問題として浮上することとなる。

　もちろん，この状況を危機と捉えたのはドイツだけでない。ヨーロッパにおける新秩序の一刻も早い構築を目指す連合国にとっても，ボルシェヴィズムの「西漸」は看過できない事態であった。そこで連合国は，「戦前ロシアに帰属していた諸地域に現存するドイツの全部隊は，連合国がこれらの地域の内部情勢を斟酌し，時機が来たと判断し次第，1914年8月1日時点でのドイツ国境の内側へと撤退しなければならない」とする休戦協定第12条の文言を利用し[24]，逆にその「判断」を見送ることで，ドイツの軍事力をボルシェヴィズムへの防壁として利用しようと試みたのである[25]。

　また，さらにバルト地域へ眼を転じると，ラトヴィア独立共和国（1918年11

---

19) *Darstellungen*, Bd. 1, S. 19.

20) Erlaß des preußischen Kriegsministers über die Bildung des A.O.K „Heimatschutz Ost", Berlin, 15.11.1918, in : *UuF*, Bd. 3, Nr. 693, S. 315.

21) Kabinettssitzung am 19.11.1918, in : *RdV*, T. 1, Nr. 17, S. 105-107, ここでは S. 107 ; Peter Keller, „*Die Wehrmacht der Deutschen Republik ist die Reichswehr". Die deutsche Armee 1918-1921*, Paderborn 2014, S. 58.

22) Schreiben von Groener an den Befehlshaber Ober-Ost, 16.11.1918, in : *MuO*, Dok. 51, S. 185.

23) Das Waffenstillstandsabkommen zu Compiègne, 11.11.1918, in : *UuF*, Bd. 2, Nr. 457, S. 482-487.

24) Ebd., S. 484.

25) この点については，連合国の対義勇軍政策を論じたウィリアムスの研究を参照。Warren E. Williams, Die Politik der Alliierten gegenüber den Freikorps im Baltikum 1918-1919, in : *VfZ* 12 (1964), H. 2, S. 147-169, ここでは S. 150.

月18日成立）の初代首相カルリス・ウルマニスが，ドイツから派遣された対バルト地域全権使節アウグスト・ヴィニヒ（SPD）に対し，ドイツ軍の駐留継続を要請していた。独自の武装権力の創生に手間取っていたラトヴィア政府にとっても，頼みの綱はドイツの軍事力であった。[27]

3 義勇軍の結成と投入

プロイセン陸軍省は1918年11月27日，第1，第2，第3，第4，第17，第20軍管区において志願兵の徴募を開始し，12月15日までにその領域を全国規模にまで広げた。その際，「志願制の部隊の設立」という課題を実際に担ったのは，現地の兵士評議会や，部隊統率能力があると判断された旧陸軍指揮官らであった。[28] 例えばバルト地域では，1918年11月29日，ミタウの兵士評議会とリガの中央兵士評議会，第8軍最高指揮官であるフーゴ・フォン・カーテン将軍，そしてヴィニヒによる討議の結果，志願兵の徴募が決定され，その後は兵士評議会のイニシアティヴのもとで「鉄旅団［Eiserne Brigade］」が結成された。[29] 続いて西部戦線においても，OHL作戦部長官ヴィルヘルム・ハイエ大佐からの依頼を受けた旧陸軍第214歩兵師団の指揮官ゲオルク・ルートヴィヒ・ルドルフ・メルカー少将が，ヴェストファーレンの小都市ザルツコッテンにて志願兵の徴募を開始した。メルカーは12日14日までに志願兵部隊設立に関する基本指令第1号を発し，自らの部隊を「義勇国土猟兵団［Freiwilliges Landesjäger-korps］」と名づけた。同団の従軍日誌によると，その設立目的は「信頼できる」兵員たちを野戦部隊から選び出し，「ボルシェヴィキとポーランドからの

---

26) この点については，ブリュッゲマンが指摘するように，ラトヴィアが依然としてドイツによる事実上の占領下にあったことも考慮すべきであろう。Karsten Brüggemann, *Die Gründung der Republik Estland und das Ende des „Einen und unteilbaren Russland". Die Petrograder Front des Russischen Bürgerkrieges 1918-1920*, Wiesbaden 2002, S. 189-190.

27) Keller, *Wehrmacht*, S. 62-63. ラトヴィア共和国臨時政府の対外政策については，志摩園子「ラトヴィヤ臨時政府の対外政策 1918年-1920年」『国際政治』96号（1991年）21-34頁を参照。また，ボルシェヴィキ側の動きについては，山内昭人「ラトヴィヤ・ソヴェト政権と『世界革命』（1918年秋〜1919年春）：リュトヘルスとインタナショナル（続1）」『史淵』142号（2005年）77-134頁を参照。

28) この点については，例えば Harold J. Gordon, *The Reichswehr and the German Republic 1919-1926*, Princeton 1957, pp. 22-24；Jun Nakata, *Der Grenz- und Landesschutz in der Weimarer Republik 1918-1933. Die geheime Aufrüstung und die deutsche Gesellschaft*, Freiburg 2002, S. 22-23を参照。

29) *Darstellungen*, Bd. 1, S. 138-145；Ulrich Kluge, *Soldatenräte und Revolution. Studien zur Militärpolitik in Deutschland 1918/19*, Göttingen 1975, S. 303-304.

東部国境の防衛のため，そしてスパルタクスとの闘争のために」投入すること
にあった[30]。

だがその後の展開において，義勇国土猟兵団が「スパルタクスとの闘争」を
繰り広げることはあっても，「ボルシェヴィキとポーランドからの東部国境の
防衛」に従事することはついになかった。それというのも，1918年12月末にベ
ルリンで起きた「血のクリスマス事件」と呼ばれる出来事が，新政府の軍事的
無力を露呈させるとともに，義勇軍投入のベクトルをドイツ東方から，ドイツ
国内へと向かわせる契機となったからである。

1918年11月末，首都ベルリンにはすでに政府やSPD，USPDの指導のもと，
「共 和 国 兵 士 隊 [Republikanische Soldatenwehr]」，「保 安 隊 [Sicherheits-
wehr]」，そして「人民海兵団 [Volksmarinedivision]」という3つの志願兵部
隊が組織されていた[31]。しかしながら，このうち革命水兵を中心に結成された人
民海兵団は，12月6日に軍部が起こした反革命行動の失敗を機に左傾化してい
き，徐々に政府との対立を深めていった[32]。

これを危惧したベルリン市司令官オットー・ヴェルス（SPD）は，人民海兵
団にその駐屯地であるベルリン王宮からの撤退を求めるとともに，兵員の削減
と共和国兵士隊への合流を要請した。だが，水兵たちは一度この提案を受け入
れながらも，依然として王宮内にとどまり続け，23日には給料の支払いを求め
て首相官邸を封鎖するに至った。これに対し，政府側部隊は官邸周辺の包囲に
乗り出し，その途上で人民海兵団所属の水兵2名を射殺するに至る。そして同
志の殺害に憤激した水兵たちは，政府への報復のためヴェルスら数名の社会民
主党員を捕縛し，ベルリン王宮にまで連行したのであった[33]。

かくして，人民海兵団と政府側部隊との緊張は頂点に達した。政府側部隊を

---

30) Zit. nach: Ernst von Salomon (Hg.), *Das Buch vom deutschen Freikorpskämpfer*, hg. im
Auftr. der Freikorpszeitschrift „Der Reiter gen Osten", Berlin 1938, S. 54. なお，メルカーは自ら，
義勇国土猟兵団が初の義勇軍であると主張している [Maercker, *Kaiserheer*, S. 41] ものの，シュルツェに
よれば，これは誤りであり，最初の義勇軍はグレーナーによって志願兵部隊の設立が承認される5日前の1918
年11月11日にフォルク少尉によって編成されていた [Schulze, *Freikorps*, S. 26]。
31) これら3つの部隊の主導権をめぐる政府と評議会運動との緊張関係については，Kluge, *Soldatenräte*, S.
177-180を参照。
32) 篠塚『ドイツ革命の研究』171-172頁；山田義顕「ドイツ革命期の『人民海兵団』（下）」『歴史研究（大阪
府立大学）』31号（1993年）61-76頁。
33) Scott Stephenson, *The Final Battle. Soldiers of the Western Front and the German Revolu-
tion of 1918*, Cambridge 2009, pp. 267-268；篠塚『ドイツ革命の研究』172-174頁。

指揮するベルリン地区軍司令官アルノルト・レクヴィス中将は，1918年12月23日の晩から24日朝にかけて，人質の解放を求めベルリン王宮を包囲した。その際，政府側部隊の中核を担ったのは，西部戦線からの帰還部隊を中心に組織された「近衛騎兵隊狙撃兵師団 [Garde-Kavallerie-Schützen-Division：GKSD]」だった。そして GKSD の指揮官であるヴァルデマー・パプスト大尉は，人民海兵団への最後通牒ののち，政府の承認を得て王宮への砲撃を開始したのである[34]。

　ベルリン王宮周辺の銃撃戦は，結果として政府側部隊の敗北に終わった。なぜなら，保安隊や共和国兵士隊が戦闘のさなかに人民海兵団の側へと寝返り，政府側部隊の武装解除に乗り出したからである。これにより政府側部隊はポツダムへの撤退を余儀なくされ，人民海兵団は政府との直接交渉ののち，1918年12月31日にようやくベルリン王宮を明け渡したのであった[35]。

　この「血のクリスマス事件」と呼ばれる一連の出来事は，新生ドイツ共和国の軍事的無力を白日のもとに晒したのみならず，労働者に銃を向けることを拒んだ USPD 系人民代表委員の政権離脱をもたらした。そして SPD はこれを契機に，党の軍事専門家グスタフ・ノスケを新たに代表委員に任じ，軍部との緊密な連携のもとで義勇軍の本格的編成に着手することとなる[36]。それはまずもって「スパルタクス・グループからの政府の防衛」と「間近に迫る国民議会に向けた秩序の創成」を目的としたものだった[37]。

---

34) Klaus Gietinger, *Der Konterrevolutionär. Waldemar Pabst - eine deutsche Karriere*, Hamburg 2009, S. 98.

35) Koch, *Bürgerkrieg*, S 44；山田「ドイツ革命期の『人民海兵団』（下）」71-72頁。

36) Robert G. L. Waite, *Vanguard of Nazism. The Free Corps Movement in Postwar Germany 1918-1923*, Cambridge ³1970, pp. 12-16 [ロバート・G・L・ウェイト（山下貞雄訳）『ナチズムの前衛』新生出版，2007年，10-11頁]；J・W・ウィーラー＝ベネット（山口定訳）『国防軍とヒトラー 1918-1945〈Ⅰ〉』新装版，みすず書房，2002年，38頁。

37) Ludwig Berg, *„Pro Fide et Patria!" Die Kriegstagebücher von Ludwig Berg 1914/18. Katholischer Feldgeistlicher im Großen Hauptquartier Kaiser Wilhelms II*, im Auftr. des Bischöflichen Diözesanarchivs Aachen, eingel. und hgg. von Frank Betker / Almut Kriele, Köln 1998, S. 842 (25. 12.1918).

2 ドイツ国内における義勇軍運動

1 ベルリンでの市街戦

ドイツ国内において1918年末までに結成された義勇軍は，メルカー少将の義勇国土猟兵団をはじめとして，ディートリヒ・フォン・レーダー少将の国土狙撃兵団，ベルンハルト・フォン・ヒュルゼン中将のヒュルゼン義勇軍など，基本的に旧陸軍の歩兵師団を前身としていた。[38] そしてこれらの部隊は，第一次世界大戦中に結成された「特攻隊［Stoßtrupp］」の部隊構造を引き継いでいた。特攻隊とは，敵の塹壕への突撃を目的に編成された特殊部隊であり，そこでは各部隊の自立的な作戦行動を可能ならしめるため，様々な兵科を擁した中・小隊レヴェルの部隊の形成や，下級将校や下士官たちへの指揮権付与がおこなわれていた。[39] そして義勇軍指導者らは，この特攻隊のフレキシブルな部隊構造を採用することで，来るべき市街戦に備えたのである。[40]

1919年1月初頭，ベルリンでは警視総監エミール・アイヒホルン（USPD 左派）の解任問題に端を発する大規模な抗議デモが勃発し，その過程でスパルタクス団の武装組織が市内の輸送機関や公共施設，軍需工場，そして SPD 機関紙『フォアヴェルツ［Vorwärts］』の編集局を次々と占拠していった。この動きに対し，SPD を首班とする新政府は武力で応じることを決意し，ノスケを政府側部隊の指揮官に任命した。ノスケはそこで，メルカーのもとに集められた義勇軍を政府側部隊の中核に据えるとともに，[41] その後ろ盾として，ベルリン郊外の地域住民を「住民軍［Einwohnerwehr］」へと組織化した。[42]

---

38) 例えば，義勇国土猟兵団は旧第214歩兵師団を，国土狙撃兵団は旧第115歩兵師団，ヒュルゼン義勇軍は旧第231歩兵師団をそれぞれ前身としていた。*Darstellungen aus den Nachkriegskämpfen deutscher Truppen und Freikorps*, Bd. 6 : *Die Wirren in der Reichshauptstadt und im nördlichen Deutschland 1918-1920*, im Auftr. des Oberkommandos des Heeres bearb. und hgg. von der Kriegsgeschichtlichen Forschungsanstalt des Heeres, Berlin 1940, S. 50-51 ; Gordon, *Reichswehr*, p. 431.

39) 特攻隊については，Koch, *Bürgerkrieg*, S. 68 ; Gerhard P. Gross, Stoßtrupp, in : *EEW*, S. 869-870 を参照。

40) Maercker, *Kaiserheer*, S. 51-52.

41) ノスケはすでに1919年1月4日，メルカーの部隊を視察するためエーベルトとともにツォッセンの宿営地を訪れていた。メルカーの回想によれば，「彼らは本物の兵士たちを再び目の前にし，驚き喜んでいた。軍楽隊の演奏が響き渡る中，毅然とした態度で四方から近づく部隊を見ながら，ノスケはエーベルトの方へと身をかがめてこう言った。『ご安心ください。これでまた万事上手くいきますよ。』」Ebd., S. 136.

かくして形勢を整えた政府側部隊は，スパルタクス団を中心とする左翼急進派への反撃を開始することとなる。そしてこのベルリン一月闘争において，義勇軍は残忍な殺戮行為に及んだ。例えば1919年1月11日の早朝，フランツ・フォン・シュテファーニ大佐率いるポツダム連隊のメンバーたちは，『フォアヴェルツ』編集局の「解放」[43]に際し，白旗を掲げて現れたスパルタキストたちをその場で射殺したとされる[44]。さらに15日には，スパルタクス団の指導者であるカール・リープクネヒトとローザ・ルクセンブルクがヴィルマースドルフの住民軍により捕縛され，GKSDの将校らに引き渡されたのち，それぞれ別々に射殺されたのであった[45]。

『ヴァイマル共和国史』の著者アルトゥール・ローゼンベルクは，こうした殺戮行為，特にリープクネヒトとルクセンブルクの殺害について，「殺害者たちはおそらく，スパルタクスの指導者たちを殺すことで祖国に奉仕したと信じたことであろう」[46]と論じているが，これはもちろん推測の域をでない。ただしここで確認しておかなければならないのは，政府や『フォアヴェルツ』が義勇軍を「解放者」として歓迎し，同時に多くのベルリン市民が「金切り声をあげて，リープクネヒトとルクセンブルクを殺せと叫んでいた」[47]という，この当時の状況である。義勇軍の虐殺行為は，反ボルシェヴィズムを基調とする同時代のファナティックかつヒステリックな雰囲気の中で行使され，それによってある程度肯定・容認されていた[48]。ベルリン一月闘争の死者数はおよそ200名とさ

---

42) ノスケは住民軍に対し，政府側部隊が去ったあとの「安寧と秩序」の維持を任せていた。Gustav Noske, *Von Kiel bis Kapp. Zur Geschichte der deutschen Revolution*, Berlin 1920 S. 74；Peter Bucher, Zur Geschichte der Einwohnerwehren in Preußen 1918-1921, in：*MGM* 9 (1971), S. 15-59, ここでは S. 23.

43) この作戦に関する詳細な記述としては，Wilhelm Reinhard, *1918-19. Die Wehen der Republik*, Berlin 1933, S. 74-79.

44) Friedrich Wilhelm von Oertzen, *Die deutschen Freikorps 1918-1923*, München 1936, S. 268；Waite, *Vanguard*, pp. 60-61［ウェイト『ナチズムの前衛』53頁］.

45) Waite, *Vanguard*, pp. 62-63［ウェイト『ナチズムの前衛』53頁］；Koch, *Bürgerkrieg*, S. 81-83；Bergien, *Republik*, S. 93. 特にローザ・ルクセンブルクの暗殺については，エリーザベト・ハノーファー=ドゥリュック／ハインリッヒ・ハノーファー編（小川悟／植松健郎訳）『ローザ・ルクセンブルクの暗殺：ある政治犯罪の記録』福村出版，1973年；Klaus Gietinger, *Eine Leiche im Landwehrkanal. Die Ermordung Rosa Luxemburgs*, Hamburg ²2009 を参照。

46) アルトゥール・ローゼンベルク（吉田輝夫訳）『ヴァイマル共和国史』東邦出版，1970年，77頁。

47) パウル・フレーリヒ（伊藤成彦訳）『ローザ・ルクセンブルク：その思想と生涯』お茶の水書房，1998年，356頁。

48) Andreas Wirsching, *Vom Weltkrieg zum Bürgerkrieg？ Politischer Extremismus in Deutschland und Frankreich 1918-1933/39. Berlin und Paris im Vergleich*, München 1999, S. 310. また，↗

42

れるが，そのうち約9割が，こうした雰囲気の中で義勇軍の手により殺された人びとであった。[49]

1919年3月，ベルリンでは1月に続いて，再び激しい市街戦が勃発した。そしてここにおいて，義勇軍の暴力はさらなるエスカレートを遂げることとなる。発端となったのは，3月9日付の射殺命令であり，ノスケはそこで「手に武器を携え，政府側部隊と交戦中とみられる者については，いかなる者であれ即刻射殺する」ことを定めていた。そしてGKSDの指揮官であるパプスト大尉は，この命令をさらに改変し，射殺の対象を「武器の所持が判明した不審人物」にまで拡大したのであった。[50]この結果，ベルリン三月闘争は無差別殺戮の様相を呈し，その死者数も一月闘争の約6倍となる1,200名にまで達することとなる。[51]1918年12月に始まる「おぞましい暴力のスパイラル」（アンドレアス・ヴィルシング）は，こうした左翼急進派と労働者への徹底的な弾圧を経て，一応の区切りを迎えたのである。[52]

2 ドイツ各地における治安維持

ただ，1919年前半におけるドイツ各地の状況を俯瞰した場合，義勇軍の行動が共和国の地盤固めに寄与した点については，やはり認めざるを得ない。例えばメルカー率いる義勇国土猟兵団は，1919年2月上旬にヴァイマルで憲法制定国民議会が開催された際，それを左翼急進派の妨害から防衛するという働きを見せたし，[53]また続く2月中旬には，ルール地方で勃発した労働者ストや武装蜂

義勇軍に対しては司法も寛容であった。例えばローザ・ルクセンブルク殺害の実行犯であるオットー・ヴィルヘルム・ルンゲとクルト・フォーゲルに対し，軍法会議が下した判決は，それぞれ2年と2年4ヵ月の禁錮刑であった。Gietinger, *Landwehrkanal*, S. 50-55；ハノーファー＝ドゥリュック／ハノーファー編『ローザ・ルクセンブルクの暗殺』176-177頁。

49) Wolfram Wette, *Gustav Noske. Eine politische Biographie*, Düsseldorf 1987, S. 319.

50) Noske, *Kiel*, S. 101-112；Schulze, *Freikorps*, S. 80-81；Koch, *Bürgerkrieg*, S. 87-91；Wette, *Noske*, S. 410-419；Boris Barth, *Dolchstoßlegenden und politische Desintegration. Das Trauma der deutschen Niederlage im ersten Weltkrieg 1914-1933*, Düsseldorf 2003, S. 243-244；Dietmar Lange, *Massenstreik und Schießbefehl. Generalstreik und Märzkämpfe in Berlin 1919*, Münster 2012, S. 151-157.

51) そのうち義勇軍側の死者はわずか75名であった。*Darstellungen*, Bd. 6, S. 103.

52) Wirsching, *Bürgerkrieg*, S. 124.

53) Noske, *Kiel*, S. 86；Maercker, *Kaiserheer*, S. 88-95；Gerhard Lingelbach, Weimar 1919 - Weg in eine Demokratie, in：Eberhard Eichenhofer (Hg.), *80 Jahre Weimarer Reichsverfassung - Was ist geblieben?*, Tübingen 1999, S. 23-47, ここでは S. 43-45.

起を，リヒトシュラーク義勇軍をはじめとする政府側部隊が鎮圧した。[54] 1919年
2月21日の国民議会において，首相シャイデマンはこうした政府側部隊の活躍
を次のように賞賛している。すなわち，「武装した強盗団がロシアの作法に倣
い，数十万という労働者をテロルの恐怖に陥れる中にあって」，政府側部隊は
そのような状況から「労働者を救い出した」のだ，と。シャイデマンをはじめ
とする政府要人たちは，政府側部隊たる義勇軍を反革命的な「白衛軍」とする
見方を斥け，むしろ「民主主義の防衛隊」と呼んだのである。[55]

　また義勇軍の活動は，特定地域に限定されるものでなかった。ヴァイマルに
おいて政府側部隊としての役目を果たした義勇国土猟兵団は，その後も他の諸
部隊との協力・連携を深めつつ，主としてハレ，マグデブルク，ブラウンシュ
ヴァイク，ライプツィヒといった中部ドイツの諸都市において，現地の左翼急
進派勢力の打倒という任務を遂行した。[56] しかしながら，こうしたドイツ各地に
おける転戦は，すでに制圧した諸都市における部隊の長期的な駐屯と治安維持
を困難なものとした。そこでメルカーは，在地の有力者や大土地所有者，そし
て元将校たちの協力を得ながら，現地住民を民兵へと編成し，彼らを都市の治
安維持にあたらせるよう，残留部隊の指揮官らに指示をだした。この結果，例
えばハレでは，1919年3月にハレ歩哨連隊やハレ義勇軍が編成され，メルカー
の義勇国土猟兵団の配下におかれることになった。[57]

　このようにして義勇軍の残留部隊により組織された民兵組織の中には，ベル
リン一月闘争の際にノスケの指示で結成され，その後ドイツ各地で広まりをみ
せた住民軍のほか，「短期志願兵部隊［Zeitfreiwilligenverband］」と呼ばれる
組織も存在していた。[58] 住民軍が常設の治安維持部隊として偵察や監視といった

---

54) Heinz Oeckel, *Die revolutionäre Volkswehr 1918/19. Die deutsche Arbeiterklasse im Kampf um die revolutionäre Volkswehr* (*November 1918 bis Mai 1919*), Berlin 1968, S. 173-174 ; Koch, *Bürgerkrieg*, S. 94 ; Barth, *Dolchstoßlegenden*, S. 277 ; 野村正實『ドイツ労資関係史論：ルール炭鉱業における国家・資本家・労働者』御茶の水書房，1980年，272-273頁。

55) *VdvDN*, Bd. 326, Berlin 1919, S. 256 (13. Sitzung, 21.2.1919).

56) そうした中，例えばハレでは1919年3月初頭に大規模な武力衝突が起き，「暴徒と野次馬」の中から29名の死者と67名の負傷者が，そしてメルカーの部隊からも7名の死者と20名の負傷者が出た。Maercker, *Kaiserheer*, S. 140-142. この事件については，Dirk Schumann, *Politische Gewalt in der Weimarer Republik 1918-1933. Kampf um die Straße und Furcht vor dem Bürgerkrieg*, Essen 2001, S. 57-58も参照。

57) Maercker, *Kaiserheer*, S. 149 ; Schumann, *Gewalt*, S. 58.

58) 住民軍と短期志願兵部隊については，Erwin Könnemann, *Einwohnerwehren und Zeitfreiwilligenverbände. Ihre Funktion beim Aufbau eines neuen imperialistischen Militärsystems* (*Novem-⤴

警察の補助業務を担い，大規模な騒乱・不穏に際してのみ軍事行動を遂行した
のに対し，短期志願兵部隊は有事に際して時限的に編成された部隊であり，そ
の活動も軍事行動が中心であった。また両者の間には，構成員の点でも大きな
差異が存在した。住民軍のほとんどが20代後半以上の有職者から構成されてい
たのに対し，短期志願兵部隊の大半はギムナジウムの上級生徒や学生が中心で
あった。[59]

　だが，ここで確認しておくべきは，これら民兵組織と義勇軍との間に，明確
な境界線が存在しなかった点である。それは第１に，住民軍や短期志願兵部隊
のほとんどが，義勇軍と同様に旧軍将校・下士官によって指揮されていたから
であり[60]，また第２に，住民軍や短期志願兵部隊の決して少なくない部分が，義
勇軍に編入されるか，もしくは義勇軍そのものに再編成されたからである[61]。
リュディガー・ベルギーンも指摘するように，義勇軍と住民軍や短期志願兵部
隊のような民兵組織は，それぞれが「一部において互いに結びつき，重なり
合っていたのである」[62]。このように，ドイツ国内における義勇軍運動は，旧軍
の将校・下士官らを中心としながらも，徐々に地域住民や学生などを巻き込ん
だ大規模な国民運動へと発展していったといえるだろう。

3　暫定国軍設立法の成立

　ただ，義勇軍を統制するドイツ政府および OHL の立場からすると，このよ
うな「軍事的無政府状態」(ロバート・G・L・ウェイト）は，きわめて憂慮すべ
き事態であった。特に政府側部隊の間では，義勇軍そのものに対する批判も強
く，ザクセンのある少佐は，その性質を「あらゆる泥棒と犯罪人」の集団に過

---

　　　ber 1918 bis 1920), Berlin (Ost) 1971 を参照。また日本でもこのケネマンの研究に依拠したものとして，上
　　　杉重二郎『統一戦線と労働者政府：カップ叛乱の研究』風間書店，1976年がある。

59)　Ebd., S. 187-234；Hannsjörg Zimmermann, Die Einwohnerwehren. Selbstschutzorganisatio-
　　　nen oder konterrevolutionäre Kampforgane?, in：Zeitschrift der Gesellschaft für Schleswig
　　　-Holsteinische Geschichte 128 (2003), S. 185-212, ここでは S. 204. 例えば1919年３月にフロム退役少
　　　佐の指揮のもと，ハンブルクで編成されたバーレンフェルト義勇歩哨大隊の構成員は，その全員がハンブルク
　　　大学の学生たちだった。Könnemann, Einwohnerwehren, S. 164.

60)　1919年５月13日付のザクセン内務省の通牒によれば，住民軍の指揮権を握っていたのは，旧軍将校や下士官
　　　であった。Könnemann, Einwohnerwehren, S. 122.

61)　Ebd., S. 168-169. 例えばマグデブルクの住民軍はマグデブルク連隊との協働ののち，同連隊へと編入され
　　　ている。Maercker, Kaiserheer, S. 190-191.

62)　Bergien, Republik, S. 80-81. またこの点については，Koch, Bürgerkrieg, S. 46 も参照。

ぎないと評していた。[63]

そこで今や新政府の国防大臣となったノスケは，義勇軍がまだ自立的発展を遂げていた段階において，「可能な限り厳密な統一性」をもった全国規模の軍隊の再編成を，国民議会において提議した。[64]この結果，1919年3月6日には「暫定国軍設立法〔Gesetz über die Bildung einer vorläufigen Reichswehr〕」が成立し，ドイツ国内においては以後，政府側部隊たる義勇軍から陸軍を再編する計画が進められた。具体的には，「既存の陸軍を解体し，暫定国軍を設立する」全権が大統領に認められるとともに，「国軍は民主主義にもとづき，既存の志願兵部隊の統合と志願兵の徴募により結成される」ことが定められ，義勇軍に所属する将校・下士官の暫定国軍への統合が試みられた。[65]

けれども，実際に大統領に委ねられたのは，将官級の軍人たちの選抜，任命，そして昇進をめぐる決定権のみであり，佐官級以下の軍人たちに対するそれらの権利は，軍当局が握ったままであった。したがって軍隊編成に際する人事は第一次世界大戦前と同じく，将校団によってとりおこなわれることになり，そこでは結局，1918年11月に兵士評議会が主張した「軍の民主化」も，国軍の共和国への完全な包含も実現されることはなかった。[66]

さらにいえば，暫定国軍設立法は「軍事的無政府状態」の完全な解消さえもたらさなかった。なぜなら，少なくない義勇軍が暫定国軍への合流を拒否し，地主や工業家からの経済的支援によって自らの自立的ポジションを維持し続けたからである。[67]また暫定国軍に合流した義勇軍も，自らの自立性を可能な限り

---

63) Könnemann, *Einwohnerwehren*, S. 106.

64) *VdvDN*, Bd. 326, S. 295-320 (15. Sitzung, 25.2.1919), ここでは S. 308. この会議でのノスケの発言によれば，暫定国軍はあくまでも臨時措置にすぎず，目指すべきは志願制にもとづく国防力の強靭化であった。その際，ノスケが念頭においていたのは，1891年10月の SPD 党大会で採択された「エルフルト綱領」であり，「その文面には『強靭なる国防力〔Wehrhaftigkeit〕のための人民教育』が掲げられていた」。

65) Gesetz über die Bildung einer vorläufigen Reichswehr, 6.3.1919, in: *Reichsgesetzblatt 1919*, hg. von Reichsministerium des Innern, Berlin 1919, S. 295-296. なお，海軍については1919年4月16日に「暫定海軍設立法」が公布された。Gesetz über die Bildung einer vorläufigen Reichsmarine, 16.4.1919, in: ebd., S. 431.

66) Francis L. Carsten, *Reichswehr und Politik 1918-1933*, Köln/Berlin 1964, S. 39-40.

67) Waite, *Vanguard*, p. 78〔ウェイト『ナチズムの前衛』64頁〕. ハンブルクでは，労働者によるゼネストへの備えとして，工業家を中心とする地元の市民層が義勇軍その他の民兵組織に対する資金提供を繰り返していた。例えばレットウ゠フォアベック将軍の義勇軍が進駐した1919年7月には，少なくとも20万マルクの支援がおこなわれた。Olaf Mertelsmann, *Zwischen Krieg, Revolution und Inflation. Die Werft Blohm & Voss 1914-1923*, München 2003, S. 142.

46

保とうとしていた。その象徴的な例として挙げられるのが，部隊名の保持である。暫定国軍に編入された義勇軍には，それぞれ国軍旅団の番号が与えられていたが，ほとんどの部隊はそれに括弧付きで，義勇軍時代の部隊名を加えたのであった。[68]

4 バイエルン・レーテ共和国の打倒

このようにノスケによる軍事力「国有化」政策は，当初から義勇軍の自立性がもたらす様々な問題に直面していた。だが，彼がそれ以上に頭を悩ませたのは，革命期におけるバイエルンの政情に関してであった。

1918年11月8日，ドイツからの分離独立を目指す形で USPD 系のクルト・アイスナー政府が誕生したバイエルンでは，強烈な反ベルリン・反プロイセン感情が渦巻いていた[69]。それは1919年2月初旬，プロイセン陸軍省がミュンヘン中央評議会に対し，東部国境守備のための志願兵の派遣を求めた際に顕著となる。すなわち，ミュンヘン中央評議会はベルリンからの要請を拒否し，志願兵の徴募を禁じたのだった[70]。またこのような反ベルリン・反プロイセンの姿勢は，2月21日のアイスナー暗殺と，その後のバイエルン共和国中央評議会による暫定的な政権運営を経て，3月17日に成立した SPD 系のホフマン政府においても基本的に継承された。そこでは，陸軍大臣エルンスト・シュネッペンホルスト（SPD）がバイエルン独自の軍事力の形成を目指し，ベルリンからの暫

---

68) Koch, *Bürgerkrieg*, S. 77.

69) この点については，松本洋子「バイエルンの分離主義について（I）：ヴァイマル期におけるバイエルンの特異な政治的状況に関する考察」『論集（駒沢大学）』14号（1981年）65-83頁を参照。

70) この結果，バイエルンにおける義勇軍の結成はノスケからの依頼を受けた王立バイエルン第2歩兵親衛連隊指揮官フランツ・フォン・エップ大佐のもと，テューリンゲンのオーアドルフ練兵場にて独自におこなわれた。なお，インゴ・コルツェッツはエップ義勇軍の結成日について，バイエルン州立中央文書館第4部門の戦争文書館に所蔵されるエップ大佐の日記を根拠としながら，1919年3月13日と断定しているが [Ingo Korzetz, *Die Freikorps in der Weimarer Republik. Freiheitskämpfer oder Landsknechthaufen? Aufstellung, Einsatz und Wesen bayerischer Freikorps 1918-1920*, Marburg 2009, S. 107], 実態としてはすでに1919年2月11日の段階で志願兵の組織化がなされていた。Kriegsministerium an das Generalkommando XI. Armeekorps in Kassel, Berlin, 12.2.1919, in : BAK, N 1101/35, o.Bl. ; Horst G. W. Nusser, *Konservative Wehrverbände in Bayern, Preußen und Österreich 1918-1933. Mit einer Biographie von Forstrat Georg Escherich 1870-1941*, München, 1973, S. 83 ; Kai Uwe Tapken, *Die Reichswehr in Bayern von 1919 bis 1924*, Hamburg 2004, S. 123. また3月28日にエアランゲン大学でおこなわれた義勇軍入隊への呼びかけに際しては，「ボルシェヴィズムとの闘争」が大義名分として掲げられた。Klaus Mües-Baron, *Heinrich Himmler. Aufstieg des Reichsführers SS（1900-1933）*, Göttingen 2011, S. 99, Anm. 58.

定国軍設立法受け入れ要請を，繰り返し拒否し続けたのだった。[71]

　加えて，1919年4月7日のバイエルン共和国中央評議会によるバイエルン・レーテ共和国宣言が，さらなる転機をもたらした。この政変を機に，ホフマン政府はバンベルクへの亡命を余儀なくされ，ミュンヘンでは USPD とアナーキストを中心とする革命政府が成立することとなる（第1次レーテ共和国）。だが，この政府も4月13日の反革命一揆により崩壊し，ミュンヘンの権力は最終的に反革命一揆を鎮圧したコミュニストにより掌握された（第2次レーテ共和国）。このコミュニスト主導のバイエルン・レーテ共和国の軍事力を担ったのは，武装した労働者を中心とする赤軍であった。[72]

　一方，バンベルクのホフマン亡命政府は，右翼急進派と同盟関係を結ぶ形で政権の奪取を試みた。だが，その試みはダッハウにおける赤軍の反攻とミュンヘンにおける労働者のゼネストを前に，あえなく挫折することとなる。[73] そしてこの事態をベルリンから眺めていたノスケは，目下の混乱を利用する形で，バイエルンにおける暫定国軍設立法の定着を試みた。つまり彼は，暫定国軍部隊をホフマン政府への援軍としてミュンヘンに差し向け，その存在を既成事実化することをねらったのである。自力での政権奪取に失敗したホフマン政府は，もはやベルリンからの援助を受けいれるほかなかった。[74]

　かくしてプロイセン陸軍省のイニシアティヴのもと，プロイセン，ヴュルテンベルク，そしてバイエルンの義勇軍が，レーテ共和国打倒のために集結した。[75] その中には，1900年代に中国での義和団戦争やドイツ領南西アフリカにおけるヘレロ・ナマ戦争に関与したフランツ・フォン・エップ大佐率いるエップ義勇軍のほか，[76] バイエルンの極右秘密結社「トゥーレ協会［Thule-Gesell-

---

71) Schulze, *Freikorps*, S. 90-92.

72) Ebd., S. 93 ; Heinz Hürten, Revolution und Zeit der Weimarer Republik, in : Alois Schmid (Hg.), *Handbuch der bayerischen Geschichte*, Bd. 4 : *Das Neue Bayern. Von 1800 bis zur Gegenwart*, T. 1 : *Staat und Politik*, München ²2003, S. 439-498, ここでは S. 462；黒川康「ドイツ革命期における『赤軍』の社会的構成」『史論（東京女子大学）』38集（1985年）1-20頁。

73) Ebd.；モーレンツ編（船戸満之概説／守山晃訳）『バイエルン1919年：革命と反革命』白水社，1978年，218-228頁。

74) 同上，81頁。ノスケにこうした策略を推挙したのは，外務省のブロックドルフ＝ランツァウであった。Wolfgang Benz, *Süddeutschland in der Weimarer Republik. Ein Beitrag zur deutschen Innenpolitik 1918-1923*, Berlin 1970, S. 147.

75) Schulze, *Freikorps*, S. 92.

76) エップに関しては，Katja-Maria Wächter, *Die Macht der Ohnmacht. Leben und Politik des↗*

schaft]」のもとで結成されたオーバーラント義勇軍の姿も見られた[77]。そして
これらの部隊は，1919年5月1日に暫定国軍とともにミュンヘンへと入城し，
赤軍との激しい市街戦を繰り広げることとなる。その際，義勇軍による「白色
テロル」の犠牲となった人びとは，少なくとも600名にものぼった[78]。

　義勇軍はその後，1919年5月12日までにレーテ共和国の打倒と街頭の治安確
保に成功し，これを機にバイエルンの政情は一応の安定を取り戻した。そして
1919年夏以降，役目を終えた各部隊は，ノスケとホフマンの確約通りに暫定国
軍へと組み入れられることとなる。その際，例えばオーバーラント義勇軍の一
部は，7月25日に国軍第21旅団所属の第42狙撃兵連隊第3大隊へと再編成され
たのち，8月19日に解体され，ケンプテンの山岳猟兵大隊に吸収されることと
なる。しかしこれと同時に，かつてのメンバーらに対しては，革命勢力による
大規模な一揆と策動が起きた場合，オーバーラント義勇軍が改めて召集される
という公示が，元指揮官であるエルンスト・ホラダム大尉から発せられてい
た[79]。義勇軍の自立性は，依然として担保されたとみるべきであろう。

3　ドイツ東方における義勇軍運動

1　東部国境地域における「東方国家構想」の浮上

　ドイツ国内の義勇軍運動は，このように様々な緊張関係を孕みながらも，大
枠においては新生ドイツ共和国の秩序創成に寄与したといえる。そこにおい
て，義勇軍はまさに政府側部隊にほかならなかった。これに対して，ドイツ東

　　＼*Franz Xaver Ritter von Epp*（*1868-1946*）, Frankfurt a.M. 1999 を参照。

　77）　オーバーラント義勇軍は，ホフマン亡命政府からの依頼を受けたトゥーレ協会指導者ルドルフ・フォン・ゼ
　　ボッテンドルフのイニシアティヴのもと，1919年4月25日にアイヒシュテットで結成された。中核となったの
　　は，4月中旬にダッハウで赤軍と対峙した旧軍将校たちだった。Hans Jürgen Kuron, *Freikorps und
　　Bund Oberland*, Erlangen 1960, S. 16-19. その規模は当初350名ほどであったが，5月8日には1,050名に
　　まで増大し，7月に1,200名に達した。Generalmajor a.D. Ritter von Beckh, Kurze Notizen über die
　　Teilnahme des Freikorps Oberland an der Niederwerfung der Räte-Regierung in München, Mai
　　1919, in: BayHStA, Abt. IV, Freikorps Mannschaftsakten 13/224, o.Bl.; Kuron, *Oberland*, S. 21-22,
　　33; Korzetz, *Freikorps*, S. 96-97; Mües-Baron, *Himmler*, S. 108.

　78）　Emil Julius Gumbel, *Vier Jahre politischer Mord*, Berlin 1922, S. 31; Heinrich Hillmayr, *Roter
　　und Weisser Terror in Bayern nach 1918. Ursachen, Erscheinungsformen und Folgen der Ge-
　　walttätigkeiten im Verlauf der revolutionären Ereignisse nach dem Ende des Ersten Weltkrieg-
　　es*, München 1974, S. 149.

　79）　Kuron, *Oberland*, S. 47-49; Tapken, *Reichswehr*, S. 124; Korzetz, *Freikorps*, S. 96-97.

方の義勇軍運動では，かなり早い段階から共和国に対する叛逆の動きがみられた。それはまずもって，対ポーランド国境守備の舞台である東部国境地域において顕在化することとなる。つまりそこでは，義勇軍運動を主導する政軍双方の指導者らの間で，「東方国家構想［Oststaats-Plan］」と呼ばれるドイツ本国からの分離主義計画が浮上したのであった。[80]

　第一次世界大戦直後の東部国境地域においては，東部郷土守備機構のもと，志願兵の徴募がおこなわれていた。ただ，このとき結成された義勇軍のほとんどは，ドイツ国内における左翼急進派勢力との闘争に投入されたため，1918年12月27日にポーゼンでポーランド系住民らによる大規模な武装蜂起が勃発した際，それに対処し得た部隊はごくわずかであった。[81]加えて，東部郷土守備機構のもとに集められたポーランド系将兵の大部分が蜂起側に寝返ったことにより，ポーゼンはあっけなくポーランド人志願兵部隊の手に渡り，同地のドイツ系住民は東プロイセンへの逃亡を余儀なくされたのだった。[82]

　事態をみかねたドイツ政府は，その後1919年1月に入ると，東部国境守備のための志願兵の徴募を本格化させた。またOHLも2月になると，その本拠地をカッセルのヴィルヘルムスヘーエ城からポンメルンのコルベルクへと移し，ポーゼン奪還への意欲をみせた。[83]しかしながら，2月14日から16日にかけて，トリーアで開催されたドイツと連合国との休戦協定延長会議により，これらの動きは早くも封じられることになる。連合国側の代表であるフランスのフェルディナン・フォッシュ元帥は，ポーゼンその他の地域におけるポーランドへの攻撃を即刻中止し，当該地域からすべての部隊を撤退させるようドイツ側に求めた。[84]そしてドイツ側の全権代表であるマティアス・エルツベルガー（中央党）がその要請に応じた結果，東方におけるドイツの国境線は，開戦前のそれより

---

80) 「東方国家構想」については，特に Hagen Schulze, Der Oststaats-Plan 1919, in: *VfZ* 18 (1970), S. 123-163 を参照。

81) Koch, *Bürgerkrieg*, S. 127.

82) Schulze, Oststaats-Plan, S. 125-126; Schumacher, *Ostprovinzen*, S. 30-32.

83) Kluge, *Soldatenräte*, S. 287-289; Koch, *Bürgerkrieg*, S. 128; Keller, *Wehrmacht*, S. 76-78. OHL はポーランドが東ガリツィアにおいてウクライナとの国境闘争を繰り広げている隙を利用し，ポーゼンを奪還しようと目論んでいた。Barth, *Dolchstoßlegenden*, S. 236.

84) *VdvDN*, Bd. 326, S. 127-130 (9. Sitzung, 17.2.1919); Aufzeichnung des Ministerialdirektors Simons über die Kabinettssitzung vom 16. Februar 1919, 26.2.1919, in: *Akten der Reichskanzlei. Weimarer Republik. Das Kabinett Scheidemann. 13. Februar bis 20. Juni 1919*, bearb. von Hagen Schulze, Boppard a.Rh. 1971, Nr. 2, S. 5-8.

50

　さらに後退することとなり，東部国境守備の義勇軍の間では，故郷喪失の絶望感とともに，共和国への失望もまた広がっていった。[85]

　そうした中，ブロンベルクのドイツ人民評議会議長ゲオルク・クライノフは，1919年2月22日に開催された「東部戦士救助協会［Verein Kriegerhilfe Ost］[86]」の会議において，ある分離主義的な構想を披露した。それはドイツ政府が連合国による親ポーランド的な講和条件を受けいれた場合，東部国境地域を自由国家として独立させ，ポーランドとの闘争を継続するというものだった。[87] そしてこの構想は，1918年12月1日に東部郷土守備機構から改称された「東部国境守備中央機構［Zentrale Grenzschutz-Ost］」の幕僚長にして，東部戦士救助協会の生みの親でもあるフリードリヒ・ヴィルヘルム・フォン・ヴィリーゼン少佐の賛同を受けて以後，[88] プロイセン陸軍大臣ヴァルター・ラインハルト将軍をはじめとして，ダンツィヒの第17総司令部長官オットー・フォン・ベロウ将軍，ブレスラウの南方総司令部幕僚長フリッツ・フォン・ロスベルク少将，そしてバルテンシュタインの北方総司令部幕僚長に就任したハイエ大佐などの高級軍人のほか，東プロイセン県知事アドルフ・トルティロヴィツ・フォン・バトキ゠フリーベ，シュレージエン県知事オットー・ヘルジング（SPD）といった東部諸県の政治家たち，そして1919年1月に対バルト地域全

---

85)　例えばこの当時，第3国境守備大隊の副官であったカール・シュテファン少尉は，1919年8月に闘争録『オストマルクの死闘』を刊行し，そこにおいて次のように語っている。「この［ポーランドとの闘争終結の―今井］報告を聞き，志願兵たちは重苦しい絶望感に包まれた。ともすれば，無為にいつまでも配置につき，憎きポーランド人どもに故郷を手渡すことが，彼らの奮闘の結果であったということになるのだろうか？　多くの国境守備兵たちは，故郷の村の，煙がたちのぼる煙突を見つめた。何人かの志願兵は，眼の前にある自分たちの敷地を，ただじっと見つめていた。彼らは今や，生まれた土地を闘争によって解放するための，いかなる機会をも奪われたのであった。大隊の構成員たちが前々から危惧してきたこと，それは政府の新たな主人が，オストマルクを，その真なる臣下とともに見捨てるのではないかということであった。そしてそれがまさに起きたのである。」Karl Stephan, *Der Todeskampf der Ostmark. Geschichte eines Grenzschutzbataillons 1918/19*, Schneidemühl ²1919, S. 111-112.

86)　東部戦士救助協会はフリードリヒ・ヴィルヘルム・フォン・ヴィリーゼン少佐のもと，1918年11月にボルシェヴィキやポーランド人との闘争に備えて結成された。Dorothea Fensch, Deutscher Schutzbund (DtSB) 1919-1933/34, in: *LzP*, S. 290-310, ここでは S. 290-295；Yuji Ishida, *Jungkonservative in der Weimarer Republik. Der Ring-Kreis 1928-1933*, Frankfurt a.M. 1988, S. 31-32；Volker Weiß, *Moderne Antimoderne. Arthur Moeller van den Bruck und der Wandel des Konservatismus*, Paderborn 2012, S. 226.

87)　Georg Cleinow, *Der Verlust der Ostmark. Die Deutschen Volksräte des Bromberger Systems im Kampf um die Erhaltung der Ostmark beim Reich 1918-19*, Berlin 1934, S. 210-211.

88)　東部郷土守備機構から東部国境守備中央機構への改称は，前者の名称がドイツ国内のポーランド系住民に対する軍事行動を連想させるのではないかという懸念と，そのような誤解が生じないようにという配慮にもとづくものだった。Schumacher, *Ostprovinzen*, S. 25；Keller, *Wehrmacht*, S. 75.

権使節の職を辞し，東西プロイセンおよび占領地担当の国家委員に就任したア
ウグスト・ヴィニヒ（SPD）の支持を獲得した[89]。こうして「東方国家構想」が
にわかに脚光を浴びることとなった。

　1919年 3 月13日，ヴィニヒはドイツ外務大臣ウルリヒ・フォン・ブロックド
ルフ＝ランツァウに宛てて，ある書簡を送った。そこでは，第一次世界大戦中
の衛星国家政策を踏襲し，東プロイセンとリトアニアおよびラトヴィアとの関
係をこれまで以上に強めることで，対ポーランド国境守備の拠点形成が可能と
なる旨が記されていた[90]。またヴィニヒは 4 月10日，ブルジョワ保守政党である
ドイツ人民党（DVP）系の『ケーニヒスベルガー・アルゲマイネ・ツァイトゥ
ング［Königsberger Allgemeine Zeitung］』紙上において，ロシアの反革命勢
力と共闘しながら，東方を拠点に協商国に対する戦争を再度遂行すべきだと主
張した[91]。そして OHL はこの構想にもとづく形で，1919年 5 月までにリトアニ
アから東西プロイセン，ポーゼン，そしてシュレージエンへと続くポーランド
との国境線沿いに約25万の義勇軍を召集していった。兵員の多くは，居住地域
のポーランドへの編入に危機感を抱いた現地住民たちであった[92]。

2　ベロウ一揆とその挫折

　「東方国家構想」を支持した政軍指導者らの脳裏には，ある歴史上の人物の
姿が浮かんでいた。それは1813年，対ナポレオン解放戦争のさなかにロシアと
タウロッゲン協定を結び，対仏大同盟の礎を築いたプロイセンの英雄ヨルク・
フォン・ヴァルテンブルク将軍であった。「東方国家構想」の支持者たちは，
こうしたプロイセン・ドイツ史上の前例と自らの構想とを重ね合わせながら，
来るべき「東方国家」の司令官と目されるオットー・フォン・ベロウ将軍を，
ヨルクの再来とみなしたのである[93]。

---

89) Schulze, *Freikorps*, S. 112 ; Rikako Shindo, *Ostpreußen, Litauen und die Sowjetunion in der Zeit der Weimarer Republik. Wirtschaft und Politik im deutschen Osten*, Berlin 2013, S. 58, 69.

90) Rudorf Klatt, *Ostpreussen unter dem Reichskommissariat 1919/1920*, Heidelberg 1958, S. 82-83.

91) Wilhelm Ribhegge, *August Winnig. Eine historische Persönlichkeitsanalyse*, Bonn-Bad Godesberg, 1973, S. 205 ; Schumacher, *Ostprovinzen*, S. 104. なお，ヴィニヒはポーランドとの闘争のためには，ソヴィエト・ロシアと同盟をも視野に入れねばならないと主張したが，この提案は SPD 指導部と OHL の激しい抵抗により棄却された。Shindo, *Ostpreußen*, S. 59.

92) Koch, *Bürgerkrieg*, S. 128-129.

93) Ebd., S. 130 ; Schulze, *Freikorps*, S. 116.

52

　そして1919年5月14日，プロイセン陸軍大臣ラインハルトはOHL参謀次長グレーナーのもとを訪れ，「東方国家構想」への賛同を求めた[94]。しかしグレーナーはこの構想に同意せず，5月19日の近況報告において「協商国が勝者である今日，ヨルク的思考は役に立たない」と主張し，1813年のプロイセンのおかれた状況と現状とを同一視することの困難さを指摘した[95]。協商国からの講和条約調印への圧力が高まる中，6月19日早朝に開催された会議では，このような軍部内の路線対立がさらに先鋭化した。「東方国家」建設の必要性を唱えるラインハルト，ベロウ，ロスベルク，ハイエに対し，グレーナーは「国の一体性の維持」を訴え，これを拒否した。同日夕方に開催された新たな会議には，プロイセン内務大臣ヴォルフガング・ハイネ（SPD）と東部諸県の代表者たちも参加したが，ここでは反対派に転じたヘルジングにより，講和条約調印を拒否した場合に東方の情勢が再び不安定化するであろう点が指摘され，これに納得したハイエもまた反対の立場へと転じた。こうして「東方国家構想」推進者の間でも分裂が始まり，構想は最終的にOHLにより却下されるに至る[96]。

　しかしより重要なことは，「東方国家」建設の夢に多くの義勇軍指導者が魅了され，賛意を表明したという事実である。北方総司令部は1919年6月後半に次のような内容のアンケート用紙を義勇軍に配布していた。

　　1．どの幕僚と軍隊も準備ができているか。住民たちが攻撃によってドイ
　　　　ツの領土を守ることを望み，政府がそれを禁止した場合は？
　　2．1の準備に合格した者，さらにOHLがその行動への許可をださな
　　　　かった場合は？

　このようなクーデタを示唆する質問に対し，それを受けとった指導者たちは無条件での賛意を表明したのであった[97]。そして「東方国家構想」が大多数の政

---

94) Groener, *Lebenserinnerungen*, S. 493. なおウィーラー＝ベネットによると，この考えはドイツの漸次的再統一を最終目標に据えてはいたものの，「ドイツ国家をプロイセン王国の付属物として以上には考えない」という点において「生粋のプロイセン軍人の伝統的な思想の典型をなすものであった」ウィーラー＝ベネット『国防軍とヒトラー〈I〉』55頁。

95) Zit. nach: Schulze, *Freikorps*, S. 116-117.

96) Ebd., S. 117-119.

97) Cleinow, *Verlust*, S. 314；Hubert E. Gilbert, *Landsknechte. Roman*, Hannover 1930, S. 173.

第1章　ドイツ革命期における義勇軍運動の形成と展開　53

治家や国軍司令官の支持を得ることなく否認され，さらには1919年6月23日の国会において，ヴェルサイユ講和条約への調印が決定されると，義勇軍の一部は叛逆に向け動き始めた。例えばブロンベルクに配備された義勇軍の指導者たちは，国会開催中に集会を開き，領土放棄や動員解除に関するいかなる命令が下されようとも，ポーランドへの総攻撃を遂行することを決議していた。義勇軍にとって，あとは「東方国家」の総司令官であるベロウからの出撃命令を待つのみであった。[98]

　だが，事件は意外な形で幕を閉じることになる。以前から「東方国家」の政治的後ろ盾となることを期待されていた OHL 参謀総長パウル・フォン・ヒンデンブルクが，この動きをクーデタとみなし，即座に中止するよう命じたのである。これによりベロウは1919年6月25日に指揮権を剥奪され，予定されていたポーランドへの総攻撃も即刻中止されることになった。またそれと同時に，東西プロイセンおよびポーゼンの政治家たちも相次いで講和条約の調印に賛同し，義勇軍の出撃は SPD の組織した鉄道職員のストライキにより制限されていった。[99]こうして「ベロウ一揆」と呼ばれるクーデタの動きは頓挫し，「東方国家構想」は一度も実現をみないまま失敗に終わったのであった。

　その後1919年7月に入ると，「東方国家構想」に携わったベロウとロスベルクは，ヴェルサイユ条約にもとづく軍縮に異議を唱えるヴァルデマー・パプスト大尉や，ベルリンへの進駐作戦およびドイツ北西部の左翼急進派掃討作戦の総指揮をとったヴァルター・フォン・リュトヴィッツ将軍とともに，反政府クーデタを実行に移すべく討議した。結局のところ，このクーデタ計画もまた，参加者の足並みの乱れにより頓挫し，幻に終わった。だが，義勇軍内部における「反共和国戦線」構築の動きは，確実に不可逆点を突破し，もはや引き返せないところまで来ていたのである。[100]

---

98)　Koch, *Bürgerkrieg*, S. 130-132. ちなみにこのとき，リトアニアに配備されていたディービッチュ義勇軍の選抜部隊が東部国境守備の隊列に加わることになり，さらにその後，ドイツ本国での闘争を終えたエーアハルト旅団がオーバーシュレージエンへ移動し，ポーランド人志願兵部隊との闘争を繰り広げていった。Gabriele Krüger, *Die Brigade Ehrhardt*, Hamburg 1971, S. 32-34.

99)　Koch, *Bürgerkrieg*, S. 130-132.

100)　Gietinger, *Konterrevolutionär*, S. 189-194；Bergien, *Republik*, S. 87-88.

3 バルト地域における一揆主義の胎動

　義勇軍運動における共和国への叛逆は，東部国境地域に続き，そこからさらに東方に位置するバルト地域においても顕著となった。同地における義勇軍運動の直接的な端緒は，ドイツ国内のそれと同じく，1918年12月末にまで遡ることができる。当時のバルト地域には，リガとミタウの兵士評議会のもとで結成された鉄旅団と，現地のラトヴィア人やバルト・ドイツ人[101]から構成されるバルト国土防衛軍という２つの志願兵部隊[102]が存在していた。しかしながら，これらの部隊はソヴィエト・ロシアからの支援を受けたラトヴィア赤軍の攻勢に屈し，1919年１月３日までに首都リガを明け渡してしまった[103]。ドイツ本国ではこうした事態を受け，１月中に募兵局「バルテンラント［Baltenland］」が設立され，ボルシェヴィズムの軍事的脅威と同時に，バルト地域への出兵が積極的に呼びかけられた[104]。その際配布された志願兵募集用のリーフレットでは，冒頭で「迫り来るロシア・ボルシェヴィキ部隊から，ドイツの郷土とバルトの地を防衛すべく，ドイツで志願兵部隊が設立される」との説明がなされたのち，箇条書きにされた勤務条件の６番目として，次の文言が掲げられることとなった。

　　戦闘終結後は，最後まで戦闘に参加した軍人にバルトの地における入植の機会が与えられる。こうした特典は，まったく過失がなかったにもかかわらず，結果として負傷ないし罹病し，早期に部隊から除隊されざるを得なかった軍人，ならびに戦没者ないしは故人の遺族にも当然与えられるものである[105]。

---

101) この当時，バルト・ドイツ人がクールラントとリーフラントの全人口中に占める割合は，7分の２を少し上回る程度であり，彼らは13世紀にバルト地域に移住して以降，同地で文化的・経済的影響力を保ち，貴族，聖職者，市民として特権階層を形成していた。Koch, *Bürgerkrieg*, S. 133-134；山本健三「1860年代後半のオストゼイ問題とロシア・ナショナリズム：対バルト・ドイツ人観の転換過程における陰謀論の意義に関する考察」『ロシア史研究』83号（2008年）17-37頁，特に18頁を参照。

102) Oberstab der Baltischen Landeswehr an Stoßtrupp-Abteilung, 27.12.1918, in：BAB, R 8025/1, Bl. 119；Koch, *Bürgerkrieg*, S. 47, 138.

103) 山内「ラトヴィヤ・ソヴェト政権と『世界革命』」87-88頁。このとき，ドイツの正規軍であるはずの第８軍部隊は完全に崩壊しており，将校，下士官，兵士のほとんどは武器を売り払っていた。Koch, *Bürgerkrieg*, S. 141.

104) Noske, *Kiel*, S. 177；Ute Döser, *Das bolschewistische Rußland in der deutschen Rechtspresse 1918-1925. Eine Studie zum publizistischen Kampf in der Weimarer Republik*, Berlin 1961, S. 45-46. なお，バルテンラントの本部はベルリンにおかれ，支部はキール，ハム，ハノーファーにおかれた。

105) *Darstellungen aus den Nachkriegskämpfen deutscher Truppen und Freikorps*, Bd. 2：Der⤹

だが，実際にドイツ全権使節ヴィニヒとラトヴィア共和国首相カルリス・ウルマニスとの間で約束されたのは，あくまでドイツ人志願兵へのラトヴィア市民権のみであり[106]，それゆえバルテンラントの募兵将校らが協定の内容を誇張し，志願兵に対して「入植の機会」を独自に宣伝したことは明らかであった[107]。

　とはいえ，そのような事情を志願兵たちが知る由もなく，バルト地域には入植への期待を胸に抱いた雑多な社会層が大挙として押し寄せることとなる[108]。その過程では，鉄旅団がヨーゼフ・ビショッフ少佐のもと「鉄師団［Eiserne Division］」へと再編され，またバルト国土防衛軍内部では，本国ドイツ人のアルフレート・フレッチャー少佐のもと，ラトヴィア人将校の排除とドイツ人将校の登用が急速に推し進められていった。かくしてバルト地域における義勇軍の総成員数は，第45予備役師団と第1近衛予備役師団の一部がバルト地域に到着した1919年2月末に1万4,000人以上にまで膨らみ，そこにおいて本国ドイツ人およびバルト・ドイツ人が占める割合は，全体の8割以上にものぼることとなった[109]。

　↘ *Feldzug im Baltikum bis zur zweiten Einnahme von Riga, Januar bis Mai 1919*, im Auftr. des Reichskriegsministeriums bearb. und hg. von der Forschungsanstalt für Kriegs- und Heeresgeschichte, Berlin 1937, Bd. 2, Anl. 1, S. 141-142.

106)　August Winnig, *Am Ausgang der deutschen Ostpolitik. Persönliche Erlebnisse und Erinnerungen*, Berlin 1921, S. 83 ; ders., *Heimkehr*, Hamburg 1935, S. 89.

107)　Koch, *Bürgerkrieg*, S. 143. また第1近衛予備役師団の参謀将校フリードリヒ・フォン・ラーベナウ大尉による1919年3月10日付の報告によれば，バルト地域への入植は「クールラントにおけるドイツ性を，主として数のうえで生存可能な状態に保つため」の方策であった。そこで計画されたのは，協商国やラトヴィア政府の目を欺きながら，バルト国土防衛軍の内部に入植希望者が多数存在することを示す証拠書類を作成し，さらにはバルト・ドイツ貴族からの助力を得ながら，「私的な」入植をおこなうというものであった。しかしながら，そうした計画は「下手をすれば OHL からも承認されない」ほどのリスクを常に孕んでいた。Hauptmann Friedrich von Rabenau an Major (i.G. von Westernhagen?), Wekschni, 10.3.1919, in : Wilhelm Lenz, Deutsche Machtpolitik in Lettland im Jahre 1919. Ausgewählte Dokumente des von General Rüdiger Graf von der Goltz geführten Generalkommandos des VI. Reservekorps, in : *ZfO* 36 (1987), S. 523-576, ここでは Nr. 1, S. 535.

108)　山田義顕「バルトのドイツ義勇軍（1918～19年）」『軍事史学』28巻1号（1992年）4-17頁，ここでは9頁。この当時バルト地域の政情を観察していたイギリスのタレンツ大佐の報告（1919年9月9日付）では，バルト地域の義勇軍が5つにカテゴリ分けされている。①ドイツ国外のどこか，できればクールラントへの入植を希望する男たち，②自分を最高価格で雇ってくれる人間のもとに集う傭兵たち，③ドイツへの帰還を願う男たち，④雇用が保証されるのならドイツへ戻りたいと願う男たち，⑤いかなる構想ももたないが，バルト地域のほうがドイツよりも居心地がいいと感じている男たち。Colonel Tallents (Riga) to Earl Curzon (Received September 18), Riga, 9.9.1919, in : *DBFP*, Ser. 1, Vol. 3, No. 85, pp. 98-99.

109)　*Darstellungen*, Bd. 2, S. 12-16 ; Waite, *Vanguard*, pp. 109-110 ［ウェイト『ナチズムの前衛』91頁］。またさらにフレッチャーは，この国土防衛軍の再編成に際し，ドイツ国内で活動を展開していたパプストの助言に従い，メルカーがドイツ国内においてすでに採用していた自立的軍事体系を国土防衛軍に取り入れることにした。この結果，バルト地域においてもドイツ本国と同じく，それぞれに独立した部隊からなる小規模な混成軍が編成されることになった。

56

　こうした「ドイツ化」ともいえる一連の戦力増強策は，フィンランドで赤軍
との闘争を繰り広げたのち，1919年2月1日にリバウに到着した第6予備役軍
団の指揮官リュディガー・フォン・デア・ゴルツ少将の指揮下でおこなわれて
いた。OHLからの命を受けてリバウ総督に就任したゴルツの脳裏には，ボル
シェヴィズムを打倒し，しかるのちにロシア白軍との協力関係を結ぶことで，
ドイツ本国を革命勢力および協商国の支配から解放するという構想が宿ってい
た。1920年刊行の回想録によると，それゆえ彼にとっては，ボルシェヴィキだ
けでなく，「ドイツの急進派からの影響を受けているリバウの兵士評議会」，
「ドイツに敵対的で，半ばボルシェヴィキ的なラトヴィア政府」，そして協商国
という「4つの敵」がいたのだという。この叙述を信じれば，バルト地域にお
ける義勇軍総司令官と連合国およびラトヴィア政府との共闘関係は，1919年2
月の時点からすでに同床異夢に過ぎなかったことになる。

4　リバウ一揆とその挫折

　ただ，義勇軍にとっての目下の目標が，赤軍部隊の掃討であることに変わりは
なかった。ゴルツ指揮下の義勇軍は，1919年2月のリバウ急襲を手始めに，その
後もゴルディンゲン，テルシェ，ヴィンダウといった要衝を次々と攻略していっ
た。また3月3日以降は，「ボルシェヴィズムからの国土解放」を掲げるバルト

---

110)　ゴルツがバルト地域での指揮権を正式に引き継いだのは1919年2月15日のことであった。Rüdiger Graf
　　von der Goltz, Meine Sendung in Finnland und im Baltikum, Leipzig 1920, S. 136-137 ; Darstellun-
　　gen, Bd. 2, S. 37-38.
111)　Goltz, Sendung, S. 126 ; ders., General im Osten (Finnland und Baltikum) 1918 und 1919, Leip-
　　zig 1936, S. 165 ; Ekkehart P. Guth, Der Loyalitätskonflikt des deutschen Offizierkorps in der
　　Revolution 1918-20, Frankfurt a.M. 1983, S. 165-177.
　　　ちなみに，ゴルツ少将の兄弟で募兵局バルテンラントの局長であったヨアヒム・フォン・デア・ゴルツは，
　　1919年3月20日に第1近衛予備役師団の参謀将校ラーベナウ大尉に対し，次のような報告をおこなっている。
　　「われわれの北方遠征に対する協商国の立場に関しては，つい先ごろパリでの交渉から戻ってきた信頼に足る
　　人物から，仲介者を通じて私に連絡があった。それによると，クールラントで戦闘中のわれわれの部隊が，今
　　後も同地において，ラトヴィア国籍保持者として駐留を継続する場合，協商国はそれを安堵の気持ちで見守る
　　だろうとのことだ。なぜなら協商国は，われわれが彼らにのちのち叛旗を翻すべく，ボルシェヴィズムとの闘
　　争を口実として，より大規模な部隊を召集しているのではないかと憂慮しているからである。この見解は実に
　　奇妙に聞こえるが，的を射ている。つまり，こうした協商国の一見奇妙に思われる見解は，われわれにとって
　　至極当然のことなのだ。」Graf Joachim von der Goltz an Hauptmann Friedrich von Rabenau, 20.3.
　　1919, in : Lenz, Machtpolitik, Nr. 2, S. 536-538, ここでは S. 538.
112)　Goltz, Sendung, S. 128.
113)　Landeswehr, An Alle!, März 1919, in : BAB, R 8025/1, Bl. 44.

第1章　ドイツ革命期における義勇軍運動の形成と展開　57

国土防衛軍を中心として，ビショッフ少佐率いる鉄師団やコルト・フォン・ブランディス大尉率いるブランディス義勇軍，そして東部国境から駆けつけた義勇猟兵団が，トゥックム，ミタウ，バウスク，シュロックといった各都市の制圧に成功した。かくして3月26日までには，クールラントの大部分が義勇軍の手中に収められることとなる。ボルシェヴィキ支配下のリガは，今や目前であった。

　だが，このような快進撃が続く一方で，義勇軍とラトヴィア政府との関係は，悪化の一途を辿っていた。そもそもラトヴィア政府は，ドイツ本国からやってきた義勇軍戦士たちの素行の悪さを当初から問題視しており，すでに1919年2月20日の段階で，義勇軍による現地での不当な徴発行為と，現地住民に対する無差別発砲などの殺戮行為について，ドイツ政府に直接的な抗議をおこなっていた。そしてこのようなラトヴィア側の不信感は，リバウのバルト・ドイツ貴族による一揆計画が明るみに出ることで，頂点へと達した。義勇軍の一揆計画への関与を疑ったラトヴィア政府は，すぐさまバルト国土防衛軍に対する捜査を開始し，その過程でカール・シュトックというひとりのドイツ人予備役少尉の身柄を拘束したのであった。

---

114)　Gefechtsbericht der Baltischen Landeswehr vom 3.III. bis 21.III.1919, 6.4.1919, in : ebd., Bl. 31-33 ; Oertzen, *Freikorps*, S. 71 ; Waite, *Vanguard*, p. 111 ［ウェイト『ナチズムの前衛』92-93頁］; Schulze, *Freikorps*, S. 139 ; Koch, *Bürgerkrieg*, S. 148.

115)　Autorenkollektiv des Instituts für Deutsche Miliärgeschichte, *Militarismus gegen Sowjetmacht 1917 bis 1919. Das Fiasko der ersten antisowjetischen Aggression des deutschen Militarismus*, Berlin (Ost) 1967, S. 157 ; Andreas Purkl, *Die Lettlandpolitik der Weimarer Republik. Studien zu den deutsch-lettischen Beziehungen der Zwischenkriegszeit*, Münster 1997, S. 72.

116)　この計画の担い手は，バルト・ドイツ貴族のハインリヒ・フォン・シュトリク男爵だった。彼はかつて，リーフラントの州議会議長［Landmarschall］であったが，第一次世界大戦でドイツが敗北して以降は，一時スウェーデンに逃れていた。ゴルツの回想によると，シュトリクは1919年2月21日にゴルツの前に突如現れ，一揆によってラトヴィア政府を瓦解させ，バルト・ドイツ国家を建設するという計画をもちかけた。そしてその国家は，スウェーデンとの同盟のうえに成り立つ独ソ間の緩衝国家として想定されていたという。Goltz, *Sendung*, S. 167-168.　しかしゴルツはこの計画を「冒険家的で夢想家的だ」と斥け，ラトヴィア政府とあからさまに対立するのを避けるためにも，それに賛同しなかった。Ebd. ; Friedrich Wilhelm von Oertzen, *Baltenland. Eine Geschichte der deutschen Sendung im Baltikum*, München 1939, S. 310-313 ; Purkl, *Lettlandpolitik*, S. 73.
　　なお，こうした計画の背景には，第一次世界大戦中にドイツ占領下で進められていたドイツ帝国とバルト国家との同君連合構想があった。Abba Strazhas, *Deutsche Ostpolitik im Ersten Weltkrieg. Der Fall Ober Ost 1915-1917*, Wiesbaden 1993, S. 243-244 ; 志摩「ラトヴィヤ臨時政府の対外政策」27-28頁。大戦中の同君連合構想についてはさらに，V. Sipols, *Die ausländische Intervention in Lettland 1918-1920*, Berlin (Ost) 1961, S. 28-29 ; 志摩園子「ラトヴィヤにおける民族・国家の形成」『歴史評論』665号（2005年）42-53頁，ここでは49頁を参照。

117)　Koch, *Bürgerkrieg*, S. 149 ; Lenz, *Machtpolitik*, S. 528-529.

ラトヴィア政府による本国ドイツ人シュトックの逮捕は，ドイツ＝ラトヴィア間における外交上の問題へと発展しただけでなく，結果として義勇軍にラトヴィア政府攻撃のための格好の口実を与えた。1919年4月16日早朝，フランツ・プフェファー・フォン・ザロモン率いるプフェファー義勇軍のメンバーは，シュトックの解放を掲げてリバウの拘置所を襲撃し，そこに勤務するラトヴィア人将校550名を捕虜にした。またこの動きに乗じ，16日正午にはバルト国土防衛軍の特攻隊指導者ハンス・マントイフェル＝スツェーゲとその部下たちがラトヴィア政府要人を拘束した。これによりラトヴィアのウルマニス政府は倒壊し，5月10日には親独派のアンドレアス・ニードラを首相とする傀儡政権が成立することになる。

このリバウ一揆と呼ばれるクーデタは，これまで義勇軍をボルシェヴィズムへの防壁として利用してきた連合国に大きな衝撃を与えた。パリの連合国休戦委員会では，英仏を中心にゴルツの召喚・解任が唱えられ，連合国統制下での義勇軍の撤退を求める声が高まった。けれども，そこには常に，ボルシェヴィズムに対する防壁の消失というジレンマがつきまとった。そしてドイツのバルト地域政策は，こうした連合国側のジレンマを利用する形で展開されることとなる。つまりドイツ政府は，バルト地域からの義勇軍の即時撤退を連合国への脅し文句に使うことで，結果的に義勇軍の駐留継続を「現状維持」という形で認めさせることに成功したのである。

ゴルツと義勇軍はしかし，この決定がなされる直前の1919年5月22日の段階で，すでにリガへの総攻撃を開始していた。彼らを突き動かしていたのは，連

---

118) そこでは，ラトヴィア政府に本国ドイツ人であるシュトックを逮捕する権限があるのか否かが争点となった。Purkl, *Lettlandpolitik*, S. 75.

119) Friedrich Wilhelm Heinz, Der deutsche Vorstoß in das Baltikum, in: Curt Hotzel (Hg.), *Deutscher Aufstand. Die Revolution des Nachkriegs*, Stuttgart 1934, S. 45-69, ここでは S. 57.

120) Barth, *Dolchstoßlegenden*, S. 263-264. なお，この一見突発的にみえる一揆がドイツ側の計画のうえに成り立つものであった可能性は，すでに先行研究が指摘するところである。コッホによれば，ヴィニヒはこの一揆について事前に知らせを受けており，ベルリンの外務省に次のように報告していた。「ラトヴィア政府はシュトック少尉の引き渡しを断ると思われるので，木曜日に強制的釈放がおこなわれるだろう。」Koch, *Bürgerkrieg*, S. 152. またウェイトは，ゴルツもこの計画を事前に知っていたという可能性を示唆している。Waite, *Vanguard*, pp. 113-114 〔ウェイト『ナチズムの前衛』94頁〕。

121) *DBFP*, Ser. 1, Vol. 3, No. 27, p. 40, n. 2; Williams, Politik, S. 155-157; Purkl, *Lettlandpolitik*, S. 84-88. ちなみに連合国の中でも，アメリカは一貫してドイツ（義勇軍）によるリガへの総攻撃を支持する立場であった。山内昭人「ラトヴィヤ・ソヴェト政権と『世界革命』」79-80頁。

第1章　ドイツ革命期における義勇軍運動の形成と展開　　59

合国への復讐心とバルト地域への領土的野心であった。例えば指揮官ゴルツの
見通しでは，リガを拠点にドイツ東方の権力基盤を確立することで，当時進め
られていた連合国との講和条約締結交渉を根本から突き崩せるはずであった[122]
し，また一般の兵員たちにしても，リガ「解放」によってもたらされるであろ
う「入植の機会」に自身の活路を見出していた[123]。

　ゴルツ率いる義勇軍のリガ攻勢は功を奏し，彼らは1919年5月23日までにリ
ガを手中に収めることとなる。だが結果的にみると，このリガ制圧は義勇軍に
とって自殺行為でしかなかった。なぜなら，赤軍がリガでの敗北を機にバルト
地域から撤退し始めた結果，同地における義勇軍駐留の意義は，完全に消滅し
てしまったからである[124]。

　連合国はドイツ政府に義勇軍の撤退を要請し[125]，また現地ではウルマニス派の
ラトヴィア人が隣国エストニアからの支援を受けながら，反独抵抗運動を開始
した[126]。こうした中，義勇軍に所属する本国ドイツ人たちの間では，自分たちを
取り巻く状況の変化に対する不安と同時に，志願の際に約束されたはずの「入
植の機会」が一向にもたらされないことへの不満が高まっていった[127]。

---

122)　Goltz, *Sendung*, S. 190.

123)　ノスケの回想によれば，1919年4月末に彼がクールラントを視察に訪れた際，「部隊は入植計画に完全にの
　　　めりこんでしまっていた」。Noske, *Kiel*, S. 178.

124)　Bernhard Böttcher, *Gefallen für Volk und Heimat. Kriegerdenkmäler deutscher Minderheiten
　　　in Ostmitteleuropa während der Zwischenkriegszeit*, Köln 2009, S. 36. 鉄師団の指導者であったビ
　　　ショフ少佐の回想によれば，リガ制圧が義勇軍にとっての「自殺行為」となることは，作戦開始前から予期
　　　されていたことだった。Josef Bischoff, *Die letzte Front. Geschichte der Eisernen Division im
　　　Baltikum 1919*, Berlin 1935, S. 123.

125)　このとき，連合国からの要請を受けたドイツ政府とOHLは義勇軍に撤退命令を下したものの，ゴルツは
　　　「ボルシェヴィズムの脅威」がまだ去っていないとしてこれを拒否した。Koch, *Bürgerkrieg*, S. 158.

126)　エストニア人もまたバルト・ドイツ貴族の支配に反発し，バルト地域からのドイツ人勢力の掃討に邁進して
　　　いた。*Darstellungen aus den Nachkriegskämpfen deutscher Truppen und Freikorps*, Bd. 3 : *Die
　　　Kämpfe im Baltikum nach der zweiten Einnahme von Riga, Juni bis Dezember 1919*, im Auftr.
　　　des Reichskriegsministeriums bearb. und hg. von der Forschungsanstalt für Kriegs- und Hee-
　　　resgeschichte, Berlin 1938, S. 7-10.

127)　例えばバルト国土防衛軍の最高指揮官フレッチャー少佐が，1919年6月6日に募兵局バルテンラントに提出
　　　した意見書は，次のような怒りをたたえた一文から始まっている。「国土防衛軍のために徴募された者たちは，
　　　特にその採用と将来の入植の機会について，募兵将校たちから口頭で何度か確約を得た。にもかかわらず，そ
　　　れは依然としてまったく守られていない。」フレッチャーは続けて，「[親独派のニードラが首相を務める─今
　　　井]現下のラトヴィア政府は，国土解放の戦士たちの入植を決して妨げないであろう」と主張し，そうした機
　　　会を今こそ国土防衛軍で戦った志願兵たちのために活用するよう，バルテンラントに懇願したのであった。
　　　Oberstab der Baltischen Landeswehr an Anwerbungsstelle Baltenland Berlin, 6.6.1919, in : BAB,
　　　R 8025/2, Bl. 105.
　　　　また実際のところ，ニードラ政府は5月末の段階ですでにドイツ人志願兵によるラトヴィアへの帰化申請↗

60

　義勇軍とエストニア＝ラトヴィア連合軍との戦闘は，1919年6月22日に義勇軍が大敗を喫する形で幕を閉じ，翌23日には両者の間に休戦協定が締結された。そして7月に入ると，連合国はついにバルト問題への直接的介入を決行し，ニードラの公職追放とウルマニス政府の回復，バルト国土防衛軍からのドイツ人将兵の追放を実行に移すと同時に，義勇軍の本国への即時撤退を命じた。[128] かくしてバルト地域における「入植の機会」は完全に消滅することとなり，義勇軍戦士の間では，ヴェルサイユ条約調印の衝撃も相まって，自分たちはドイツ政府に裏切られたのだ，という認識が広まっていった。[129] そして「入植」の夢を手放すことのできない義勇軍戦士たちは，パヴェル・ベルモント＝アヴァロフ率いるロシア白軍へと合流し，エストニア＝ラトヴィア連合軍との戦闘を継続することとなる。[130]

　むろん，共和国が義勇軍を実際に「裏切った」わけではない。バルト地域からの義勇軍の撤退は，これまでバルト出兵に関与してきたドイツ本国の政治家たちにとっても，決して望ましいことではなかった。例えば，1918年末に対バルト地域全権使節として義勇軍の編成に尽力し，その後1919年1月に東西プロイセンおよび占領地担当の国家委員に就任したヴィニヒは，7月5日の国民議会において「バルト・ドイツ人層の最後の生き残り」が「大規模な絶滅戦争」に晒されていると主張し，ドイツ本国出身の志願兵たちがバルト地域に留まることの重要性を訴えた。[131] また国防大臣ノスケも，連合国からの最後通牒が迫る中で開催された10月9日の国民議会において，バルト地域における義勇軍駐留

　　を積極的に受け入れる方針を打ち出していた。Schulze, *Freikorps*, S. 146.

128) Mr. Bosanquet (Reval) to Earl Curzon (Received July 4), Reval, 3.7.1919, in : *DBFP*, Ser. 1, Vol. 3, pp. 9-10.

129) 例えば1919年6月18日，北方総司令部の第1参謀将校であるヴェルナー・フォン・フリッチュ少佐は，軍務局長官ゼークトに宛てて次のような報告をおこなっている。「われわれに撤退を迫るエルツベルガーの通牒以降，占領地の状況は以前よりもはるかに不利になった。われわれはそこで，詐欺師の汚名を着せられている。われわれが曖昧な態度をとらざるを得ない主な原因は，協商国による妨害工作のほか，フィリップ・シャイデマン氏がもつボルシェヴィストの心にある。その心はドイツ人よりも，むしろボルシェヴィストやウルマニス派といったわれらの敵に共感を寄せているのである。ゴルツ伯は協商国からの憎悪とならんで，わが国の社会民主党員がまったく信用ならないことにも頭を悩ませてきた。」Bericht von Werner von Fritsch an Hans von Seeckt, Bartenstein, 18.6.1919, zit. nach : Carsten, *Reichswehr*, S. 73-74.
　　また7月10日，バルト国土防衛軍の最高指揮官フレッチャーはその兵員たちに「心からの感謝の意」を伝えたのち，「つまるところ，われわれは屈辱的なドイツの講和の犠牲となったのである」と宣言した。Der Befehlshaber Fletcher, Oberstabsbefehl, 10.7.1919, in : BAB, R 8025/2, Bl. 47, 100.

130) その計画はすでに1919年7月の時点で構想されていた。Koch, *Bürgerkrieg*, S. 162.

131) Bergien, *Republik*, S. 89-90.

の意義をプロイセン東部諸県の防衛と結びつけて論じたほか，事実上の参謀本部である「軍務局［Truppenamt］」長官ハンス・フォン・ゼークトの指示でバルト地域への武器弾薬の供給が開始された際にも，それを黙認したのであった[132]。

しかしながら，こうしたドイツ本国からの支援もむなしく，ロシア白軍とともに再度リガへの攻撃に加わった義勇軍戦士たちは，イギリスからの支援により増強されたエストニア＝ラトヴィア連合軍を前に大敗を喫した[133]。そして彼らは連合国による監視のもと，1919年12月16日までにドイツ本国へと帰還することとなる[134]。かくして約1年間にわたって展開されたバルト地域での義勇軍運動は，共和国に対する大きな禍根を遺す形で幕を閉じたのである。

4　義勇軍の社会的構成

1　運動の規模について

以上，1919年を通じてドイツ国内ならびにドイツ東方において展開された義勇軍運動の軌跡を追ってきた。本章では最後に，そうした運動の性格をより正確に把握するためにも，義勇軍がいかなる社会層から構成されていたのかを検討してみよう。

ただ，その前に確認しておきたいのは，ドイツ革命期における義勇軍運動全体を数値的に把握することの難しさである。これは主に，各義勇軍の設立・解体時期の分散や，活動領域の広範さ，暫定国軍への統合の有無，ならびに住民軍や短期志願兵部隊といったその他の志願兵部隊との線引きの曖昧さに起因している。例えば義勇軍の総数については，当事者の証言や先行研究によってかなりのばらつきがある。義勇軍作家エルンスト・フォン・ザロモンが「自立的

---

132)　Ebd.　バルト地域への武器弾薬の供給は，当然ながらグスタフ・バウアー（SPD）を首相とするドイツ政府の方針を完全に無視した行為であった。Walter Mühlhausen, Hans von Seeckt und die Organisation der Reichswehr in der Weimarer Republik, in : Karl-Heinz Lutz / Martin Rink / Marcus von Salisch (Hgg.), *Reform - Reorganisation - Transformation. Zum Wandel in deutschen Streitkräften von den preußischen Heeresreformen bis zur Transformation der Bundeswehr*, München 2010, S. 245-262, ここでは S. 252.

133)　このときのロシア白軍の総兵員数は5万から5万2,000人であったとされるが，実にその5分の4がドイツ人であった。Koch, *Bürgerkrieg*, S. 168.

134)　*Darstellungen*, Bd. 3, S. 142-143.

な義勇軍」の数として 85 を挙げているのに対し，シュルツェは「そのおおよその設立日とおおよその設立場所が立証可能な」義勇軍の数を 103 としており，またジョーンズは「ドイツにおいて1918年12月から1920年夏までに活動を展開した主要な義勇軍」として 163 の義勇軍部隊名を挙げている。[135][136][137]

　義勇軍運動参加者の総数についても同様のことがいえる。国防大臣ノスケが40万人，義勇軍作家ザロモンが「真の義勇軍戦士の数は，その最大の時期でも15万人程度であった」と主張する一方，シュルツェとコッホがともに最も信頼性の高い史料として使用している参謀次長グレーナーの自筆メモ（1919年3月15日付）によれば，当時ドイツに存在した66万の兵力のうち，25万が義勇軍により構成されていた。またバイエルンの義勇軍運動に関する個別研究をおこなったコルツェッツも，「1919年3月から4月までの［運動の―今井］最盛期において，義勇軍内部で武装していた」総成員数を，「21万から最高で22万」と見積もっており，そのうちの約2万人がバイエルンで勤務していたのではないかと推測している。このほかベッセルやバルトは，1919年3月の時点で，義勇軍その他の志願兵部隊に所属していた人員として，最大40万という数字を挙げている。[138][139][140][141][142]

　ここでは大きな幅はあるものの，さしあたり20万から40万という数字を採用することとしたい。

2　軍　人　層

　では本題に入ろう。まず義勇軍の構成員に目立って多いのは，旧陸海軍の軍

---

135)　Ernst von Salomon, *Nahe Geschichte. Ein Überblick*, Berlin 1936, S. 96.

136)　Schulze, *Freikorps*, S. 26.

137)　Nigel H. Jones, *A Brief History of the Birth of the Nazis. How the Freikorps blazed a Trail for Hitler*, London 2004, pp. 281-296 (Appendix).

138)　Noske, *Kiel*, S. 167.

139)　Salomon, *Geschichte*, S. 96.

140)　Schulze, *Freikorps*, S. 36-37；Koch, *Bürgerkrieg*, S. 63. またグレーナーが言及した総兵力66万の内訳は次のとおりである。①東方守備隊 [Ostschutz]：15万，②国内の志願兵 [Freiwillige im Innern]：6万，③負傷病者 [Kranke]：15万，④国内の防衛軍 [Wehren im Innern]：15万，⑤除隊中の兵員たち [Zur Entlassung begriffene Leute]：15万。

141)　Korzetz, *Freikorps*, S. 47-48.

142)　Richard Bessel, *Germany after the First World War*, Oxford 1993, p. 258；Barth, *Dolchstoßlegenden*, S. 237.

第1章　ドイツ革命期における義勇軍運動の形成と展開　　63

人の存在である。このことは，多くの義勇軍が旧軍部隊の基盤の上に成立し，現役もしくは退役軍人らの指導のもとで編成されたという経緯に起因している。

とはいえ，第一次世界大戦から帰還した軍人たちが，そのまま義勇軍に流れ込んだわけではないことに注意が必要である。なぜなら，1918年11月11日にフランスのコンピエーニュの森で第一次世界大戦の休戦協定が結ばれた際，ドイツ軍に所属していた将兵およそ600万人[143]のうち，義勇軍その他の志願兵部隊に身を投じた人間は，全体の1割にも満たなかったからである[144]。そうした中で義勇軍の中核を形成したのは，主に将軍や将校たちであった。

義勇軍の指導者たちの中でも軍人として最高位に位置していたのは，「義勇軍の父」[145]の異名をもつヴァルター・フォン・リュトヴィッツ将軍や，義勇国土猟兵団の指導者であるゲオルク・ルートヴィヒ・ルドルフ・メルカー少将，ハンブルクの義勇軍を指揮したパウル・エミール・フォン・レットウ＝フォアベック将軍[146]といった将官級の軍人たちであった。彼らは第一次世界大戦中，西部戦線やアフリカ戦線の指揮官として華々しい戦果をあげており，軍人としては最高の名誉であるプール・ル・メリット勲章の受勲者であった。

ただ，義勇軍にあって実際に指揮をとった軍人の多くは，将軍や大佐といった上級将校ではなく，少佐や大尉，中尉，少尉といった下級将校だった。シュルツェによれば，彼が確認することのできた114名の義勇軍指導者のうち，1名が下士官，6名が少尉，8名が中尉，28名が大尉，38名が少佐，9名が中佐，11名が大佐，13名が将軍であった[147]。その代表格は近衛騎兵隊狙撃兵師団の指揮官ヴァルデマー・パプスト大尉やエーアハルト第2海軍旅団を率いたヘルマン・エーアハルト海軍少佐であったが，彼らは将校団の市民化が急速に進んだ世紀転換期に幼年学校・士官学校へと進学し「将校への道」を歩んだ軍人たちであり，貴族やユンカーの出身ではなかった[148]。具体的には，パプストの父親は

---

143)　*Ibid.*, p. 69.

144)　1919年3月の時点で義勇軍その他の志願兵部隊に所属していた人員は，先述したように，大きく見積もっても40万人程度であり，さらにその数字には，第一次世界大戦に従軍しなかった学生層も含まれていた。

145)　Wette, *Noske*, S. 629.

146)　Eckard Michels, „*Der Held von Deutsch-Ostafrika". Paul von Lettow-Vorbeck. Ein preuβischer Kolonialoffizier*, Paderborn 2008, S. 266.

147)　Schulze, *Freikorps*, S. 222, Anm. 85.

148)　第二帝政期における将校団の「市民化」に関する研究としては，望田幸男『ドイツ・エリート養成の社会史：ギムナジウムとアビトゥーアの世界』ミネルヴァ書房，1998年；山田義顕「ドイツ第二帝政期の海軍↗

ベルリンの王立博物館の職員であり[149]，エーアハルトはバーデンのディースブルクで代々続く牧師家庭の出身であった[150]。

　義勇軍の副官や大隊長，中隊長，分遣隊長の中には，下級将校の中でもさらに位階の低い予備役将校が目立って多かった。彼らは第一次世界大戦中の深刻な将校不足を補うべく，OHL の手により半ば即席的に生み出された存在であり[151]，その多くは元来，ギムナジウムや大学から 1 年間の期限つきで戦地へ赴いていた一年志願兵であった[152]。したがって年齢的には20代前後の者が多く，その社会的出自はほとんどの場合，中間層以上であった。とはいえ，時と場合によっては，下級市民層や労働者層・農民層の出身者が前線での功績や手腕を買われ，兵士や下士官からそのまま将校へと昇進することもあった。そしてその意味において彼らは，「もはや戦前の陸軍将校団を代表してはいなかった」のである[153]。

　ただし，一年志願兵および前線兵士の中から徴用された新たな将校たちは，意識の面においては「真の将校」たりうるように努め，軍当局から与えられた指揮権と将校服に誇りの念を抱き，それらを保持することに執心した[154]。そして休戦という現実に直面し，将校としてのキャリアと社会的地位を手放さなければならなくなったとき，彼らが何らかの形で軍隊に残留ないし復帰しようと試みたことは想像に難くない。実際，義勇軍では軍服や宿営地が保証されていたし，何より「兵士的生活」を営むことが可能であった[155]。

　こうした中，義勇軍においては将校と下士官が大半を占める部隊が幾つも形

　　　　＼将校団：その社会構成と意識」『大阪府立大学紀要 人文・社会科学』30巻（1982年）51-66頁を参照。

149)　Gietinger, *Konterrevolutionär*, S. 17.

150)　Krüger, *Ehrhardt*, S. 24-25.

151)　この詳細については，フォルクマン（参謀本部訳）『マルクス主義と獨逸軍隊』不二書院，1928年，184-189頁を参照。

152)　OHL はまず，1 年間の期限付きでギムナジウムや大学から戦地へと赴いていた一年志願兵たちを，新たな将校の供給源として位置づけ，彼らに前線で短期間の兵役を経験させたのち，早急に将校候補生養成教育を施し，わずか90日で将校へと昇進させていった。こうして大戦中に一般志願兵から将校へと昇進した兵員の数は20万人以上にものぼったとされる。Waite, *Vanguard*, p. 46［ウェイト『ナチズムの前衛』39頁］; Koch, *Bürgerkrieg*, S. 60. また一年志願兵については，Bruno Thoss, Einjährig-Freiwillige, in: *EEW*, S. 452を参照。

153)　Koch, *Bürgerkrieg*, S. 60.

154)　Ernst von Wirsberg, *Heer und Heimat 1914-1918*, Leipzig 1921, S. 200.

155)　Torsten Mergen, *Ein Kampf für das Recht der Musen. Leben und Werk von Karl Christian Müller alias Teut Ansolt (1900-1975)*, Göttingen 2012, S. 78-79.

成されることになる。例えばエーアハルトの第2海軍旅団に続く形で設立されたレーヴェンフェルト第3海軍旅団内部には、「およそもっぱら将校，海軍見習士官，海軍士官候補生，そして海軍准士官のみからなる中隊が存在していた」[156]。さらにバイエルンのヴォルフ義勇軍では，結成の時点で全体の約75%を下士官が占めており，またエップ義勇軍が名称を改変して成立したバイエルン狙撃兵団においても，結成からほぼ1ヵ月後の1919年4月16日の時点で，全体の約59%を将校と曹長が占めていた[157]。

　他方で同じ軍人でも，兵士や水兵たちは義勇軍の中では少数派であった。このことは，彼らのほとんどが中間層以下の社会層，特に労働者層や農民層に属しており，これらの社会層がこの当時労働者評議会や農民評議会を形成し，革命運動を展開したことと密接に関係している。また旧陸軍部隊のほとんどが本国帰還と同時に自然消滅したことからわかるように，たとえ革命運動に参加せずとも，これ以上の兵役を純粋に望まない者たちがいたことも事実であり[158]，中には志願兵の徴募に対し，あからさまに敵意を示す者も存在した[159]。

3　学 生 層

　次に，軍人層と並ぶ義勇軍の主要構成分子として挙げられるのが，ギムナジウムの上級生徒や大学生といった学生層である。彼らは厳密にいえば，義勇軍の補助的機能を果たした短期志願兵部隊において，構成員の大部分を担っていた[160]。ただし，彼ら学生層と軍人層とを明確に区別することは，ほとんど不可能に近い。なぜなら，そもそも第一次世界大戦中に活躍した一年志願兵や予備役

---

156) Oertzen, *Freikorps*, S. 119.

157) Korzetz, *Freikorps*, S. 40, 52, 115.　エップ義勇軍については，総員945名のうち341名が将校，213名が下士官の最高位である曹長，そして残りの391名がそれ以下の下士官と兵士であった。

158) Benjamin Ziemann, *Front und Heimat. Ländliche Kriegserfahrungen im südlichen Bayern 1914-1923*, Essen 1997, S. 339-340, 372.

159) 例えば東プロイセンのケーニヒスベルクでは，1919年3月，兵役不適格となった兵士や水兵たちが志願兵の徴募に反対し，募兵用ポスターをひきはがすという事件が発生していた。Richard Bessel, Die Heimkehr der Soldaten. Das Bild der Frontsoldaten in der Öffentlichkeit der Weimarer Republik, in : Gerhard Hirschfeld / Gerd Krumeich / Irina Renz (Hgg.), *'Keiner fühlt sich hier mehr als Mensch...'. Erlebnis und Wirkung des Ersten Weltkriegs*, Essen 1993, S. 238, Anm. 37.

160) Schulze, *Freikorps*, S. 50 ; Konrad H. Jarausch, *Deutsche Studenten 1800-1970*, Frankfurt a.M. 1984, S. 119 ; Jürgen Schwarz, *Studenten in der Weimarer Republik. Die deutsche Studentenschaft in der Zeit von 1918 bis 1923 und ihre Stellung zur Politik*, Berlin 1971, S. 206-216.

66

　将校の大半が，ギムナジウムの卒業生や現役の学生であり，また敗戦を機に一度勉学の世界に戻った場合でも，内戦状況が先鋭化する中で再び武器を手にとるケースが多々見受けられたからである。コッホも指摘しているように，「予備役将校の集団の構成員であることと，学生集団の構成員であることとは，ある程度，部分的に重なり合っていた」[161]のだった。

　学生を主体とする志願兵部隊としては，すでに1918年12月初頭のベルリンにおいて，「反スパルタクス」を掲げる「学生軍［Studentenwehr］」が組織されていた[162]。また義勇軍と左翼急進派との市街戦が一応の終結をみた1919年1月末には，ヨルク猟兵団が「すべての総合大学と工業大学の志願兵たちからなる学生中隊」を設立している[163]。こうした学生主体の志願兵部隊は，その後もドイツ国内における「安寧と秩序の維持」と東部国境の防衛を訴えるノスケの国防政策のもと，ドイツ各地の大学において結成されていった。その際，中核となったのは各大学に存在する「学生組合［Studentenschaft］」であった[164]。

　なお，在学中の学生たちに対しては，大学当局による組織的な働きかけがおこなわれていた。これは大学側が学生に対し，義勇軍に参加することで得られる利益，ないしは参加しないことで被る不利益を提示することで，彼らの義勇軍への「自発的」入隊を促すというものであった[165]。またこれと同時に，軍当局や官公庁による学生層向けの募兵キャンペーンも各地で展開されており，そこでは「祖国の危機」を訴える扇情的な文言の数々が並んだ[166]。こうした体制による働きかけが学生層の志願を促したことは確かであろう。

---

161) Koch, *Bürgerkrieg*, S. 62.

162) Schulze, *Freikorps*, S. 50 ; Schwarz, *Studenten*, S. 93 ; Angela Klopsch, *Die Geschichte der juristischen Fakultät der Friedrich-Wilhelms-Universität zu Berlin im Umbruch von Weimar*, Berlin 2009, S. 196.

163) *Deutsche Tageszeitung*, Nr. 55, 30.1.1919, zit. nach : Günter Paulus, Die soziale Struktur der Freikorps in den ersten Monaten nach der November- revolution, in : *ZfG* 3 (1955), H. 5, S. 685-704, ここでは S. 697.

164) Schwarz, *Studenten*, S. 206-219.

165) 例えばブレスラウの工業大学は1919年1月末，「自らが国境守備の任務に適さないことを証明する」学生にのみ，勉学の続行を許可した。またハレ，ライプツィヒ，マールブルク，エアランゲン，そしてヴュルテンベルクなどの諸大学でも，学生たちの義勇軍への入隊を促すため，全学期が短縮され，突然休止になるか，ないしは完全に停止されることがあった。さらに1919年4月29日には，短期志願兵となるために夏学期を休学した学生たちへの配慮から，新たに秋の中間学期を設けるという案が，37の大学評議会と学生連盟の代表者会議により承認された。Paulus, Struktur, S. 697 ; Schulze, *Freikorps*, S. 50-51 ; Könnemann, *Einwohnerwehren*, S. 101 ; Koch, *Bürgerkrieg*, S. 62.

166) Koch, *Bürgerkrieg*, S. 62-63. この点についてはさらに，本論第3章も参照。

第1章　ドイツ革命期における義勇軍運動の形成と展開　67

　また学生層の中には，義勇軍による戦闘そのものに魅力を感じ，入隊を決意する者もいた。例えば1919年2月初頭，ベルリンのヴィルヘルムス゠ギムナジウムのアビトゥーア資格保持者であった17歳の青年ハンス・ユングストは，父親宛ての手紙の中で，「わが祖国を救うためならどんなことでもやりたい」と志願の意志を綴っている[167]。それはベルリン一月闘争における義勇軍の戦闘行為を目のあたりにした彼が，「国内と東方におけるボルシェヴィズムの危険」から「祖国を救済」することの意義を確信したからであった。ユングストによれば，彼と同じく義勇軍への志願を希望した学生は少なくなく，ヴィルヘルムス゠ギムナジウムには，「新たな激しい戦闘を待ち望む」雰囲気が存在していたという[168]。

4　小市民層あるいは中間層とその他

　軍人，学生に続き，義勇軍を構成した第3の社会集団は，小市民層あるいは中間層である。コルツェッツによれば，彼らはバイエルンの義勇軍における非職業軍人グループの中でも最大多数を誇っていた[169]。その職業は主にサラリーマン，商人，手工業者，そしてサービス業者であったが[170]，とりわけ失業者の志願に関しては，官公庁も様々な策を講じていた。例えばシュレージエンでは，東部国境守備への志願をおこなわなかった者に対して生活保護などの支援が停止されたし，逆にケムニッツでは，国境守備に志願した1,000名に対し，市から失業手当が支給されていた[171]。

　また小市民層・中間層は，住民軍の主たる構成要素でもあった。ドレスデンの住民軍を参考にしてみると，メンバー5,574人の職業別内訳は，事務員774，上級官吏106，中級官吏570，下級官吏1,016，商店主594，手工業者564，教師194，旧現役将校75，その他の職業865および労働者759となっており，小

---

167)　Hans Jüngst an Eduard Jüngst, 2.2.1919, zit. nach : Michael Fischer, *Dr. phil. habil. Hans Jüngst 1901-1944. Ein Leben im deutschen Zeitalter der Extreme*, Karlsruhe 2012, S. 26.

168)　Hans Jüngst an Eduard Jüngst, 6.2.1919, zit. nach : ebd.　ただし，ユングストが義勇軍に入隊することはなかった。

169)　Korzetz, *Freikorps*, S. 115, 120 (Tabelle 2), 121 (Diagramm 2).

170)　特にサラリーマンは，敗戦と革命にともなう失業の中，義勇軍に働き口を見出したとされている。Paulus, Struktur, S. 699 ; Koch, *Bürgerkrieg*, S. 63.

171)　Könnemann, Freikorps, S. 671.

市民層・中間層が占める割合は全体の約7割であった。またブラウンシュヴァイクの場合にしても，住民軍2,156名中，商人440，商店員737，官吏462，大学講師35，医師と化学者91，技師171，将校17，年金生活者38，手工業者145，職人111，生徒と学生155，農民11，その他の職業208および労働者35であり，小市民層・中間層の割合は9割を越えていた。[172] それゆえ住民軍に限っていえば，ディールや岩崎好成氏が指摘するように，「一種の中間層結集運動」としての性格が強かったといえる。[173] またドイツ革命期における「下からの反革命」を論じたトルナウによると，こうした動きを支えていたのは，帝政期から続く中間層内部の反社会主義的潮流と，革命への素朴な恐怖心であった。[174]

このほかにも，バルト地域の義勇軍の徴募の際に喧伝された「入植の機会」は，多くの農民層を義勇軍へと引きつけた。そこに集まったのは，ドイツ国内の小農民や，休戦後の領土再編成により海外植民地や国境地域から追い出された放浪農民であった。[175] さらにバルト地域の義勇軍は，あらゆる階層の犯罪分子が国家権力から逃れるための避難所ともなった。深刻な兵員不足に悩まされていたバルト地域では，新兵たちの出自や経歴が問題とされることがあまりなく，また兵員の配置換えが恒常的におこなわれたため，犯罪者が身を潜めるには何かと好都合だったのである。実際に多くの部隊では，10名ないしは20名の新入りの中に，その都度数名の不審者が紛れ込んでいたという。[176]

こうした中，労働者層は義勇軍において常に周辺的な存在であった。その原因としては労働者層内部の「伝統的な反ミリタリズム」や，志願兵部隊の編成を推進する将校への不信感，そして連合国との「戦争」が継続することへの危機感ないし厭戦気分が挙げられる。またこのような雰囲気は，義勇軍への敵意や住民軍結成への反対姿勢を形作っただけでなく，労働者を主体とする志願兵部隊の形成をも困難にしていた。[177]

---

172) Könnemann, *Einwohnerwehren*, S. 209；上杉『統一戦線と労働者政府』54頁。

173) Diehl, *Paramilitary*, pp. 20-22, 59-60；岩崎好成「ワイマール共和国における準軍隊的組織の変遷」『史学研究』153号（1981年）59-70頁，ここでは61頁を参照。

174) Joachim F. Tornau, *Gegenrevolution von unten. Bürgerliche Sammlungsbewegungen in Braunschweig, Hannover und Göttingen 1918-1920*, Bielefeld 2001.

175) Heinz, Vorstoß, S. 52；Paulus, Struktur, S. 700；山田「バルトのドイツ義勇軍」9頁。

176) Koch, *Bürgerkrieg*, S. 64；Sauer, Mythos, S. 875.

177) Paulus, Struktur, S. 689；Koch, *Bürgerkrieg*, S. 60；Bergien, *Republik*, S. 96.

5 年齢構成と世代構成

それでは，義勇軍の構成員たちはどのような年齢集団に属していたのだろうか。先行研究においてしばしば指摘されるのは，義勇軍の基幹部分を形成したのが，1890年代生まれの青年男子，いわゆる「(若き) 前線世代 [(Junge) Frontgeneration]」だったという点である。[178]けれども，このような指摘は基本的にヴァイマル期の同時代文献や義勇軍作家らの回想録に依拠したものであり，具体的なデータが根拠として示されているわけではない。むろん，ドイツ革命期における義勇軍運動全体を数値的に把握することは，先述したとおり困難である。ただ，時代や地域を限定すれば，そうした数値的な把握もある程度可能となろう。

この点で参考になるのは，バイエルン・レーテ共和国倒壊後の1919年5月25日，バイエルン第4集団司令部の徴募中央課によって作成されたあるリストである。これは「義勇軍の国軍部隊への編入にとって不適格と判断された」人員779名分の氏名を記載したものであり，場合によっては，生年月日と所属する部隊の名称，そして兵種が記載されている。[179]図1・2は，そのうち生年が判明している428名分のデータをもとに，筆者が作成したものである。

まずは，年齢構成をまとめた図1を見てみよう。ドイツ革命当時の年齢で

---

178) ウェイトは彼らの「義勇兵としての生涯に著しい影響を及ぼした2つの経験」として戦前の青年運動と第一次世界大戦を挙げており [Waite, *Vanguard*, pp. 17-18 [ウェイト『ナチズムの前衛』16頁]]，またコッホも同様に，「19世紀の最後の10年間に生まれ」た彼らは，「戦前の青年運動と第一次世界大戦の大規模な戦闘という，2つの深刻な経験によって形作られた世代であった」としている [Koch, *Bürgerkrieg*, S. 52]。

なおウルリヒ・ヘルベルトによると，こうした「前線世代」概念はギュンター・グリュンデルの政治世代論に端を発するものである。ただ，ヘルベルトが「前線世代」を1890〜1900年生まれだと規定しているのに対し [ウルリヒ・ヘルベルト (芝健介訳)「『即物主義の世代』：ドイツ1920年代初期の民族至上主義学生運動 (上)」『みすず』44巻4号 (2002年) 26-44頁，ここでは26-27頁]，当のグリュンデル自身は1890〜1899年生まれと規定している [E. Günther Gründel, *Die Sendung der jungen Generation. Versuch einer umfassenden revolutionären Sinndeutung der Krise*, München 1932, S. 23, 60]。

ちなみに日本のドイツ現代史研究においても，1990年代以降，この「前線世代」を意識的に扱った研究がコンスタントに登場した。川合全弘「前線世代の政治意識とプレナチズム：エルンスト・ユンガーのナショナリズム論」『産大法学』27巻3号 (1993年) 1-13頁；同「戦争体験，世代意識，文化革新」；小野清美『保守革命とナチズム：E・J・ユングの思想とワイマル末期の政治』名古屋大学出版会，2004年；星乃治彦『赤いゲッベルス：ミュンツェンベルクとその時代』岩波書店，2009年。また村上宏昭氏の研究は，「前線世代」概念のもつ歴史性そのものを，ヴァイマル期の文脈の中で検討している。村上『世代の歴史社会学』第6章参照。

179) Haupt-Werbezentrale des bayerischen Gruppenkommandos Nr. 4, Liste Nr. 2 der für die Aufnahme im Reichswehrverbande eines Freikorps als nicht geeignet befundenen Persönlichkeiten, München, 25.5.1919, in: BayHStA, Abt. IV, Freikorps Mannschaftsakten 13/246, o.Bl.

図1 ドイツ革命期バイエルン義勇軍内「国軍編入不適格者」の年齢構成 (単位：人)

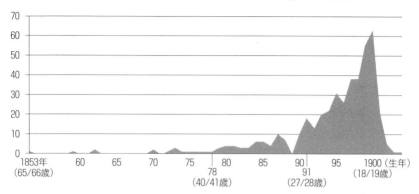

図2 ドイツ革命期バイエルン義勇軍内「国軍編入不適格者」の世代構成 (単位：人)

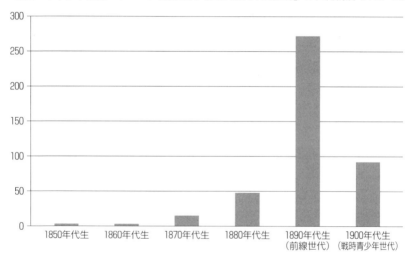

65/66歳（1853年生）から40/41歳（1878年生）までの者がそれぞれ0〜10名程度であるのに対し，27/28歳（1891年生）の18名から急上昇を続け，18/19歳（1900年生）が63名で突出している。続く図2は，生年をさらに10年ごとの世代（コーホート）で区切ったものである。こうして見ると，1890年から1899年までに生まれた「前線世代」が約63％（271名），次いで1900年以降に生まれた，前線体験をもたない「戦時青少年世代［Kriegsjugendgeneration］」[180]が約21％（92

---

180) グリュンデルによると，「戦時青少年世代」に属するのは，第一次世界大戦中に前線に赴くことのなかっ

名）を占めており，29歳以下が全体の約84％にのぼることがわかる。

　また，同様の傾向はバルト国土防衛軍内の死亡者リストにもみて取ることができる。このリストは，1929年刊行のバルト国土防衛軍の追悼録に収録されたものであり，そこには1918年末から1920年３月までの間に死亡した428名分（そのうち戦死者が296名で，病死・事故死者が132名）の氏名とともに，多くの場合，階級と生年，没地と没年月日が記載されている。[181] 図３・４は，そのうち生年がはっきりとしている344名分のデータをもとに筆者が作成したものである。

　年齢構成をまとめた図３では，20代前半（1890年代後半生まれ）から死者数が急増していることがわかる。また世代構成をまとめた図４では，「前線世代」が全体の約53％（181名），次いで「戦時青少年世代」が全体の約30％（103名）を占めており，あわせて29歳以下が全体の約83％を占めていることになる。ここからもまた，バルト地域の義勇軍運動で主力を担ったのが，20代の青年たちだったということがわかる。

　以上みてきたような，バイエルン義勇軍における「国軍編入不適格者」や，バルト国土防衛軍内死亡者の年齢・世代構成が，ドイツ革命期における義勇軍全体のそれを正確に反映したものであるか否かは，依然として検討の余地を残している。ただ，少なくともここから明らかなのは，義勇軍の解体が進み，また復員兵のための職業斡旋制度が整備されつつあった中で，それでもなお軍隊に留まろうとした「不適格者」たちや，[182] バルト地域の闘争で率先して命を落とした者たちが，前線体験を有する20代の青年層だったという事実である。そしてその意味において，「前線世代」が義勇軍の基幹部分を形成していたという

　＼た青少年たちである。確かに1918年の時点では，1900年以降に生まれた者も軍に召集されていたが，基本的に彼らが前線に勤務することはなかった。Gründel, *Sendung*, S. 24；Dieter Dreetz, Methoden der Ersatzgewinnung für das deutsche Heer 1914 bis 1918, in: *Militärgeschichte* 16 (1977), S. 700-707；Ziemann, Fronterlebnis, S. 50, Anm. 16.
　　なお，「戦時青少年世代」はヴァイマル期からナチ期にかけて，過激な主義主張や政治的暴力の主要な担い手となったことから，「即物主義の世代 [Generation der Sachlichkeit]」ないしは「妥協なき世代 [Generation des Unbedingten]」とも呼ばれる。ヘルベルト「『即物主義の世代』（上）」；Wildt, *Generation*；村上『世代の歴史社会学』85-87頁。

181)　Totenliste der Baltischen Landeswehr, in: Baltischer Landeswehrverein (Hg.), *Die Baltische Landeswehr im Befreiungskampf gegen den Bolschewismus. Ein Gedenkbuch*, Riga 1929, S. 215-225.

182)　この背景については，Maercker, *Kaiserheer*, S. 34；Bessel, *Germany*, Chapter 4；Barth, *Dolchstoßlegenden*, S. 238；松本洋子「11月革命期における復員省の役割：社会化の挫折とその思想的背景との関連で」『論集（駒沢大学）』12号（1980年）147-168頁，ここでは159-160頁を参照。

図3 ドイツ革命期バルト国土防衛軍における死亡者の年齢構成 （単位：人）

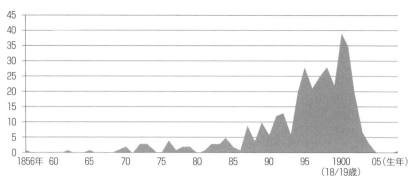

図4 ドイツ革命期バルト国土防衛軍における死亡者の世代構成 （単位：人）

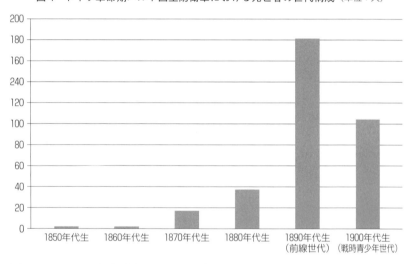

見方は，かなりの程度妥当であるといえよう。

小 括

　義勇軍の設立は，第一次世界大戦末期からドイツ革命の勃発までの間，「安寧と秩序」の回復と東部国境の守備という2つの問題を解決するために構想された。そして実際の組織化に際しては，旧軍将校や兵士評議会がイニシアティヴを発揮した。

ドイツ国内の闘争において，義勇軍はたびたび左翼急進派や労働者に対する残忍な暴力を行使した。ただ，その暴力が成立間もない共和国の基盤固めに寄与したことは確かであり，ドイツ政府もそれを歓迎していた。また，義勇軍の転戦はドイツ各地に住民軍や短期志願兵部隊といった補助部隊を続々と成立させていき，この結果，義勇軍運動は旧軍出身の青年将校を中核としながら，学生層や中間層・小市民層を糾合した国民運動への発展を遂げることとなる。ドイツ政府はこの動きを暫定国軍という形で安定化させ，統制しようと試みたが，義勇軍は依然として自立性を保持したままだった。

　他方，ドイツ東方の義勇軍は，ポーランドとの国境闘争やラトヴィアへの干渉戦争を展開していた。特に後者は，ボルシェヴィズムの西方への拡大を危惧する連合国とドイツ政府によって推進された国際事業であった。ただ，このドイツ東方での義勇軍運動は，第一次世界大戦後のヨーロッパの秩序形成と密接に関わっていただけに，国際情勢に翻弄される結果となり，その過程では共和国に叛逆する動きもみられたのであった。

　このように，共和国は義勇軍の暴力に依拠することにより，辛うじて最初の混乱を乗り越えることができた。だが，義勇軍を完全に統制するまでには至らず，したがって「国家暴力の弱体化」という「歴史の逆転現象」を克服するには程遠かった。むしろドイツ東方の義勇軍運動で産声をあげた反共和国の動きは，その後も共和国の存立を大きく揺るがすこととなる。

第2章

裏切りの共和国

アルベルト・レオ・シュラーゲターの義勇軍経験

はじめに

　第三帝国の成立後，ナチが義勇軍と自らをつなぐ最も効果的なシンボルとして利用したのが，アルベルト・レオ・シュラーゲターであった。それはひとえに，シュラーゲターがヴァイマル期における最も名の知られた義勇軍戦士だったからである。第一次世界大戦からの帰還後，1919年から1923年までの主要な義勇軍闘争のほとんどすべてに参加した彼が，まさに義勇軍を代表する人物であり，さらにフランスのルール占領に抵抗したかどで射殺されるという劇的な最期によって，一躍「ドイツの英雄」として崇拝されるに至った。そして親ナチ義勇軍作家たちは，こうしたシュラーゲター崇拝をヒトラー崇拝に接続させるべく，生前の彼がヒトラーを信奉する「第三帝国の最初の兵士」であったと主張したのである。[1]

　本章では本論冒頭で述べた問題関心に加え，こうしたシュラーゲターの生涯の脱神話化をはかるという意味からも，彼の遺した手紙を分析し，第一次世界大戦から義勇軍運動，そしてナチズム運動への参加に至るその軌跡を明らかにしていきたい。ただしシュラーゲターの手紙を分析する前に，それにつきまとう3つの史料的制約を確認しておく必要がある。

　第1に，その手紙が1934年に第三帝国の文化政策のもとで編纂・刊行された『書簡集』に収録されたものだという点である。[2] シュラーゲターに関する初の歴史学的叙述を試みたツヴィッカーによれば，『書簡集』収録の手紙は，当時

---

1) Matthias Sprenger, *Landsknechte auf dem Weg ins Dritte Reich? Zu Genese und Wandel des Freikorpsmythos*, Paderborn 2008, S. 164-180, 221; 今井宏昌「「第三帝国の最初の兵士」？：義勇軍戦士アルベルト・レオ・シュラーゲターをめぐる「語りの闘争」」『西洋史学論集』48号（2010年）61-79頁。

2) Albert Leo Schlageter, *Deutschland muß leben. Gesammelte Briefe*, hg. und mit einem Nachw. versehen von Friedrich Bubendey, Berlin 1934.

第三帝国の放送局局長を務めていた編者フリードリヒ・ブーベンデイによって
ある程度選別・要約されたものであり，それゆえ「限定的な史料価値しかもた
ない」[3]。しかしながら，シュラーゲターの手紙の原本のほとんどは生地シェー
ナウのシュラーゲター家の手によって非公開のまま保存されているため，現段
階ではこの『書簡集』が目下利用できる唯一の史料だといえる[4]。

　第2に，第一次世界大戦期の手紙が，戦時下に前線と銃後を往来した野線郵
便だという点である。大戦中に前線と銃後の間を行き交った郵便物はおよそ
287億通にものぼるが[5]，それらは「郵便監視所［Postüberwachungsstelle］」や
兵士の上官によって無作為抽出検査の要領で検閲されており，その内容には一
定の制限がつきまとった[6]。また故郷を離れ戦場へと赴いた兵士たちにとって，
野戦郵便は「自分が無事に生きているということを相手に知らせ，同時に人間
関係のネットワークを維持する」ための「前線と『銃後』を繋ぐほぼ唯一の通
信手段」であり，それゆえ彼らは，家族や恋人，友人，恩人といった銃後の人
びとを極力不安がらせないような叙述を心がけた[7]。そこでは殺戮や戦死といっ
た戦場の光景をリアルに描くことはタブー視され，前線での「日常」を描くこ
とがほとんどとなる。つまり兵士たちは，自らの体験を銃後の人びとにも理解
可能・共有可能なほどにまで取捨選択・解釈したのであり，その結果彼らの手
紙には出来事の「黙秘」や「過小評価」，表現の「詩化」や「慣用句化」，そし

---

3) Stefan Zwicker, „Nationale Märtyrer". Albert Leo Schlageter und Julius Fučik. Heldenkult, Propaganda und Erinnerungskultur, Paderborn 2006, S. 130-133.

4) 例外としては，ベルリン゠リヒターフェルデ連邦文書館のシュラーゲター追悼祈念館関係文書［BAB, R 8038/10］の中に，『書簡集』にも収録された手紙の複写史料が存在している。

5) それらは主に手紙や郵便はがき，小包，そして新聞などからなっていた。郵送作業は約8,000名もの専門の職員と輜重隊兵士によって執りおこなわれていた。Bernd Ulrich, Die Augenzeugen. Deutsche Feldpostbriefe in Kriegs- und Nachkriegszeit 1914-1933, Essen 1997, S. 40. 手紙の場合，戦争が始まってから最初の1年間だけでも，前線の兵士から銃後の親族，知人や友人に向けて1日に約6万通，反対に銃後から前線に向けては1日に約8万5,000通が送られており，1年間の合計は40億にも達することとなった。Manfred Hettling / Michael Jeismann, Der Weltkrieg als Epos. Philipp Witkops „Kriegsbriefe gefallener Studenten", in : Gerhard Hirschfeld / Gerd Krumeich / Ina Renz (Hgg.), 'Keiner fühlt sich hier mehr als Mensch...'. Erlebnis und Wirkung des Ersten Weltkriegs, Essen 1993, S. 175-198, ここでは S. 183.

6) Ulrich, Augenzeugen, S. 40, 86 ; Benjamin Ziemann, Front und Heimat. Ländliche Kriegserfahrungen im südlichen Bayern 1914-1923, Essen 1997, S. 30 ; Florian Altenhöner, Kommunikation und Kontrolle. Gerüchte und städtische Öffentlichkeiten in Berlin und London 1914/1918, München 2008, S. 106-107.

7) 小野寺拓也「歴史資料としてのドイツ野戦郵便：第二次世界大戦期の国防軍兵士」『歴史評論』682号（2007年）3-11頁，ここでは4頁。

て相手にも自分自身にも望ましい「自己イメージの形成」といった「言語上の婉曲表現」が氾濫することとなった[8]。

第3に，手紙に年代のばらつきが生じている点である。『書簡集』には，1920年から1922年までのシュラーゲターの手紙は一切収録されていない。ほとんどは第一次世界大戦からバルト地域の義勇軍運動が終結するまでの手紙であり，そのほかには，シュラーゲターがフランスの監視下におかれた1923年の数ヵ月分の手紙が収録されるのみである。ただ，本論がエゴ・ドキュメントを主な史料とする以上，こうした問題はある程度不可避のものである。なぜなら，行政記録や新聞雑誌などとは異なり，エゴ・ドキュメントがコンスタントに作成され，残存することはきわめてまれだからだ。そこで本論では，ダニエル・シュミットがSA指導者ハンス・ラムスホルンの生涯を再構成する際に用いた手法を採用することにしたい。それはつまり，エゴ・ドキュメントの穴を，関連する別の史料や研究文献，とりわけ1990年代以降に目覚ましい発展を遂げた軍事史研究の成果によって補うという手法である[9]。

以下ではこのような3つの史料的制約を念頭におきつつ，想起の文化研究や神話批判研究，そして新しい軍事史研究の成果を踏まえながら，義勇軍戦士シュラーゲターの第一次世界大戦の経験ならびに義勇軍経験について検討していくこととする。

1 カトリック青年から前線兵士へ

1 戦場に立つカトリック青年

アルベルト・レオ・シュラーゲターは，1894年8月12日，シュヴァルツヴァルトの小都市ヴィーゼンタールのシェーナウに，代々続くカトリック農民家庭の第6子として生を受けた。幼少の頃から勉学の才に恵まれていたシュラーゲターは，地元の小学校［Volksschule］と高等小学校［Bürgerschule］を卒業

---

8) Isa Schikorsky, Kommunikation über das Unbeschreibbare. Beobachtungen zum Sprachstil von Kriegsbriefen, in: *Wirkendes Wort* 42 (1992), H. 2, S. 295-315, ここでは S. 301; Ulrich, *Augenzeugen*, S. 16-17; 小野寺「歴史資料としてのドイツ野線郵便」4-5頁。

9) Daniel Schmidt, Der SA-Führer Hans Ramshorn. Ein Leben zwischen Gewalt und Gemeinschaft (1892-1934), in: *VfZ* 60 (2012), H. 2, S. 201-235.

78

したのち，フライブルク・イム・ブライスガウのベルトルト・ギムナジウムへ
と進学した。彼はそこで神学を学び，将来は司祭になることを夢見ていたとさ
れる。しかし在学中に重度の関節リューマチを患うと，病気療養のため，1913
年には気候の穏やかなコンスタンツのギムナジウムへの転校を余儀なくされ
た。

1914年7月末，サライェヴォ事件に端を発する緊迫した欧州情勢の中で，同
盟国オーストリア＝ハンガリーとともに開戦に踏み切ったドイツでは，都市部
の学生や愛国団体を中心に，党派や階級を超えた好戦的ナショナリズムが急速
に高まっていった。こうして「城内平和」体制が確立される中，シュラーゲ
ターもその他大勢の学友と同じく，開戦に際して急遽開催されたギムナジウム
卒業資格臨時試験［Notabitur］をクリアし，志願兵として名乗りをあげるこ
ととなる。[10]

1914年8月，ドイツ軍は短期決戦構想「シュリーフェン・プラン」にもとづ
いてルクセンブルク，ベルギーに侵攻したのち，瞬く間に北フランスへと進撃
した。しかし9月6日，マルヌの戦いにおいてフランス軍の反撃が始まると，
ドイツ軍は一気に守勢に転じ，その短期決戦構想の断念を余儀なくされる。西
部戦線はその後，1914年末にかけて拡大の一途を辿るとともに，陣地戦のまま
膠着状態に陥った。こうした中，シュラーゲターは12月16日にフライブルクの
第5バーデン野戦砲兵第76連隊に入隊し，翌1915年3月7日に電信大隊所属の
伝令兵として北フランスに赴くこととなる。『書簡集』収録の野戦郵便を見る
限り，それから1916年12月までに彼が書いた手紙のほとんどは，恩師に宛てら
れたものである。

シュラーゲターの恩師とは，彼のコンスタンツ時代の寄宿先「ザンクト・コ
ンラート学寮［St. Konradihaus］」で学長を務めていた聖職者マットホイス・
ラングその人であった。[11]ラングはカトリックの聖職者養成施設であるザンク

---

10) 以上，Franz Kurfeß, *Albert Leo Schlageter. Bauernsohn und Freiheitsheld. Nach Mitteilun-
gen seines Vaters und seiner Geschwister unter besonderer Berücksichtigung seiner Jugend-
zeit*, Breslau 1935, S. 20-58；Paul Rothmund, Albert Leo Schlageter 1923-1983. *Der erste Soldat
des 3. Reiches? Der Wanderer ins Nichts? Eine typische deutsche Verlegenheit? Ein
Held?* in：*Das Markgräflerland. Beiträge zu seiner Geschichte und Kultur* 2 (1983), S. 3-36, S. 9
を参照。

11) ザンクト・コンラート学寮は1864年にコンスタンツのカトリック系聖職者らが設立した聖職者養成施設↗

ト・コンラート学寮において，シュラーゲターのような聖職者を目指す青少年の指導にあたっていた。[12] 寮では基本的に保守色の強い愛国主義的な教育がおこなわれたものの，その一方で寮生たちが自治会を作り，自ら寮を管理・運営していくといった革新的な気風もみられた。それゆえ寮内の結束は固く，学寮全体が一種の宗教的共同体と化していた。[13] シュラーゲターがラングに宛てた手紙にも，こうした学寮での濃密な宗教的共同体の経験が強く反映されているのを確認することができる。

　例えば『書簡集』収録の最初の野戦郵便である，1915年3月30日付のラング宛ての手紙である。この時期の西部戦線は，塹壕戦突入後初となる英独間の攻防戦（ヌーヴ＝シャペルの戦い）が終結して間もない頃であり，シュラーゲターもおそらく，その戦いを何らかの形で体験したものと思われる。そこで彼は，この手紙が「悔悛にもとづいてというよりかは，むしろ内なる恐怖感の吐露のため」に書かれたものであると告白している。どうやらシュラーゲターにとって，恩師ラングはそれほど信頼に足る人物だったようであり，自分が「今日に至るまで万事順調」なのも，「猊下の日々の祈り」のおかげであると綴っている。[14] ここからまず明らかなのは，敬虔なカトリック青年としてのシュラーゲターの姿である。

　続いてシュラーゲターは，伝令兵としての日々の勤務内容を恩師に報告している。「私たちは，塹壕のなかに電話線を引き，そこでわが軍の射撃を将校と一緒に監視をしています。時折危険な事態に見舞われますが，その際は電話交

　であった [Ernst Föhr, Zur Geschichte des St. Konradihauses in Konstanz, in : *Erzbischöfliches Studienheim St. Konrad Konstanz. Festschrift zur Einweihung unseres Hauses am 9. Mai 1962*, Freiburg 1962, S. 23-43, ここでは S. 23]。

　学寮の出身者の中にはシュラーゲターよりも5歳年上で，コンスタンツのギムナジウムでの就学期間（1903年から1906年まで）を学寮で過ごしたのち，フライブルク大学への入学を果たした哲学者マルティン・ハイデガーもいた [ヴィクトール・ファリアス（山本尤訳）『ハイデガーとナチズム』名古屋大学出版会，1990年，44-45頁]。ハイデガーの学寮在籍当時，学長ラングははまだ新任の舎監であったが，ハイデガーもまたラングに厚い信頼を寄せた寮生のひとりであった [リュディガー・ザフランスキー（山本尤訳）『ハイデガー：ドイツの生んだ巨匠とその時代』法政大学出版局，1996年，24頁]。なお，ハイデガーはシュラーゲターの処刑からちょうど10年後の1933年5月26日，バーデンで彼を讃える演説をおこなっている [ファリアス『ハイデガーとナチズム』122-130頁；ザフランスキー『ハイデガー』357-358頁；Zwicker, *Märtyrer*, S. 106-107]。

12)　ファリアス『ハイデガーとナチズム』123頁。

13)　同上，45-47頁。

14)　Brief von Albert Leo Schlageter an Matthäus Lang, Nordfrankreich, 30.3.1915, in : Schlageter, *Deutschland*, S. 7-8.

換手と同じように，射撃陣地の脇にある，砲兵隊長の監視場所へ情報を伝達しなければなりません。」こうした塹壕内での危険な任務をこなしていく中で，彼は自分にとって戦争とは何かを理解したと綴っている。シュラーゲターは続ける。「戦争は恐ろしくもありますが，独自の美しさと魅力を備えています。特に私たち若者にとっては。[15]」

確かに，ロマン主義的な「美しさと魅力」の感受は，のちに義勇軍戦士となる青年将校ハンス・コンスタンティン・パウルスゼンの戦争経験とも一致する。すなわち，コルネリア・ラウ＝キューネによれば，パウルスゼンのような「体験に飢えた，野心的な青年男子」は，東部戦線での死と隣合わせの緊張状態を「個人的な試練，団体スポーツ的な挑戦，そして旅行の催事」として解釈したのであった。[16]またシュラーゲターと同じく1894年に生まれ，大戦参加後に義勇軍戦士となった青年保守派の論客エドガー・ユリウス・ユングも，1930年の論説「戦争世代の悲劇」において，彼ら若者がこの当時，戦争を「人生の偉大なる冒険」として受け止めたと主張している。[17]

そしてさらにいえば，前線においては破壊や恐怖さえ兵士の解釈によって美へと転化されることがあった。各国の兵士たちの戦時日誌や野戦郵便を分析したモードリス・エクスタインズが指摘しているのは，前線での戦闘が続く中で「戦争の破壊に美を感じる兵士も現れた」という点である。[18]エクスタインズによれば，「破壊の惨状にもかかわらず，いや戦場をおおう恐怖のゆえにこそ，戦争は人間の深い感覚を喚起する力となった」[19]。

しかしシュラーゲターの心は，戦争の「恐ろしさ」や「美しさ」に縛られていただけではなかった。1915年4月25日，同じく恩師に宛てた手紙の中で彼が告白したのは，神学や聖職への強い思いである。

---

15) Ebd.

16) Cornelia Rauh-Kühne, Gelegentlich wurde auch geschossen. Zum Kriegserlebnis eines deutschen Offiziers auf dem Balkan und in Finnland, in: Gerhard Hirschfeld / Gerd Krumeich / Dieter Langewiesche / Hans-Peter Ullmann (Hgg.), *Kriegserfahrungen. Studien zur Sozial- und Mentalitätsgeschichte des Ersten Weltkrieges*, Essen 1997, S. 168-169.

17) Edgar J. Jung, Die Tragik der Kriegsgeneration, in: *Süddeutsche Monatshefte* 27 (1930), H. 8, S. 511-534, ここでは S. 513.

18) モードリス・エクスタインズ（金利光訳）『春の祭典：第一次大戦とモダン・エイジの誕生』新版，みすず書房，2009年，252頁。

19) 同上，254頁。

私はこれまで幾度となく，自分が本当に神学に向いているのかどうか，ひとり考えあぐねてきました。苦悩しながら，聖霊と愛する聖母のお力添えを懇願してきました。そしてこの問題に心を砕くたび，私の中には，どうしても聖職につきたいという情動と欲求が頭をもたげるのです。このような欲求と情動を，私はすでに戦前から，もうずっと長い間抱き続けてきました。[20]

　戦場に身をおきながらも自己実現の欲求に苦悩するというこの心的態度は，少なくとも当時の彼に終戦後の自分の行く末を案じるぐらいの精神的余裕があったことを示唆している。

2　戦死の宗教的解釈

　だが，こうした時間も長くは続かなかった。すでに1915年4月22日，ベルギー西部のイープルではドイツ軍による毒ガス攻撃が開始されており，西部戦線はいよいよ泥沼化の様相を呈し始めた。そしてそこでは，シュラーゲターとともにザンクト・コンラート学寮での日々を過ごした学友たちも次々と命を落とすこととなる。7月11日，シュラーゲターが塹壕から恩師ラングに宛てた手紙からは，彼がそうした戦争の現実とどのように向き合ったのかを知ることができる。

　　私は苦悩を経験したとき，自問自答します，はたして彼ら［戦死したザンクト・コンラート学寮の学友たち―今井］のように献身的であれるだろうか，と。正直に申し上げて，私には「そうだ」ということはできません。戦争は私たちに繰り返し多くのことを，特に敬虔に祈りを捧げることと，至高の意志に従うことを教えてくれます。[21]

　ここでシュラーゲターは，戦死した「献身的」な学友たちに対する崇敬の

---

20)　Brief von Albert Leo Schlageter an Matthäus Lang, Nordfrankreich, 25.4.1915, in : Schlageter, *Deutschland*, S. 9-10.

21)　Brief von Albert Leo Schlageter an Matthäus Lang, 11.7.1915, in : ebd., S. 11-12.

念，そして後ろめたさを吐露するとともに，明らかに「祈り」という宗教的行為に傾斜している。この傾向は，それから約4ヵ月半後の1915年11月24日付の手紙において，さらに強まることとなる。今やシュラーゲターにとって，「祈り」は故郷と戦場が一体化するための重要な行為となっていた。

> 戦場では，そうした［秘跡を受ける―今井］機会を得ることはごくまれです。しかし祈ることはできますし，私たちはしばしば非常に敬虔に祈りを捧げています。［中略］どうか祈りが，故郷の猊下と戦場のわれら戦士を，とりわけこうした日々のなかでひとつにし，われらに慰めを与えんことを。[22)]

　この点に関しては，シュラーゲターが1915年から16年にかけての冬学期，フライブルク大学に神学専攻の学生として登録された点を考慮する必要があろう。[23)]彼がいかなるルートを辿って入学を果たしたのか，そして実際に大学に通っていたのかなどの点は明らかでないものの，彼はいまだ従軍中の身であるにもかかわらず，大学に進学してまで聖職者への道を志していた。そしてその神学への思いが，戦争の現実に直面する中で，よりいっそう強まったであろうことは想像に難くない。

　しかしながら，1916年という新たな年を迎えても，シュラーゲターが戦争という現実から解き放たれることはなかった。2月21日に開始されたヴェルダンの戦いは，第一次世界大戦史上最大規模の会戦であり，最終的にドイツ軍28万2,000人，フランス軍31万7,000人という未曾有の戦死者を出した。[24)]シャンパーニュのシュラーゲターが4月6日に下士官への昇進を果たす一方，ヴェルダンの学友たちは，こうした激戦の中でその身を散らしたのであった。そしてシュラーゲターは4月17日，恩師に宛てた手紙の中で，この学友たちの死について次のように述べている。

---

22) Brief von Albert Leo Schlageter an Matthäus Lang, 24.11.1915, in : ebd., S. 13.
23) これと同様に，フライブルク大学の住所録においても，「シェーナウ出身のアルベルト・シュラーゲター」の名が，戦争参加者の証である「K」の文字とともに，1918/19年の冬学期まで登録されている。Zwicker, *Märtyrer*, S. 34.
24) Michael Salewski, *Der Erste Weltkrieg*, Paderborn ²2004, S. 196.

戦争は最も善良で，最も有能な人間だけを奪っていきます。つまり，こうしてまだ生きている私たちは，そうした恩寵を受けるに値しない人間なのでしょうし，そのことをおよそ恥じるべきなのでしょう。神の神聖なるご意思は，そうお決めになりました。神の全能なる御手の中に，私たちは自らの将来を委ねているのです。[25]

　ここでは，戦場での生死を「神の神聖なるご意思」の結果として理解するという戦死の宗教的解釈をみて取ることができる。おそらくシュラーゲターは，多くの学友が戦死しているにもかかわらず，自分がいまだ生き残っていることに悩み，その意味を自問自答する中で，戦場での死を神からの「恩寵」として理解するという，いわば宗教的解釈にもとづく戦死の合理化をおこなったのだろう。これにより戦死者は「最も善良で，最も有能な人間」として英雄化されることとなり，また生き残った者は「恩寵を受けるに値しない人間」としてよりいっそうの努力と精進を強いられることになる。シュラーゲターにとって，この合理化は，亡くなった友人たちの顕彰的追悼であると同時に，辛く不安な戦場での日々を前向きに生きていくための，一種の防衛機制であった。[26]

　そして1916年11月4日，消耗戦が続く西部戦線から恩師に書き送った手紙の中で，シュラーゲターはついに死への覚悟を固めたのであった。

　　私は分不相応ながら，幸運にも，これまで神のご加護によって，すべての危険から生き延びてきました。しかしながら，主がまた，いかなる犠牲を強いられようと，私にはその覚悟ができています。私は数週間前から前線にいます。そこでは，最も善良で最も有能な人間のうち，実に多くの人びとが命を落としました。[27]

---

25) Brief von Albert Leo Schlageter an Matthäus Lang, 17.4.1916, in : Schlageter, *Deutschland*, S. 15-16.

26) モッセが指摘しているように，「人々の日常的な信心は，キリスト教の伝統に従って，苦痛の中に希望を見出したのである」。George L. Mosse, *Fallen Soldiers. Reshaping the Memory of the World Wars*, Oxford 1990, p. 75［ジョージ・L・モッセ（宮武実知子訳）『英霊：創られた世界大戦の記憶』柏書房，2002年，82頁］．

27) Brief von Albert Leo Schlageter an Matthäus Lang, 4.11.1916, in : Schlageter, *Deutschland*, S. 18.

3 「野蛮人」との戦い

　シュラーゲターの『書簡集』に収録される恩師への最後の野戦郵便は1916年12月20日付のものである。クリスマスと新年が間近に迫ったこの時期，シュラーゲターは戦場での1年と9ヵ月余りを振り返り，こう綴っている。「昨年，軍服に身を包んだ私たちは，次のクリスマスには故郷で平和な休日を過ごせるだろうと思っていました[28]」。彼が従軍当初に抱いていた終戦への楽観主義的・希望的観測は，戦線の長期にわたる膠着と終わりのみえない消耗戦の中で，見事に打ち砕かれたのであった。

　「とはいえ」と，シュラーゲターは続ける。「私たちが弱気になっているというわけではありません。祈りと神への信頼のおかげで，私たちはまだまだ辛いことにも耐えてゆけます。私たちは何が起きても大丈夫です」。これは一見すると，敬虔なカトリックである彼がこれまで幾度となく綴ってきた，神への感謝と崇敬を表す言葉，あるいは恩師への気休めの言葉のように思われる。しかし後に続く一文からは，これまでの手紙には決してみられなかったシュラーゲターの好戦的態度が顔を覗かせている。

　　　失敗に終わった和平の提議が，私たちを落胆させるということは決してありません。むしろそれは私たちに新たな活力を与えてくれます。誰が「野蛮人」の名にふさわしいかは，明白だと思われます[29]。

　ここでの「和平の提議」は，西部戦線というシュラーゲターのおかれた境遇から考えて，1916年12月12日に帝国宰相テオバルト・フォン・ベートマン＝ホルヴェークが連合国に対しておこなったものとみて間違いない[30]。実際に連合国がそれを拒否するのは12月30日のことであるが，シュラーゲターにとって，この「和平の提議」はまったく歓迎すべきものではなく，むしろその「失敗」こそが，前線の兵士たちに「新たな活力」をもたらすものとして，望むべき事態であった。そしてこうした戦争継続への意志は，彼をして，対峙する敵をまさ

---

28)　Brief von Albert Leo Schlageter an Matthäus Lang, 20.12.1916, in : ebd., S. 19-20.

29)　Ebd.

30)　この詳細については，Wolfgang J. Mommsen, Die Regierung Bethmann Hollweg und die öffentliche Meinung, in : VfZ 17 (1969), S. 117-159, 特に S. 154-155 を参照。

第 2 章　裏切りの共和国　　85

に「野蛮人」と呼ばしめたのだった。

2　前線兵士から前線将校へ

1　将校への昇格

　1917年に入ると，ドイツ国内では参謀総長パウル・フォン・ヒンデンブルク
と参謀次長エーリヒ・ルーデンドルフが指揮をとる第 3 次最高陸軍司令部
（OHL）のもと，総力戦体制が成立することとなる。しかし国民生活は逼迫す
る一方であり，これに不満を抱いた労働者らは大規模なストライキを展開し，
またその動きは海軍内部にも波及していった。[31]さらに 4 月 6 日にはドイツの無
制限潜水艦作戦に抗議する形でアメリカが参戦し，ドイツは前線と銃後の両面
において危機的状況に立たされた。

　この時期，シュラーゲターは前線後方に位置するヴァランシエンヌのセブー
ル射撃訓練場に転属となった。現地では所属連隊の第 3 大隊第 9 砲兵中隊が目
下編成中であり，シュラーゲターもその一員となるよう命じられた。『書簡集』
収録の野戦郵便は，この時期から大戦末期にかけて，すべて両親や家族に宛て
られたものである。1917年 5 月15日付のその手紙によると，シュラーゲターは
そこで「兵站地での専門教育を受けていた」。[32]おそらくは，将校昇進のための
教育であろう。大戦中のドイツ陸軍では，死傷者数の増加と軍組織の肥大化に
ともなう深刻な将校不足が起きていた。そのため軍指導部は，シュラーゲター
のようにギムナジウムや大学から戦地に赴いた戦時志願兵たちを短期間で養成
し，予備役将校に昇進させるという対策をとったのである。[33]

　しかし最前線から退いたのちも，シュラーゲターの心は依然として不安と恐
怖に苛まれていた。それは家族に自分の生存と無事を知らせるための野戦郵便
においてさえ表出してしまうほどのものであった。

---

31)　例えば，三宅立『ドイツ海軍の熱い夏：水兵たちと海軍将校団 1917年』山川出版社，2001年；藤原辰史
　　『カブラの冬：第一次世界大戦期ドイツの飢饉と民衆』人文書院，2011年を参照。
32)　Brief von Albert Leo Schlageter an seine Eltern, 15.5.1917, in : Schlageter, *Deutschland*, S. 21.
33)　このため，例えば開戦時の1914年 8 月 1 日時点で 5 万1,342人（現役 2 万2,112，予備役 2 万9,230）いたプ
　　ロイセン将校は，戦争の全期間を通じて20万9,772人（現役 4 万147，予備役16万9,625）にまで増大した。
　　Karl Demeter, *Das Deutsche Offizierkorps in Gesellschaft und Staat 1650-1945*, Frankfurt a.
　　M. ⁴1965, S. 47.

手紙の中の１通で，僕が何か憂鬱になっていたとしても，どうか怒らな
　いでください。そうするほかないのです。僕がおよそ無気力になるか，な
　いしは狂ってしまうしかないほどの緊張を抱えていることは，信じてもら
　えると思います。[34]

　ただ，シュラーゲターはその間にも順調にキャリアを積み，1917年５月21日
に第２級鉄十字勲章を受勲，さらに６月22日には予備役少尉への昇格を果たす
ことになる。７月10日付の家族への手紙からは，昇格に対する喜びや達成感と
ともに，彼が兵站地での養成期間の中で取り戻したであろう，少なからずの時
間的・精神的余裕を読み取ることができる。

　　僕はまたしても幸運なことに，自分の砲兵中隊をもつに至りました。そ
　れは思っていたよりも早く実現しました。全連隊は目下のところ，ベル
　ギーの前線後方，遠く離れた射撃訓練場でゆっくりしています。僕たちは
　新しい大砲を手に入れました。おそらくもうしばらくはここに留まってい
　ると思います。[35]

　シュラーゲターはこの手紙を書いた後，一時故郷へ帰休したようであり，
1917年７月21日付の両親への手紙には，「僕がそちらを去って，遠く離れた北
西へと旅立ってから，またすぐに14日がたちました」という一文で始まってい
る。しかし彼が戻ったのは前線でなく，自身の砲兵中隊が待つ兵站地の射撃訓
練場であった。そしてそこは戦場であるにもかかわらず「まさに平時のような
様子」であり，さらにそうした環境の中に身をおく中で，シュラーゲターの心
はますます故郷へと近づいていった。

　　僕たちはもう新たな専門教育を必要としませんし，残りの時間を自分た
　ちのためにあてています。故郷のあなた方はどんな感じでしょうか。僕と
　[兄の―今井]エミールが家にいた２，３日の間とはうってかわって，また

---

34)　Brief von Albert Leo Schlageter an seine Eltern, 15.5.1917.
35)　Brief von Albert Leo Schlageter an seine Eltern, 10.7.1917, in : Schlageter, *Deutschland*, S. 22.

静まり返っているのでしょう。僕はあたり前のように，またもや何か郷愁に駆られています。たっぷりの自由時間は，ますます僕をそのような気持ちにさせます。[36]

2 「前線兵士の精鋭」という神話

1917年11月22日付の手紙も，兵站地での休養中に綴られている。そこでは「連隊がどこへ向かったのか，僕は今の今まで知りません。サン・カンタンとアラスの間の戦線に向かわなかったことを望むばかりです。というのもその場合，ひょっとすれば最後の作戦のときに，連隊は窮地に陥る可能性があるからです」と，前線の所属連隊を気遣う様がみて取れる。しかし，続けて語られる兵站地での生活は，「窮地に陥る可能性がある」前線の連隊のもつ緊迫感と鮮烈なコントラストをなしている。

　　職務はとても素晴らしく，まったく苦痛に感じません。[中略]すでに書いたように，食事はとてもおいしいです。[中略]毎晩上質なベッドと申し分ない夜の静寂がまっています。湿気と冷気のなかにいる必要はないのです。[37]

これはもちろん，家族に対する気休めの意味もあるだろうが，シュラーゲターが前線の兵士たちよりも格段に恵まれた生活を享受していたことは間違いない。そしてここで指摘されるべきは，そうした事実とナチ的な義勇軍神話との矛盾である。

義勇軍とナチとの連続性を強調する親ナチ義勇軍作家の作品は，「前線部隊―義勇軍―ナチ」という単線の中で，優秀な人材が自然淘汰的に精選されていく様を描いている。シュプレンガーが明らかにしたように，こうしたいわゆる「精鋭神話」において，義勇軍戦士は「前線兵士の精鋭」として位置づけられ，さらにその前線兵士も，兵站勤務の兵士という「兵站の種馬」や，脱走兵という「卑怯者」とは一線を画する「精鋭」として称揚される。[38]しかし「ド

---

36) Brief von Albert Leo Schlageter an seine Familie, 21.7.1917, in : ebd., S. 23.
37) Brief von Albert Leo Schlageter an seine Eltern, 22.7.1917, in : ebd., S. 24-25.
38) Sprenger, *Landsknechte*, S. 79.

イツ義勇軍戦士の鑑」（エルンスト・フォン・ザロモン）[39]，ないしは「第三帝国の最初の兵士」（ハンス・ヨースト）[40]と評されたシュラーゲターが，大戦中に兵站の恩恵を享受していたという事実は，この「精鋭神話」がまさに神話でしかないことを改めて証明しているのである。

とはいえ，シュラーゲターの兵站地での生活が終戦まで続くことがなかったのもまた事実である。1917年12月に入ると，彼の率いる砲兵中隊は再度前線に赴き，アルトワでの陣地戦に参加している。同月17日の両親宛ての手紙には，10月4日に西部戦線のエキュリーにて戦死した兄エミールの死について綴られている。

> 悲しいことに今年は，そしてこれから永遠に，僕たちの愛する亡きエミールが，あなた方にクリスマスの手紙を書くことはありません。［中略］僕たちは少なくとも，愛するエミールが，勇敢で敬虔な，確固たる信条をもつ男としてこの世を去り，神の裁きの前に姿を現すのだということを，はっきりと信じることができます。天上の神は審判者であるだけでなく，救済者でもあります。欺瞞と誘惑に満ちた世界の，艱難辛苦からの救済者。エミールは激動の世界から永遠の眠りについたのです。僕の愛する人たち皆が考えているのは，彼が僕たちよりもずっと素晴らしく，ずっと綺麗で，ずっと清らかなクリスマスを祝っているだろうということです。そして彼のクリスマスの願いが，皆がいつか一緒にクリスマスを祝うことになるように，という内容であることを，僕たちは知っているのです。[41]

この手紙でもまた，恩師への手紙でみられた戦死の宗教的解釈がおこなわれている。しかしそこで強調されているのは，「恩寵」または「試練」としての

---

39) Salomon, Schlageter.

40) Hans Johst, Schlageter. Schauspiel, München 1933, S. 84-85 [ハンス・ヨースト（青木重孝訳）『愛國者シュラーゲター』三學書房，1942年，156-158頁]。「第三帝国の最初の兵士」というフレーズが人口に膾炙するきっかけとなったのは，1935年から「帝国著作院 [Reichsschrifttumskammer]」の総裁を務めたナチの劇作家ハンス・ヨーストの戯曲「シュラーゲター」である。この戯曲は1930年から1932年の間に完成され，その後，首相就任後初となるヒトラーの誕生日（1933年4月20日）に，ベルリン国立劇場で初めて上演された。Zwicker, Märtyrer, S. 125；池田『虚構のナチズム』39-40頁。

41) Brief von Albert Leo Schlageter an seine Eltern, 17.12.1917, in: Schlageter, Deutschland, S. 27-29.

戦死ではなく，現世よりも「ずっと素晴らしく，ずっと綺麗で，ずっと清らか
な」死後の世界であり，また神の存在も，兵士に試練を与える者というよりか
は，むしろ彼らを「欺瞞と誘惑に満ちた世界」，あるいは「激動の世界」から
救い出す「救済者」として位置づけられている。開戦から4度目のクリスマス
を目前に控えたこの時期，前線では厭戦ムードが支配的になっていた。[42]おそら
くシュラーゲターもまた，こうした雰囲気の中で知った兄の死から，戦争とい
う現実の無常さを呪い，死後の世界に希望を見出さずにはいられなかったのだ
ろう。

3　三月攻勢とその論理

　1918年1月8日，アメリカ大統領ウィルソンが「14ヵ条の平和原則」を発表
すると，世界は早くも第一次世界大戦終結後の新秩序の構築を目指し動き始め
た。ベルリンでも1月28日に労働者による大規模なストライキが勃発し，ドイ
ツにおける革命の可能性は急速に高まっていく。何より東方には，革命によっ
て崩壊したロシア帝国という前例があった。

　この激動の運命が控えた1年を，シュラーゲターは再びヴァランシエンヌの
セブール射撃訓練場で迎えていた。1918年1月3日付の手紙によると，彼はそ
こで「砲兵中隊の専門教育をまるごと一手に引き受けて」いた。少尉の待遇は
やはり恵まれていたようで，砲兵中隊の兵員たちが移動中に「途方もないほど
の寒さを感じなければならないのに対し」，後方指揮官である彼は「列車で射
撃訓練場へと向かうことが可能」[43]だった。こうした中で綴られた1月16日付の
手紙からは，前線への復帰を厭うような心情を読み取ることができる。「僕た
ちがもうしばらくの間，このような冬の極寒の日々が過ぎゆくまで，射撃訓練
場に留まることができるよう祈ります。」[44]

　しかし1918年2月11日付の射撃訓練場からの手紙は，交戦が間近であること
に対する諦念と緊迫感に満ちている。ここにおいてシュラーゲターは，軍が下

---

42)　Benjamin Ziemann, Enttäuschte Erwartung und kollektive Erschöpfung. Die deutschen Sol-
daten an der Westfront 1918 auf dem Weg zur Revolution, in : Jörg Duppler / Gerhard P. Groß
(Hgg.), *Kriegsende 1918. Ereignis, Wirkung, Nachwirkung*, München 1999, S. 165-182, ここでは S.
168.

43)　Brief von Albert Leo Schlageter an seine Eltern, 3.1.1918, in : Schlageter, *Deutschland*, S. 30.

44)　Brief von Albert Leo Schlageter an seine Eltern, 16.1.1918, in : ebd., S. 31.

90

した外出制限に苛立ちつつも，迫りくる戦闘に備え，射撃訓練場との別離を惜しんでいるようにみえる。

　　ある人物はいうまでもなく，外出許可が軍のもとで差し止められていることを，本当に疎ましく思っています。かくいう僕も，4週間ほど帰郷するつもりでした。まあ，禁止になったのではなく，延期になったのです。僕はこのとき，機関銃将校として大隊を指揮していました。職務はとても順調で，まったく骨が折れません。でもそれも長くは続かないでしょう。[45)]

　ベルント・ウルリヒの野戦郵便研究によると，第一次世界大戦末期におけるドイツ陸軍の三月攻勢構想が，すでに1918年1月の時点で，戦場の兵員たちにとっても周知の事実となっていた。彼らは戦場の様々な変化や電話交換手，電信員からの伝聞によって，最終決戦が間近に迫っていることを体感ないし把握していたのである[46)]。ましてや，シュラーゲターは少尉の身である。攻勢に関するより具体的な情報を掴んでいたとしても，何ら不思議ではない。西部戦線における決戦の日が刻一刻と近づく中で，シュラーゲターを含む戦場の将兵もまた，それをはっきりと感じ取っていたのであった。

　シュラーゲターが再び前線に赴いたのは，1918年2月中旬のことだった。2月20日付の手紙では，悪天候や極度の寒さのために「地下壕に留まることができて，本当に嬉しい」との心情を吐露している[47)]。しかしそれから4日後の2月24日付の手紙において，彼は最終決戦に向けての決意を固めることになる。

　　僕たちはまだ，この前手紙を書いたのと同じ陣地にいます。暴力の緊張がようやく決着しそうで嬉しいです。そうして長きにわたる世界平和が訪れることを，僕は祈っています。僕たちはそれを成し遂げるべく，身を粉にして働いているのです。[48)]

---

45)　Brief von Albert Leo Schlageter an seine Eltern, 11.2.1918, in : ebd., S. 33.
46)　Ulrich, *Augenzeugen*, S. 72.
47)　Brief von Albert Leo Schlageter an seine Eltern, 20.2.1918, in : Schlageter, *Deutschland*, S. 34.
48)　Brief von Albert Leo Schlageter an seine Eltern, 24.2.1918, in : ebd., S. 35-36.

第2章　裏切りの共和国　　91

　確かにこの時期，ドイツ側では前線と銃後の双方において，平和を求める動きが急速に高まっていた。特に国内では，1918年1月末から2月頭にかけて，大規模な反戦ストライキが巻き起こり，またその情報は，軍指導部の厳格な統制にもかかわらず，西部戦線の前線軍にまで達していた。しかしウルリヒが指摘するように，前線の兵士の間では，目前に迫る三月攻勢を成功させることこそが平和への一番の近道であると認識されており，それゆえストライキは，むしろいたずらに決戦を遅らせ，平和を遠ざける行為だとして拒絶された。シュラーゲターの場合も，ストライキへの言及こそないものの，自分たち将兵が「身を粉にして働」くことで，「暴力の緊張」の「決着」と「長きにわたる世界平和」が訪れると考えていたことがわかる。厭戦気分と平和の希求が，戦闘のモチベーションを強化するという逆説が，そこでは起きていた。

4　敗北の予感

　シュラーゲターはこの三月攻勢と続く会戦で斥候隊を指揮し，そこでの働きぶりを認められ，1918年4月23日には第1級鉄十字勲章を授与されるに至った。だが，彼のこうした活躍もむなしく，ドイツ軍はその後敗北への道を突き進むこととなる。

　1918年5月のアメリカ遠征軍の参戦は，それまで均衡を保ってきた西部戦線の状況を大きく変化させた。ドイツ軍はこれを機に徐々に守勢へと転じ，対するフランス軍は7月18日に始まる大攻勢の中で，かつてないほどの軍事的成功を収めた。そして8月8日，英仏両軍がドイツ側の重要拠点であるアミアンへの攻撃を開始すると，ドイツ軍はもはや後退に次ぐ後退を余儀なくされたのである。

　このようにドイツ軍が危機的状況に立たされる中で，シュラーゲターは1918年8月26日付の両親への手紙において，「イングランド人を僕らの戦区で手厳しくやりこんでやりました」という威勢のよい言葉を綴っている。しかし彼は同時に，自軍が目下後退中であることも正直に綴っている。「僕たちは確かに

---

49)　Ulrich, *Augenzeugen*, S. 72.

50)　参謀次長ルーデンドルフがのちに振り返るように，「8月8日は今次戦争におけるドイツ陸軍の暗黒の日」
　　であった。Erich Ludendorff, *Meine Kriegserinnerungen 1914-1918*, Berlin 1919, S. 547.

92

全戦線において，後方に向かって地歩を固めるのみですが，それはまさに大戦術なのです。まったくこんなばかげたことを，故郷のあなた方は理解できないでしょう。」[51]

1918年9月，連合国軍はドイツの最終防衛線であるジークフリートライン（別名ヒンデンブルクライン）にまで達することとなった。『書簡集』に収録されている第一次世界大戦期最後の野戦郵便は，まさにこの防衛線の最中，1918年9月15日に書かれたものである。ここでシュラーゲターはまず，「僕を思ってくれるあなた方を取り巻く無秩序は，ありがたいことに，それほど大きくないようです」と，革命的雰囲気に支配された故郷にいる両親の身を案じている。しかし最後の数行からは，ドイツ軍が陥っている，かつてないほどの危機的状況に対する切迫感がにじみ出ている。

　　僕たちは戦闘司令部で異様に平和的に過ごしていて，朝から晩まで物書きをしています。仕事はたくさんあります。というのも，僕はこの期に及んで，副官も務めなければならないからです。大規模な戦闘の日々もまた良好であり，僕にとってまったく難なく過ぎ去っていきます。[52]

この手紙から半月後，ドイツの軍事的敗北は決定的なものとなっていた。

3　義勇軍戦士への道

1　第一次世界大戦からの帰還

　ドイツに敗戦と革命が訪れた1918年11月，シュラーゲター率いる砲兵中隊は西部戦線から本国へと帰還し，フライブルクの地で解体された。シュラーゲターが陸軍から正式に除隊されるのは1919年2月28日になってからのことであるが，彼は1月10日の時点で，すでにフライブルク大学への復学を果たしている。だが，そのとき彼が専攻したのは，幼少の頃より志した神学ではなく，国

---

51) Brief von Albert Leo Schlageter an seine Eltern, 26.8.1918, in : Schlageter, *Deutschland*, S. 39-40.

52) Brief von Albert Leo Schlageter an seine Eltern, 15.9.1918, in : ebd., S. 41.

民経済学であった。[53)]

　シュラーゲターはなぜこのような専攻変えをおこなったのか。残念ながら，その理由は明らかではない。ただ，シュラーゲターの心境に何らかの変化があったとすれば，そこに戦争，敗戦，そして革命の経験が，少なからずの影響を及ぼしていたことは想像に難くない。第一次世界大戦中，シュラーゲターは前線から銃後の恩師に相談をもちかけ，大学入学を果たすほどに聖職者となることを切望していた。そんな彼が神学の道を諦めたことは，彼の「祈り」という宗教的行為への信頼が，戦争や敗戦といった現実を前に大きく揺らいだことを意味している。それは敬虔なカトリック青年であったシュラーゲターにとって，とりわけ世界観そのものに変化をもたらすような一大転機となったはずである。

　しかしながら，シュラーゲターが復学と同時に，ナショナルな性格と決闘規約をもつカトリック系学生結社「ファルケンシュタイン［Falkenstein］」や，青年運動の流れを汲む民間国防団体「青年ドイツ騎士団［Jungdeutscher Orden］」の前身組織に入会していた点も見逃せない。これらの事実は，彼の中でいまだカトリックへの帰属意識が失われておらず，それに加えて国防意識が根づいたことを示唆している。[54)]

　シュラーゲターが大学に復帰した頃，ドイツ国内ではスパルタクス団を中心とする左翼急進派と義勇軍が熾烈な闘争を繰り広げていた。そしてシュラーゲターもまた，このような状況下で学業を中断し，遅くとも1919年の春までには義勇軍に志願することとなる。彼のように大学から義勇軍へと赴いた青年はこの当時珍しくなく，むしろ大学生やギムナジウム生徒などの学生層は，軍人層

---

53)　Zwicker, *Märtyrer*, S. 35.

54)　Brief von Albert Leo Schlageter an Falkenstein, Freiburg, 7.1.1919 (Abschrift), in : BAB, R 8038/10, Bl. 1, abgedruckt in : Schlageter, *Deutschland*, S. 42；ファリアス『ハイデガーとナチズム』124頁。青年ドイツ騎士団については，K・ゾントハイマー（河島幸夫／脇圭平訳）『ワイマール共和国の政治思想：ドイツ・ナショナリズムの反民主主義思想』ミネルヴァ書房，1976年，104，164，319頁；岩崎好成「青年ドイツ騎士団団長A・マーラウンの政治思想」『山口大学教育学部研究論叢第一部　人文科学・社会科学』39号（1990年）1-20頁を参照。

　　ちなみに青年ドイツ騎士団の前身は，1919年1月に旧陸軍第83歩兵連隊をもとに結成された短期志願兵部隊「カッセル将校中隊［Offiziers-Kompanie Kassel］」であり，それが騎士団へと再編されたのは1920年3月のことだった。だが，シュラーゲターが入隊したのが，このカッセル将校中隊なのかは不明である。また，ドイツ学生結社のナショナルな性格とその全般的な歴史については，菅野瑞治也『ブルシェンシャフト成立史：ドイツ「学生結社」の歴史と意義』春風社，2012年を参照。

94

に次いで，義勇軍の主要な構成要素であった。[55)]

2　メデム義勇軍への志願

　シュラーゲターが志願したのは，バーデンのヴァルトキルヒにおいて編成中のメデム義勇軍であった。指揮官であるヴァルター・エーベルハルト・フォン・メデム大尉の回想によると，この義勇軍は1919年3月に「ボルシェヴィキとの闘争，リガにいる兄弟姉妹たちの解放」を目的に結成された。その規模は当初400名ほどであり，メンバーらは4月7日にバルト地域のクールラントに向けて出発した。そしてその隊列には，シュラーゲターも砲兵中隊長として加わっていた。[56)] シュラーゲターがヴァルトキルヒから両親に宛てた1919年3月16日付の手紙は，おそらくそうしたメデム義勇軍への志願の前後に書かれたものである。

　　学業のことについて，僕は当然，とても長い時間をかけて考えてきました。けれども今日では，どの職業も，すでに最初から芳しくない状況です。それは言ってしまえば，学問を嫌悪するほどのものなのです。医学分野の場合，戦争によって，平時よりも4,000人医師が増えました。法律家は今日，もはやこれ以上受け入れられないほどの供給過剰状態です。経済学者も今，これからどこに就職するのかまったく想像できないほど，大勢大学にいます。どれほどの数の人間が新たな社会主義者の国家で必要とされるのかは，むろんまだ見当もつきません。もちろん，僕は今も勉学に励んでいます。でもどこかでよい職を得られるのなら，就職の方を優先させようと思っています。それは第1に，莫大な食費のためです。勉学には途方もなく多くのお金がかかります。そして第2に，先行きがなおも不安だからです。[中略] 今すぐにでもドイツの情勢が落ち着けば，まだ展望はありますが，革命から今日に至るまでのやり方が今後も続けば，もうじき僕たちは第2の革命を目のあたりにすることになるでしょう。この革命は当然

---

55)　本論第1章第4節第3項参照。
56)　Walter Eberhard Freiherr von Medem, *Stürmer von Riga. Die Geschichte eines Freikorps*, Berlin 1935, S. 31, 35-39, 43.

ながら，経済的な意味で，当初よりも惨憺たる結果を残すと思われます。[57]

　シュラーゲターが義勇軍に志願した動機を，この文面から明らかにすること
は難しい。そこでは確かに，「新たな社会主義者の国家」に対する不満や，経
済的混乱をもたらすであろう「第2の革命」に対する危機感が綴られているも
のの，それらはあくまで自分自身の将来を「展望」してのことであって，後の
親ナチ作家たちがいうような「祖国愛」から生じたものとは考えにくい。[58]　むし
ろそこから推察されるのは，シュラーゲターが経済的困窮ゆえ，義勇軍に一時
的な就職先を見出したという点であろう。

　実際，シュラーゲターのようにバルト地域で活動を展開した青年将校は，最
低でも日当として10マルク，月給として155マルクをそれぞれ受け取ってお
り，1年を365日とした場合，単純計算で合わせて年収5,510マルクを受け取る
ことになる。これは当時の日雇い労働者が年中無休のフルタイムで働いた場合
に得られる年収の，およそ2倍近くであった。[59]　さらに義勇軍では，このほかに
も旅行補助金や新しい制服などが常時手に入ったし，またそこはシュラーゲ
ターのような旧前線将校にとって，第一次世界大戦中に培った軍人としての
キャリアや技能を生かすことができる絶好かつ唯一の場所だった。[60]　加えてボル
シェヴィキとの戦闘に勝利した際の恩賞として喧伝された「バルト地域への入
植」[61]が，農民子弟であるシュラーゲターにとって魅力的なものに映ったとして
も何ら不思議ではない。[62]

　コルツェッツが文書館史料を駆使して明らかにしたように，例えばバイエル

---

57) Brief von Albert Leo Schlageter an seine Eltern, Waldkirch, 16.3.1919, S. 43-44.

58) この点に関しては，今井『「第三帝国の最初の兵士」?』65-66頁を参照。

59) Hannsjoachim W. Koch, *Der deutsche Bürgerkrieg. Eine Geschichte der deutschen und österreichischen Freikorps 1918-1923*, Dresden ³2014, S. 43；Sprenger, *Landsknechte*, S. 109-110.

60) Koch, *Bürgerkrieg*, S. 72. 本論第1章第4節第2項も参照。

61) これはバルト地域へ赴く志願兵の徴募に際し喧伝されたキャッチフレーズであった。*Darstellungen aus den Nachkriegskämpfen deutscher Truppen und Freikorps*, Bd. 2：*Der Feldzug im Baltikum bis zur zweiten Einnahme von Riga, Januar bis Mai 1919*, im Auftr. des Reichskriegsministeriums bearb. und hg. von der Forschungsanstalt für Kriegs- und Heeresgeschichte, Berlin 1937, Anl. 1, S. 141-142. 本論第1章第3節第3項も参照。

62) また，シュラーゲターのフライブルク時代の学友であったエルンスト・ルフの回想によると，生来の無鉄砲であったシュラーゲターは，兵士的生活への回帰と，居心地の悪い実家から解放されることを望んでいたという。Manfred Franke, *Albert Leo Schlageter. Der erste Soldat des 3. Reiches. Die Entmythologisierung eines Helden*, Köln 1980, S. 68.

ンの義勇軍では，「事実として，郷土愛と祖国愛，そして国土の安定した情勢
と平穏への願いが，大多数の志願兵にとっての，決定的に動機づけられた原動
力であった」[63]。しかしその一方で，「いくつかの義勇軍において，金銭を重要な
動機づけの要素としていた者の割合は少なくなかった」こともまた事実であ
り，それゆえ全体としては「理想主義を一方に，純然たるランツクネヒト性
［傭兵的メンタリティ―今井］を他方に据えた，ある種のアンビヴァレンスが支
配的であった」という[64]。したがってシュラーゲターの義勇軍への志願に関して
も，郷土愛や祖国愛にもとづく動機と，物質的・経済的利益を求める動機と
が，彼自身の中で複雑に混じり合っていたと考えるのが妥当であろう。

3 義勇軍文学における帰還描写

　しかしながら，のちに親ナチ義勇軍作家らが主張したのは，シュラーゲター
が郷土愛と祖国愛だけでなく，「無敗のドイツ陸軍を背後からひと突きした」
社会主義者への憎悪ゆえに，義勇軍に志願したということであった。例えば，
その「俗受けするナチ的語り口」[65]ゆえ，数あるシュラーゲター伝の中でも最も
広く普及した作品として知られる，ロルフ・ブラント『アルベルト・レオ・
シュラーゲター：あるドイツの英雄の生と死』（1926年）の冒頭部分では，シュ
ラーゲター率いる砲兵中隊の帰還シーンが次のように描かれている。

　　その砲兵中隊のもとでは，兵士評議会や革命についての噂はまったく存
　在しなかった。シュラーゲターの砲兵中隊は戦闘しては進軍し，進軍して
　は戦闘する。鉄の規則はまさにそこが前線かと見紛うほどのものであっ
　た。
　　ベルギーの村々からはすでに弾薬類がなくなっている。兵站部隊が機関
　銃，弾薬，カービン銃，そして歩兵隊の武器をいとも簡単に現地住民に売
　り渡したのである。［中略］きらめくライン川が早くも見えたところで，
　街道をゆっくりと進む最初の兵士評議会が，砲兵中隊の前に立ちはだか

---

63) Ingo Korzetz, *Die Freikorps in der Weimarer Republik. Freiheitskämpfer oder Landsknech-thaufen? Aufstellung, Einsatz und Wesen bayerischer Freikorps 1918-1920*, Marburg 2009, S. 131.
64) Ebd., S. 133-134.
65) Zwicker, *Märtyrer*, S. 28.

る。シュラーゲターは，将校の肩章を当然のことのように身につけた幹部に馬で駆け寄る。兵士評議会は彼に歩み寄る。お前の砲兵中隊も評議会をつくったのか，どうなんだ？ シュラーゲターはさらに馬で詰め寄る。「わが下士官たちに口をきいてくれ！」下士官たちは何も言わず，赤い腕章をつけた3人の代議員たちを拳で半殺しにし，それから溝に投げ入れる[66]。

　ここにおいては，シュラーゲターの砲兵中隊が4年間首尾よく戦った前線部隊として登場し，武器を売り払う兵站部隊と対比的に描かれるとともに，その帰還を妨害する兵士評議会への怒りが過剰なまでに演出されている[67]。もちろん，これは敗戦の責任を銃後の社会主義者や前線後方の兵站部隊に転嫁しようとする，いわゆる「匕首伝説 [Dolchstoßlegende]」の典型例であるが[68]，実際にシュラーゲターがブラントの記したような事態に遭遇し，彼の下士官らが兵士評議会への怒りを暴発させたか否かは，『書簡集』収録の手紙においても確認できない[69]。むしろ彼が左翼への憎悪を募らせる契機があったとすれば，それは第一次世界大戦と革命ではなく，彼の次なる活躍の舞台，つまりはバルト地域における義勇軍運動に求められるのである。

---

66) Rolf Brandt, *Albert Leo Schlageter. Leben und Sterben eines deutschen Helden*, Hamburg 1926, S. 9.

67) 同様の傾向は，親ナチ義勇軍作家ハンス・ツェーバーラインの回想録においてもみられる。彼は自分が前線から故郷ミュンヘンに帰還した際，社会主義者たちから侮辱され軍徽章を剥ぎ取られたと主張しながら，その「ヴェルダンから体制転覆までの戦争体験」に関する回想を，社会主義者たちとの「戦争」を誓う言葉で結んでいる。Hans Zöberlein, *Der Glaube an Deutschland. Ein Kriegserleben von Verdun bis zum Umsturz*, München ²⁵1938, S. 879-890.

68) この「匕首伝説」の生成と普及については，Boris Barth, *Dolchstoßlegenden und politische Desintegration. Das Trauma der deutschen Niederlage im ersten Weltkrieg 1914-1933*, Düsseldorf 2003 ならびに本論第2章第5節第2項・第3項を参照。

69) しかしながら，兵士が軍の資材を売り払うという事態は，敗戦後の状況において確かに出現していた。例えば1918年11月15日付のドイツ第8軍の報告では，東部戦線のレイヴァルにおいて，航空基地の兵士たちが自軍の航空機や燃料，資材を処分・売却したという情報が伝えられている。*Darstellungen aus den Nachkriegskämpfen deutscher Truppen und Freikorps*, Bd. 1: *Die Rückführung des Ostheeres*, im Auftr. des Reichskriegsministeriums bearb. und hg. von der Forschungsanstalt für Kriegs- und Heeresgeschichte, Berlin 1936, S. 19.

98

4 バルト地域における暴力・不信・憎悪

1 バルト地域への出征

シュラーゲターがバルト地域への出征を決意した1919年 3 月，先行する義勇軍部隊は，すでにクールラントの地において赤軍に対する掃討作戦に着手していた。ただ，その銃口は赤軍兵士のみならず，「アカ」や「ボルシェヴィキ」とみなされた現地住民に対しても向けられた。例えば 3 月のミタウ攻略後，義勇軍は老人や女性，子どもを含む500名以上ものラトヴィア住民をわずか数日のうちに殺害し，また 4 月初旬には，タルゼンで約30名，ミタウで約100名の[70]住民を虐殺した。加えてメデム義勇軍がクールラントに到着した1919年 4 月中[71]旬には，リバウのラトヴィア政府に対するクーデタ，通称リバウ一揆が実行に移され，その過程において，義勇軍の一部がラトヴィアの国営倉庫を荒らすな[72]どの略奪行為に及んだのであった。[73]

こうした義勇軍の蛮行に対し，現地のラトヴィア人たちは武力をもって応じ[74]た。例えば一揆直後の1919年 4 月17日，ドゥルベンのラトヴィア人部隊は義勇軍を奇襲し，これをきっかけに始まった戦闘で双方に多数の死者や負傷者が出た。またルドバーレンでも19日，ラトヴィア人将兵がバルト国土防衛軍所属のドイツ人将兵 5 名を暗殺するという事件が起きている。ラトヴィア人と義勇軍[75]との共闘関係は崩れ，今や敵対関係へと転じつつあった。

義勇軍指導者たちは当初，ラトヴィア人とのこれ以上の衝突を避けようとしていた。だが，ルドバーレンでのドイツ人将兵暗殺の報が広まるにつれ，

---

70) V. Sīpols, *Die ausländische Intervention in Lettland 1918-1920*, Berlin (Ost) 1961, S. 122-123.

71) Autorenkollektiv des Instituts für Deutsche Miliärgeschichte, *Militarismus gegen Sowjetmacht 1917 bis 1919. Das Fiasko der ersten antisowjetischen Aggression des deutschen Militarismus*, Berlin (Ost) 1967, S. 157-158.

72) Oberleutnant Thöne, Freikorps Medem in Kurland 1919. Persöhnliche Erinnerung des Oberlt. Thöne, in: *Geschichte des 5. Badischen Feldartillerie-Regiments Nr. 76 1914-1918*, hgg. von Werner Moßdorf / Werner von Gallwitz, Berlin 1930, S. 298-320, ここでは S. 300. リバウ一揆の詳細な経緯については，本論第 1 章第 3 節第 4 項を参照。

73) それはラトヴィア軍参謀本部から「災厄」と呼ばれるほどの甚大な被害をもたらした。Autorenkollektiv, *Militarismus*, S. 157-158.

74) Ebd.

75) *Darstellungen*, Bd. 2, S. 108-109.

第 2 章　裏切りの共和国　　99

彼らはついにラトヴィア人部隊への粛清行動に踏み切ることとなる。このと
き，クールラントに到着して間もないメデム義勇軍もまた，ラトヴィア人部
隊の武装解除に参加し，4月末には暗殺に関与したラトヴィア人将兵のあぶり
出しを率先して遂行している。[76]当時メデム義勇軍の副官を務めていたテーネ
中尉の回想によると，この作戦は「ラトヴィア人ボルシェヴィキ大隊の鎮圧」
の名のもと，シュラーゲター率いる砲兵中隊によって執りおこなわれたもの
だった。[77]

　義勇軍によるリバウ一揆とラトヴィア人部隊の掃討は，これまでその武力を
ボルシェヴィズムに対する防壁として利用してきた連合国にも，大きな衝撃を
与えた。そして英仏はこれを機に，義勇軍撤退論を声高に唱え始めることとな
る。[78]だが，義勇軍に代わる新たな武力を連合国が即座に用意できなかったこと
もあり，クールラントにおける義勇軍の駐留は，1919年5月以降もさしたる介
入を受けることなく続けられた。[79]そして義勇軍はこの間，ラトヴィアに親独派
の傀儡政権を打ち立てるとともに，赤軍の残党やウルマニス派のラトヴィア人
部隊に対する熾烈な掃討作戦を展開した。[80]シュラーゲターの所属するメデム義
勇軍もまた，バルト国土防衛軍の一大隊としてこの戦闘に加わり，[81]続く5月22
日のリガ制圧作戦でも先陣を切ることとなる。[82]

　リガ制圧作戦の目的は，基本的にバルト地域におけるドイツのプレゼンス拡
大にあった。ただ，バルト国土防衛軍内のバルト・ドイツ系メンバーにとっ
て，制圧作戦はボルシェヴィキに囚われた家族や親族の解放と同義であり，し

---

76)　Ebd., S. 110.

77)　Thöne, Freikorps, S. 300-302.

78)　ベルリンではこれを受け，1919年5月11日に政府要人とゴルツの間で会談がおこなわれた。開始早々，連合
　　国からの義勇軍撤退要請について話を切り出したエルツベルガーに対し，ゴルツは部隊引き揚げの際に予測さ
　　れる様々な弊害について語った。彼が挙げたのは，①ボルシェヴィキの勢力拡大と，②義勇軍への「激しい憎
　　悪」をもつ現地住民の反抗，そして，③入植の夢を打ち砕かれた義勇軍による暴力的反発と略奪行為の横行，
　　であった。この発言がドイツ政府に対する脅しの意味を込めたものであることは間違いないものの，同時に明
　　らかなのは，義勇軍の無秩序な暴力性と現地住民との対立が，今やゴルツ自身も認めざるを得ないほどにまで
　　深刻化していた点である。Aufzeichnung des Konsuls Zitelmann, Berlin, 11.5.1919, in : ADAP, Ser. A,
　　Bd. 2, Nr. 13, S. 28-29.

79)　第1章第3節第4項を参照。

80)　Claus Grimm, Vor den Toren Europas 1918-1920. Geschichte der Baltischen Landeswehr,
　　Hamburg 1963, S. 191.

81)　メデム義勇軍のバルト国土防衛軍への編入は，すでに1919年5月初頭の段階でおこなわれていた。Ober-
　　stab der Baltischen Landeswehr, Befehl Nr. 30, 6.5.1919, in : BAB, R 8025/1, Bl. 21RS.

82)　Thöne, Freikorps, S. 307.

100

たがってそこでは，戦闘の早期決着が至上命題とされた。[83]そしてここでのシュラーゲターの活躍は，それから4年後の1923年5月に彼がフランス軍により処刑され，その後国民的英雄として祭り上げられる過程で，一種の英雄譚として語り継がれることとなる。例えば1926年に刊行されたロルフ・ブラントのシュラーゲター伝では，シュラーゲター率いる砲兵中隊が市中心部への重要経路であるデューナ橋の防衛を担い，作戦全体を成功へと導いたとの説明がなされており，[84]またナチ時代に刊行されたメデムの回想録においても，シュラーゲターはラトヴィア人部隊による叛乱の動きが起きた際，それを巧みな戦術によって見事に封じたとされる。[85]もちろん，これらのエピソードがどれほど事実に即しているかは定かでない。[86]が，少なくとも確かなのは，シュラーゲターがメデム義勇軍の一員としてクールラントに赴き，義勇軍戦士のひとりとして，リガへの総攻撃に参加したという点であろう。

2 リガ制圧とその代償

　義勇軍は赤軍部隊との戦闘の末，1919年5月23日までにリガを手中に収めた。メデム義勇軍の副官であったテーネは，第5バーデン野戦砲兵第76連隊の連隊史（1930年）に収録されたその回想記において，「リガ制圧の夜」の「忘れ得ぬ感動」について綴っている。すなわち，義勇軍がリガを「解放」したその夜，「男たち，女たち，そして子どもたちが，感謝感激の中でわれわれに握手を求め，キスをした」のであった。またさらにテーネは，自分とシュラーゲターが「ボルシェヴィキの政治将校」から車を押収し，「解放されたリガの街

---

83) Walter Eberhard von Medem, Riga Himmelfahrt, in : *Berliner Lokal-Anzeiger*, 6.4.1919, abgedruckt in : Goltz, *Sendung*, S. 296-299. またこの点に関しては，*Darstellungen*, Bd. 2, S. 125-126 ; Hagen Schulze, *Freikorps und Republik 1918-1920*, Boppard a.Rh. 1969, S. 144-145 も参照。

84) Brandt, *Schlageter*, S. 14-15.

85) Medem, *Stürmer*, S. 46-48. またリガ制圧作戦は，義勇軍の英雄をもうひとり生み出した。その人物とは，バルト国土防衛軍の特攻隊長ハンス・マントイフェル＝スツェーゲである。シュラーゲターと同じく1894年に生まれた彼は，リバウ出身のバルト・ドイツ貴族であり，4月中旬には配下の特攻隊を率いてラトヴィア政府への軍事クーデタを成功させた。そして5月22日，リガ制圧作戦の最中に敵の銃弾を頭部に受け即死したのである。この若き義勇軍戦士の劇的な最期は，その後のルール闘争におけるシュラーゲターの最期と同様に，義勇軍文学にとって格好の題材となった。Karsten Brüggemann, Legenden aus dem Landeswehrkrieg. Vom „Wunder an der Düna" oder Als die Esten Riga befreiten, in : *ZfO* 51 (2002), H. 4, S. 576-591, ここでは S. 580 ; Sprenger, *Landsknechte*, S. 164 165.

86) リガ制圧の直後に書かれたメデムの報告においても，シュラーゲターの活躍に関する言及はない。Medem, *Riga*.

頭」を走行した際にも，大勢の人びとが花を携えて自分たちを歓迎したという
エピソードを披露している。[87]

　しかしながら，そうしたテーネの美談じみた回想とは裏腹に，義勇軍占領下
のリガでは過酷な戒厳令が敷かれていた。それはリガ市司令官に任命されたバ
ルト国土防衛軍の最高指揮官，アルフレート・フレッチャー少佐によって下さ
れたものだった。ドイツ語とラトヴィア語の双方で作成されたその文面には，
以下の条件に該当する者全員を即刻処刑する旨が記されている。

　　①　武器や弾薬類，火薬類の所持が確認された者
　　②　ボルシェヴィキ支配下で行政官や委員長，民兵，赤軍の構成員として
　　　　活動するか，もしくは義勇軍への戦闘行為に及びながらも，その事実を
　　　　警察に申し出なかった者
　　③　それらの人物の逃亡を助けたり，存在を知りながらも警察に通報しな
　　　　かった者
　　④　義勇軍への狙撃があった家屋に住むすべての住民
　　⑤　警察の許可なしに夜6時から朝6時までの間に市街地を歩いている一
　　　　般市民
　　⑥　電話線，線路，橋などの破壊に及ぶか，それを試みた者
　　⑦　禁止された個人電話を所持しながら，これを警察に申し出なかった者
　　⑧　武器や弾薬類，食糧の備蓄のありかを知りながら，これを警察に申し
　　　　出なかった者
　　⑨　ボルシェヴィキ支配下で略奪・盗難にあった品を警察に届け出ずに所
　　　　持した者
　　⑩　政府の許可なく印刷物の出版・配布をおこなった者[88]

　このフレッチャーによる戒厳令が，現地住民への新たな殺戮行為を惹起する

---

　87)　Thöne, Freikorps, S. 316. こうしたテーネの記述を鵜呑みにすることはできないものの，1929年にリガ
　　　で刊行されたバルト国土防衛軍の追悼録には，実際に花束をもって部隊を歓迎する女性たちの写真が収録され
　　　ている。Landeswehrverein (Hg.), Landeswehr, nach S. 160.
　88)　Der Oberbefehlshaber der Landeswehr Fletcher, Bekanntmachung, Riga, Mai 1919, in: BAB, R
　　　8025/2, Bl. 123.

に十分な内容であったことは疑うべくもない。実際，リガでは義勇軍の占領からわずか数日のうちに，少なくとも4,500名が命を落としている。そしてその中にはやはり，多くの老人や女性，そして子どもたちが含まれていたのであった[89]。

　義勇軍によるリガ制圧は，バルト地域をめぐる国際情勢にも大きな変化をもたらした。というのも，これを機に赤軍部隊がバルト地域からの撤退を開始した結果，同地における義勇軍の存在意義が完全に失われてしまったからである。また，義勇軍が占領とともに敷いた暴力的な支配体制は，ウルマニス派をはじめとする多くのラトヴィア人から「赤色テロル」に代わる新たな脅威と目され，この結果ラトヴィア各地では，義勇軍の不当な支配に対する大規模な反発と抵抗の動きが活発化した[90]。

　これに対して，バルト地域の義勇軍運動を率いるゴルツは，自らの方針を改めることはなかった。それどころか，彼はウルマニス政府の亡命先であるラトヴィア北部のヴェンデンへと兵を進め，さらなる占領地の拡大に乗り出したのである。これにより義勇軍とウルマニス派との全面衝突は不可避となり，さらには義勇軍の北上を恐れたエストニア政府までもがウルマニス派への支援と参戦を表明した。かくして1919年6月初頭には，義勇軍とエストニア＝ラトヴィア連合軍の間で戦闘が勃発し，みかねた連合国はついに義勇軍の即時撤退を要請したのであった[91]。

　そうした中，義勇軍の間でも「ボルシェヴィズム」に次ぐ新たな「敵の像」が結ばれていった。1919年6月18日，バルト国土防衛軍の最高指揮官フレッチャーは各部隊の指揮官に対し，「様々な陣営がわれわれの部隊の規範と規律を切り崩そうと試みている」との警告を発した。そこでは，スパルタクス系の「赤色兵士同盟［Roter Soldatenbund］」が部隊内に潜伏し，パンフレットや口頭でのプロパガンダを通じて兵員らをスパルタクス陣営に引き込もうとしていること，そしてウルマニス派もまた，これと同様の手口を使って兵員たちを惑わせていることへの注意が喚起されている。警告文によると，ウルマニス派は

---

89)　Sīpols, *Intervention*, S. 124-125.
90)　本論第1章第2節第4項参照。
91)　Warren E. Williams, Die Politik der Alliierten gegenüber den Freikorps im Baltikum 1918-1919, in : *VfZ* 12 (1964), H. 2, S. 147-169, S. 159-160 ; Barth, *Dolchstoßlegenden*, S. 266-267.

第2章 裏切りの共和国 103

義勇軍戦士の「入植の機会」に対する期待をうまく利用し，彼らがバルト・ド
イツ貴族を見捨ててウルマニス派に寝返った場合には，土地の譲渡を約束する
との宣伝をおこなっていた。これに対し，バルト国土防衛軍の指導部は「われ
われの願望を満たすことができるのはニードラ政府だけである」ことを改めて
確認するとともに，「ウルマニスこそドイツにとって最大の敵である」と断言
したのであった。[92]

3 共和国への不信

　1919年6月18日から23日にかけて，義勇軍はヴェンデンでエストニア＝ラト
ヴィア連合軍との激しい戦闘を繰り広げた。[93] このとき，シュラーゲターの上官
であるメデム大尉は，現状維持の観点からヴェンデン攻撃に反対の立場をとっ
ており，全体的な政治状況を把握するためにも，一時ベルリンへと向かってい
た。しかしながら，バルト地域に残されたシュラーゲターらメデム義勇軍のメ
ンバーは，指揮官不在の状態であるにもかかわらずペータースドルフ義勇軍に
合流し，エストニア＝ラトヴィア連合軍との戦闘に参加することとなる。[94] そし
て義勇軍がヴェンデンで手痛い敗北を喫した後も，シュラーゲターらは依然と
してバルト地域に留まり続け，1919年8月初頭には他の義勇軍部隊とともにパ
ヴェル・ベルモント＝アヴァロフ率いるロシア白軍への合流を果たしたので
あった。10月21日，シュラーゲターはリガ「奪還」に向けた総攻撃のまっただ
なかにおいて，本国の両親に次のような近況報告をおこなっている。

　　僕たちはドイツ政府の抗議などまったく相手にせず，ロシアの部隊へと
　　移りました。たとえイングランド人がどれほどせがんだとしても，僕たち

---

92) Vertraulich an Kommandeure, 18.6.1919, in: BAB, R 8025/2, Bl. 92.

93) *Darstellungen*, Bd. 2, S. 120; Schulze, *Freikorps*, S. 152-153; Koch, *Bürgerkrieg*, S. 156-160; Bernhard Sauer, Vom „Mythos eines ewigen Soldatentums". Der Feldzug deutscher Freikorps im Baltikum im Jahre 1919, in: *ZfG* 43 (1995), H. 10, S. 869-902, S. 886; 山田「バルトのドイツ義勇軍」13頁。

94) Medem, *Stürmer*, S. 91-92; Josef Bischoff, *Die letzte Front. Geschichte der Eisernen Division im Baltikum 1919*, Berlin 1935, S. 123-124; Ernst von Salomon, Albert Leo Schlageter, in: ders. (Hg.), *Das Buch vom deutschen Freikorpskämpfer*, hg. im Auftr. der Freikorpszeitschrift „Der Reiter gen Osten", Berlin 1938, S. 475-490, ここでは S. 479-481; Schulze, *Freikorps*, S. 147. なお，シュラーゲターはヴェンデンでの戦闘でかなりの重傷を負ったとされる。

がクールラントを離れることは決してないでしょう。なぜなら本当に必要とされているのは，この土地を最悪の残虐行為から解放することだからです。[95]

　ここにおいてシュラーゲターは，「この土地を最悪の残虐行為から解放すること」こそが自分たちの使命であることを強調しているものの，それをはたして誰の手から「解放」するのかを明示していない。なぜなら，彼らの敵は今やボルシェヴィキではなく，かつて自分たちが「解放」したはずのラトヴィア人だったからである。
　そもそも，「バルトの地への入植」を信じて同地に赴いた義勇軍戦士たちにとって，リガ制圧直後に要求されたドイツ本国への撤退は，何よりも受け入れ難い事実であった。またそれと同時に，国防大臣ノスケがバルト地域の部隊への支援を打ち切ろうとしているとの噂も部隊内に広まり，この結果，義勇軍戦士たちの間では，政府への不信と動揺が以前にも増して深まっていくこととなる[96]。シュラーゲターの手紙にみられる「土地」への執着も，このような文脈において理解すべきであろう。そしておそらく，それゆえに彼は，義勇軍のバルト地域残留のため，表立った措置をとることのできなかったドイツ政府を「あまりにも無気力であるばかりか，講和条約に縛られすぎている」として批判したのだった[97]。

4　左翼への憎悪

　一方でドイツ本国では，今やバルト地域における義勇軍の蛮行が，多くの人びとの知るところとなった。1919年7月4日の国民議会では，ドイツ独立社会民主党（USPD）議員フーゴ・ハーゼが義勇軍による現地住民の虐殺を「ラトヴィアでの一連の事件」として取り上げ[98]，さらに10月8日には USPD 機関紙『フライハイト［Die Freiheit］』によって，義勇軍による現地での略奪行為が

---

95)　Brief von Albert Leo Schlageter an seine Eltern, 21.10.1919, in：Schlageter, *Deutschland*, S. 45-46.
96)　Vertraulich an Kommandeure, 18.6.1919.
97)　Brief von Albert Leo Schlageter an seine Eltern, 21.10.1919.
98)　*VdvDN*, Bd. 327, Berlin 1920, S. 1295-1296 (46. Sitzung, 4.7.1919).

報じられた。この件についてシュラーゲターは，手紙の中で両親への弁明をおこなっている。

　　僕たちがこの地で略奪や盗みを働らいているというのは，まったくのでっち上げです。僕らのもとでは，最も小さな窃盗であっても，以前よりずっとずっと厳しく処罰されています。僕たちには非常に良好な規律があります。万が一それが乱れたときには，僕は即座に部隊を立ち去るでしょう。なので，心配はご無用です。

　シュラーゲターはここで，義勇軍の蛮行を伝えるドイツ国内の報道を「まったくのでっち上げ」と断じ，自らの部隊において「非常に良好な規律」が保たれていることを強調している。だが実際のところ，義勇軍による略奪や窃盗はリガ制圧前から状態化していたし，さらにロシア白軍に合流して以降は，略奪行為によって部隊全体の物資が賄われるという事態すら生じていた。シュラーゲターが手紙に記した「良好な規律」というのも，あくまで彼自身の願望に過ぎなかったといえるだろう。

　けれども，いや，むしろだからこそ，シュラーゲターにとって，バルト地域における義勇軍の悪名がドイツ本国にまで響き渡ることは，不都合かつ不愉快きわまりないことであった。彼は両親への手紙においても，バルト地域での義勇軍の行動を避難する左翼への怒りを隠そうとはしない。

　　新聞ではちょうど，独立党［独立社会民主党を指す―今井］とスパルタキストどもが喚き立て，不平不満を並び立てていますが，奴らはいうまでもなく，僕らにとって癪の種です。新たな国家［Land］が協商国の封鎖と占領によって脅かされていることは，それゆえ奴らの望んだことなので

---

99)　Sīpols, *Intervention*, S. 123-126.
100)　Brief von Albert Leo Schlageter an seine Eltern, 21.10.1919.
101)　Andreas Purkl, *Die Lettlandpolitik der Weimarer Republik. Studien zu den deutsch-letti-schen Beziehungen der Zwischenkriegszeit*, Münster 1997, S. 105.　なおドイツ政府は，こうした略奪による物資の現地調達を防止せねばならない，という理由づけのもと，義勇軍への補給打ち切りを見送っていた。Aufzeichnung des Reichsministers des Auswärtigen Müller, Berlin, 11.10.1919, in: *ADAP*, Ser. A, Bd. 2, Nr. 192, S. 349-350.

106

しょう。[102]

　ここからは，メデム義勇軍への志願時にはまだ漠然としていたシュラーゲターの左翼への憎悪が，バルト地域における「アカ」や「ボルシェヴィキ」との闘争を繰り広げる中で，より鮮明化した点を窺い知ることができよう。そしてこの憎悪はさらに，ドイツ本国における義勇軍への批判的報道に対する怒りを通じて，「独立党とスパルタキストども」へと向けられたのであった。[103] シュラーゲターにとって，彼らは義勇軍への「不平不満を並び立て」，「協商国の封鎖と占領」を望む，いわば「売国奴」にほかならなかったのである。

5　反共和国の旗の下に

1　バルト地域からの帰還

　1919年秋，ロシア白軍とともに再度のリガ制圧を目指した義勇軍は，イギリスからの軍事的・財政的支援によって増強されたエストニア゠ラトヴィア連合軍の前に大敗を喫し，バルト地域からの撤退を余儀なくされた。[104]

　そうした中，シュラーゲターは1919年10月27日に，コヴノの連絡将校シュテークマンに対して手紙を送っている。それによると，撤退は「想像した以上に，ひどく深刻な様相」を呈していた。シュラーゲターはそこで，国境を越えて本国に撤退するにしても，途中の経路で兵員たちの宿舎を探し出すことすら困難である旨を伝えている。[105] この申し立てが義勇軍の撤退を遅らせるためのレトリックである可能性は否めないものの，少なくともここからは，シュラーゲターが自分たちを取り巻く状況に対して抱いた，先のみえない閉塞感の一端を垣間みることができる。そしてこうした状況において，共和国への不信と左翼への憎

---

102)　Brief von Albert Leo Schlageter an seine Eltern, 21.10.1919.

103)　この点については，星乃治彦「街頭・暴力・抵抗」田村栄子／星乃治彦編『ヴァイマル共和国の光芒：ナチズムと近代の相克』昭和堂，2007年，256-285頁，ここでは259頁も参照。

104)　Waite, *Vanguard*, pp. 129-130 ［ウェイト『ナチズムの前衛』103-105頁］；Schulze, *Freikorps*, S. 193-196；Koch, *Bürgerkrieg*, S. 169-170；Sauer, Mythos, S. 894-895；山田「バルトのドイツ義勇軍」14頁。

105)　Brief von Albert Leo Schlageter an Stegmann, Gutkow, 27.10.1919 (Fotokopie), in：BAB, R 8038/10, Bl. 2-4, abgedruckt in：Schlageter, *Deutschland*, S. 47-48.

悪が，彼の中でますます強まっていったであろうことは，想像に難くない。

　義勇軍はその後，連合国の監視下におかれる形で，1919年12月16日までにド
イツ本国への撤退を完了した。かくしてバルト地域から帰還した義勇軍戦士，
通称「バルティクマー［Baltikumer］」らは，その後1920年3月の反政府クー
デタ・カップ一揆において，カップ派部隊の主力を担うこととなる。

　ただし，バルト地域での義勇軍運動を経る中で培われた共和国への不信と左
翼への憎悪が，そのままクーデタの原動力となったわけではない。そこには，
義勇軍運動を自らの政治目的のために利用しようと試みる，ドイツ国内の保守
派・右翼急進派の思惑が介在していたのである。

　ドイツ国内の保守派や右翼急進派は，その領土的野心と反ボルシェヴィズム
の観点から，バルト地域の動向に早くから関心を寄せていた[106]。だが，それが義
勇軍運動への積極的な関与となってあらわれるのは，義勇軍がロシア白軍への
合流を決定した1919年8月以降のことである。例えば保守系の日刊紙である
『クロイツ・ツァイトゥング［Kreuz-Zeitung］』や『ドイチェ・ターゲスツァ
イトゥング［Deutsche Tageszeitung］』は，バルト地域の義勇軍を統率する
ゴルツ少将やビショッフ少佐への支持を公然と表明していたし[107]，また帝政期か
ら続く汎ゲルマン主義団体「全ドイツ連盟［Alldeutscher Verband］」にして
も，幹事であるレオポルト・フォン・フィーティングホフ = シェールがゲルツ
ラフ・フォン・ヘルツベルクとともにミタウへと赴き，そこで駐留継続のため
の財政的支援を申し出ていた[108]。特に全ドイツ連盟は，ドイツの活路を東方に見
出そうとする「東進［Drang nach Osten］」イデオロギーの中核的な担い手で
あり，義勇軍運動との連携を深めることで，帝政瓦解によるショックからの再
起をはかっていた[109]。

106）この点については，Ute Döser, *Das bolschewistische Rußland in der deutschen Rechtspresse
　　 1918-1925. Eine Studie zum publizistischen Kampf in der Weimarer Republik, Berlin 1961, S.
　　 40-46 を参照。

107）Ebd., S. 61-62 ; Graf v. der Goltz und die „Eiserne Division", in : *Kreuz-Zeitung*, Nr. 411, 30.8.
　　 1919 ; Ekkehart P. Guth, *Der Loyalitätskonflikt des deutschen Offizierkorps in der Revolution
　　 1918-20, Frankfurt a.M. 1983, S. 188.

108）Uwe Lohalm, *Völkischer Radikalismus. Die Geschichte des Deutschvölkischen Schutz- und
　　 Trutz-Bundes 1919-1923, Hamburg 1970, S. 96. また，このときフィーティングホフ = シェールが接触
　　 した相手はビショッフ少佐だった。Bischoff, *Front*, S. 190 ; Sauer, *Mythos*, S. 888-889.

109）全ドイツ連盟については，谷喬夫『ナチ・イデオロギーの系譜：ヒトラー東方帝国の起原』新評論，2012
　　 年，第3章を参照。

108

　そして1919年秋，義勇軍のバルト地域からの撤退が確定的なものとなると，ドイツ国内の保守派・右翼急進派は，義勇軍運動を共和国打倒の方向へと水路づけようと苦心した。その際，バルティクマーとの結節点として彼らがもちだしたのは，ドイツが「背後からのひと突き」によって敗北したという「匕首伝説」であった。以下では一度時代を遡り，第一次世界大戦末期から大戦後にかけての「匕首伝説」の生成・普及過程を踏まえながら，この点を跡づけてみよう。

2　大戦末期における「匕首伝説」の生成

　「匕首伝説」ないし「背後からのひと突き伝説」の起源は，第一次世界大戦中の1916/17年に形成された「内政面での敵イメージやステレオタイプ」に求めることができる[110]。ただし，その「最も重要な出発点」をなしたのは，第一次世界大戦末期の1918年10月1日，スパーの OHL 参謀本部でおこなわれた参謀次長エーリヒ・ルーデンドルフのある宣言だった[111]。ドイツの軍事的敗北がもはや不可避のものとなっていたこの時期，ルーデンドルフは参謀将校らに向けて，帝国陸軍の崩壊が「スパルタクス的・社会主義的理念という害毒」からの「深刻な汚染」によるものと断言し，軍部の戦争指導上の誤りを隠蔽しようとした[112]。そしてこのようなルーデンドルフの姿を，参謀将校アルプレヒト・フォン・テーア中将は，次のように日記に記したのである。

---

110)　Barth, *Dolchstoßlegenden*, S. 6.　三宅立「〈戦争の神話化〉〈戦争の記憶〉：－ドイツ少女の第一次世界大戦日記を手がかりに」『駿台史學』127号（2006年）23-49頁，ここでは44頁；オルフガング・シヴェルブシュ（福本義憲／高本教之／白木和美訳）『敗北の文化：敗戦トラウマ・回復・再生』法政大学出版局，2007年，236-238頁を参照。
　　なおアイによると，「匕首」という言葉を戦闘中の前線軍への背後からのひと突きという意味で用いたのは，ベルリンの保守系新聞『ポスト [Die Post]』の475号（1915年5月13日付）に掲載された記事「背後からの発砲 [Schüsse in den Rücken]」が最初である。そこでは平和主義批判の文脈から，「ドイツ的思想のために闘っているわれらが戦士の背中に対する匕首 [Dolchstiche]」という表現がなされた。Karl-Ludwig Ay, *Die Entstehung einer Revolution. Die Volksstimmung in Bayern während des Ersten Weltkrieges*, Berlin 1968, S. 81；三宅立「農村司祭の第一次世界大戦『年代記』（1917～18年）：バイエルン王国フランケン地方のカトリック農村社会」『駿台史學』133号（2008年）91-124頁，ここでは124頁，註12を参照。

111)　Wolfgang Niess, *Die Revolution von 1918/19 in der deutschen Geschichtsschreibung. Deutungen von der Weimarer Republik bis ins 21. Jahrhundert*, Berlin 2013, S. 34.

112)　Albrecht von Thaer, *Generalstabsdienst an der Front und in der O.H.L. Aus Briefen und Tagebuchaufzeichnungen 1915-1919*, hg. von Siegfried A. Kaehler, Göttingen 1958, S. 234-235 (Tagebuch, 1.10.1918); Barth, *Dolchstoßlegenden*, S. 79-80.　また，本論第1章第1節第1項を参照。

われわれが集まったとき、ルーデンドルフは中央へと歩み出た。その顔は深い苦悩に覆われ蒼ざめていたが、頭は昂然と直立していた。それはまことに美しいゲルマンの英雄像さながらであった！ 私は、背中にハーゲンの槍を突き立てられ致命傷を負ったジークフリートを思い出さずにはいられなかった。[113]

　テーアはこの日記の中で、「匕首」という表現こそ使ってはいないものの、ルーデンドルフをゲルマン神話の英雄ジークフリートに見立てながら、ドイツの敗北をジークフリートの背中に突き立てられた「ハーゲンの槍」、つまりは身内による裏切りの結果として解釈している。そして革命勃発後に記された1918年11月7日朝の日記において、テーアは「銃後［Heimat］における革命」を「われわれのこれまでの戦況の中でも最悪の出来事」として述べたのち、それを明確に「匕首［Dolchstoß］」と呼んだのであった。[114]

　ヴォルフガング・シヴェルブシュがいうように、このような英雄叙事詩にもとづく現実の解釈は、1918年秋の帝政瓦解と革命勃発に大きな衝撃を受けた官僚や将校たちが、自身の精神的安定を保つべく生み出したものであり、「ゲルマンの英雄」ジークフリートをドイツ帝国の象徴として賛美する、ヴィルヘルム期のエリート文化に根ざしていた。[115] だがそれゆえに、当初の「匕首伝説」は大衆的基盤をほとんど有しておらず、したがってそれが国民的な神話へと発展するためには、第一次世界大戦をめぐるもうひとつの神話との結合が必要だった。[116] すなわち、ドイツ軍が「戦場では不敗」だったとする神話である。

3　大戦後における「匕首伝説」の普及

　第一次世界大戦末期のドイツにおいて、銃後の人びとは忍び寄る敗北をその

---

113) Thaer, *Generalstabsdienst*, S. 234-235 (Tagebuch, 1.10.1918).
114) Ebd. (Tagebuch, 7.11.1918 morgens).
115) シヴェルブシュ『敗北の文化』240-242頁。この点についてはさらに、Johannes Hürter, *Hitlers Heerführer. Die deutschen Oberbefehlshaber im Krieg gegen die Sowjetunion 1941/42*, München ²2007, S. 86-88 も参照。
116) ただし、『一少女の戦時日記』［Jo Mihaly, *...da gibt's ein Wiedersehn! Kriegstagebuch eines Mädchens 1914-1918*, Freiburg/Heidelberg 1982, München 1986］の分析をおこなった三宅立氏は、ポーゼン県シュナイデミュールのブルジョワ世界において、第一次世界大戦の経過とともに「匕首伝説」の原型が形作られた可能性を示唆している。三宅〈戦争の神話化〉〈戦争の記憶〉」45頁。

110

身に感じつつも，それでもなお「ドイツ軍の不敗を信じようとする強烈な願望」を胸に抱いていた[117]。そしてこうした願望は，ドイツの敗戦が決して以降，本国へと帰還してきた前線兵士たちへの励ましとねぎらいの言葉として浮上することになる[118]。われわれはその最たる例を，新政府首相エーベルトがおこなった1918年12月10日の演説にみて取ることができる。彼はそこで，戦場からベルリンに帰還した前線軍部隊に対し，「ドイツ共和国は諸君を歓迎する。諸君を待ちこがれ，絶えず心配してきた故郷［Heimat］は，諸君を心から歓迎する」と述べたのち，「諸君の犠牲と行動は比類なきものである。いかなる敵も諸君を打ち破ることはできなかった」と宣言したのであった[119]。

むろん，このとき SPD 指導部の側に「軍の忠誠を確保し，国民の士気を高めよう」という意図が働いていたのはいうまでもない[120]。だが，それゆえにこの「不敗のドイツ軍」神話は，少なくとも当初の段階では「匕首伝説」とはまったく別個のものとして存在し，機能していたのである。

そうした中にあって，軍部を中心とするエリート的な「匕首伝説」と，大衆的な「不敗のドイツ軍」神話が互いに結びつく重要な契機を形づくったのは，1918年12月17日付『ノイエ・チュルヒャー・ツァイトゥング［Neue Zürcher Zeitung］』紙掲載のある論説記事であった。そこでは，同年11月にイギリスの将軍フレデリック・モーリス卿が『デイリー・ニュース』紙上と『スター』紙上で発表したドイツ敗戦論の内容が紹介され，結論として次のような文言が掲げられたのであった。すなわち，「ドイツ軍にふりかかったもの，それは大方次のような言葉に集約される。つまり彼らは，一般市民により背後からひと突きされたのである［von hinten erdolcht］」，と[121]。

---

117) 同上。

118) Richard Bessel, Die Heimkehr der Soldaten. Das Bild der Frontsoldaten in der Öffentlichkeit der Weimarer Republik, in : Gerhard Hirschfeld / Gerd Krumeich / Irina Renz (Hgg.), 'Keiner fühlt sich hier mehr als Mensch...'. Erlebnis und Wirkung des Ersten Weltkriegs, Essen 1993, S. 222.

119) Ansprache Eberts an die heimkehrenden Truppen, in : Vorwärts, Nr. 340, 11.12.1918, zit. nach : UuF, Bd. 3, Dok. 751, S. 504-506.

120) シヴェルブシュ『敗北の文化』236頁。

121) Neue Zürcher Zeitung, 17. 12. 1918, Zweitesblatt, zit. nach : Barth, Dolchstoßlegenden, S. 324-325. またこの点についてはさらに，Friedrich Frhr. Hiller von Gaertringen, „Dolchstoß"-Diskussion und „Dolchstoßlegende" im Wandel von vier Jahrzehnten, in : Waldemar Besson / Friedrich Frhr. Hiller von Gaertringen (Hgg.), Geschichte und Gegenwartsbewusstsein. Festschrift für Hans Rothfels zum 70. Geburtstag, Göttingen 1963, S. 122-160, ここでは S. 127 を参照。

「背後からのひと突き」による「不敗のドイツ軍」の敗北を論じた『ノイエ・チュルヒャー・ツァイトゥング』紙の記事は，発表直後から全ドイツ系の『ドイチェ・ターゲスツァイトゥング』や SPD の機関紙『フォアヴェルツ』など，政治的な右左を問わず，様々な新聞雑誌において紹介された。加えて，1919年1月19日の国民議会選挙を前にした選挙戦においては，多くの記事やパンフレットの中で「背後からひと突きされたドイツ軍」という文言が並んだ。かくしてドイツ全土に広まった「匕首伝説」は，1919年5月にドイツ政府と連合国との講和条約の内容が明らかとなり，広範な国民大衆が失望に沈む中で，次第に保守派・右翼急進派諸勢力による共和国批判のための闘争概念として利用されることとなる[122]。そして1919年11月18日，元参謀総長ヒンデンブルクと元参謀次長ルーデンドルフは，ドイツ敗戦の原因を究明するための調査委員会からの質問に対し，「ドイツ軍は背後からひと突きされた」という言葉を引用する形で，自分たちに敗戦の責がないことを強く主張したのであった[123]。

　義勇軍運動との関連において重要なのは，こうした「匕首伝説」的な現実の解釈が，バルト地域の義勇軍に対するドイツ政府の干渉を論じる際にも，繰り返し参照された点であろう。バルト地域からの義勇軍の撤退が命じられ，実行に移された1919年秋から年末にかけて，『クロイツ・ツァイトゥング』や全ドイツ連盟の機関紙『アッルドイチェ・ブレッター［Alldeutsche Blätter］』は，これをドイツ政府による義勇軍への背信行為とみなし，銃後からの「新たな匕首」であると報じた[124]。また12月初頭に開催された全ドイツ連盟経営委員会の会場においては，8月にバルト地域で現地の義勇軍と接触していたフィーティングホフ＝シェールとヘルツベルクが，バルト地域からの義勇軍撤退を決定した政府の姿勢を糾弾するとともに，次のような宣言をおこなったのであった。「ドイツ軍は一年前の西方においてと同じく，銃後により背後からひと突きされたのであります[125]。」

---

122)　Bernd W. Seiler, „Dolchstoß" und „Dolchstoßlegende", in: *Zeitschrift für deutsche Sprache* 22 (1966), S. 1-20, ここでは S. 6-7 ; Lars-Broder Keil / Sven Felix Kellerhoff, *Deutsche Legenden. Vom „Dolchstoß" und anderen Mythen der Geschichte*, Berlin ²2003, S. 36-38.

123)　Barth, *Dolchstoßlegenden*, S. 336-337 ; シヴェルブシュ『敗北の文化』238頁。

124)　Jobst Knigge, *Kontinuität deutscher Kriegsziele im Baltikum. Deutsche Baltikum-Politik 1918/19 und das Kontinuitätsproblem*, Hamburg 2003, S. 101.

125)　Barth, *Dolchstoßlegenden*, S. 273.

4 反共和国戦線の構築

このように第一次世界大戦末期から大戦直後にかけて，ドイツ社会に広く普及した「匕首伝説」は，今やバルト地域の義勇軍運動をめぐる現状を説明する際にも用いられることとなり，結果としてシュラーゲターらバルティクマーの義勇軍経験ときわめて高い親和性を獲得するに至る。実際，ベルリン警視庁の刑事保安部が1919年11月におこなった報告によると，バルト地域から帰還した義勇軍の間では，このときすでに政府からの干渉を「裏切り」とみなす雰囲気が支配的になっていた。[126] そしてこうしたバルティクマーの経験と「匕首伝説」との結合は，続く反政府クーデタへと向けた反共和国戦線の構築を後押しすることとなる。

バルティクマーを巻き込んだ反共和国戦線の中核をなしたのは，1919年10月末にベルリンで結成された右翼結社「国民協会 [Nationale Vereinigung]」であった。その指導者には，東プロイセン最高地方長官ヴォルフガング・カップをはじめとする極右政治家らが名を連ねており，彼らは1917年9月に「強力な君主国の保持」と「勝利の平和」を目指し結成された「ドイツ祖国党 [Deutsche Vaterlandspartei]」の元メンバーでもあった。[127]

また軍出身者では，「匕首伝説」の担い手にして，この当時「右翼のコーディネーター」（ブルーノ・トス）としての本領を発揮させつつあったルーデンドルフのほか，[128] 第一次世界大戦中に彼の右腕として活躍したマックス・バウアー大佐，そして1919年のベルリン一月闘争と三月闘争で労働者への虐殺行為を指示し，その後7月に幻のクーデタ計画に携わったパプスト大尉が国民協会に集結し，全ドイツ連盟などの既存の右翼結社との連携のもと，反政府クーデタに向けた準備を開始した。[129] そこにおいては，左翼急進派の蜂起に乗じて議会

---

126) Bericht über Absperrung der Ostgrenze des Reiches zur Baltikum durch Krimial- und Sicherheitsbeamte des Berliner Polizei-Präsidiums an den Grenzstationen Bajohren, Laugszargen und Eydtkuhnen, Charlottenburg, November 1919, in: BAB, R 43-I/48, Bl. 75-79RS, ここでは Bl. 78.

127) ドイツ祖国党は革命直後の1918年12月に解体されており，国民協会はその後継組織という性格が強かった。ドイツ祖国党とカップに関しては，富永幸生『独ソ関係の史的分析 1917〜1925』岩波書店，1979年，21-25頁；山田義顕「ドイツ祖国党 1917-1918」『人文学論集（大阪府立大学）』4集（1986年）17-30頁を参照。

128) Bruno Thoss, *Der Ludendorff-Kreis 1919-1923 München als Zentrum der mitteleuropäischen Gegenrevolution zwischen Revolution und Hitler-Putsch*, München 1978, S. 65.

129) Heinrich August Winkler, *Weimar 1918-1933 Die Geschichte der ersten deutschen Demokratie*, München [4]2005, S. 120；Klaus Gietinger, *Der Konterrevolutionär. Waldemar Pabst - eine deutsche Karriere*, Hamburg 2009, S. 194-197. ギーティンガーは国民協会に対し，「反革命の中ノ

を占拠し，軍事独裁を打ち立てるといった一揆の基本路線が掲げられるととも
に，軍縮のあおりを受け失業した将兵らの生活を保障し，彼らを軍事的に再組織
化することで，その武力を反政府クーデタに動員するという計画が練られた。[130]

　すでに1919年11月半ば，ルーデンドルフは自らミタウへと赴き，そこで鉄師
団を率いるビショッフ少佐とクーデタ計画についての意見交換をおこなってい
た。[131]義勇軍の本国帰還が完了するのは12月16日のことであるから，鉄師団は実
にその約1ヵ月前から計画に組み入れられていたことになる。そしてこのと
き，義勇軍側における戦線構築の担い手として活躍したのが，鉄師団の幕僚部
付将校ヘルマン・フォン・ボリース少尉であった。[132]

　ボリースは1919年末から1920年初頭にかけて，バルティクマーらの間に君主
主義的なプロパガンダを広めると同時に，反共和国の立場をとる他の義勇軍指
導者や保守派・右翼急進派との協働のもと，ドイツ政府が進める義勇軍の動員
解除の無効化を目指し奔走した。そして国民協会のネットワークを介してヘル
マン・エーアハルトに接触した彼は，ベルリン西部のデーベリッツに駐屯する
ユーアハルト旅団の中に，バルティクマーたち——その中には本国ドイツ人だ
けでなく，バルト・ドイツ貴族やロシア白軍出身の将校らの姿も見られた——
を配属させることに成功したほか，ブランデンブルクやポンメルンの農村地
帯において，「ボルシェヴィズム」の台頭を恐れる現地の地主層からの支援を
得ながら，「協働団［Arbeitsgemeinschaft］」なる組織を結成した。これは義
勇軍戦士たちを農業労働者として雇用し，彼らに衣食住を保障するとともに，
武器弾薬類を大農場に秘匿するための組織であった。[133]

　このように1919年秋以降，ドイツ国内の保守派・右翼急進派はバルティク
マーを取り込む形で，共和国に対するクーデタの準備を着実に進めていったの

　　＼枢」との評価を下している。

130)　Johannes Erger, *Der Kapp-Lüttwitz-Putsch. Ein Beitrag zur deutschen Innenpolitik 1919/20*,
　　　Düsseldorf 1967, S. 86-87, 319.

131)　Report by General Turner, Tilsit, 5.12.1919, in: *DBFP*, Ser. 1, Vol. 3, No. 210, pp. 243-247, ここでは
　　　pp. 245-246. また Knigge, *Kontinuität*, S. 110 も参照。

132)　Bischoff, *Front*, S. 190.

133)　Vorgeschichte des Militärputsches in: *Berliner Tageblatt*, Nr. 135, 24.3.1920, Morgenblatt; Be-
　　　richt der Reichszentrale für Heimatdienst über die Rolle der Baltikumer bei der Vorbereitung
　　　des Staatsstreiches, o. O. u. D., [vermutlich Berlin, Ende März 1920], in: *KLLP*, Dok. 310, S.
　　　441-443; Schulze, *Freikorps*, S. 258-259; Sauer, *Mythos*, S. 887-888.

である。

6 暴力のエスカレート

1 ブレスラウのカップ一揆

バルティクマーを巻き込んだ反共和国戦線の構築が進められる中，シュラーゲター率いる砲兵中隊もまた，1920年1月初頭にレーヴェンフェルト第3海軍旅団の配下におかれた。[134] オーバーシュレージエンで国境守備を担うこの旅団において，シュラーゲターは引き続き将校としての地位を与えられると同時に，その後の人生を通じて幾度となく活動をともにする盟友ハインツ・オスカー・ハウエンシュタイン（本名はカール・グイド・オスカー・ハウエンシュタインで，「ハインツ」は偽名）との邂逅を果たしている。1899年生まれで，シュラーゲターよりも5歳年下のハウエンシュタインは，志願兵として第一次世界大戦に参加し，下士官として敗戦を迎えたのちに，レーヴェンフェルト旅団の特攻隊指揮官として東部国境地域での闘争を繰り広げた，いわば「典型的な義勇軍指導者」（ハンスヨアヒム・W・コッホ）であった。[135] かくして歴戦のアクティヴィストたちが集い，親交を深める場となったレーヴェンフェルト旅団は，続く1920年3月の反政府クーデタ・カップ一揆においても，その実働部隊として活動することになる。

義勇軍を主力とする反政府クーデタについては，すでに1919年後半の段階からその構想と準備がなされていた。けれども，実際にその端緒を形づくったの

---

134) Wilfried von Loewenfeld, Das Freikorps von Loewenfeld. Der letzte Tag der Brigade, in: Hans Roden (Hg.),*Deutsche Soldaten. Vom Frontheer und Freikorps über die Reichswehr zur neuen Wehrmacht*, Leipzig 1935, S. 149-158, ここでは S. 154; Medem, *Stürmer*, S. 95; Salomon, Schlageter, S. 481.

135) Koch, *Bürgerkrieg*, S. 261; Susanne Meinl, *Nationalsozialisten gegen Hitler. Die nationalrevolutionäre Opposition um Friedrich Wilhelm Heinz*, Berlin 2000, S. 378, Anm. 31; Bernhard Sauer, Goebbels' „Rabauken". Zur Geschichte der SA in Berlin-Brandenburg, in: *Berlin in Geschichte und Gegenwart. Jahrbuch des Landesarchivs*, Berlin 2006, S. 107-164, ここでは S. 147, Anm. 13.
　なお，ハウエンシュタインの生年月日ならびに出生地については，マインルが1899年9月22日のドレスデン生まれとしている一方，ザウアーは1898年にヴッパータールのエルバーフェルトに生まれたとしている。筆者が独自に調査したところ，ミュンヘンの現代史研究所（IfZ）の記録では，「1899年ドレスデン生まれ」とされており [IfZ, ZS 1134, Bl. 1]，またシュッデコプフも「1899年9月22日生まれ」としていることから [Otto-Ernst Schüddekopf, *Nationalbolschewismus in Deutschland 1918-1933*, Frankfurt a. M. 1973, S. 473, Anm. 27]，ここではマインルの説に従った。

は，当初想定されていたような左翼急進派の蜂起ではなく，ドイツ政府による義勇軍解体命令であった。

1920年初頭，グスタフ・バウアー（SPD）を首相とするドイツ政府は，同年1月10日に発効したヴェルサイユ条約の軍縮規定のもと，苦渋の決断を強いられていた。すなわち，国軍と義勇軍あわせて約25万人の兵員を，半年間のうちに10万人にまで削減することを求められたのである。その際，連合国間軍事統制委員会（IMKK）においては，陸軍からなる国軍第1集団司令部の指揮下に，海軍旅団であるはずのエーアハルト旅団，レーヴェンフェルト旅団が配属されている点が問題視され，1920年2月には両旅団の解体を求める声があがった。そしてバウアー政府はこの要求をやむなく受け入れ，国軍に両旅団の解体を命じたのである。[136]

このような義勇軍解体命令に対し，国軍内部からは強い反発が起きた。特に第1集団司令部の総司令官ヴァルター・フォン・リュトヴィッツは，自身の指揮下にあるエーアハルト旅団とレーヴェンフェルト旅団の解体を断固として拒否すると同時に，東プロイセン最高地方長官ヴォルフガング・カップと連携し，解体命令の撤回と国会の改選，ならびに大統領改選のための国民投票選挙を，大統領エーベルトに迫った。そしてこの要求が拒否されると，リュトヴィッツは3月12日夜から13日朝にかけて，配下のエーアハルト旅団を首都ベルリンへと進軍させ，カップを首相とする「新政府」の成立を宣言したのであった。窮地に立たされたバウアー政府は，国軍を統括する軍務局長官ゼークトに一揆鎮圧を要請したものの，ゼークトは国軍の「政治的中立」という観点からこれを拒否した。

かくして国軍による黙認のもと，カップ一揆は首都ベルリンだけでなく，ドイツ全土へと波及していった。特にプロイセン東部においては，ケーニヒスベルクのルートヴィヒ・フォン・エストルフ将軍やシュヴェリーンのパウル・エミール・フォン・レットウ＝フォアベック将軍，そしてブレスラウのエゴン・フォン・シュメットウ将軍らがクーデタへの積極的支持を表明し，各都市で軍事独裁を成立させた。[137]その際，シュラーゲターの所属するレーヴェンフェルト

---

136) Wolfram Wette, *Gustav Noske. Eine politische Biographie*, Düsseldorf 1987, S. 627-628.

137) Ebd., S. 679 ; Harold J. Gordon, *The Reichswehr and the German Republic 1919-1926*, Princeton↗

旅団もまた，アウロック義勇軍やパウルスゼン義勇軍，キューメ義勇軍とともにブレスラウ市内を制圧し，一揆に抵抗した USPD や KPD の指導者たちを捕縛している[138)]。そしてレーヴェンフェルト旅団のもつ暴力性は，ここにおいて遺憾なく発揮されることとなる。例えば指導者であるヴィンフリート・フォン・レーヴェンフェルトは，旅団が USPD 系の市議会議員を捕縛した際，その全員を即刻処刑しようとしたし，その部下たちもまた，少なくとも7名の捕虜の命を虐待の末に奪っている[139)]。カップ派の軍事独裁は，国軍指導部による「上からの」黙認とともに，このような義勇軍による「下からの」自発的なテロルによっても支えられていたのである。

だが，そうしたテロルによる支配も長くは続かなかった。ドレスデンを経由しシュトゥットガルトに亡命したバウアー政府は，1920年3月17日に反カップのためのゼネストをドイツ全土の労働者に呼びかけた。そして寄せ集めの組織と脆弱な大衆的基盤しかもたないカップ政府は，このゼネストを前に脆くも瓦解し，ベルリンではわずか数日で共和国が復活を遂げることとなる。

とはいえ，エーアハルト旅団とレーヴェンフェルト旅団は，一揆が挫折して以降も引き続き不穏な動きをみせた。エーアハルトは1920年3月17日夜に開催されたカップ派義勇軍の会議において，両旅団が共同でポーランドとの闘争を

　1957, p. 134. とはいえ，すべての将軍がカップ一揆を支持したわけではない。特に陸軍司令部長官ヴァルター・ラインハルト将軍は，国防大臣ノスケとともに一揆の鎮圧を主張した。この点については，室潔『ドイツ軍部の政治史 1914〜1933』増補版，早稲田大学出版部，2007年，第2章を参照。

138) Die sozialdemokratische „Volkswacht" über die Lage in Breslau, Breslau, 15.3.1920, in: *KLLP*, Dok. 514, S. 790-793, ここでは S. 791, Anm. 2; Erwin Könnemann / Hans-Joachim Krusch, *Aktionseinheit contra Kapp-Putsch. Der Kapp-Putsch im März 1920 und der Kampf der deutschen Arbeiterklasse sowie anderer Werktätiger gegen die Errichtung der Militärdiktatur und für demokratische Verhältnisse*, Berlin (Ost) 1972, S. 227.

　　なお，ケネマン／シュルツェの注釈ならびにケネマン／クルシュの共著では，「パウルゼン義勇軍 [Freikorps Paulsen]」と表記されているが，これはハンス・コンスタンティン・パウルスゼン率いる「パウルスゼン義勇軍 [Freikorps Paulssen]」の誤りである。パウルスゼンは当初，軍隊的服従の原則からカップ一揆に加担していたが，その後反カップへと立場を転じ，共和国の防衛に臨んだ。Cornelia Rauh-Kühne, Hans Constantin Paulssen - Sozialpartnerschaft aus dem Geiste der Kriegskameradschaft, in: Paul Erker / Toni Pierenkemper (Hgg.), *Deutsche Unternehmer zwischen Kriegswirtschaft und Wiederaufbau. Studien zur Erfahrungsbildung von Industrie-Eliten*, München 1999, S. 109-192, 127-128.

139) Bericht der sozialdemokratischen „Volkswacht" über die Volksversammlung in Breslau am 21. März 1920, Breslau, 22.3.1920, in: *KLLP*, Dok. 528, S. 805-806; Bernhard Sauer, *Schwarze Reichswehr und Fememorde. Eine Milieustudie zum Rechtsradikalismus in der Weimarer Republik*, Berlin 2004, S. 33.

第 2 章　裏切りの共和国　　117

再開し，東プロイセンを獲得したうえで，同地を拠点に共和国への抵抗を継続するという計画を練っていた[140]。この計画が実現することはなかったものの，両旅団において育まれた反共和国の態度と一揆主義は，その後も引き続きメンバーらの行動を規定することになる。

2 「闇の中の戦争」

カップ一揆の挫折後，ルール地方では反カップのストライキを契機として，労働者による武装蜂起が勃発した。これに対し，バウアー政府は義勇軍の解体を一時的に見送り，その武力を労働者蜂起鎮圧のために利用しようと試みた。そしてレーヴェンフェルト旅団もまた，この流れに乗る形で1920年3月23日にブレスラウからヴェストファーレンへと移動し，その後はボットロップを拠点としながら，4月頭から5月中旬まで「アカ」との闘争を繰り広げることとなる。そしてその隊列には，シュラーゲター率いる砲兵中隊の姿もあった[141]。

レーヴェンフェルト旅団のメンバーは，ルール地方でも凄惨な暴力を行使した。その犠牲者の中には，義勇軍に抵抗した労働者だけでなく，戦闘の意志をもたない地域住民も含まれていた。例えば1920年4月17日，レーヴェンフェルト旅団所属のある軍曹が，農作業用の干し草運搬車と接触し，軽傷を負うという事故が起きた。すると翌日の夜，同旅団のメンバーらは20人がかりで運転手のもとへと押しかけ，その身柄を拘束したのち，逃亡をはかったとの理由で彼を即刻射殺したのであった。また同様の虐殺行為は，このほかにも，レーヴェンフェルト旅団がルール地方に拠点をおいている間，枚挙に暇がないほど繰り返された[142]。同旅団における暴力志向は，カップ一揆を経てなお，よりいっそうのエスカレートを遂げていたのである[143]。

---

140) Karl Brammer, *Fünf Tage Militärdiktatur. Dokumente zum Kapp-Putsch*, Berlin 1920, S. 9. なお，シュルツェはこの計画に1919年6月の「東方国家構想」の影響を見出している。Schulze, *Freikorps*, S. 125.「東方国家構想」については，本論第1章第3節第1項を参照。

141) Salomon, Schlageter, S. 481 ; Loewenfeld, Freikorps, S. 155-156.

142) Emil Julius Gumbel, *Vier Jahre politischer Mord*, Berlin 1922, S. 59-61.

143) 暴力のエスカレートは，カップ一揆後のドイツ社会を覆った全般的な現象でもあった。この点については，Dirk Schumann, *Politische Gewalt in der Weimarer Republik 1918-1933. Kampf um die Straße und Furcht vor dem Bürgerkrieg*, Essen 2001, S. 84-95 ; Steffen Raßloff, *Flucht in die nationale Volksgemeinschaft. Das Erfurter Bürgertum zwischen Kaiserreich und NS-Diktatur*, Köln 2003, S. 196-205 を参照。

1920年5月31日，ルール地方における労働者蜂起鎮圧の任務を終えたレーヴェンフェルト旅団は，エーアハルト旅団とともにようやく解体されることとなる。ただ，ここで注意せねばならないのは，反共和国の態度と一揆主義に刻印づけられた旅団メンバーの少なからずが，その後も国軍に残留ないしは入隊し，軍人としてのキャリアを継続することができたという点である。革命から１年半を経てなお，「信頼できる部隊」を創出することのできないドイツ政府にとって，両旅団のもつ軍事力は，依然として大きな魅力であった。[145]

レーヴェンフェルト旅団の場合，メンバーの大半が海軍へと配属され，他にも少数ではあるものの，陸軍や「治安警察［Sicherheitspolizei］」に入り込むことができた。[146] だが，軍にも治安警察にも属することができなかったメンバーらは，協働団の一員として東部ドイツでの農業労働に従事するほかなかった。[147] シュラーゲターも例にもれず，自身の砲兵中隊のメンバーとともにポンメルンで農作物収穫の手伝いをしたのち，ケーニヒスベルクで雪かき作業員として働いていたとされる。[148]

ところで，カップ一揆後も協働団が存続した背景には，フランスやポーランドからの攻撃に備え，その武力を温存しようとする国軍からの支援があった。それゆえ協働団の内部では，恒常的な軍事教練が秘密裏におこなわれており，メンバーらは東部国境付近で騒乱が起きるたび武器を手に出動した。[149] この時

---

144) Loewenfeld, Freikorps, S. 155；Gabriele Krüger, *Die Brigade Ehrhardt*, Hamburg 1971, S. 62-63；Jun Nakata, *Der Grenz- und Landesschutz in der Weimarer Republik 1918-1933. Die geheime Aufrüstung und die deutsche Gesellschaft*, Freiburg 2002, S. 89-91.

145) 山田義顕「ヴァイマル共和国期の海軍：再建期（1920-27）」『人文学論集（大阪府立大学）』12集（1994年）63-77頁，ここでは68-69頁。

146) 同上；Schulze, *Freikorps*, S. 321. なお，治安警察官となった旅団メンバーたちは，1921年3月に中部ドイツで展開されたコミュニストによる三月行動を鎮圧した。この詳細については，篠塚敏生『ヴァイマル共和国初期のドイツ共産党：中部ドイツでの1921年「3月行動」の研究』多賀出版，2008年を参照。

147) Ebd.；Krüger, *Ehrhardt*, S. 62-63. こうした協働団の代表格としては，ロスバッハ率いるロスバッハ協働団の名が挙げられる。同団の詳細については，Bernd Kruppa, *Rechtsradikalismus in Berlin 1918 -1928*, Berlin 1988, S. 172；Mechthild Hempe, *Ländliche Gesellschaft in der Krise. Mecklenburg in der Weimarer Republik*, Köln 2002, S. 78-79, 99-101；Bernhard Sauer, Gerhard Roßbach - Hitlers Vertreter für Berlin. Zur Frühgeschichte des Rechtsradikalismus in der Weimarer Republik, in：*ZfG* 50 (2002), H. 1, S. 5-21, ここでは S. 11-12 を参照。

148) Karl Höffkes / Uwe Sauermann, *Albert Leo Schlageter. Freiheit, du ruheloser Freund*, Kiel 1983, S. 36.

149) Koch, *Bürgerkrieg*, S. 238-239；Klaus Hornung, *Alternativen zu Hitler. Wilhelm Groener - Soldat und Politiker in der Weimarer Republik*, Graz 2008, S. 123-124.

期，シュラーゲターもまた，ハウエンシュタインを中心とするレーヴェンフェルト旅団の元メンバーらとともに「ハインツ機関［Organisation Heinz：OH］」という名称の「特殊警察［Spezialpolizei］」を結成している[150]。

特殊警察 OH は，1921年5月3日に始まるポーランドとのオーバーシュレージエン闘争において[151]，しばしば「フェーメ殺人［Fememord］」という「裏切り者」への私刑行為に及んだ[152]。ハウエンシュタインがのちに証言したところによると，彼は OH の設立に携わったホーブス少尉からの命を受け，配下の特攻隊に「裏切り者」の排除を要請した。その際，「排除は毒薬か，もしくは爆弾や榴弾など，ありとあらゆる手段をもっておこなわれた」[153]。それゆえこの活動は，OH 内部において「闇の中の戦争［Krieg im Dunkeln］」と呼ばれており，その犠牲者は少なくとも200名近くにのぼったとされる[154]。

当然ながら，OH の一員であるシュラーゲターもまた，オーバーシュレージエン闘争に参加している。彼がフェーメ殺人に直接的に関与したか否かは定かでないものの，逆にまったくの無関係であったとも考えにくい。確かなのは，シュラーゲターが闘争のさなかにポーランドの志願兵部隊に対するスパイ活動を展開し，また闘争終結後もダンツィヒでポーランド陸軍省の諜報機関への潜入を試みていたことである[155]。その意味においては，シュラーゲターもまた，OH による「闇の中の戦争」の一端を担っていたといえるだろう。ただ，こうしたシュラーゲターの活動はその後，彼がドイツ＝ポーランド間の二重スパイ

---

150) 特殊警察は1920年2月以降，ブレスラウにおける国家公序監視委員であったカール・シュピエッカー博士（中央党）によって，中央官庁からの極秘の支援のもとに組織された。IfZ, ZS 1134, Bl. 1 ; Peter-Christian Witt, Zur Finanzierung des Abstimmungskampfes und der Selbstschutzorganisationen in Oberschlesien 1920-1922, in : *MGM* 13 (1973), S. 59-76, ここでは S. 69 ; Nakata, *Grenz- und Landesschutz*, S. 148-149 ; Bernhard Sauer, „Verräter waren bei uns in Mengen erschossen worden". Die Fememorde in Oberschlesien 1921, in : *ZfG* 54 (2006), H. 7/8, S. 644-662, ここでは S. 656.

151) オーバーシュレージエン闘争の詳細については，第4章第3節第2項を参照。

152) 「フェーメ［Feme］」という概念は，13世紀にヴェストファーレンで始められ，14世紀にドイツ各地に広まった秘密裁判に由来している。Sprenger, *Landsknechte*, S. 47, Anm. 81 ; 山田義顕「ヴァイマル共和国初期の政治的暗殺（I）：秘密結社〈コンズル団〉」『大阪府立大學紀要 人文社會科學』50号（2002年）69a-57a頁，ここでは67a頁，註10。

153) Aussage Heinz Oskar Hauensteins, in : *Berliner Tageblatt*, 25.4.1928, Morgenblatt, abgedruckt in : Emil Julius Gumbel, „*Verräter verfallen der Feme". Opfer / Mörder / Richter 1919-1929*, Berlin 1929, S. 162-163.

154) Ebd. ; Friedrich Glombowski, *Organisation Heinz (O. H.). Das Schicksal der Kameraden Schlageters*, Berlin 1934, S. 216.

155) Brandt, *Schlageter*, S. 24-42, 61-67 ; Glombowski, *Heinz*, S. 42-84 ; Franke, *Schlageter*, S. 27

120

だったのではないかという疑惑を浮上させることになる。[156]

3　一揆主義と民族至上主義の結合

　シュラーゲターらがオーバーシュレージエン闘争を展開している間，ドイツ
国内では第一次世界大戦の賠償金支払い問題が紛糾し，その責任をとってコン
スタンティン・フェーレンバッハ（中央党）を首相とする中央党・ドイツ民主
党（DDP）・ドイツ人民党（DVP）のブルジョワ連立内閣が退陣した。新たに組
閣されたのは，ヨーゼフ・ヴィルト（中央党）を首相とする中央党・SPD・
DDP の中道左派連立内閣であり，そこではドイツの国際的な信頼回復が最優
先課題とされた。したがってドイツ政府は，連合国側が提示した総額1,320億
金マルクの賠償計画を受け入れると同時に，オーバーシュレージエン帰属問題
に関しても，最終的に国境闘争の中止と国際連盟による介入を承認することと
なる。こうしたヴィルトの政策は，当然ながら保守派や右翼急進派からの強い
非難を浴び，義勇軍戦士たちのさらなる憎悪をかきたてたのだった。[157]

　かくして反共和国の雰囲気が急速に高まる中，義勇軍出身の右翼アクティ
ヴィストによる暴力は，組織内の「裏切り者」のみならず，連合国の要求を受
け入れた共和国の大物政治家たちにも向けられるようになる。とりわけ，第一
次世界大戦休戦協定のドイツ側代表者であり，またヴェルサイユ条約の調印に
も携わった元財務大臣マティアス・エルツベルガー（中央党）の暗殺は，その
始まりを告げる象徴的な出来事であった。彼は1921年8月26日，シュヴァルツ
ヴァルトの保養地バート・グリースバッハを散歩中に，拳銃乱射により殺害さ
れたのである。また1922年6月4日には，初代首相フィリップ・シャイデマン
（SPD）に対する暗殺未遂事件が起き，さらに6月24日には，ソヴィエト・ロ
シアとラパロ条約を結んだ外務大臣ヴァルター・ラーテナウ（DDP）が手榴弾

---

156)　Die Totenschändung im „Vorwärts". Schlageters Auftreten in Danzig, in: *Kreuz-Zeitung*, Nr. 286, 23.6.1923 ; Zwicker, *Märtyrer*, S. 50.

157)　Koch, *Bürgerkrieg*, S. 310 ; H・A・ヴィンクラー（後藤俊明／奥田隆男／中谷毅／野田昌吾訳）『自由と統一への長い道〈Ⅰ〉：ドイツ近現代史 1789-1933年』昭和堂，2008年，416-418頁。オーバーシュレージエン帰属問題を検討した国際連盟委員会では，ポーランドを支援するフランス側の意向が強く反映され，工業地帯の大部分がポーランドに割譲されることが決定した。この出来事は，ドイツ国民の胸に大きな禍根を遺すことになった。伊藤定良「国民国家・地域・マイノリティ」田村栄子／星乃治彦編『ヴァイマル共和国の光芒：ナチズムと近代の相克』昭和堂，2007年，42-75頁，ここでは60-61頁。

と拳銃乱射により殺害された。わずか1年足らずの間に3名もの閣僚経験者が
襲撃され，うち2名が命を落とすという異例の事態は，右翼急進派の「殺人組
織」をめぐるニュースを，ドイツ全土に轟かせるに十分なインパクトをもって
いた。[158)]

　エルツベルガー暗殺とラーテナウ暗殺の実行犯には，幾つかの共通点が存在
した。彼らはシュラーゲターと同じく，カップ一揆やオーバーシュレージエン
闘争に参加した20代の青年たちであり，エーアハルト旅団の後継地下組織であ
る「コンズル機関［Organisation Consul: OC］」[159)]の構成員にして，「ドイツ民
族至上主義攻守同盟［Deutschvölkischer Schutz- und Trutzbund: DVSTB］」
のメンバーないしはシンパであった。[160)]DVSTBは民族至上派の大衆組織であ
り，1919年2月に全ドイツ連盟のもとで結成された「ドイツ攻守同盟
［Deutscher Schutz- und Trutzbund］」を前身としながら，そこに反セム主義
を掲げる「帝国ハンマー同盟［Reichshammerbund］」，ならびに「ドイツ民族
至上主義同盟［Deutschvölkischer Bund］」が合流する形で1919年10月に発足
した。そこでは「ドイツ民族の道徳的再生」がスローガンとして掲げられ，メ
ンバーらはその目標を達成するべく「ユダヤの脅威」を大衆に「啓蒙」し，あ
らゆる手段をもってそれを「撲滅」することが不可欠だと考えていた。[161)]

---

158)　Gotthard Jasper, Aus den Akten der Prozesse gegen die Erzberger-Mörder, in: VfZ 10 (1962),
　　　H. 4. S. 430-453, ここでは S. 430.

159)　Meinl, Nationalsozialisten, S. 49. なお，ヤスパーや山田氏によれば，コンズル機関の「コンズル」は
　　　エーアハルトの仮名である「コンズル・アイヒマン」に由来している。Jasper, Akten, S. 432；山田「ヴァ
　　　イマル共和国初期の政治的暗殺（Ⅰ）」61頁。

160)　エルツベルガー暗殺犯の実行犯であるハインリヒ・シュルツとハインリヒ・ティレッセンは，ともに第一次
　　　世界大戦期の将校であり，大戦後はエーアハルト旅団の一員としてカップ一揆にも参加した。一揆挫折後，彼
　　　らはレーゲンスブルクでナショナリストたちの支援を受けながら商社従業員として働いていたが，この間に
　　　DVSTBとの接触によって民族至上主義に傾倒し，ユダヤ人やイエズス会，フリーメイソン，そして政治的
　　　カトリシズムへの憎悪を深めていった。このほかにも，シャイデマン襲撃の実行犯であるカール・エールシュ
　　　レーガー（1893年生）とハンス・フスタート（1900年生）はオーバーシュレージエン闘争時代からの知り合い
　　　であったし，ラーテナウ暗殺の実行犯であるヘルマン・フィッシャー（1896年生），エルヴィン・ケルン
　　　（1898年生）も，同じくカップ一揆とオーバーシュレージエン闘争に参加し，そこでつながりをもっていた。
　　　Gumbel, Verräter, S. 61, 70-71；Lohalm, Radikalismus, S. 227-233；Martin Sabrow, Der Rathenau-
　　　mord. Rekonstruktion einer Verschwörung gegen die Republik von Weimar, München 1994, S.
　　　58, 118；Cord Gebhardt, Der Fall des Erzberger-Mörders Heinrich Tillessen. Ein Beitrag zur
　　　Justizgeschichte nach 1945, Tübingen 1995, S. 16-23；Bernhard Sauer, Freikorps und Antisemi-
　　　tismus in der Frühzeit der Weimarer Republik, in: ZfG 56 (2008), H. 1, S. 5-29, ここでは S. 21-24.

161)　Lohalm, Radikalismus, S. 19-24, 78-99；Dirk Walter, Antisemitische Kriminalität und Gewalt.
　　　Judenfeindschaft in der Weimarer Republik, Bonn 1999, S. 29-30.

DVSTB は，すでに1920年の夏から義勇軍運動との接触を始めていたが，そ
の活動が本格化するのは，1921年初夏のオーバーシュレージエン闘争以降のこ
とである。そこでは，DVSTB エルバーフェルト支部の青年グループがマンフ
レート・フォン・キリンガー率いる OC の突撃中隊と接触し，彼を通じて
DVSTB と OC との人的・組織的なつながりを深めつつ，OC 内部に急進的な
民族至上主義を浸透させていった[162]。この結果，義勇軍の連合体たる「オーバー
シュレージエン自警団 [Selbstschutz Oberschlesien]」の内部では，「神が呪
いしユダヤのクソ豚，ヴァルター・ラーテナウを撃ち殺せ！」という「殺人讃
歌」が流行することとなり，またそれと同時に，ポーランドとの国境闘争を終
えたのち「ユダヤ人ならびに政府に対する撲滅行動」を展開しようという動き
もみられた[163]。

　このように，エルツベルガーやラーテナウといった政府要人の暗殺は，義勇
軍運動内部の一揆主義的傾向と，DVSTB の民族至上主義・反セム主義との結
合の結果もたらされたといえる[164]。実際，襲撃の実行犯をはじめとする義勇軍出
身の右翼アクティヴィストらは，自らの経験にもとづき，政府の政策すべてを
「匕首伝説」的な陰謀論にもとづいて解釈するようになっており，またそうす
ることによって，自らの行為を正当化していたのであった[165]。

---

162) Lohalm, *Radikalismus*, S. 219-222 ; Barth, *Dolchstoßlegenden*, S. 383 ; Sauer, *Freikorps*, S. 17-20.

163) *Mitteilungen aus dem Verein zur Abwehr des Antisemitismus* 31, Nr. 15/16, 19.8.1921.

164) 特にラーテナウ暗殺犯の間では，政府要人を暗殺することによって共和派や左翼を「挑発」し，「左からの一撃」が加えられたのち，国軍とともにそれを鎮圧して「右翼政府」を樹立するという構想が共有されていた。Sabrow, *Rathenaumord*, S. 121. なお，この構想は OC 指導者エーアハルトによるものでは必ずしもなく，むしろ OC の地方グループに所属する青年アクティヴィストたちの間で共有されたものであった。この点については，山田「ヴァイマル共和国初期の政治的暗殺（I）」64-66頁を参照。

165) Boris Barth, Freiwilligenverbände in der Novemberrevolution, in : Rüdiger Bergien / Ralf Pröve (Hgg.), *Spießer, Patrioten, Revolutionäre. Militärische Mobilisierung und gesellschaftliche Ordnung in der Neuzeit*, Göttingen 2010, S. 95-115, ここでは S. 109-110. 例えばエルツベルガー暗殺犯のティレッセンは，エルツベルガーをはじめとする中央党を，ユダヤに操られたイエズス会士，「いまわしい売国奴」だとして敵視していた。Auszug aus einem Brief von Heinrich Tillessen an seinen ältesten Bruder, Regensburg, 12.5.1921, in : Jasper, Akten, Dok. 6, S. 444-447.

7 「ナチ党ベルリン支部」の結成

1 「ナチ党ベルリン支部」をめぐる問題

　義勇軍運動内部における反共和国の態度と一揆主義は，カップ一揆の挫折以降，その暴力性を増していき，ついには民族至上主義・反セム主義と結合する形でテロリズムへの変貌を遂げた。ただ意外なことに，シュラーゲターは義勇軍運動を通じて培われた右翼急進派のミリューに身をおきながらも，政府要人の暗殺に直接関与することはなかった。彼はオーバーシュレージエンからの帰還後，ハウエンシュタインとともに輸出入を専門とする「南ドイツ物流社 [Süddeutsche Export- und Import-Gesellschaft]」をベルリンで立ち上げ，表向きは商人として生計を立てていた。[166] しかし，かつての戦友たちがなお暴力的かつアクティヴィスティックに振る舞い，殺人と内紛を繰り返す中で，彼も再び行動の世界に脚を踏み入れることとなる。それは盟友ハウエンシュタインの導きによるものだった。

　親ナチ義勇軍作家であるフリードリヒ・グロムボウスキの著書『ハインツ機関』（1934年）によると，ハウエンシュタインは1922年夏，OH の元部隊指導者らに向けて，次のような手紙を送ったという。

　　私はかつてのロスバッハ義勇突撃大隊の指導者ロスバッハ大尉殿とともに，北部ドイツにおける国民社会主義運動を牽引する決意を固めた。この目的を達成するべく，われらが編隊の元指導者たちは，指導者サークルに集おうではないか。その第1回会議は，来月［1922年8月―今井］24日から25日にかけて，ミュンヘンで開催される予定である。私は全員の参加を期待している。[167]

---

166) Salomon, *Geschichte*, S. 109 ; Berthold Jacob, Leo Schlageter, der Nationalheld, in : *Das Neue Tage-Buch* 6 (1938), H. 22, S. 541-543, ここでは S. 542 ; Franke, *Schlageter*, S. 27. なおベアードは，この会社が次なる闘争に向けた武器を秘匿するための偽装企業ではないかと推測している。Baird, *Germany*, p. 20.

167) Glombowski, *Heinz*, S. 126-127.

彼らはその後，実際にミュンヘンでヒトラーとの会談を果たし，ベルリンへの帰還後に「ナチ党ベルリン支部」を結成するに至った。そしてその際，シュラーゲターもまた「ベルリン支部に最初の党員届けを提出した」とされる[168]。

この説を裏づけるものとして，先行研究でしばしば言及されるのは，「1922年のナチ党ベルリン支部党員名簿」と呼ばれる複写史料での存在である。この史料はタイプ打ち文書の一部を撮影したものであり，ナチ時代に刊行されたグロムボウスキやエルンスト・フォン・ザロモンの著作に収録されている。そこでは確かに，シュラーゲター（党員番号61）とハウエンシュタイン（党員番号62）の名前と住所，生年月日を確認することが可能である[169]。しかしながら，連邦文書館に所蔵される名簿の完全版を閲覧したベルント・クルッパやアンドレ・ケーニヒが指摘するように，この史料は厳密にいえば，「ナチ党ベルリン支部」の党員名簿ではなく，「大ドイツ労働者党［Großdeutsche Arbeiterpartei：GDAP］」のそれであった[170]。

この点については，ナチの御用歴史家ユリウス・カール・フォン・エンゲルブレヒテンとハンス・フォルツが1937年に刊行したベルリン・ナチ党史の冒頭に，より詳細な記述が存在する。それによると，「ナチ党ベルリン支部」は1922年11月19日にヨルク通り90番に位置するレストラン「ライヒスカンツラー」にて結成が予定されていたものの，直前の11月15日にプロイセン内務大臣ゼーヴェリングによってナチ党の組織化が禁じられたために，急遽「大ドイツ労働者党」と名前を変えて結成されたのだという。その証拠に，GDAP の綱領はナチ党のそれとまったく同じ内容であった，とされる[171]。重要なのは，

---

168) Ebd.
169) Ebd., nach S. 108 ; Salomon, Schlageter, S. 483. またベルリン＝リヒターフェルデ連邦文書館に所蔵されるナチ党中央文書館シュラーゲター関連史料 [BAB, NS 26/1265] にも，同じ箇所を撮影した複写史料が存在する。
170) クルッパが利用したのはコブレンツ連邦文書館所蔵のナチ党中央文書館ベルリン・ブランデンブルク大管区関係文書 [BAK, NS 26/33] であり，これは現在，ベルリン＝リヒターフェルデ連邦文書館に移管されている [BAB, NS 26/133]。またケーニヒが利用したのは，ベルリン＝リヒターフェルデ連邦文書館所蔵の総統官房フィリップ・ボウラー事務所関係文書である [BAB, NS 51/197]。Kruppa, *Rechtsradikalismus*, S. 199-200, 416, Anm. 30 ; André König, *Köpenick unter dem Hakenkreuz. Die Geschichte des Nationalsozialismus in Berlin-Köpenick*, Mahlow 2004, S. 13-14, 157, Anm 19.
171) J. K. von Engelbrechten / Hans Volz, *Wir wandern durch das nationalsozialistische Berlin. Ein Führer durch die Gedenkstätten des Kampfes um die Reichshauptstadt*, München 1937, S. 10, 181.

第2章 裏切りの共和国 125

1980年代以降の研究においても，これと同様の説がクルッパやケーニヒ，ベルンハルト・ザウアーやトーマス・フリードリヒといった歴史家たちによって支持されている点であろう。[172]

これに対して，シュラーゲターのナチ党入党に留保をつけるシュテファン・ツヴィッカーやヘルムート・フランケらは，主に2つの点でシュラーゲター入党説に疑問を投げかけた。それは第1に，GDAP がはたしてナチ党の偽装組織と呼べるのかという点であり，また第2に，党員名簿そのものがシュラーゲターの政治利用を企図したナチ・プロパガンダの産物ではないかという点である。[173]

2 「ナチ党ベルリン支部」としての大ドイツ労働者党

GDAP がはたしてナチ党の偽装組織と呼べるのか，という第1の問題点を解明すべく，ツヴィッカーが参照するのは，共和国初代首相フィリップ・シャイデマンの証言である。1920年代初頭，エルツベルガーやラーテナウとならんで右翼急進派のテロルの標的となっていた彼は，1923年5月のベルリンでの演説で，その脅威について語った。その内容によると，GDAP は「ドイツ民族至上主義自由党［Deutschvölkische Freiheitspartei: DVFP］」における党内グループのひとつに過ぎなかったという。[174]

しかしながら，このシャイデマン証言はヴァイマル初期における民族至上主義団体の組織的な複合性を示すものではあれ，GDAP がナチ党の偽装組織でないことの証拠とはなり得ない。なぜなら時系列を整理してみると，GDAP はすでに1923年1月10日の段階でプロイセンでの活動を禁じられており，[175] 同党が DVFP の党内グループとなったのは，それから1ヵ月後の1923年2月10日

---

172) Kruppa, *Rechtsradikalismus*, S. 199-200；König, *Köpenick*, S. 13-14；Bernhard Sauer, Die deutschvölkische Freiheitspartei (DvFP) und der Fall Grütte, in：*Berlin in Geschichte und Gegenwart. Jahrbuch des Landesarchivs*, Berlin 1994, S. 179-205, ここでは S. 180；Thomas Friedrich, *Die missbrauchte Hauptstadt. Hitler und Berlin 1916-1945*, Berlin 2007, S. 77-83. またそれ以前の研究では，ゲオルク・フランツ＝ヴィリングがこの説を支持している。Georg Franz-Willing, *Krisenjahr der Hitlerbewegung 1923*, Preussisch Oldendorf 1975, S. 210, 220.

173) Franke, *Schlageter*, S. 110-111；Zwicker, *Märtyrer*, S. 50-53.

174) Philipp Scheidemann, *Die rechtsradikalen Verschwörer. Reichstags-Rede gehalten am 12. Mai 1923*, Berlin 1923, S. 14；Zwicker, *Märtyrer*, S. 53.

175) RKÜO, Lagebericht, Berlin, 24.1.1923, in：BAK R 134/19, Bl. 27.

のことだったからである。この背景としては，1922年6月24日に勃発したラー
テナウ暗殺事件を受け，7月21日に制定された「共和国防衛法［Republik-
schutzgesetz］」のもと，官憲側の取り締まりがこれまで以上に強化されたと
いう事情がある。つまり GDAP のメンバーらは，こうした取り締まりの末に
プロイセン領内での活動を禁止され，その後 DVFP へと合流したのであって，
少なくとも結成当初の GDAP は DVFP の党内グループではなかった，とい
うことになる。

　またさらにいえば，そもそも GDAP が禁止の対象とされたのも，官憲側か
らナチ党の偽装組織とみなされたからであった。この点については，プロイセ
ン州ハノーファー県知事が発した1922年12月29日付布告を参照してみよう。そ
こでは領内の行政区長官らに向けて，GDAP が「表向き新結社を装ってはい
るものの，実態としては禁止された国民社会主義ドイツ労働者党の後継組織で
ある」ことが断言されており，その理由として，組織構成や政治目標がナチ党
のものと基本的に同一である点，そしてメンバーの大部分がプロイセン領内で
解体されたナチ党のそれと重なる点が挙げられているほか，党章が「丸い白地
に黒い鉤十字を施した，赤い腕章」だったとされる。またこれと同様に，ドイ
ツ内務省管轄下の国家公秩監視委員の報告によれば，GDAP の綱領はナチ党
のそれと完全に一致していたという。

　これらの官憲史料とならんで，GDAP が「ナチ党ベルリン支部」であった
という説をさらに裏づけるのが，テューリンゲン内務省諜報部の報告書に収録
された GDAP の結党記録と規約，綱領の写しである。そこに記された結党日

---

176) Engelbrechten/Volz, *Berlin*, S. 10；Ludolf Haase, Rundschreiben II．An die Ortsgruppenführer
　　der illegalen NSDAP, Hannover, 17.2.1924, in：*Nationalsozialismus und Revolution. Ursprung
　　und Geschichte der NSDAP in Hamburg 1922-1933. Dokumente*, hg. von Werner Jochmann,
　　Frankfurt a.M. 1963, Nr. 14, S. 61-65, ここでは S. 63；Mathias Grünthaler, *Parteiverbote in der Wei-
　　marer Republik*, Frankfurt a.M. 1995, S. 172.

177) Erlaß des Oberpräsidenten in Hannover, i.V. Kriege, an die Regierungspräsidenten der Provinz
　　Hannover, 29.12.1922, in：*Politische Radikalisierung in der Provinz. Lageberichte und Stärke-
　　meldungen der Politischen Polizei und der Regierungspräsidenten für Osthannover 1922-1933*,
　　hg. von Dirk Stegmann, Hannover 1999, Dok. 4, S. 136-137．またこの点については，Katrin Stein,
　　Parteiverbote in der Weimarer Republik, Berlin 1999, S. 154-155 も参照。

178) Ebd．この点についてはさらに，Sauer, Roßbach, S. 18 を参照。

179) RKÜO, Lagebericht, Berlin, 6.1.1923, in：BAK R 134/19, Bl. 11.

180) Nachrichtenstelle, Betr. Grossdeutsche Arbeiterpartei, Weimar, 30.11.1922, in：ThHStAW, MdI,
　　P 159, Bl. 2．なお，結党記録と規約，綱領の内容については，プロイセンの KPD 議員ヴィルヘルム・↗

第2章　裏切りの共和国　　127

と結党場所は，いずれもエンゲルブレヒテン／フォルツによるベルリン・ナチ
党史の叙述と完全に一致しているほか，GDAP の結党時に読み上げられたと[181)]
される規約には，「党員はみな道徳的に申し分のないドイツ系である」（第3
条）という人種主義的な文言が掲げられており，続いて「本党綱領は暫定綱領[182)]
である」という前置きから始まる綱領の文面も，ナチ党25ヵ条綱領のそれと同
一のものである[183)]。

　このように，GDAP はほぼ間違いなく「ナチ党ベルリン支部」の偽装組織
だったといえる。だが，依然として残るのは第2の点，つまりシュラーゲター
とハウエンシュタインの名前が記載された「ナチ党ベルリン支部」の党員名簿
そのものが，ナチ・プロパガンダの産物なのではないかという問題である[184)]。確
かに，ベルリン＝リヒターフェルデ連邦文書館に所蔵される「ナチ党ベルリン
支部」の党員名簿にしても，原本ではなく，また同時代史料でもないため，こ
の点についてはいまだ判断を見送らざるを得ない[185)]。

　　ピークが1922年11月24日にプロイセン州議会においておこなった演説の内容とも一致する。Wilhelm Pieck,
　　Bekämpft den Faschismus, die Hoffnung der internationalen Reaktion! Rede im Preußischen
　　Landtag, 24.11.1922, in : ders., *Gesammelte Reden und Schriften*, Bd. 2 : *Januar 1920 bis April
　　1925*, Berlin (Ost) 1959, S. 266-301.
181)　Gründungsprotokoll der GDAP (Abschrift), Berlin, 19.11.1922, in : ThHStAW, MdI, P 159, Bl. 3.
182)　Satzungen der GDAP (Abschrift), 19.11.1922, in : ebd., Bl. 4.
183)　Programm der GDAP (Abschrift), Berlin, 19.11.1922, in : ebd., Bl. 5-7.　ただし内容が完全に一致する
　　というわけではない。なぜなら，GDAP 綱領にはナチ党綱領の第12条「すべての戦争は，民族に莫大な財と
　　血の犠牲を要求するのであるから，戦争による個人的な致富は民族に対する犯罪とされねばならない。それゆ
　　え，われわれは戦時利得の完全没収を要求する」と，第13条「われわれは，（現在までに）社会化されたすべ
　　ての企業（トラスト）の国有化を要求する」にあたる部分が抜け落ちているからである。これが意図的なもの
　　なのか，それとも報告書の作成者が綱領の原文をタイプライターで複写する際に生じたミスなのかは定かでな
　　い。
　　　なお，ナチ党綱領については，Das 25-Punkte-Programm der NSDAP, 24.2.1920, in : *Führer
　　befiehl... Selbstzeugnisse aus der „Kampfzeit" der NSDAP. Dokumentation und Analyse*, hg.
　　von Albrecht Tyrell, Düsseldorf 1969, Dok. 4, S. 23-26 を参照。邦訳にあたっては，ヴェルナー・マー
　　ザー（村瀬興雄／栗原優訳）『ヒトラー』紀伊國屋書店，1969年，375-378頁を参照した。また管見の限り，
　　GDAP の綱領そのものを扱った研究は，これまで存在しなかった。確かにフランツ゠ヴィリングは，1925年
　　から1928年までナチ党のハノーファー南部大管区長を務めたルドルフ・ハーゼの記録文書 [Ludolf Haase,
　　Aufstand in Niedersachsen. Der Kampf der NSDAP 1921/24, o.O. 1942] から引用する形で，GDAP
　　の行動綱領を紹介している。ただし，それは1922年12月9日付『ゲッティンガー・ターゲブラット [Göt-
　　tinger Tageblatt]』紙に掲載された GDAP ゲッティンゲン支部の声明であり，その文面にしても，綱領の
　　要点を12項目にまとめたものに過ぎない。Franz-Willing, *Krisenjahr*, S. 213-214.
184)　Franke, *Schlageter*, S. 110-111.　シュラーゲターを利用したナチ・プロパガンダについては，Zwicker,
　　Märtyrer, S. 122-139 を参照。
185)　E-Mail von Bundesarchiv an Verfasser, 18.11.2013.　フランケもまた，同様の回答をかつてのベルリ
　　ン・ドキュメント・センターから受け取っている。Franke, *Schlageter*, S. 111.

3 義勇軍戦士の政治的再結集

しかしながら，「ナチ党ベルリン支部」の党員名簿が仮にナチ・プロパガンダの産物であったとしても，そのことをもってシュラーゲターが「ナチ党ベルリン支部」の党員ではなかったと結論づけるのは，いささか勇み足であろう。なぜなら，シュラーゲターが「ナチ党ベルリン支部」の党員であったとする議論は，この党員名簿のみならず，彼と行動をともにしていたハウエンシュタインとロスバッハの証言によっても根拠づけることが可能だからである。

1932年11月8日，ハウエンシュタインはカトリック系学生結社の関係者に宛てた手紙の中で，1922年当時のシュラーゲターが，「新たに結成されるベルリン支部の党員第1号」として「党に届出を提出した」と証言している[186]。またロスバッハも，第二次世界大戦後の1951年10月31日にミュンヘンの現代史研究所（IfZ）がおこなった聞き取り調査の中で，自分がシュラーゲターを含む義勇軍指導者とともに1922年当時のミュンヘンでヒトラーと会談し，その後 GDAP を結成したとのエピソードを披露している[187]。ロスバッハによると，これらの行動は義勇軍時代の同志たちを政治的に再結集させることを目的としたものであった[188]。実際，その後の行動をみても，彼らは1923年1月に GDAP がプロイセン領内で禁止されて以降，ルール占領に対する「積極的抵抗」への準備を始めている。そしてシュラーゲターはここにおいて，ハウエンシュタインとともにフランス占領軍に対する破壊工作活動を展開したのであった[189]。

---

186) Brief von Heinz Oskar Hauenstein an Hermann Hagen, Amt für Hochschulfragen des CV, 8.11. 1932, in : Bischöfliches Zentralarchiv Regensburg, Archiv des Cartell-Verbandes (CV), 502, zit. nach : Zwicker, *Märtyrer*, S. 50-51.

187) Unterredung mit Gerhard Roßbach, 31.10.1951, in : IfZ, ZS 0128, Bl. 1-4, ここでは Bl. 1. この点についてはさらに，Gerhard Roßbach, *Mein Weg durch die Zeit. Erinnerungen und Bekenntnisse*, Weilburg a.d.Lahn 1950, S. 80 も参照。
　また，1950年代初頭にミュンヘンの現代史研究所がおこなった「オーラル・ヒストリー」の試みに関しては，Horst Möller, 60 Jahre Institut für Zeitgeschichte 1949-2009, in : Horst Möller / Udo Wengst (Hgg.), *60 Jahre Institut für Zeitgeschichte München - Berlin. Geschichte - Veröffentlichungen - Personalien*, München 2009, S. 9-100, ここでは S. 40-41 を参照。

188) Unterredung mit Gerhard Roßbach, 31.10.1951. これと同様の証言は，DVSTB や，義勇軍の残党からなる「闇国軍 [Schwarze Reichswehr]」の結成に深く関与した民族至上主義者ラインホルト・ヴレや，1925年から1928年までナチ党のハノーファー南部大管区長を務めたルドルフ・ハーゼの回想にも存在する。Reinhold Wulle, *Das Schuldbuch der Republik. 13 Jahredeutsche Politik*, Rostock 1932, S. 114 ; Franz-Willing, *Krisenjahr*, 220. また，この説を支持する研究として，Grünthaler, *Parteiverbote*, S. 171 がある。

189) この詳細については，本論第5章第2節第1項を参照。

第2章　裏切りの共和国　　129

　では，彼らはなぜそうした再結集を必要としていたのだろうか。実はここで
もまた，1922年7月21日に制定された共和国防衛法が重要な意味をもってい
た。つまりロスバッハ協働団の元メンバーらは，この防衛法により協働団の後
継組織が解体された結果，行き場を失っていたのである[190]。そしてその代わりに
結成されたのが，「ナチ党ベルリン支部」たる GDAP だった。

　ただ，1922年11月19日に作成された GDAP の結党記録の文面には，「暫定
的な執行幹部会」の構成員として，第1議長パウル・ホッケ（Paul Hocke，鍛
冶屋），第2議長アルノ・クヴァタル（Arno Chwatal，商店員），第1金庫番ヘル
マン・クレッチュマン（Hermann Kretzschmann，金物屋），第2金庫番パウル・
ビーダー（Paul Bieder，機械工），第1書記カール・ファーレンホルスト（Karl
Fahrenhorst，商人），第2書記ハインツ・ルドルフ・ダイケ（Heinz Rudolf De-
ike，商人）といった人物の名が記載されているものの，肝心のハウエンシュタ
インやロスバッハの名前が登場しない[191]。なぜなら，当時すでに義勇軍の指導者
として名を知られ，また官憲の監視対象となっていた彼ら[192]は，党の連営をク
ヴァタルやクレッチュマンといったベルリンの右翼急進派政党「ドイツ社会党
[Deutschsozialistische Partei：DSP]」出身者に任せ，自分たちは裏方にまわ
らざるを得なかったからである[193]。

　つまり総合すると，ロスバッハ，ハウエンシュタイン，そしてシュラーゲ
ターは，単にヒトラーの要請に従っただけでなく，ラーテナウ暗殺後の共和国
防衛法成立により，ますます強まっていた官憲側の捜査と追求をかわしつつ，
義勇軍時代の人的ネットワークを維持するために，「ナチ党ベルリン支部」た
る GDAP の結成に踏み切ったと考えられる。バルト地域での闘争のなかで共
和国への不信と革命派への憎悪を深めていったシュラーゲターは，OC の青年

190）　Erwin Könnemann, Freikorps 1918-1920, in：LzP, Bd. 2, S. 669-679, ここでは S. 672.

191）　Gründungsprotokoll der GDAP（Abschrift), Berlin, 19.11.1922. さらに，RKÜO, Lagebericht,
　　　Berlin, 6.1.1923, in：BAK R 134/19, Bl. 11-11a も参照。

192）　ハウエンシュタインはラーテナウ暗殺に関与したとの疑いで一時的に逮捕された経歴を有していた。Glom-
　　　bowski, Heinz, S. 126-127. またロスバッハの場合，GDAP 結成の直前にベルリン・レーアテ駅で逮捕さ
　　　れていた。Kruppa, Rechtsradikalismus, S. 199.

193）　Martin Schuster, Die SA in der nationalsozialistischen „Machtergreifung" in Berlin und Bran-
　　　denburg 1926-1934, Berlin 2005, S. 16-23. ただ，ロスバッハが GDAP の影の指導者であることは，官憲
　　　側によっても把握されていた。これは1922年12月29日付のハノーファー県知事の布告からも明らかである。
　　　Erlaß des Oberpräsidenten in Hannover, i.V. Kriege, an die Regierungspräsidenten der Provinz
　　　Hannover, 29.12.1922.

アクティヴィストたちと同じく，義勇軍の人的ネットワークを介して徐々に急進的な民族至上主義に染まっていき，最終的に「ナチ党ベルリン支部」の結成に加わったと考えられよう。

小 括

　西南ドイツの農民家庭に生まれ，敬虔で勤勉なカトリック青年として育ったシュラーゲターは，第一次世界大戦への従軍当初，塹壕戦の続く西部戦線に恐怖と魅力を感じつつ，戦前から引き続いて聖職者への道を志していた。しかし戦闘が激化し，濃密な宗教的共同体での生活をともにした学友たちが次々と命を落としていく中で，シュラーゲターはしだいに「祈り」への逃避傾向をみせることとなる。そして大戦中盤，シュラーゲターは従軍当初の戦争に対する自身の希望的観測が誤りであったことを認め，終わりのみえない消耗戦の中で，なおも「野蛮人」と戦い続けるという好戦的決意を表明したのであった。

　その後シュラーゲターは将校となるための専門教育を受けるべく，前線後方の射撃訓練場に転属となった。そこでの生活はまるで「平時」のようであり，その中でシュラーゲターは徐々に精神的余裕を取り戻し，また軍人として確実に上昇を果たしていく。しかし同じ西部戦線に勤務していた兄の死は，シュラーゲターに再び戦争の無常さを実感させることとなる。深まりゆく厭戦気分の中，それでもシュラーゲターはドイツ軍の勝利による「世界平和」を望み，戦闘継続への意志を固めていった。ドイツ軍が窮地に陥った大戦末期においても，シュラーゲターは銃後の家族に自らの無事を知らせ続けた。

　第一次世界大戦終結後，シュラーゲターは学生として市民的生活への回帰を目指した。しかし長きにわたる軍隊生活，そして兄や学友を失った戦争の経験は，おそらくシュラーゲターに神学への疑念を抱かせ，幼少の頃から志していた聖職者への道を断念させた。さらに革命期における不安定な経済・雇用情勢は，新たに専攻した国民経済学への展望をも失わせた。シュラーゲターはこうした状況を憂いながら大学を離れていき，「解放」の大義名分を掲げ，高給と入植地を約束するバルト地域の義勇軍運動に身を投じていく。そしてその過程で，連合国に対して弱腰な共和国への不信と，義勇軍の蛮行を報じる国内の左翼への憎悪をはっきりと自覚するに至り，バルト地域からの帰還後は1920年3

月の反政府クーデタ・カップ一揆に参加した。その意味で，シュラーゲターの戦争経験は義勇軍運動参加にとっての直接的契機ではなく，あくまで大きな背景でしかなかったといえよう。

とはいえ，バルト地域で育まれた共和国への不信と左翼への憎悪が，そのままカップ一揆に直結したわけでもない。そこでは，全ドイツ連盟や国民協会といった帝政期からの連続性を強く有する右翼結社がシュラーゲターらバルティクマーに接近し，第一次世界大戦の敗戦をめぐる「匕首伝説」を援用する形で，彼らとの結合をはかっていた。またさらに，こうした右翼結社による義勇軍戦士のオルグは，その後も1921年初夏のオーバーシュレージエン闘争で活発化した。そこでは，DVSTB が義勇軍運動に民族至上主義的傾向をもたらし，エルツベルガーやラーテナウといった政府要人に対する憎悪をかきたてたのである。

シュラーゲター自身はこうした暗殺事件に直接関与することはなかったものの，1922年8月には，義勇軍の戦友であるハウェンシュタインやロスバッハとともに，ヒトラー率いるナチ党に接近し，11月には「ナチ党ベルリン支部」としての GDAP の結成に携わっている。これは共和国防衛法のもとで官憲側の監視に晒されていた義勇軍出身の右翼アクティヴィストたちを政治的に再結集させ，その人的ネットワークを維持するための組織であった。その意味で，GDAP はナチ党の偽装組織であると同時に，シュラーゲターら義勇軍戦士の政治化の一例として捉えられるのである。

第3章

共和国の防衛

ユリウス・レーバーの義勇軍経験

はじめに

　ハロルド・J・ゴードンが1950年代に述べたように，義勇軍運動は最初から
反共和主義一色に塗りつぶされていたわけではなく，初期の段階ではむしろ共
和派の義勇軍も複数存在していた[1]。ただし共和派の義勇軍に関しては，ゴード
ンの研究から今日に至るまで，その存在が指摘されるのみであり，そこでの経
験が具体的に検討されることはなかった。本章では，そうした研究史上の問題
を踏まえながら，義勇軍運動内部の共和主義的潮流に目を向けてみよう。具体
的な検討対象となるのは，社会民主党員ユリウス・レーバーの義勇軍経験であ
る。

　レーバー研究の第一人者であるドロテーア・ベックは，レーバー（1891年生）
と同世代のクルト・シューマッハー（1895年生），テオドーア・ハウバッハ
（1896年生），カルロ・ミーレンドルフ（1897年生）らヴァイマル期の若手社会民
主党員の意識と行動を検討し，彼らを「戦闘的社会主義者」と評している。
ベックによると，これら4人の若手社会民主党員は，ともに第一次世界大戦期
の前線体験を有しており，大戦後は党内右派に属しながら，マルクス主義から
の離陸とナショナルな要素の追求をはかった。彼らにとって，軍や警察機構は
唾棄すべき対象ではなく，むしろそれらを積極的に活用することで，共和国の
権力基盤を固めようとした[2]。

　しかしベック自身も認めているように，これら4人の中で第一次世界大戦後

---

1)　Harold J. Gordon, *The Reichswehr and the German Republic 1919-1926*, Princeton 1957, pp. 60,
　62.

2)　Dorothea Beck, Theodor Haubach, Julius Leber, Carlo Mierendorff, Kurt Schumacher. Zum
　Selbstverständnis der „Militanten Sozialisten" in der Weimarer Republik, in : *Archiv für Sozialge-*
　schichte 26 (1986), S. 87-123.

の義勇軍運動に参加し、軍人として活動したのはレーバーのみであり、さらにはレーバーが上記のような政治的立場を明確にしていくのは、1924年以降のことである。[3] では、第一次世界大戦後数年間のレーバーにとって、義勇軍運動とその経験はいかなる意味をもっていたのだろうか。本章ではこの点を、ベックも利用しているレーバーのエゴ・ドキュメントをもとに分析してみよう。

具体的な史料としては、コブレンツ連邦文書館に所蔵されるレーバーの手紙のほか、彼が編集を務めたリューベックのドイツ社会民主党（SPD）機関紙『リューベッカー・フォルクスボーテ』掲載の論説記事が主な分析対象となる。[4] ただ、手紙のほとんどはナチ時代に書かれたものであるため、ここでは補助的な形でのみ扱うにとどめ、メインの史料としては論説記事を用いたい。もちろん、機関紙に掲載の論説という性格上、そこでも主な内容は時事問題についてであり、レーバーが自らのことを語った部分はごくわずかである。だが、そこからは、社会民主党員ないし共和派としての「われわれ」意識を読み取ることができる。

また、ここであらかじめ注意しておきたいのは、レーバーの義勇軍経験が当事者としてのそれにとどまるものではなかったという点である。1920年初頭までに国軍に編入されたレーバーは、その後3月の反政府クーデタ・カップ一揆との対峙を経て、軍を去ることを余儀なくされた。つまりカップ一揆以前のレーバーの義勇軍経験が当事者としての経験なのに対し、それ以降は観察者としての経験となるのである。

以下ではこれらの点を踏まえながら、レーバーが第一次世界大戦を経て義勇軍に入隊し、その後共和派の政治家・アクティヴィストとなる軌跡について考察していこう。

---

3) Ebd., S. 89, 92, 94.

4) これらの史料の一部は、戦後西ドイツで2冊刊行されたレーバーの『手稿・演説・書簡集』〔Julius Leber, *Ein Mann geht seinen Weg. Schriften, Reden und Briefe*, hgg. von seinen Freunden, Berlin 1952 ; ders., *Schriften, Reden, Briefe*, hgg. von Dorothea Beck / Wilfried F. Schoeller, München 1976〕に収録されているが、特に手紙や論説記事に関しては、刊行に際して省略された部分が多々あり、それゆえ今回改めて原史料にあたる必要性が生じた。

第 3 章　共和国の防衛　135

1　社会主義青年から青年将校へ

1　エルザス出身の社会主義青年

　ユリウス・レーバーは1891年11月16日，ドイツ領エルザスの農村ビースハイムに生を受けた。両親は日雇労働を兼業する小農であり，レーバーの回想によれば，その生活環境は「プロレタリア的で，とにもかくにもまったく非ブルジョワ的」だったという[5]。また彼の家族は，言語文化的にみてかなりの程度親仏派であった。特に母方の祖父ジェローム・シューベッツァーは「フランス領アルザス」で生まれ育った筋金入りの親仏人士であり[6]，レーバーもその強い影響下にあったという[7]。

　ただ，祖父ジェロームのような親仏反独の「抗議派」は，19世紀末のエルザス社会において徐々に影響力を失いつつあった。代わって台頭したのは，ドイツ帝国下で教育を受けた「新しい世代」の人びとであり，彼らはドイツ帝国の枠内において，他のドイツ諸邦と同等の権利を獲得することを目指していた[8]。そしてこのような世代交代は，レーバーの生育環境をも大きく規定することとなる。つまりレーバーは，家庭で「抗議派」の祖父からの教えを受けながらも，地元の村落学校ではドイツの師範学校で教育を受けた「新しい世代」の教師のもとで学び，育てられたのであった[9]。そうした中，レーバーはしだいにドイツ本国での学業を志すようになる。

　1902年9月，レーバーはバーデン大公国の都市ブライザッハの大公立中等学

---

　5)　Brief von Julius Leber an Annedore Leber, Lübeck, 7.9.1933, in : BAK, N 1732/3, Bl. 19-22, abgedruckt in : Leber, *Mann*, S. 260-261 ; Leber, *Schriften*, S. 280-281.

　6)　1870年から1890年にかけての20年間，エルザスではドイツの文化・教育政策に対する抵抗と抗議が活発におこなわれたが [市村卓彦『アルザス文化史』人文書院，2002年，326-327頁]，レーバーの祖父もこの動きに与していた [Dorothea Beck, *Julius Leber. Sozialdemokrat zwischen Reform und Widerstand*, Berlin ²1994, S. 23]。

　7)　Brief von Julius Leber an Annedore Leber, Lübeck, 27.7.1933, in : BAK, N 1732/2, Bl. 144-148, abgedruckt in : Leber, *Schriften*, S. 266-269 ; Beck, *Leber*, S. 23.

　8)　市村『アルザス文化史』331-333頁；加来浩「ドイツ第二帝政期のエルザスの自治運動（2）」『弘前大学教育学部紀要』63号（1990年）1-3頁；中本真生子『アルザスと国民国家』晃洋書房，2008年，94頁。

　9)　次のような逸話が残っている。あるとき，レーバーは地元の村落学校で「宿敵フランス」について学び，帰宅後にそのことを祖父に話した。すると祖父は，「そんなもん，将軍や教師がでっち上げたペテンに過ぎん」と彼を叱責したという。Leber, *Mann*, S. 268.　世代交代によるエルザスのドイツ語教育の改善については，ウージェーヌ・フィリップス著（宇京頼三訳）『アルザスの言語戦争』白水社，1994年，108-109頁を参照。

校に入学し，そこで経済的困窮ゆえの苦学を強いられながらも，優秀な成績を
おさめた[10]。卒業後はブライザッハの壁紙工場で営業職の研修生として勤務した
のち，1910年の晩夏にフライブルクのロテック上級実科学校に進学した[11]。生活
は依然として厳しく，学費免除や奨学金，親戚からの援助を受けながら，新聞
記事を書くなどして生計を立てる日々であった[12]。

　レーバーが SPD（ドイツ社会民主党）に入党したのも，ちょうどこの頃だっ
た[13]。レーバーについての本格的伝記を著したベックは，彼の入党を「周囲の満
ち足りた市民性に対する，貧者のプロテスト」と評しており，また同時期の
SPD がエルザスの自治問題に積極的な姿勢をみせた点にも，入党の動機を求
めている[14]。ただしここでは，レーバーの入党時期がドイツ社会主義運動の体制
内化の画期とそのまま重なる点も踏まえておくべきだろう[15]。特にバーデンの
SPD は，20世紀に入ると体制容認の姿勢を強めていき[16]，1907年の帝国議会選
挙と1909年の邦議会選挙においては，他地域ではみられないほど異例の躍進を
果たしている[17]。こうした改良主義的潮流の高まりは，レーバーにも少なからず
の影響を与えたと考えられよう。

　レーバーはその後，1912年10月にエルザスのシュトラスブルク大学への進学
を果たした。しかしながら，1913/14年の冬学期には再びバーデンへと戻り，

---

10) レーバーの学友たちによると，彼は教科書や運動靴さえ満足に揃えることができない中，実家の農業を手伝
いながら学業を続けたという。だが，その成績は「6年間ずっと，向かうところ敵なしの首席」であった。
Beck, *Leber*, S. 24, 339, Anm. 11. レーバーの優等生ぶりは，当時の成績証明書からも明らかである。
Schlusszeugnisse Julius Lebers, in : BAK, N 1732/17.

11) BAK, N 1732/10.

12) Beck, *Leber*, S. 25.

13) Julius Leber, Mut!, *LV*, 29.5.1923.

14) Beck, *Leber*, S. 25. フィリッピィも同じく，SPD が普仏戦争時にエルザスの併合に反対し，その自治を
支持していた点にレーバーにおける入党の動機を見出している。Klaus Philippi, *Die Genese des „Krei-
sauer Kreises"*, Berlin 2013, S. 185-186.

15) 山本佐門『ドイツ社会民主党とカウツキー』北海道大学図書刊行会，1981年，200頁。

16) Peter Brandt / Reinhard Rürup, *Volksbewegung und demokratische Neuordnung in Baden
1918/19. Zur Vorgeschichte und Geschichte der Revolution*, hgg. von den Stadtarchiven Karls-
ruhe und Mannheim, Sigmaringen 1991, S. 50；山本『ドイツ社会民主党とカウツキー』136-146頁。

17) 垂水節子「ドイツ社会民主党と帝国主義時代の政治：1907年帝国議会選挙を中心に」『お茶の水史学』13号
(1970年) 66-67頁。バーデン邦議会選挙における SPD の獲得議席数は，1905年選挙の12議席（得票率
17.0%）から1909年選挙の20議席（得票率28.1%）へと増大した。Jutta Stehling, *Weimarer Koalition
und SPD in Baden. Ein Beitrag zur Geschichte der Partei- und Kulturpolitik in der Weimarer
Republik*, Frankfurt a.M. 1976, S. 58；Markus Schmidgall, *Die Revolution 1918/19 in Baden*, Karls-
ruhe 2012, S. 46-51.

第 3 章　共和国の防衛　137

同地のフライブルク大学に転入している。[18] そしてそれから約半年後の1914年夏，彼はそこで第一次世界大戦の始まりを迎えることとなる。

2　大戦への参加

「フライブルクにおける 8 月の体験」を検討したクリスティアン・ガイニッツの研究によると，1914年夏のフライブルクでは，フランスとの地理的近接性や軍の強い影響力を背景としながら，戦争への恐怖が集団パニックと同調圧力を経て，臨戦ムードへと変化していった。[19] これは地元の新聞各紙の報道によるところが大きく，そこではフランス軍による 8 月 2 日のエルザス侵攻が大々的かつセンセーショナルに報じられ，目下の戦争を「防衛戦争」として正当化する世論が生み出されていった。[20]

この点に関しては，SPD の機関紙とて例外ではなかった。確かに，バーデンの SPD 機関紙『フォルクスヴァハト［Volkswacht］』は，1914年 7 月末の時点で強固な反戦の論陣を張っていた。[21] しかしドイツ政府が 8 月 2 日にロシアへの宣戦布告をおこなうと，『フォルクスヴァハト』は反戦の態度を一変させ，ツァーリズム・ロシアに対する「防衛戦争」肯定の立場へと転じた。[22] そしてこのような地域レベルにおける体制順応の動きは，SPD 帝国議会議員団による 8 月 4 日の戦時公債承認という，全国レベルでの政治決定を後押しすることになる。

かくして「城内平和」の雰囲気が刻一刻と形作られていく中，レーバーが在籍するフライブルク大学においても，教員や学生の間で戦争志願の声が高まった。志願者の数は最終的に教員の約41％，学生の約86％にまで達し，その動機も祖国愛だけでなく，義務感や自己犠牲の精神，「男らしさ」の希求，そして

---

18)　専攻は一貫して国民経済学だった。BAK, N 1732/10, 17 ; Beck, *Leber*, S. 26.

19)　Christian Geinitz, *Kriegsfurcht und Kampfbereitschaft. Das Augusterlebenis in Freiburg. Ein Studie zum Kriegsbeginn 1914*, Essen 1998.

20)　Ebd., S. 103.

21)　Ebd., S. 86.

22)　そこでは，「ドイツ軍に勝利をもたらすためならば，社会民主主義はあらゆる手段も辞さない」という宣言とともに，「コサック族とその同盟者ども」に対し，ドイツの軍事的優位を証明すべしとの主張がなされたのであった。*Volkswacht*, 3.8.1914, zit. nach ebd., S. 124. SPD の反ロシア的性格については，Gerd Koenen, *Der Russland-Komplex. Die Deutschen und der Osten 1900-1945*, München 2005, S. 51-52 も参照。

理想主義など様々であった。[23] こうした中でレーバーもまた，戦争への参加を決意することとなる。[24] その際，彼が「フランスの侵攻に脅かされた」故郷エルザスの防衛を念頭においていたであろうことは，容易に想像できよう。

ただ，それと同時に注意すべきは，レーバーのようなエリート社会民主党員による志願が，この当時さほど珍しくなかった点である。[25] マルクス・シュミットガルも指摘するように，彼らは「祖国なき輩」という伝統的非難への反発から，自分が「ドイツの子」であることを証明すべく戦争に志願したのであり，その意味で彼らにとっての戦争は，「暴力的な対立というより，むしろ自らの信頼性を証明するチャンス」であった。[26] 社会主義者とエルザス人という二重のマイノリティ性を背負っていたレーバーの場合，こうした「ドイツの子」としての証明欲求もまた，故郷エルザスへの愛情とならんで，彼の戦争参加に際してひときわ強く作用していたと考えられよう。[27]

3　エルザス出身のドイツ軍将校として

いずれにせよ，ドイツ軍兵士となったレーバーは，1914年秋に西部戦線に赴き，エルザス = ロートリンゲンの防衛を担った。[28] だが，戦争の長期化と度重なる負傷は，彼の勤務地をもはや故郷周辺にとどめなかった。1914年冬からフランドルの塹壕に配属され，1915年3月22日に少尉となった彼は，7月の負傷によりヘントとアーヘンでの野戦病院生活を半年以上送らねばならなかったし，また退院後の1916年には東部戦線に転属となり，そこでさらに2ヵ月間の入院生活を余儀なくされた。そして1917年7月，再び西部戦線に立った彼を待ち受

---

23)　また兵役不適格とされた者も，銃後での戦時啓蒙活動に邁進した。Arndt Schreiber, In „unpolitischer" Harmonie. Freiburger Hochschullehrer im Ersten Weltkrieg, in : Marc Zirlewagen (Hg.), „Wir siegen oder fallen". Deutsche Studenten im Ersten Weltkrieg, Köln 2008, S. 45-74.

24)　レーバーの志願は1914年8月2日から3日にかけてとされる。Beck, Leber, S. 27.

25)　例えば1895年生まれでレーバーとほぼ同年代のクルト・シューマッハーは，開戦に際するギムナジウム卒業資格臨時試験［Notabitur］の開始を待たずして従軍を志願していたし，すでに軍役を終えていた1887年生まれのヴィルヘルム・カイゼンもまた，軍隊への服従心から前線へと赴いていた。Meik Woyke, Die „Generation Schumacher", in : Klaus Schönhoven / Bernd Braun (Hgg.), Generationen in der Arbeiterbewegung, München 2005, S. 87-105, ここでは S. 93.

26)　Schmidgall, Revolution, S. 56.

27)　「われら社会民主党員が戦争中に自らの義務を果たした場合，それは［中略］祖国を愛していたがゆえのことであった」というレーバーの回想からも，この点を窺い知ることができる。Julius Leber, Trotz des Eides !, 4.10.1921, in : ders., Mann, S. 141.

28)　Beck, Leber, S. 28.

けていたのは，フランス軍による毒ガス攻撃だった。[29]

　中でも注目すべきは，西部戦線から東部戦線への配置換えである。これはレーバーに限らず，西部戦線に勤務するエルザス＝ロートリンゲン出身兵のほとんど全員に課せられたものだった。つまりプロイセン陸軍省は，エルザス＝ロートリンゲン出身兵の脱走や投降が開戦当初から相次いだことを問題視し，その対策として，彼らの大部分を対フランス戦線から対ロシア戦線に移送することを決定したのである。[30]　その際，大きな役割を演じたのは，「生まれついての裏切り者」や「味方の中の敵」といった，ドイツ帝国内のアウトサイダーとしてのエルザス＝ロートリンゲン人イメージであった。[31]

　開戦とともに従軍を申し出たレーバーにとって，こうした自身の出自に関わる差別的待遇は，至極不本意なことだったに違いない。また彼の苛立ちと苦悩は，フランス軍の勝利を固く信じ，ドイツ支配への罵詈雑言を繰り返す祖父の存在を前に，よりいっそう深まっていった。[32]　しかしながら，彼はそうした苦境に立たされながらも，ドイツ軍将校としての職務を着実に遂行し，終戦までに第２級および第１級鉄十字勲章を受勲したのであった。[33]

　また，大戦中のレーバーは軍人として活躍するかたわら，社会民主党員としての活動もおこなっていた。とりわけ1917年秋にエルザス＝ロートリンゲンの帰趨が国際的な議論となった際には，[34]　コンラート・ヘーニシュら SPD 右派が提唱する併合肯定論に強い関心を示し，彼らへの接近を試みている。[35]　理論誌

---

29)　Briefe von Julius Leber an Annedore Leber, Lübeck, 11.4.1933, 18.8.1933, in : BAK, N 1732/2, Bl. 43-46, 182-185, abgedruckt in : Leber, *Schriften*, S. 249, 275-276 ; Brief von Julius Leber an Annedore Leber, Esterwegen, 15.6.1936, in : Beck, *Leber*, Dok. 139, S. 316.

30)　Benjamin Ziemann, *Gewalt im Ersten Weltkrieg. Töten - Überleben - Verweigern*, Essen 2013, S. 111.

31)　Christoph Jahr, *Gewöhnliche Soldaten. Desertion und Deserteure im deutschen und britischen Heer 1914-1918*, Göttingen 1998, S. 255.

32)　レーバーは半ば諦め気味に「じいちゃんも逮捕されるなら本望だろう」と周囲に漏らしたという。Brief von Julius Leber an Annedore Leber, 24.8.1933, in : BAK, N 1732/3, Bl. 188-191, abgedruckt in : Leber, *Schriften*, S. 276-277.

33)　Beck, *Leber*, S. 28.

34)　加来浩「エルザス・ロートリンゲンの住民投票問題」『弘前大学教育学部紀要』79号（1998年）3-6頁を参照。

35)　このグループについては，Robert Sigel, *Die Lensch-Cunow-Haenisch-Gruppe. Eine Studie zum rechten Flügel der SPD im Ersten Weltkrieg*, Berlin 1976；小林勝『ドイツ社会民主党の社会化論』御茶の水書房，2008年，173-174，192-216頁；鍋谷郁太郎「戦時社会主義と『初期現代文明』ドイツの出現：第一次世界大戦と近代の終焉」『史学雑誌』120編３号（2011年）66-93頁を参照。

『グロッケ [Die Glocke]』[36] を舞台に展開されたヘーニシュらの議論は，民族自決権をプチブル的イデオロギーとして批判する立場から，ドイツ帝国のエルザス = ロートリンゲン併合を正当化するものであった[37]。これに対し，レーバーは併合問題が「われわれエルザス = ロートリンゲン人にとっての死活問題」であることを確認しつつ，論説記事を『グロッケ』に投稿したいと申し出たのである[38]。

結局のところ，レーバーの記事が『グロッケ』に掲載されることはなかったものの，「同封の小論が『グロッケ』の枠にはまっていることを願うばかりです」[39] と彼が記しているところをみると，その内容がヘーニシュら SPD 右派の併合論とまっこうから対立するようなものでなく，むしろそれに適合的なものであったことを窺い知ることができる[40]。大戦中のレーバーは，自身の出自と境遇に関わる問題を突き詰めていく中で，最終的に SPD 右派へと接近したのであった。

2 ドイツ社会民主党員の義勇軍運動

1 東部国境守備義勇軍への入隊

ドイツの敗戦と1918年11月のドイツ革命は，レーバーにとっても大きな転機となった。なぜなら，故郷エルザスが革命のさなかにドイツの支配から脱し，約半世紀ぶりにフランスへと「復帰」したからである。ベックも指摘するように，これによりレーバーの故郷への帰還はほぼ不可能となり，学業再開の見通

---

36) 『グロッケ』は1915年9月1日にロシアの革命家アレクサンドル・パルヴスによって創刊された雑誌であり，ツァーリズムに対抗するための国際世論喚起をその目的としていた。しかし10月1日刊行の第3号から，パルヴスの盟友であるヘーニシュが編集を務めるようになると，その打倒の対象はロシア・ツァーリズムから「イギリスの世界支配」へと移り，記事の内容もレーニンいうところの「社会排外主義」的傾向を強めていった。Sigel, *Lensch*, S. 60-62；西川伸一「パルヴスと第一次世界大戦：1914-1916年のツァーリ帝国転覆計画」『明治大学大学院紀要 政治経済学篇』27集（1990年）94-96頁。

37) Sigel, *Lensch*, S. 144-146.

38) Brief von Julius Leber an Konrad Haenisch, 12.10.1917, in：BAB, N 2104/211, Bl. 2. 続く1917年10月20日付の手紙を見る限り，この申し出はヘーニシュによって一度承認されたようである。Brief von Julius Leber an Konrad Haenisch, 20.10.1917, in：BAB, N 2104/211, Bl. 3.

39) 同封の原稿も今日まで未発見のため，大戦中のレーバーがエルザス = ロートリンゲン併合問題についていかなる議論を展開したのかは明らかでない。Stefan Vogt, *Nationaler Sozialismus und Soziale Demokratie. Die sozialdemokratische Junge Rechte 1918-1945*, Bonn 2006, S. 49.

40) Brief von Julius Leber an Konrad Haenisch, 31.10.1917, in：BAB, N 2104/211, Bl. 4.

第 3 章　共和国の防衛　　141

しも立たなくなったものと考えられる[41)]。かくして文字どおりの故郷喪失者と
なったレーバーは，その後1918年末までに義勇軍に志願し，1919年を通じて西
プロイセンでの東部国境守備に従事することとなる[42)]。そこでは 1 日あたり 5 マ
ルクの給与が支払われていたし，そのほかにも十分な食事と衣服，そして武器
を手に入れることができた[43)]。

　ただし，レーバーが単に生活のための居場所を求め，国境守備の義勇軍に入
隊したと考えるのは早計であろう。幼少期からドイツ式の教育に慣れ親しみ，
第一次世界大戦勃発時には従軍を志願し，大戦中はエルザス人として不当な扱
いを受けながらも，ドイツ軍将校として東西両戦線を戦い抜いた彼が，純粋な
国防意識から義勇軍への入隊を決意したとしても，何ら不思議ではない。故郷
エルザスが異郷アルザスへと変貌し，文字どおりの故郷喪失者となった今，
レーバーのドイツへの執着は，ますます強まっていったものと考えられる。

　また，それと同時に注目すべきは，義勇軍が SPD と軍部との協働のもとで
結成された事実である。1918年11月10日，SPD を首班とする新政府を組織し
たフリードリヒ・エーベルトは，翌11日にかけて最高陸軍司令部（OHL）参謀
次長ヴィルヘルム・グレーナーと電報を交わし，ドイツに再び「安寧と秩序」
を取り戻すという点で一致した。ドイツでは以後，この政軍間の協力関係を基
軸としながら，崩壊状態に陥った旧軍部隊に代わる新たな軍事力の創生が模索
されることとなる[44)]。そしてこの過程で頭角を現したのが，新政府の軍事専門委
員グスタフ・ノスケと，対バルト地域全権使節アウグスト・ヴィニヒであっ

---

　41)　Beck, *Leber*, S. 31.
　42)　Brief von Julius Leber an Annedore Leber, Esterwegen, 15.6.1936. なおヴェッテとバルトは，レー
　　　バーが1919年を通じ中部ドイツの SPD 議員として活動したと主張しているが［Wolfram Wette, *Gustav
　　　Noske. Eine politische Biographie*, Düsseldorf 1987, S. 595；Boris Barth, *Dolchstoßlegenden
　　　und politische Desintegration. Das Trauma der deutschen Niederlage im ersten Weltkrieg
　　　1914-1933*, Düsseldorf 2003, S. 245]，これは旧ザクセン＝ヴァイマル＝アイゼナハ大公国出身の SPD 議
　　　員ヘルマン・レーバー（1860-1940）との混同によるものであり，まったくの事実誤認である。Georg Lud-
　　　wig Rudolf Maercker, *Vom Kaiserheer zur Reichswehr. Geschichte des Freiwilligen Landesjä-
　　　gerkorps. Ein Beitrag zur Geschichte der deutschen Revolution*, Leipzig 1921, S. 267；Sitzung
　　　des Parteiausschusses am 28. und 29. August 1919 in Berlin SW. 68, Lindenstr. 3, S. 18, in：*Pro-
　　　tokolle der Sitzungen des Parteiausschusses der SPD 1912 bis 1921*, hg. von Dieter Dowe, mit
　　　einer Einleitung von Friedhelm Boll sowie einem Personen- und Ortsregister von Horst-Peter
　　　Schulz, Bd. 2, Berlin/Bonn 1980, S. 676.
　43)　Walther K. Nehring, Der Grenzschutz Ost 1918/20 in Westpreußen und im Netze-Flußgebiet,
　　　in：*Westpreußen-Jahrbuch* 28 (1978), S. 130-144, ここでは S. 132.
　44)　本論第 1 章第 1 節を参照。

た。大戦前から『グロッケ』周辺の SPD 右派に属していた彼らは[45]，国内における革命運動の高揚と，東方におけるポーランド・ナショナリズムの台頭，ボルシェヴィズムによる「西漸」の可能性といった複合的な危機に直面する中で，これまで以上に祖国防衛の必要性を強く認識し，「信頼できる」部隊の編成に着手したのである[46]。

第一次世界大戦中のエルザス＝ロートリンゲン併合論を通じて SPD 右派に接近したレーバーが，大戦後においてもその国防政策に協力したことは，ある種自然な流れであった。実際，レーバーとともに東部国境守備に従事した戦友は次のように回想している。自分たちは選挙で選ばれた議会のみが国境確定を主導できるとの考えから，新生ドイツ共和国による東部国境守備に正当性を認めていたのだ，と[47]。この証言を信じるなら，エーベルト＝シャイデマン政府の軍事政策に通底する合法主義と，秩序回復を最優先事項とする姿勢は[48]，レーバーのような一介の社会民主党員にまで浸透していたとみるべきであろう。レーバーにとって，社会民主党員であることと義勇軍への入隊は，決して矛盾するものではなかったはずである。

2 ドイツ社会民主党の「秩序症候群」と反ボルシェヴィズム

ただし，このような SPD の「秩序症候群」（デートレフ・ポイカート）は[49]，ドイツ国内および東部国境地域における戦闘が本格化する中で，しばしば人種主義的かつファナティックな「敵の像」を生み出す土壌となった。われわれはその最たる例を，SPD 機関紙『フォアヴェルツ』の紙面にみて取ることができる。1919年1月，首都ベルリンではスパルタクス団により占拠された『フォアヴェルツ』編集局が，市街戦の末，義勇軍の手により「解放」された[50]。そして

---

45) Sigel, *Lensch*, S. 138 ; Wette, *Noske*, S.187-188 ; Wilhelm Ribhegge, *August Winnig. Eine historische Persönlichkeitsanalyse*, Bonn-Bad Godesberg, 1973, S. 100-102 ; Klaus Gietinger, *Der Konterrevolutionär. Waldemar Pabst - eine deutsche Karriere*, Hamburg 2009, S. 85-86.

46) ノスケとヴィニヒについては，それぞれ Wette, *Noske* と Ribhegge, *Winnig* を参照。

47) Beck, *Leber*, S. 31.

48) Rüdiger Bergien, *Die bellizistische Republik. Wehrkonsens und „Wehrhaftmachung" in Deutschland 1918-1933*, München 2012, S. 77.

49) デートレフ・ポイカート（小野清美／田村栄子／原田一美訳）『ワイマル共和国：古典的近代の危機』名古屋大学出版会，1993年，31頁。

50) この点については，本論第1章第2節第2項を参照。

第3章　共和国の防衛　　143

　その翌日の紙面には，シュテッティンの労働者評議会メンバー，ヘルマン・ヴィールケ（SPD）の手になる次の詩が掲載されたのであった。

　　私の出会った大衆は，盗賊まがいのゴロツキ屋／カールはメクラのヘズにして，奴らはヘズの信徒なり／笛吹き男の笛の音に，つられて踊るが奴らなり／笛は奴らをそそのかし，約束したはこの世のすべて。／そんな奴らが崇めるは，生き血にまみれた偶像か／そんな奴らがひれ伏すは，全人類への冒涜か／すなわちロシアのアジア人，そしてロシアのモンゴル人に／とどのつまりはブラウンシュタイン，ルクセンブルクとゾベルゾーンに。／さあ，そそのかされた皆の衆，改心するなら今のうち！／自由を求め唱えよう，奴らを殺すためにこそ。[51)]

　ここでは，スパルタクス団指導者であるカール・リープクネヒトが，兄弟殺しの罪人として有名な北欧神話の盲目神「ヘズ」に喩えられているほか，2人のロシア人革命家（ブラウンシュタインはレフ・トロツキーを，ゾベルゾーンはカール・ラデックをそれぞれ指す）が，ポーランド出身のスパルタクス団指導者ローザ・ルクセンブルクとともに「アジア人」や「モンゴル人」として表象されている。最後の一文からは，自由を踏みにじり秩序を揺るがす「アジア的野蛮」への憎悪と殺意をはっきりと読み取ることができよう。
　この詩にみられるように，ドイツ革命期における SPD のボルシェヴィズム像は，第一次世界大戦以前から存在する「専制的ロシア」への侮蔑意識と，ロシア十月革命への失望，そしてカオスに対する恐怖感がないまぜになったものだった。[52)] そして，こうした後進性や無秩序とイコールで結ばれたボルシェヴィズム像は，その後も SPD による志願兵募集の呼びかけにおいて表出すること

---

51) Hermann Wilke, In der Nacht zum 7. Januar, in : *Vorwärts*, Nr. 34, 12.1.1919, zit. nach : *Die Deutsche Revolution 1918/19. Quellen und Dokumente*, hg. von Jörg Berlin, Köln 1979, Nr. 228, S. 313. また邦訳にあたっては，Kathrin Hoffmann-Curtius, Terror in Germany 1918/19. Visual Commentaries on Rosa Luxemburg's Assassination, in : Sarah Colvin / Helen Watanabe-O'Kelly (eds.), *Women and Death*, Vol. 2 : *Warlike Women in the German Literary and Cultural Imagination since 1500*, London 2009, pp. 127-166 における英訳［p. 145］を参照した。

52) Jürgen Zarusky, Vom Zarismus zum Bolschewismus. Die deutsche Sozialdemokratie und der „asiatische Despotismus", in : Gerd Koenen / Lew Kopelew (Hgg.), *Deutschland und die Russische Revolution 1917-1924*, München 1998, S. 99-133.

となる。例えば、『フォアヴェルツ』編集者であり、第一次世界大戦中から SPD 右派の一角を担っていたエーリヒ・クットナーは[53]、共和派の義勇軍「ライヒスターク連隊［Regiment Reichstag］」の志願兵を徴募する際[54]、スパルタクス団を「見境なきテロル」に及ぶ「極悪非道の犯罪者ども」と呼び、ロシアにおいて「飢餓」と「甚大なる損害」をもたらした「ボルシェヴィズム」と同一視した[55]。また1919年１月にプロイセン文部大臣に就任したヘーニシュにしても、同年３月に「兵役に耐えうる青年男子たち」に向けて、次のような扇動的呼びかけをおこなっている。「ドイツの国防力は今日粉々に打ち砕かれ、ボルシェヴィズムの波が東方の防壁を打ち破ろうと襲いかかってきている。国内においては無秩序と内戦のヒュドラが頭をもたげている。ドイツ青年よ、君の祖国を救え！」[56]

---

53) Dietrich Orlow, *Weimar Prussia 1918-1925. The Unlikely Rock of Democracy*, Pittsburgh 1986, p. 35.

54) ライヒスターク連隊結成の経緯は次のとおりである。1919年１月６日、スパルタクス団を中心とする左翼急進派の蜂起に対し、何千人という労働者たちが首相官邸前に集まり、共和国支持のデモ行進を繰り広げた。彼らはその後、クットナーと雑誌『国際通信［Internationale Korrespondenz］』編集者アルベルト・バウマイスターの協力のもと、「社会民主党義勇救助奉仕団［Freiwilliger Helferdienst der sozialdemokratischen Partei Deutschlands］」へと組織化され、８日以降はライヒスターク連隊として蜂起の鎮圧に参加した。さらに19日になると、ライヒスターク連隊は共和派のフランツ・リーベ予備役伍長率いるリーベ連隊とともに「共和国守備隊［Republikanische Schutztruppe］」へと統合された。その規模はおよそ2,750人であり、メンバーの大半は SPD ないし労働組合に所属していた。*Der Zentralrat der deutschen sozialistischen Republik 19.12.1918-8.4.1919. Vom ersten zum zweiten Rätekongress*, bearb. von Eberhard Kolb, unter Mitw. von Reinhard Rürup, Leiden 1968, Dok. 48, S. 357-358, Anm. 29; *RdV*, T. 2, Dok. 114, S. 287, Anm. 10; Heinz Oeckel, *Die revolutionäre Volkswehr 1918/19. Die deutsche Arbeiterklasse im Kampf um die revolutionäre Volkswehr (November 1918 bis Mai 1919)*, Berlin (Ost) 1968, S. 71-72; Heinrich August Winkler, *Von der Revolution zur Stabilisierung. Arbeiter und Arbeiterbewegung in der Weimarer Republik 1918 bis 1924*, Berlin 1984, S. 123; Gordon, *Reichswehr*, pp. 20-21; Hagen Schulze, *Freikorps und Republik 1918-1920*, Boppard a.Rh. 1969, S. 19; Ulrich Kluge, *Soldatenräte und Revolution. Studien zur Militärpolitik in Deutschland 1918/19*, Göttingen 1975, S. 334; Wette, *Noske*, S. 325-328; Barth, *Dolchstoßlegenden*, S. 247; Gietinger, *Konterrevolutionär*, S. 110.

なお、ヴェッテはアルベルト・バウマイスターを「アルトゥール・バウマイスター」と表記しているが［Wette, *Noske*, S. 325-326, 328, 390, 851］、これはメルカーの回想録ならびにナチ時代の陸軍戦史研究所の叙述にもとづく誤記と考えられる［Maercker, *Kaiserheer*, S. 36; *Darstellungen aus den Nachkriegskämpfen deutscher Truppen und Freikorps*, Bd. 6: *Die Wirren in der Reichshauptstadt und im nördlichen Deutschland 1918-1920*, im Auftr. des Oberkommandos des Heeres bearb. und hgg. von der Kriegsgeschichtlichen Forschungsanstalt des Heeres, Berlin 1940, S. 55-56］。

55) Freiwilliger Helferdienst der sozialdemokratischen Partei Deutschlands, An die Bevölkerung Gross-Berlins!, Berlin, 14.1.1919, in: DHM, GOS-Nr. D2005020.

56) Aufruf an die akademische Jugend Preußens, 13.3.1919, in: GStA PK, I HA, Rep. 76 Sekt. 1 Tit. 1 Nr. 1 Bd. IV, Bl. 156, abgedruckt, in: Angela Klopsch, *Die Geschichte der juristischen Fakultät der Friedrich-Wilhelms-Universität zu Berlin im Umbruch von Weimar*, Berlin 2009, S. 202.

第 3 章　共和国の防衛　　145

　レーバーがはたして，このような危機意識をクットナーやヘーニシュらと共
有していたのかは定かでない。ただ，少なくとも確かなのは，そこで生み出さ
れたボルシェヴィズム像がドイツ革命期における義勇軍運動全体を後押しし，
レーバーを含めたその参加者らに「祖国の防衛」という課題を強く意識させた
ことであろう[57]。そして何より重要なのは，こうした SPD におけるファナ
ティックな反ボルシェヴィズムの姿勢が，1919年初頭の段階において，帝政派
や，共和国を必ずしも支持していない勢力との最大公約数的な一致点として浮
上し，広範な政治勢力の共闘を可能ならしめた点である[58]。

　このことは裏を返せば，帝政が崩壊し共和政へと移行する過程において，共
和国への諸勢力の統合がきわめて不徹底に終わったことの証左でもある。そし
てその歪みは，バイエルン・レーテ共和国の打倒とバルト地域における赤軍へ
の勝利が達成されると同時に，ヴェルサイユ条約の内容がドイツに通告された
1919年 5 月以降，義勇軍運動の内部に大きな亀裂を生み出していくのである[59]。

3　ドイツ東方における反共和国の胎動

　レーバーの参加した東部国境地域の義勇軍運動では，すでに早い段階から反
共和国の動きがみられた。それは1919年 2 月中旬，連合国の圧力に屈したドイ
ツ政府がポーランドへの攻撃中止を命じた際に芽生え，さらには 6 月の「東方
国家構想」挫折を経て先鋭化した[60]。とりわけ，独立国化した東部諸県を拠点に

---

57)　Hoffmann-Curtius, Terror ; Robert Gerwarth, Fighting the Red beast.　Counter-Revolutionary
　　Violence in the Defeated States of Central Europe, in : Robert Gerwarth / John Horne (eds.),
　　War in Peace. Paramilitary Violence in Europe After the Great War, Oxford 2012, pp. 52-71 ; 星乃
　　治彦「民衆の目にうつった社会主義：ポスターにみる社会主義イメージの変遷」石川捷治／星乃治彦／木村朗
　　／木永勝也／平井一臣／松井康治『時代のなかの社会主義』法律文化社，1992年，1-62頁，ここでは25-26頁
　　を参照。
58)　例えば義勇国土猟兵団の指導者メルカー少将は，自他ともに認める君主主義者であったが，にもかかわら
　　ず，「祖国の繁栄のために共和国を利用する」との観点から，SPD の国防大臣ノスケとも良好な関係を結ん
　　でいた。Maercker, *Kaiserheer*, S. 382.
59)　例えば1918年12月，フランツ・ゼルテ退役大尉によりマグデブルクで結成され，1919年 4 月にメルカーが指
　　揮する治安維持活動に協力した退役軍人団体「鉄兜団・前線兵士同盟［Stahlhelm, Bund der Frontsolda-
　　ten］」は，結成の時点では共和国への支持を表明していたものの，ドイツ政府がヴェルサイユ条約に調印して
　　以降は反共和国の立場へと転じた。Volker R. Berghahn, *Der Stahlhelm, Bund der Frontsoldaten 1918
　　-1935*, Düsseldorf 1966, S. 13-20 ; Benjamin Ziemann, *Contested Commemorations. Republican
　　War Veterans and Weimar Political Culture*, Cambridge 2013, p. 275 ; 原田昌博「1920年代後半における
　　鉄兜団の政治的急進化と『労働者問題』」『鳴門教育大学研究紀要』27巻（2012年）246-260頁，ここでは247頁。
60)　本論第 1 章第 3 節第 1 項・第 2 項を参照。

146

協商国とポーランドへの抵抗を継続するという「東方国家」の夢が，ドイツ政府と OHL の反対により潰えたことは，東部国境守備に従事する多くの義勇軍戦士たちによって，ポーランドへの攻撃中止命令に続く，許しがたい「2度目の裏切り」として解釈されたのである。[61]

「東方国家構想」とその挫折に対し，レーバーがいかなる態度をとったのかは判然としない。確かに構想の立ち上げに際しては，ヴィニヒのような SPD 右派の政治家が大きなイニシアティヴを発揮していた。だが，たとえ同じ社会民主党員の発案によるものとはいえ，エルザスで生まれバーデンで学識を積んだレーバーが，ドイツ西方の犠牲のうえに「東方国家」を打ち立てる分離主義構想を積極的に支持したとは考えにくい。むしろ彼の立場は，「国の一体性の維持」という観点から「東方国家」建設に反対した OHL 参謀次長グレーナーのそれに近いものだったのではないだろうか。[62] いずれにしても，レーバーは1919年6月以降も義勇軍に留まり，引き続き東部国境守備に従事することとなる。

ただ，東部国境地域で産声をあげた反共和国の動きは，もはや留まるところを知らなかった。ここでは，そうした動きを体現する人物のひとりであり，のちに義勇軍戦士の政治的結集を目指すこととなるゲルハルト・ロスバッハにスポットライトをあててみよう。

1919年夏，西プロイセンのクルムゼーで国境守備に従事していたロスバッハ少尉は，自身が率いた「ロスバッハ義勇突撃隊 [Freiwillige Sturmabteilung Roßbach]」の闘争録を刊行した。その記述と収録された部隊史料によると，1918年11月22日にグラウデンツの兵士評議会の同意のもとに組織されたこの部隊は，[63]「政府のために戦い，国民議会の議決に正当なる力を与える」ことを表向きの目標に掲げ，[64] 1919年3月には暫定国軍への編入も決定されていた。[65] だが，6月28日にヴェルサイユ条約が調印され「東方国家構想」が水泡に帰した

---

61) Karl Stephan, *Der Todeskampf der Ostmark. Geschichte eines Grenzschutzbataillons 1918/19*, Schneidemühl, ²1919, S. 141-143.

62) 本論第1章第3節第2項を参照。

63) Gerhard Roßbach, *Sturmabteilung Roßbach als Grenzschutz in Westpreußen*, Kolberg 1919, S. 7-11.

64) Zum Schutze der Ostgrenze, Grutta, Kreis Graudenz, 29.3.1919, in : ebd., S. 98.

65) Kameraden der alten 3. M.G.K!, Grutta, Kreis Graudenz, 12.3.1919, in : ebd., S. 101.

とき，この26歳の青年将校は，「オストマルク政策の無残たる帰結」への「激しい怒りと，決して消えることのない憎しみ」をもはや隠すことができなかった。なぜなら彼とその部隊は，講和条約を批判しつつも，結局はその調印へと踏み切った元首相シャイデマンのような「お偉方連中」に「騙された」のであり，その結果「東部諸県は，まるでユダヤ人が擦り切れた衣服を売りに出すかのように，率先して売り払われてしまった」からである。[66]

　その夏，ロスバッハはバルト地域のリバウへと飛び，同地で義勇軍を統率するゴルツ少将から直々に援軍を要請された。ロスバッハ義勇突撃隊はすでに「第37猟兵大隊」として国軍に編入されていたものの，指揮官ロスバッハはそのメンバーらとともに1919年10月18日にクルムゼーの兵営を出発し，11月頭にクールラントに到着した。そこで彼らはロシア白軍へと合流し，先行の義勇軍部隊とともにラトヴィアへの干渉戦争を展開することとなる。[67] かくして東部国境地域で育まれた共和国への怒りと憎しみは，単なる募兵用の宣伝文句に留まらない，赤軍との交戦経験に裏打ちされた「反ボルシェヴィキの魂」との邂逅を果たすこととなる。[68] そして両者の結合は，1920年3月中旬に反政府クーデタ・カップ一揆という形で顕在化し，結果的にレーバーの人生をも大きく翻弄していくのである。[69]

3　ポンメルンにおけるカップ一揆との対峙

1　反共和派義勇軍の結集

　1920年3月13日，首都ベルリンでは反政府クーデタ・カップ一揆が勃発し，極右政治家のヴォルフガング・カップを首相とする「新政府」の樹立が宣言さ

---

66)　Ebd., S. 91-92.

67)　Die getarnte Reichswehr. Roßbach erzählt seine Erinnerungen, in : *Deutsche Illustrierte*, Berlin, 5.6.1928, in : GStA PK, XII. HA, Abt. II, Nr. 42 ; Schulze, *Freikorps*, S. 190 ; Bernhard Sauer, Gerhard Roßbach - Hitlers Vertreter für Berlin. Zur Frühgeschichte des Rechtsradikalismus in der Weimarer Republik, in : *ZfG* 50 (2002), H. 1, S. 5-21, ここでは S. 7. なお，ロスバッハはこの非合法の行動によりルーデンドルフの歓心を買うことに成功したとされる。Michael Kellogg, *The Russian Roots of Nazism. White Émigrés and the Making of National Socialism 1917-1945*, Cambridge 2005, p. 99.

68)　*Ibid.*, p. 175.

69)　本論第2章第5節第2項を参照。

148

れた。その綱領では，「権威なき，無力な，そして退廃と分かちがたく結びついた政府に，災禍を鎮める力はない」との共和国批判と同時に，「好戦的なボルシェヴィズムによる荒廃と陵辱が，東方よりわれわれのもとに迫っている」との状況認識と危機感にもとづく形で，一揆と「新政府」の正当性が強調された。1919年を通じ，共和国が自身の存立基盤を固めるべく利用してきた反ボルシェヴィズムは，ここにおいて，逆に共和国を排撃する方向へと水路づけられたのである。

カップ一揆勃発時，レーバーはヒンターポンメルンの小都市ベルガルト近郊の防衛にあたっていた。彼が指揮する義勇軍は，すでに国軍へと編入されていたものの，それとは別に，同時期のポンメルンには国軍に編入されなかった義勇軍戦士たちの姿もみられた。その中核をなしたのが，バルト地域での闘争に参加した義勇軍戦士，通称バルティクマーである。彼らの多くは，ドイツ東方に対する領土的野心から義勇軍運動に参加しており，自分たちが死闘の末ボルシェヴィキに勝利したにもかかわらず，バルトの地を獲得できなかったという経験から，共和国に対する並々ならぬ憎悪を抱いていた。そして1919年末までにドイツ本国へと帰還した彼らは，ミュンスターやシュターデを拠点に互助組織を結成し，東方への再進出の機会をねらっていたのである。

バルティクマーらを再び東方へと引き寄せたのは，その武力を反政府クーデタに利用しようと目論む右翼結社・国民協会のほか，「ボルシェヴィズム」への危機感を募らせるポンメルンのドイツ国家国民党（DNVP）ならびに農村同盟であった。バルティクマーらはそこにおいて，現地の貴族層や地主層，そして国軍第2旅団からの支援を受けながら，義勇軍戦士の再雇用のために結成された協働団を隠れ蓑に，来たるクーデタの日に向けてその武力を温存させてい

---

70) 同上。

71) „Regierungsprogramm" Kapps, Berlin, 13.3.1920, in : *KLLP*, Dok. 94, S. 142-143.

72) *Darstellungen*, Bd. 6, S. 158-159 ; Beck, *Leber*, S. 31.

73) バルティクマーとその義勇軍経験については，本論第2章第4節を参照。

74) 例えばミュンスターには，1919年12月にバルト地域での闘争が終結したのち，約80名の義勇軍戦士が帰還した。Gerd Krüger, „*Treudeutsch allewege!" Gruppen, Vereine und Verbände der Rechten in Münster* (*1887-1929/30*), Münster 1992, S. 126-128.

75) Josef Bischoff, *Die letzte Front. Geschichte der Eisernen Division im Baltikum 1919*, Berlin 1935, S. 245 ; Schulze, Hagen Schulze, Der Oststaats-Plan 1919, in : *VfZ* 18 (1970), S. 123-163, ここでは S. 136 ; Martin Schaubs, *Märzstürme in Pommern. Der Kapp-Putsch in Preußens Provinz Pommern*, Marburg 2008, S. 25-31. またこの点については，本論第2章第5節第2項も参照。

第3章　共和国の防衛　　149

た。さらに一揆の4日前である1920年3月9日には，グライフスヴァルトで君主主義者によるホーエンツォレルン祭が開催され，来賓として出席したバルティクマーの元締めリュディガー・フォン・デア・ゴルツ少将により，一揆を示唆する内容を含む演説がおこなわれたのであった。[77]

2　ポンメルンのカップ一揆

　このような背景のもと，ポンメルンでは当初からカップ派が優勢であった。例えばカップ「新政府」宣言の翌日である1920年3月14日，ブルジョワ保守政党であるドイツ人民党（DVP）と DNVP はカップ政府への支持を表明し，続いてポンメルン農村同盟が一揆主義者への食糧援助を開始した。また現地のカップ派国軍将校らは，ベルリンへの増援部隊の移送を決定するとともに，各都市を武力で制圧し，抵抗する者に容赦のない制裁を加えた。[78]こうした国軍部隊による一揆への加担は，軍務局長官ゼークトの「政治的中立」路線のもと，事実上の黙認状態にあった。

　レーバーが勤務していたベルガルト近郊の小村ウッソウにおいても，1920年3月14日の将校会議に参加した15名の国軍将校のうち，一揆への反対を表明したのはレーバーとその他2名の少尉のみだった。そしてこの状況に危機感を抱いたレーバーは，将校会議終了後にベルガルト市内へと赴き，現地の SPD 幹部らと善後策を協議した。[79]が，SPD 幹部らはその後，レーバーがウッソウへと戻っている間，カップ派の国軍部隊により拘束されてしまう。翌15日，レーバーはベルガルトの国軍を指揮するカップ派将校バンケ少佐と会談し，同志の解放を求めた。だが，その交渉はカップ派の軍事的優位を背景とするバンケの高圧的態度を前に，決裂に終わった。[80]

---

76)　Bernhard R. Kroener, *Generaloberst Friedrich Fromm. Der starke Mann im Heimatkriegsgebiet - eine Biographie*, Paderborn 2005, S. 138-139 ; Schaubs, *Märzstürme*, S. 43-46. なお，協働団では食料と住居が無償で提供されたほか，地主層から最高で6マルクの日当が支払われた。

77)　ゴルツはここで聴衆に対し「プロイセンは軍事国家となるか，さもなくば死か」と訴えた。*Der Vorpommer. Organ für die arbeitende Bevölkerung des Regierungsbezirks Stralsund*, 10.3.1920, zit. nach : Schaubs, *Märzstürme*, S. 57.

78)　Ebd., S. 60-64.

79)　レーバーがヴァイマル期を通じて使用していた党員手帳には，ベルガルト選挙区の SPD 組織の認め印が押されている。ここからは，彼が国境守備に従事する中で現地の SPD 幹部と親交を結んだ事実を窺い知ることができる。SPD-Mitgliedsbuch für Julius Leber, in : BAK, N 1732/10.

80)　Julius Leber, Reichswehr gegen Reichswehr. Eine blutige Auseinandersetzung in den↗

ただし全国的にみると，カップ派と反カップ派との形勢は逆転しつつあった。1920年3月17日，シュトゥットガルトに亡命中のバウアー政府が労働者に向けてゼネストを呼びかけると，ベルリンのカップ政府はストの圧力を前にあえなく瓦解し，一揆はわずか数日のうちに終結した。そして急進化した労働者はその後もストを継続し，国防大臣ノスケの罷免を含む種々の要求をバウアー政府に突きつけることになる。特に西部のルール地方では，炭鉱労働者を中心とする「ルール赤軍［Rote Ruhrarmee］」が結成され，リヒトシュラーク義勇軍をはじめとする現地の義勇軍部隊と激しい市街戦を繰り広げた。[81]

反カップ派による巻き返しの動きは，東部にも波及した。ポンメルンの各都市でも，1920年3月18日までにSPDとドイツ独立社会民主党（USPD），そしてドイツ共産党（KPD）の労働者が協力し，カップ派将校の軍事独裁に対する超党派の抵抗運動を開始した。[82]こうした中でレーバーもまた，ベルガルトの郡長［Landrat］からの要請にもとづき，共和政体の防衛に乗り出すことになる。具体的には，郡庁舎と市庁舎を占拠することで，市内の権力をカップ派から奪還しようと試みたのだった。[83]この市内の権力をめぐる「3月18日のベルガルトの出来事」は，カップ派国軍将校による事実歪曲を見越したレーバーの手により，翌19日に詳細な報告書としてまとめられている。[84]以下ではこの報告書をもとに，当日の様子とレーバーの行動を再現してみよう。

レーバーが所属する30名規模の第37重砲兵連隊第3砲兵中隊は，「周辺のほぼすべてのグループと異なり，一揆に同調しなかった」。むしろ彼らは「合法的な政府を支援すべく」，武装したコミュニスト系の労働者からなる「労働者軍［Arbeiterwehr］」と連携し，一揆の進展を防ごうとした。これに対して「軍当局は砲兵中隊の武装解除を画策し」，また砲兵中隊内部においても，中隊長だけが「唯一，反革命に同調し」，レーバーら配下の将校たちを拘束しよう

  Kapptagen, in : *LV*, 15.3.1930 ; Beck, *Leber*, S. 31-32.

81) この点については例えば，Georg Eliasberg, *Der Ruhrkrieg von 1920*, Bonn 1974 ; 野村正實『ドイツ労資関係史論：ルール炭鉱業における国家・資本家・労働者』御茶の水書房，1980年，第6章を参照。

82) Schaubs, *Märzstürme*, S. 97-103.

83) *Darstellungen*, Bd. 6, S. 159.

84) Julius Leber, Bericht über den Kapp-Putsch, Zadtkow, 19.3.1920, in : BAK, N 1732/5, Bl. 23-27, abgedruckt in : Leber, *Schriften*, S. 14-15. レーバーはその冒頭で「手短ではあるが正確な叙述につとめたい」としている。

とした。だが，そうした動きは隊員からの「激しい抵抗」にあい，結果として
カップ派の中隊長は「一時的にその地位を剥奪されることとなった[85]」。

　そしてこの穴を埋める形で砲兵中隊の指揮を引き継いだのが，ほかでもない
レーバーであった。これは隊員たちの強い希望により実現したものとされる。
またそれと並行して，レーバーは労働者軍の指導者らとも話し合い，砲兵中隊
の指揮と同時に「労働者軍の指揮も引き継ぐことを決心した」。それはまず
もって「安寧を回復する」ためであったが，それと同時に，労働者層が急進化
し，カップ派への「報復行為」に及ぶことを，「可能な限り防ぐためでもあっ
た[86]」。こうしてみるとレーバーの関心は，あくまで内戦の回避にあったといえ
るだろう。

3　カップ一揆との対峙と軍からの離脱

　かくして第3砲兵中隊と労働者軍の指揮を同時に引き継いだレーバーは，対
話による事態の解決をはかるべく，カップ派将校バンケ少佐の自宅を再び訪れ
た。だが，「残念ながらそれは無駄足に終わった」。なぜならレーバーがバンケ
少佐と会談している間，ベルガルト市内ではカップ派の国軍部隊による労働者
軍の鎮圧が始まってしまったからである。このとき市内に残っていたレーバー
の特攻隊は，カップ派部隊の装甲車が郡庁舎への砲撃を開始したのを機に，労
働者軍との共闘へと踏み切った。そして激戦の末，「装甲車にとどめを刺す」
ことに成功したのであった[87]。

　SPD，USPD，そして KPD 系の労働者たちが反カップのための共同戦線を
張る中で，社会民主党員たるレーバーとその部隊が，労働者軍とともにカップ
派国軍部隊と対峙したことは，ある種自然な流れであったといえよう。実際，
レーバーは報告書の中で，バンケ少佐を明確に「反革命」と呼び，彼の傍若無
人な振る舞いが「まったく無意味な流血」をもたらしたことを痛烈に批判して
いる[88]。SPD の同志の解放と内戦回避を目指し奔走したレーバーにとって，バ
ンケ少佐の一連の行為は決して許すことのできないものだった。

---

85)　Ebd.
86)　Ebd.
87)　Ebd.
88)　Ebd.

152

かくして反カップ派が巻き返しをみせる中，カップ派将校バンケ少佐は，レーバーの特攻隊を「スパルタキスト」扱いすることで，各方面からの支援を得ようと試みた。対するレーバーは，この動きを警戒しながらも，「スパルタキスト」扱いされたことについて「もし結果がそれほど悲劇的なものでなかったとしたら，いい笑い話だったろう」と記している。「なぜなら，わが特攻隊の主たる構成員は，ポーランド国境での警備活動に従事してきた，最も優秀な部隊の下士官だったからである[89]」。

ここからわかるのは，カップ一揆という現実に直面したレーバーの中で，大戦前からの SPD 経験とともに，大戦後における東部国境守備の経験もまた，強く作用していたということである。そしてその経験はレーバーにおいて，「反革命」でも「スパルタキスト」でもない，「最も優秀な部隊」を率いた将校としての矜持を芽生えさせたのであった。ポンメルンに駐屯する国軍部隊のほとんどが，軍隊的な規律の重視と将校への忠誠からカップ一揆に賛同する中[90]，レーバーはむしろ，将校としての自意識を深めながら，カップ一揆を「反革命」として拒絶したのである。

だが，事態はそうしたレーバーの矜持を踏みにじる方向へと推移していった。バンケ少佐は銃撃戦の最中，自分が依然として「政府」に仕える身であることを強調しながら，レーバーの特攻隊と労働者軍に武器の放棄を求めた。そしてそれに応じねば，郡庁舎と市庁舎を焼き払うと脅したのである。市内の平和を再優先に考えたレーバーは，労働者軍を武装解除し，配下の砲兵中隊の撤退を決意した。彼はその後，カップ派将校たちから「スパルタキスト」として拘束され，グラメンツの取水塔でカップ派義勇軍の監視下におかれたのち，3日後にようやく釈放されたのであった[91]。

カップ一揆とそれに続く混乱が収束したのち，国軍は一連の事件に関わった将校らの処分を遂行した。その過程では，レーバーと敵対したバンケ少佐が解任されたのみならず[92]，レーバー自身もまた，軍隊的服従の原則を無視し独断で

---

89) Ebd.

90) Schaubs, *Märzstürme*, S. 62.

91) Julius Leber, Reichswehr gegen Reichswehr, in : *LV*, 15.3.1930.

92) Julius Leber, Es geht los!, in : *LV*, 21.10.1921 ; Emil Julius Gumbel, *Verschwörer. Zur Geschichte und Soziologie der deutschen nationalistischen Geheimbünde 1918-1924*, Frankfurt a. M. ³1984, S. 62.

第3章　共和国の防衛　153

行動したとの咎めを受けねばならなかった。[93] これは1920年3月末に陸軍司令部長官に就任したゼークトのもと，国軍からの共和派軍人排除が試みられたことと無関係ではないだろう。[94]

　軍人としての名誉を傷つけられたことに対する国軍への失望からか，それとも実際に除隊を言い渡された結果なのかは定かでないものの，レーバーはその後，軍から離れてフライブルク大学に復学し，1920年12月3日に法学博士号を取得した。学位論文のタイトルは『資本主義における貨幣の経済的機能』だった。[95] そして1921年からリューベックに生活の拠点を移した彼は，そこで SPD 機関紙『リューベッカー・フォルクスボーテ』の編集委員に就任すると同時に，市議会議員にも選出されることとなる。[96] レーバーにおける反共和国勢力との主戦場は，こうして言論と議会政治の場へと移っていくのである。

4　「ドイツの救済」から「共和国の防衛」へ

1　「ドイツの救済」への期待と失望

　ヴァイマル期の共和派における戦争経験を検討したベンヤミン・ツィーマンの研究によると，ドイツの共和派退役軍人，とりわけ進歩的民主主義者と穏健派社会主義者たちは，ヴェルサイユ条約を右翼のように「恥辱の条約」として拒否するのではなく，第一次世界大戦中にドイツ帝国が遂行した膨張主義政策，そして被占領地の一般市民や労働者階級に対する暴虐への償いとして受け入れたという。[97] だが，1921年春に『リューベッカー・フォルクスボーテ』の編

---

93)　Beck, *Leber*, S. 33-34. カップ一揆から1年半以上経った1921年10月には，レーバーがカップ一揆への参加を部下に促し，共和派の部隊と衝突したという事実無根の中傷が展開された。当然ながら，彼はこれに反論している。Julius Leber, Bemerkung. In eigner Sache!, in : *LV*, 15.10.1921. またナチ時代に編纂された義勇軍の「戦後闘争」に関する戦史においても，「レーバー少尉は暴徒と手を結んだ」と記されている。*Darstellungen*, Bd. 6, S. 159.

94)　そこでは，「積極的な一揆参加者のみならず，憲法を遵守して叛乱に与せず上官に反抗した者もまた同様に処分された」。室潔『ドイツ軍部の政治史 1914～1933』増補版，早稲田大学出版部，2007年，77頁。

95)　Julius Leber, *Die ökonomische Funktion des Geldes im Kapitalismus*, Freiburg 1920, in : BAK, N 1732/6.

96)　党員手帳によると，レーバーはすでにカップ一揆以前の1920年3月1日段階でリューベック社会主義協会に入会している。SPD-Mitgliedsbuch für Julius Leber, in : BAK, N 1732/10. レーバーのリューベックへの移住も，このことと無関係ではないだろう。

97)　Ziemann, *Commemorations*, p. 275.

集者として働き始めたレーバーにとって，ヴェルサイユ条約は「ドイツに重く
のしかかった暴力的外圧」であり，「苦痛と恥辱の政治」をもたらす元凶で
あった。ヴェルサイユ体制打破まで唱えることはなかったものの，レーバーは
基本的に，共和派退役軍人の中でも強硬派に属していたといえよう。

　また，こうしたレーバーの懸念は，「外圧」のみならず「国内の騒乱」にも向
けられた。カップ一揆から約1年が経ったこの当時，共和国に対する暴力的憎悪
は収束の兆しをみせることなく，依然としてくすぶり続けていた。特にバイエル
ンでは，1920年3月16日の無血クーデタによって保守派の BVP 政権が成立し，
これを機に保守的・右翼急進的な反共和国勢力の拠点が形成されることとなる。
その担い手となったのは，カップ一揆の主力部隊であったエーアハルト海軍旅団
の後継地下組織であるコンスル機関（OC）や，住民軍「エシェリヒ機関［Or-
ganisation Escherich］」，通称「オルゲシュ［Orgesch］」のメンバーらであった。

　1921年4月，レーバーは『リューベッカー・フォルクスボーテ』紙上におい
て，「カップの兄弟たちはますます血に飢え，その復讐心を滾らせている」と，
保守的・右翼急進的な反共和国の動きに警戒するよう読者に呼びかけた。興味
深いのはその際，「カップの兄弟たち」の跋扈する現状が，第一次世界大戦の
帰結とあわせて論じられた点である。

　ヴェルサイユ条約に批判的な姿勢をとるレーバーであったが，その一方で，
連合国がドイツに第一次世界大戦の戦犯裁判を要請し，結果として1921年5月
にライプツィヒ法廷が開廷された際には，これを「ドイツの救済」として歓迎
した。なぜなら，こうした裁判は彼の眼に，「権力に自惚れながら，厚顔無恥

98）　Julius Leber, Die beiden Ziele, in : *LV*, 6.4.1921.

99）　Julius Leber, Deutschland, Frankreich, England, in : *LV*, 14.6.1921.

100）　Julius Leber, Die beiden Ziele, in : *LV*, 6.4.1921.

101）　第4章第2節第2項を参照。

102）　Erwin Könnemann, *Einwohnerwehren und Zeitfreiwilligenverbände. Ihre Funktion beim Auf-bau eines neuen imperialistischen Militärsystems (November 1918 bis 1920)*, Berlin (Ost) 1971, S. 339.

103）　Julius Leber, Sondergerichte und Galgen in : *LV*, 4.4.1921.

104）　ライプツィヒ法廷では，ドイツの国内法にもとづく形で，陸軍における捕虜の殺害・虐待や，ドイツ海軍の潜水艦による連合国商船への無警告攻撃が審理された。しかしながら，肝心のライプツィヒ最高裁による訴訟指揮が主観的かつ偏向したものだったため，連合国側はしだいに戦犯追求への意欲を失っていき，裁判は1922年のうちに1,700件の案件を残したまま中断された。この経緯については，芝健介「国際軍事裁判論」倉沢愛子［他］編『岩波講座 アジア・太平洋戦争〈8〉：20世紀の中のアジア・太平洋戦争』岩波書店，2006年，117-146頁，ここでは120-128頁を参照。

第3章　共和国の防衛　　155

にもドイツの名声を汚した軍国主義者ども」を裁く絶好の機会と映ったからである。大戦を通じてドイツに多大なる損害をもたらした「軍国主義者どもには，いかなる刑罰も生ぬるい」というのが，レーバーの主張だった。[105]

　レーバーはさらに続けて，「バイエルンではなお，何十万という銃がオルゲシュの手中にある。政府はここでも，その真摯さを示さねばならない」と主張している。つまり「ドイツの救済」とは，共和国が第一次世界大戦の戦犯を裁くのみならず，現在進行形でドイツを混乱に陥れている反共和派勢力に毅然と立ち向かってこそ，真に果たされる，というわけである。レーバーにとって，「カップの兄弟たち」への裁きは「軍国主義者ども」への裁きとならんで，「ドイツの善意を試す試金石」にほかならなかった。[106]

　けれども，こうしたレーバーの期待は，帝政期からの人的連続性を色濃く有し，右翼暴力に寛容なヴァイマル初期の司法を前に，早々に裏切られることとなる。例えば1921年6月18日の最高裁は，カップ一揆当時のブレスラウで労働者たちを拘束し，彼らへの虐待行為に及んだアウロック義勇軍のメンバーらに特赦を与えた。[107] そしてこの判決が下されたのは，奇しくもバイエルンでUSPD議員カール・ガライスが暗殺されてからわずか9日後のことであった。

　ガライス暗殺時，レーバーはバイエルンを「ナショナリストによる体制転覆のための，ありとあらゆる企み，ありとあらゆる秘密組織，そして，ありとあらゆる武器の密売」がはびこる「陳腐な隠れ家」と呼び，そこで蠢く反共和国の動きに警鐘を鳴らしていた。[108] だが，そうした動きを司法の力で粉砕するという彼の願望は，アウロック義勇軍に特赦を与えた最高裁判決を前に，逆に粉砕されてしまった。判決後，レーバーはガライス暗殺を引き合いに出し，「バイエルンでの出来事に耳をかすなどということは，二度と御免被りたい」としたうえで，「今やそこに，ブレスラウ出身のアウロックの犯罪者に対する，最高裁の無罪判決も新たに加えられるべきであろう。最高裁の不名誉ぶりは天にまで響きわたっている」と主張し，司法の偏向ぶりを痛烈に批判した。[109] 法の裁

---

105)　Julius Leber, Der Klärung entgegen, in：LV, 18.5.1921.

106)　Ebd.

107)　Emil Julius Gumbel, Vier Jahre politischer Mord, Berlin 1922, S. 56.

108)　Julius Leber, Die bayrische Schande, in：LV, 13.6.1921.

109)　Julius Leber, Prügel im Reichstag, in：LV, 18.6.1921. なお，レーバーはガライス暗殺を，バイエルン山林局参事官エシェリヒが結成した住民軍「エシェリヒ機関［Organisation Escherich］」の犯行とみ↗

きを通じての「ドイツの救済」という考えは，早々に大きな方向転換を迫られ
ていたのである。

2 「血まみれの闘争」への危機感

　レーバーの司法への期待が失望へと変わる中，反共和派義勇軍やその流れを
くむ後継組織の動きは，さらなる先鋭化を遂げていた。特に1921年5月に始ま
るオーバーシュレージエンでの国境闘争においては，反セム主義の大衆団体・
ドイツ民族至上主義攻守同盟（DVSTB）との接触のもと，義勇軍運動内部に過
激な反セム主義的陰謀論が浸透し，それがさらに一揆主義と結合するという展
開がみられた。そしてこの動きは最終的に，1921年8月26日の政府要人の暗殺
へと帰結することとなる。すなわち，休戦協定のドイツ側代表にして，ヴェル
サイユ条約調印に携わった元財務大臣マティアス・エルツベルガー（中央党）
が，義勇軍出身の右翼アクティヴィストの凶弾に斃れたのであった。[110]
　エルツベルガー暗殺の翌日，レーバーは旧体制の残党に対する怒りを次のよ
うに吐露している。

　　　エルツベルガーの周りに，偽善的かつ嘲笑的な瞳をした，ドイツ国権派
　　のハゲタカどもが旋回している。彼はおそらく，その最後の犠牲者ではな
　　いだろう。ハゲタカどもが次に羽を下ろすのは，誰が屍のもとだろうか。
　　もう我慢がならない。[111]

　ここに出てくる「ドイツ国権派のハゲタカ」とは，正確にいえば，DNVP
系の報道機関のことを指している。レーバーはそれを「無責任な嘘とあらゆる
政敵への誹謗中傷を吐き出す煽動新聞」と呼んでおり，エルツベルガー暗殺の
黒幕とみなしていた。[112] そして次なる犠牲者の登場を予見したレーバーは，「迅
速かつ強固な決意がなければ，ドイツは血まみれの闘争の一歩手前に立たされ
る」と考え，「もし『共和主義的』政府が干渉のすべを知らないとすれば，労

　　＼ていた。
110)　本論第2章第6節第3項を参照。
111)　Julius Leber, Erzberger ermordet!, in : LV, 27.8.1921.
112)　Ebd.

働者は自ら共和国を防衛するすべを心得るだろう」と，労働者自身が右翼暴力
への実力行使に打って出る可能性を示唆したのであった。[113]

　レーバーが「血まみれの闘争」という言葉を使うとき，彼の中でポンメルン
におけるカップ一揆の経験が想起されていたであろうことは想像に難くない。
実際，レーバーにとって，暗殺の実行犯であるOC所属の元将校たちは「ドイ
ツ国権派の合図とともに，第2のカップ一揆を企てる以外のことは何一つ要求
されていない」傭兵のような存在であった。レーバーの考えでは，彼らは第一
次世界大戦終結後も「定期的な労働に馴染もうとせず」，義勇軍に居場所を求
め，その解体後には「財力をもつナショナリストたち」に雇われた，いわば
「謀叛者の一味」であり，にもかかわらず，「自らを祖国の救世主とみなしてい
た」。そして何より，「彼らにはあらかじめ，無罪が約束されて」いたのであ
る。レーバーはこうした義勇軍戦士の「殺人心理」を次のように分析している。

　　怖ろしいことに，ドイツではあらゆる人びとが，殺人心理を増大させて
　も不思議ではない精神状態にある。黒・白・赤［保守派を指す―今井］の報
　道機関は実際，義勇軍を褒めそやしはしなかっただろうか？　彼らの言語
　道断な不法行為を，いわゆる「愛国心」として免罪し，完全に隠蔽しはし
　なかっただろうか？　エーアハルトやロスバッハといった犯罪者は，この
　ような精神にもうろうと包まれながら，自らを半神のようだと錯覚しな
　かっただろうか？　要するに彼らは，その殺害行為を画策したとき，自ら
　を祖国の救世主とみなしていたに違いないのである。[114]

「血まみれの闘争」が再来することへの危機感は，このような傭兵的・無法
者的な「敵の像」としての義勇軍観から生み出されていた。

3　「共和国の防衛」の提唱

　エルツベルガーの暗殺後，ドイツ国内では「共和派の結集」が叫ばれ始めた。[115]

---

113)　Ebd.
114)　Julius Leber, Geist von eurem Geiste, in : *LV*, 15.9.1921.
115)　Dirk Schumann, *Politische Gewalt in der Weimarer Republik 1918-1933. Kampf um die Straße und Furcht vor dem Bürgerkrieg*, Essen 2001, S. 156-157.

だが，そうした呼びかけが右翼暴力への有効な手立てに発展するより先に，エルツベルガーに続く新たな犠牲者が生み出された。1922年6月24日，外務大臣ヴァルター・ラーテナウ（ドイツ民主党）が，義勇軍出身の右翼青年の手により暗殺されたのである。[116] エルツベルガー暗殺後にレーバーが抱いた，「彼はおそらく，その最後の犠牲者ではないだろう」という予感は的中し，今や現実のものとなった。ラーテナウ暗殺から数日後，レーバーは労働者に向けて次のように問いかけている。

　　すべての職業の労働者諸君！　私は諸君に問おう。われわれはあとどのくらい傍観していればよいのか？　われわれはあとどのくらい，共和派の指導者が無防備なまま射殺され，そして共和国が嘲笑され罵倒されるのを黙認せねばならないのか？[117]

　ここからは，政府要人の暗殺，そして共和国への嘲笑や罵倒に対し，自分も含めた共和派が何ら有効な対策を立てられなかったことへの，深い後悔と焦燥の念を読み取ることができよう。そしてレーバーは，労働者自身が「共和国の防衛」を担う可能性を，これまでよりも明確に，そして差し迫った，現実味のあるものとして訴えたのであった。

　　もし政府がもう一度［右翼暴力に対して―今井］寛大な態度をとるのなら，大衆行動を組織し，共和派人民が指導者たちを前方へと駆り立てねばならない。それかもしくは！　われわれは今や脆弱な政府を必要とはしない。われわれの中で臆病者の居場所はないのだ。労働者諸君！　これまでとは違った策を講じる必要があろう。すなわち，いつ何時でも，いかなる場所でも，われわれ一人ひとりが共和国の防衛のため力を尽くすことが肝心である。すべての煽動者，中傷者には，今すぐプロレタリアートの堅い拳をくらわせねばならない。[118]

---

116)　本論第2章第6節第1項を参照。
117)　Julius Leber, Der Zorn des Volkes, in: *LV*, 28.6.1922.
118)　Ebd.

では，レーバーがそこまでして守ろうとした「共和国」とは，はたして何だったのか。もともと彼の中には，ドイツ人民が1918年11月9日の革命とドイツ共和国宣言を通じて，帝政という「大掛かりなペテンに終止符を打ち」，これを機に「多くの人びとが正義への信念と，人間性の最終的な勝利への希望，民主主義と自由による統治への期待を胸に抱いた」という認識が存在していた[119]。それゆえその共和国観もまた，非常に強い道徳的性格を帯びることとなる。レーバー曰く，「共和国はわれわれにとって神聖なものであり，われわれを品行方正に保つ。われわれはこの共和国を，身命を賭して防衛するだろう[120]」。このような「神聖なる共和国」観は，いうまでもなく，「堕落し退廃したドイツ帝国」観との二分法の上に成り立つものであった。

　このようにカップ一揆後のレーバーの姿勢は，反共和派義勇軍の残党によるテロルに直面する中で，法の裁きを通じた「ドイツの救済」を支持する立場から，労働者自身が直接行動によって「共和国の防衛」を遂行すべきという立場へと，次第に変化していったと考えられる。それは国軍を去ったのち，一度言論による闘争を志向した彼が，再び直接行動に頼らざるを得なかったことを意味しており，ヴァイマル初期における共和国の受難を何よりも物語っているといえよう。

小　括

　エルザス出身の社会民主党員であるレーバーは，バーデンの改良主義的潮流に刻印づけられながら，おそらくはその二重のマイノリティ性ゆえに「ドイツの子」たろうとし，第一次世界大戦に志願した。そして大戦を通じ軍人として上昇するかたわら，大戦後半に浮上した故郷エルザスの帰趨をめぐる議論を経て SPD 右派へと接近し，故郷を失った大戦後においては，SPD 右派の主導する義勇軍の結成に寄与することになる。

　カップ一揆が勃発すると，レーバーはこれを「反革命」とみなし，カップ派将校と鋭く対立した。ここでは，大戦前からの SPD 経験，そして勤務地ベルガルトにおける SPD 幹部との交流のほか，「ポーランド国境での警備活動に

---

119)　Julius Leber, Wir leiden!, in : *LV*, 13.10.1921.
120)　Julius Leber, Der Zorn des Volkes, in : *LV*, 28.6.1922.

従事してきた」将校としての矜持が大きな役割を担っていた。だが，彼はカップ一揆の事後処理を装った共和派軍人排撃のやり玉にあげられ，結果的に軍を去らねばならなかった。

　その後リューベックの政治家となったレーバーが主張したのは，第一次世界大戦の戦犯とともに，旧体制の残滓としての「カップの兄弟たち」を裁くことで，「ドイツの救済」が果たされるということであった。しかしながら，左翼政治家や政府要人への暗殺事件が続発し，ヴァイマル司法の右翼暴力への寛容な態度が判明すると，レーバーのそうした期待は見事に裏切られることになる。そして彼は，カップ一揆のような「血まみれの闘争」が再来することへの危機感から，次第に労働者の直接行動による「共和国の防衛」を志向したのだった。

　こうしたレーバーの軌跡において注目すべきは，カップ一揆後のレーバーが，徐々に義勇軍を敵として認識していく過程である。レーバーにとって，かつて自分と同じように東部国境守備に従事したエーアハルトやロスバッハは，もはや共和国を脅かす「犯罪者」に過ぎなかった。そして彼は，義勇軍全体を反共和派の傭兵ないしは無法者集団とみなし，共和国の敵として他者化することとなる。ただしこのことは，レーバーにとって義勇軍経験が無意味だったことを意味するものでは決してない。むしろ自分とその部下たちが，東部国境守備に従事する形で成立間もない共和国を支えたという経験，そして国軍将校としてポンメルンのカップ一揆と直接対峙したという経験は，1921年以降，レーバーがリューベックを代表するSPD政治家ないし共和派のイデオローグとして活躍するうえでの，ひとつの重要な原点となったといえよう。

第4章

コミュニストとの共闘

ヨーゼフ・ベッポ・レーマーの義勇軍経験

はじめに

　義勇軍運動は1920年3月の反政府クーデタ・カップ一揆を機に，保守的・右翼急進的な反共和国運動への転換を果たした。だが，かといってカップ一揆後の義勇軍が一枚岩だったというわけではない。むしろカップ一揆の挫折後，義勇軍の残党勢力が拠点を構えたバイエルンにおいては，ドイツ国からバイエルンを切り離そうとする分離主義者や，左からの共和国批判を展開するコミュニストとの関係をめぐり，様々な対立・競合関係が生じていた。一口に「反共和派」といっても，そこでは複数の潮流が複雑に絡み合っていたのである。

　そうした中で注目すべきは，コミュニストとの共闘を模索する動きが，義勇軍運動の内部から現れた点であろう。「ナショナル・ボルシェヴィズム［Nationalbolschewismus］」と呼ばれるその動きは，反ヴァイマル・反ヴェルサイユ・反西欧の態度に基礎づけられており，いってみれば，ドイツを取り巻く戦間期の国際情勢が生み出した鬼子であった[1]。とりわけ1919年6月のヴェルサイユ条約調印と，バルト地域の義勇軍運動に対する連合国の介入は，共和国や西欧に対する義勇軍戦士の憎悪をこれ以上ないほどかきたてたし，また逆に，ソヴィエト・ロシアが1920年4月からポーランドとの戦争を開始したことは，義勇軍運動に「敵の敵は味方」という論理からの対ソ接近をもたらす重要な契機

---

1) 例えば，Abraham Ascher / Guenter Lewy, National Bolshevism in Weimar Germany. Alliance of Political Extremes Against Democracy, in : *Social Research* 23, (1956), No. 4, pp. 450-480 ; Otto-Ernst Schüddekopf, *Nationalbolschewismus in Deutschland 1918-1933*, Frankfurt a.M. 1973 ; Louis Dupeux, „*Nationalbolschewismus" in Deutschland 1919-1933. Kommunistische Strategie und konservative Dynamik*, München 1985 ; Volker Weiß, *Moderne Antimoderne. Arthur Moeller van den Bruck und der Wandel des Konservatismus*, Paderborn 2012, S. 204-211 ; 勝部元「ドイツ革命と『民族ボリシェヴィズム』」同編『現代世界の政治状況：歴史と現状分析』勁草書房，1989年，17-103頁を参照。

となった。

　本章では，こうした義勇軍運動内部のナショナル・ボルシェヴィスト的傾向を代表する人物として，ヨーゼフ・ベッポ・レーマーに焦点をあててみよう。ドイツ革命当時，オーバーラント義勇軍を結成したレーマーは，バイエルン・レーテ共和国の打倒を率先して遂行した青年将校だった。そうした反ボルシェヴィズム・反コミュニズムの姿勢を示していた彼が，その後いかなる形でコミュニストとの共闘関係を結ぶに至ったのだろうか。この点を明らかにすることが，本章の課題である。

　史料としては，主にオーバーラント義勇軍ならびにその後継組織であるオーバーラント同盟（BO）の内部文書のほか，レーマー自身のエゴ・ドキュメントとして，官憲側が彼に対しておこなった尋問の調書記録を用いる[2]。その際に参考となるのは，帝政期からヴァイマル初期に至るまでの「ドイツ刑事司法の文化史」を検討したアレクサンドラ・オルトマンの議論である。彼女によると，そもそも尋問調書とは，尋問者と証言者，そして記録者との間の相互作用の中から生み出されるものであり，その意味では，証言者による純粋な自己証言とはいい難い。だが，尋問と証言の往還を通じて証言の特定部分が焦点化される中で，証言者の過去がよりピンポイントに解釈され，言説化される点にも注意を向ける必要がある[3]。つまりそれは，ある事件や疑惑をめぐる事実関係の調査とともに，証言者自身の立場が現在と過去との往還関係の中でより厳密な形で問われ，定められていく過程として捉えることができるのである[4]。以下ではこうした点に注意を払いつつ，レーマーの義勇軍経験を検討することとしよう。

　2）　レーマーは1944年9月25日に処刑されるまで，ヴァイマル期からナチ期にかけて，幾度となく尋問を受けた。本章ではそのうち，エーアハルト暗殺教唆のかどでおこなわれた1922年10月の尋問と，コミュニストのオットー・ブラウンとの関係調査のためにおこなわれた1926年10月の尋問の調書記録を用いることとする。

　3）　Alexandra Ortmann, *Machtvolle Verhandlungen. Zur Kulturgeschichte der deutschen Strafjustiz 1879-1924*, Göttingen 2014, S. 61-62.

　4）　この点については，オーラル・ヒストリーの営みと多分に重なる部分がある。桜井厚「「事実」から「対話」へ：オーラル・ヒストリーの現在」『思想』1036号（2010年）235-254頁。

1 青年将校から義勇軍戦士へ

1 バイエルンの青年将校

　ヨーゼフ・ベッポ・レーマーは1892年11月17日，カトリック系教育者家庭の子息としてミュンヘンに生を受けた。5人の兄弟とともに満ち足りた環境で育てられた彼は，1902年から1908年にかけて，ミュンヘンのヴィルヘルム＝ギムナジウムで学んだのち，1911年に父親が校長を務める私立ギムナジウムを卒業し，その後軍幹部養成学校へと進学した。そして養成期間を終えた1913年10月25日，王立第1工兵大隊付の少尉に就任し，続く12月17日にはバイエルン第2電信大隊に転属となった。士官学校修了時の評価書からは，彼が並外れた個性と才能をもち，文武両道に長けた気鋭の青年将校であった事実を窺い知ることができる。

　第一次世界大戦が勃発すると，レーマーはすぐさま従軍し，西部戦線と東部戦線を往還する形で活躍した。緒戦は1914年8月のロートリンゲンでの交戦であり，続いてラガルド，ナンシー，リール，イープルの戦いに参加した。1915年には東部戦線へと転属になり，そこでリトアニアとクールラントへの軍事攻勢に加わった。1916年夏には再び西部戦線へと戻り，アラス東方における防衛線の構築に寄与することになるが，そこでは，手榴弾攻撃による負傷と，それにともなう一時的な聴覚障害が彼を襲った。ただ，レーマーはそれでもなお戦場に留まり続け，1916年12月24日にプロイセン第1級鉄十字勲章を受勲，1917年1月17日には中尉に任命され，さらには同年12月12日にバイエルン冠剣付功

---

5) Protokoll der Kgl. 1. Pionier-Bataillon, München, 8.11.1913, in : BayHStA, Abt. IV, OP 47214, o. Bl. ; Auszug aus der Kriegs-Rangliste, München, 27.2.1920, in : SAPMO-BA, NY 4054/1, Bl. 1 (Hülle), 8 ; Protokoll der Vernehmung Josef „Beppo" Römers, Berlin, 28.10.1926, S. 3, in : BAB, R 3003/14aJ 356/26, Bd. 13, Bl. 42-48.

6) 士官候補生時代のレーマーは，「目的意識が明瞭であり，非常に功名心が高く，強烈かつほとんど過剰に近い自意識をもつ」青年であり，それゆえ「大いに孤立しており，学友の輪に入ること容易ならず，当初はそれほど人望を得ることもなかった」。しかしその一方で，「高い軍事的才能を発揮し，規則正しく几帳面，非常に素晴らしい職業観念をもつ，誠実で信頼のおける人物」でもあり，「口も筆も達者で，特に口頭での報告に長けている」うえ，「良質な一般教養」をも身につけていた。また，その「良好な身体的才能」ゆえ，スポーツ競技などでは「リーダーとして飛びぬけて有能だった」という。Abgangszeugnis der Königlichen Kriegs-Schule zu München, 31.8.1913, in : BayHStA, Abt. IV, OP 47214, o.Bl., abgedruckt in : Oswald Bindrich / Susanne Römer, *Beppo Römer. Ein Leben zwischen Revolution und Nation*, Berlin 1991, Dok. 2, S. 78-79.

労勲章を受勲したのであった[7]。

　このようにレーマーは，第一次世界大戦を通じ，軍人としての上昇を確実に果たしていった。だが，1918年3月の春季攻勢が始まる直前，彼は再び手榴弾攻撃をその身に受け，今度は戦闘不能となるほどの重傷を負ってしまう。その後幾つかの野戦病院で手術と入退院を繰り返し，6月に故郷ミュンヘンに帰還した彼は，そこで約9ヵ月間の長期療養生活を余儀なくされた[8]。ドイツの敗戦と革命は，まさにそうした中での出来事であった。

　1918年秋，バイエルンでは大戦中に深刻化した食糧難と物価高騰を背景としながら，民衆の間で反体制のムードがにわかに高まっていた。不満の矛先はとりわけ，農産物の価格・分担を一方的に統制してきたベルリンの中央政府と，それを容認してきたミュンヘンのバイエルン政府，そしてヴィッテルスバッハ家に向けられた。こうした中，11月3日に北ドイツのキールで評議会運動が始まると，その動きは瞬く間にミュンヘンにも波及し，8日にはドイツ独立社会民主党（USPD）のクルト・アイスナー率いる共和国政府がベルリンに先駆けて成立することとなる[9]。

　ただしこのアイスナー政府は，社会主義的な革命意識の産物というよりも，むしろ第一次世界大戦末期のバイエルンで先鋭化した，反ベルリン・反プロイセン意識の産物というべきものであった。首相アイスナーもその点を熟知しており，したがって彼は，党派を超えて支持される「バイエルンの自治の保持」を焦点化し，旧体制の官吏を引き続き登用することで，新体制の安定化をはかることになる[10]。また，同様の方針は軍事面においても採用された。つまりアイスナーは，1918年11月8日の声明において，「時代の変化に逆らわない将校たち」に「引き続き職務につく」よう奨励したし[11]，さらに11月10日には，軍務大

7）　Auszug aus der Kriegs-Rangliste, München, 27.2.1920.
8）　Ebd.; Protokoll der Vernehmung Josef „Beppo" Römers, Berlin, 28.10.1926, S. 3.
9）　Benjamin Ziemann, *Front und Heimat. Ländliche Kriegserfahrungen im südlichen Bayern 1914-1923*, Essen 1997, S. 330; Ulrike Claudia Hofmann, „*Verräter verfallen der Feme!". Fememorde in Bayern in den zwanziger Jahren*, Köln 2000, S. 33; 古田雅雄「バイエルンにおける政治的カトリシズムの研究：19世紀国民国家形成期における『国家と宗教』の関係から」『社会科学雑誌（奈良学園大学）』7巻（2013年）83-285頁，ここでは218-219頁。
10）　松本洋子「バイエルンの分離主義について（Ⅰ）：ヴァイマル期におけるバイエルンの特異な政治的状況に関する考察」『論集（駒沢大学）』14号（1981年）65-83頁，ここでは67-69頁。
11）　Aufruf Kurt Eisners, 8.11.1918, in: *UuF*, Bd. 3, Nr. 591. S. 104-105.

第4章　コミュニストとの共闘　165

臣であるアルベルト・ロスハウプター（SPD）との連名のもと，バイエルンの
将校団に兵士評議会との協力を要請したのである。それは何よりもまず，軍隊
の早急かつ秩序だった動員解除を執りおこなうためであった。[12]

　むろん，旧体制の残滓たる将校団にとって，革命による「時代の変化」はそ
う簡単に受け入れられるものでなかった。けれども実際問題として，組織的な
混乱状態に陥った当時の将校団に，「時代の変化」を押し戻すだけの力がな
かったのも確かである。将校たちは結局のところ，新体制においても自らの地
位を維持することを優先し，アイスナーからの呼びかけに応じた。そしてこの
結果，ミュンヘンでもベルリンと同じく，共和国の内部に反共和主義的かつ反
民主主義的傾向の強い将校グループが残存することとなる。[13]

　こうした状況のもと，依然療養の身であるレーマーもまた，大尉へと昇進
し，引き続き軍籍を保持することができた。だが，レーマーは身分のうえでは
軍人でありながらも，すでに軍人とは別の道を模索し始めていたようである。
療養期間を利用し，ミュンヘンの商業学校で勉学に励んだ彼は，ドイツ革命勃
発から3ヵ月後の1919年2月4日，法学を学ぶためにミュンヘン大学へと進学
している。[14]故郷ミュンヘンで遭遇した敗戦と革命が，彼に進路の再考を促した
のも無理からぬことであった。

2　右翼急進派の台頭とアイスナーの暗殺

　バイエルンの政治状況は，レーマーが勉学に励んでいる間に新たな展開を迎
えていた。それはまずもって，新体制の転覆を目論む右翼急進派の台頭に特徴
づけられる。中でもとりわけ重要なのは，1918年8月にミュンヘンで結成され
た極右秘密結社・トゥーレ協会の存在であった。その指導者であるルドルフ・
フォン・ゼボッテンドルフは，アイスナー政府成立直後の11月10日，革命と共
和国の打倒を目的として，独自の武装組織の設立を宣言した。「トゥーレ闘争

---

12)　Ulrich Kluge, *Soldatenräte und Revolution. Studien zur Militärpolitik in Deutschland 1918/19*,
　　 Göttingen 1975, S. 161; ders. Die Militär- und Rätepolitik der bayerischen Regierungen Eisner
　　 und Hoffmann 1918/19, in: *MGM* 13 (1973), S. 7-58, ここでは S. 18.
13)　Kluge, Militär- und Rätepolitik, S. 24-25.
14)　Zeugnis zum Abgange von der Universität München, in: SAPMO-BA, NY 4054/1, Bl. 1 (Hülle),
　　 1; Oswald Bindrich, Beppo Römer, in: Oswald Bindrich / Susanne Römer, *Beppo Römer. Ein
　　 Leben zwischen Revolution und Nation*, Berlin 1991, S. 25-63, ここでは S. 31, Anm. 44.

同盟［Kampfbund Thule］」と呼ばれるその組織は，志願兵の徴募を担当する第1部隊と，諜報・スパイ活動を専門とする第2部隊から構成され，それぞれ青年将校のハインツ・クルツ中尉とエドガー・クラウス少尉によって指揮されていた[15]。そして指導者ゼボッテンドルフは，この闘争同盟を利用する形で，12月初めにバート・アイブリングを訪れたアイスナーの暗殺を企図したのである[16]。暗殺計画自体は失敗に終わるものの，トゥーレ協会はその後もバイエルンでその影響力を拡大し続け，民族至上主義的・反セム主義的な種々の右翼急進派諸団体の結節点として機能することとなる[17]。

　1919年1月12日に開催されたバイエルン州議会選挙は，トゥーレ協会を中心とする右翼急進派勢力へのさらなる追い風となった。なぜなら，革命後初となるこの州議会選挙において，アイスナー率いる USPD はほとんど票を集めることができず，全180議席中わずか3議席という大敗を喫したからである。アイスナー政府からの民心の離反は決定的となり，新体制の正当性は大きく揺らいだ。またこれと並んで，ドイツの戦争責任を全面的に認めようとするアイスナーの外交姿勢は，バイエルン内外の右翼急進派に格好の攻撃材料を与えたのみならず，連立相手である SPD からの強い反発をも招いた。特に2月上旬，スイスのベルンで開催されたインターナショナル世界大会において，アイスナーが大戦中における SPD 指導部の戦争協力を舌鋒鋭く批判したことは，両者の間に修復し難いほどの軋轢を生んだ。そして以後，アイスナーは「連合国にドイツを売った」政治家として，以前にも増して激しい誹謗中傷を一身に受

15) Rudolf von Sebottendorff, *Bevor Hitler kam. Urkundliches aus der Frühzeit der nationalsozialistischen Bewegung*, München 1933, S. 105-107 ; Hermann Gilbhard, *Die Thule-Gesellschaft. Vom okkulten Mummenschanz zum Hakenkreuz*, München 1994, S. 99-100 ; David Luhrssen, *Hammer of the Gods. The Thule Society and the Birth of Nazism*, Washington 2012, pp. 123-124 ; Heinrich Hillmayr, *Roter und Weisser Terror in Bayern nach 1918. Ursachen, Erscheinungsformen und Folgen der Gewalttätigkeiten im Verlauf der revolutionären Ereignisse nach dem Ende des Ersten Weltkrieges*, München 1974, S. 33.

16) Nicolas Goodrick-Clarke, *The Occult Roots of Nazism. Secret Aryan Cults and their Influence on Nazi Ideology*, London 2004, p. 147 ; Othmar Plöckinger, *Unter Soldaten und Agitatoren. Hitlers prägende Jahre im deutschen Militär 1918-1920*, Paderborn 2013, S. 57. またゼボッテンドルフは12月末，今度は内務大臣エアハルト・アウアー（SPD）周辺で浮上した治安維持のための「市民軍［Bürgerwehr］」設立構想に関与することで，その武力をアイスナー体制の転覆のために利用しようと試みたのであった。

17) Hans Fenske, *Konservativismus und Rechtsradikalismus in Bayern nach 1918*, Bad Homburg 1969, S. 54 ; Detlev Rose, *Die Thule-Gesellschaft. Legende - Mythos - Wirklichkeit*, Tübingen 1994, S. 11 ; ヴェルナー・マーザー（村瀬興雄／栗原優訳）『ヒトラー』紀伊國屋書店，1969年，109-110頁。

けることとなる。[18]

　このように自身への批判と憎悪が最高潮に達したとき，アイスナーはついに
バイエルン政府首相を辞する覚悟を決め，1919年2月21日のバイエルン州議会
でそれを表明することにした。ところが当日の朝，彼は州議会へと向かう途上
で銃撃を受け，そのまま帰らぬ人となった。暗殺の実行犯は，アントン・フォ
ン・アルコ゠ヴァレイという22歳の青年将校だった。

　アルコの経歴はレーマーのそれと重なる点が多い。ミュンヘンのヴィルヘル
ム゠ギムナジウム卒業後，第一次世界大戦に志願した彼は，大戦を少尉として
生き抜いたのち，1919年2月にミュンヘン大学に進学した。[19] そしてその過程で
反セム主義に傾倒し，トゥーレ協会への入会を強く望むようになる。[20] アイス
ナー暗殺前夜，アルコは「死ぬまで忠実な君主主義者」を自称し，またアイス
ナーを「ユダヤ人」かつ「ボルシェヴィスト」の「売国奴」とみなすことで，
自らの殺害行為を正当化していた。[21] 革命後のバイエルンにおいて醸成された，
右翼急進派に著しく有利な政治的ムードは，こうした新体制に不満をもつ青年
将校たちを反セム主義へと傾倒させ，ついには首相アイスナーの暗殺へとかり
たてたのであった。

3　ミュンヘンの政変とオーバーラント義勇軍の結成

　アイスナー暗殺後，バイエルンの政情は混乱の一途を辿った。首相を失った
州議会は完全な機能不全に陥り，その間の政権運営は急進的なバイエルン共和

---

18)　Klaus Mües-Baron, *Heinrich Himmler. Aufstieg des Reichsführers SS (1900-1933)*, Göttingen
　　2011, S. 89；松本「バイエルンの分離主義について（Ⅰ）」71-75頁。

19)　*Vossische Zeitung*, 22.2.1919；*Deutsche Allgemeine Zeitung*, 22.2.1919；Friedrich Hitzer, *Anton
　　Graf Arco. Das Attentat auf Kurt Eisner und die Schüsse im Landtag*, München 1988.

20)　ただしゼボッテンドルフによると，アルコがトゥーレ協会の正式なメンバーであったことは一度としてな
　　かった。なぜなら，アルコの母親がユダヤ系銀行家のオッペンハイム一族の出身であることを理由に，協会側
　　が彼の入会を拒否したからである。Sebottendorf, *Hitler*, S. 82.
　　　アルコはアイスナー暗殺の動機について，「私はボルシェヴィズムを憎んでいる！　私はドイツ人であり，そ
　　の自覚をもっている！　私はユダヤ人を憎んでいる！」と綴っているが［Eigenhändige Aufzeichnungen
　　Anton Graf Arco-Valleys, in：Hitzer, *Arco*, S. 391-392］，これを見る限り，彼は自らの「ユダヤ性」を払
　　拭し，「ドイツ人」であることを証明するための儀礼的行為として，アイスナー暗殺に及んだと推察できる。
　　なお，こうした心性はアルコに限らず，同時代を生きた「ユダヤ系ドイツ人」の少なからずに共通するもので
　　あった。この点については，長田浩彰『われらユダヤ系ドイツ人：マイノリティから見たドイツ現代史
　　1893-1951』広島大学出版会，2011年を参照。

21)　Eigenhändige Aufzeichnungen Anton Graf Arco-Valleys.

168

国中央評議会に引き継がれた。そして1919年3月に入ると，SPD と USPD の間で連立政権継続と議会制の立て直しについて合意が成立し，3月17日にはアイスナー政府の文部大臣を務めていたヨハネス・ホフマン（SPD）が首相に選出された。

しかしながら，レーテ制度の採用を求めるバイエルン共和国中央評議会の方針は，ホフマン政府の議会主義路線とまっこうから対立するものであった。両者の緊張状態が続く中，1919年4月7日には中央評議会がホフマン政府に見切りをつけ，新たにバイエルン・レーテ共和国の樹立を宣言することとなる。これにより，ホフマン派はバンベルクへの亡命を余儀なくされ，ミュンヘンには USPD のエルンスト・トラーとアナーキストのグスタフ・ランダウアーを中心とする新たな政府が成立するに至った（第1次レーテ共和国）。

ところがこの革命政府もまた，バンベルクに亡命中のホフマン派と右翼急進派が仕組んだ1919年4月13日の一揆により，わずか6日で崩壊するに至る。そして権力の座は最終的に，反革命一揆の鎮圧に成功したコミュニストの手へと渡った。かくしてミュンヘンでは4月13日，KPD のオイゲン・レヴィネとマックス・レヴィーンを中心とする革命政府が成立し（第2次レーテ共和国），それと同時にミュンヘン郊外では，武装した労働者からなる赤軍の編成が開始されたのである。[22]

このようなミュンヘンにおける「レーテ支配」の出現に対し，レーマーは「わがミュンヘン」をコミュニストの手から奪還すべく立ち上がった。「友人の一団」とともにダッハウに赴いた彼は，そこでトゥーレ闘争同盟の第1部隊指揮官クルツ中尉の助力を得ながら義勇軍を結成し，1919年4月15日からダッハウ郊外において赤軍への攻勢を開始した。[23] だが，この攻勢は失敗に終わり，レーマーを含む12名の将校は赤軍部隊に捕縛された末，コミュニスト支配下の

---

22) Mües-Baron, *Himmler*, S. 93-94；モーレンツ編（船戸満之概説／守山晃訳）『バイエルン1919年：革命と反革命』白水社，1978年，186-220頁；川井文夫「バイエルン評議会共和国」『歴史研究（大阪教育大学）』12号（1975年）79-101頁。なお，赤軍の規模は短期間のうちに約2万人にまで達したとされる。

23) Protokoll der Vernehmung Josef „Beppo" Römers, Berlin, 28. 10. 1926, S. 3；Georg Escherich, *Der Kommunismus in München*, Nr. 8, Sechster Teil：*Der Zusammenbruch der Räteherrschaft*, München 1921, S. 5；Zeugenbefragung von Herrn Dr. Heinz Kurz, München, Juni 1975, S. 4, in：Gilbhard, *Thule-Gesellschaft*, S. 239. なおレーマーによると，このとき結成された義勇軍はすでに「オーバーラント」の名を冠していたという。

第4章　コミュニストとの共闘　169

ミュンヘンへと移送されることとなる。その途上，レーマーは2名の戦友たち[24)]
と辛くも脱出に成功するものの，この敗北はいうまでもなく，彼ら義勇軍戦士
にとっての屈辱にほかならなかった。[25)]

　一方これと同じ頃，トゥーレ協会の指導者であるゼボッテンドルフもまた，
レーテ共和国の打倒を目指し動き始めた。レーマーたちがダッハウで赤軍との
闘争を繰り広げている間，ゼボッテンドルフはミュンヘンを離れてバンベルク
へと向かい，現地に亡命中のホフマン政府に対して，義勇軍の設立を承認する
よう求めた。そして1919年4月19日，ホフマン政府から「オーバーラント義勇
軍を設立する全権」を受け取ったゼボッテンドルフは，翌20日までにニュルン
ベルクのバイエルン第3軍団との接触に成功した。彼はそこで，武器・武装の
調達と，アイヒシュテットを拠点とした義勇軍結成への合意をとりつけると同
時に，バイエルン第3軍団の指揮官アルプレヒト・フォン・ベックフ少佐に義
勇軍の指揮権を移譲することになる。かくして4月25日，オーバーラント義勇
軍は指揮官ベックフのアイヒシュテット到着をもって，正式な形で結成される
に至った。[26)]

　オーバーラント義勇軍の基幹部分を担ったのは，レーマー率いる120名規模
の志願兵部隊だった。[27)]ゼボッテンドルフの回想によると，この部隊はエヒング
の農民層からの支援を受けながら，「アカの略奪に対する土地の防衛」のため
に結成された。[28)]メンバーの多くはトゥーレ闘争同盟所属の将校たちであり，
レーマーが指揮権を引き継いだのも，クルツの仲介によるところが大きかった
とされる。[29)]のちのクルツの証言を読む限り，ダッハウから敗走してきたレー
マーにクルツが声をかけた形であろう。[30)]

---

24)　Protokoll der Vernehmung Josef „Beppo" Römers, Berlin, 28.10.1926, S. 3.
25)　Ebd.; Christopher Dillon, 'We'll Meet Again in Dachau'. The Early Dachau SS and the Narra-
　　tive of Civil War, *JCH* 45 (2010), No. 3, pp. 535-554. また，本論第1章第2節第4項も参照。
26)　Generalmajor a.D. Ritter von Beckh, Kurze Notizen über die Teilnahme des Freikorps Ober-
　　land an der Niederwerfung der Räte-Regierung in München, Mai 1919 (Abschrift), in: BayHStA,
　　Abt. IV, Freikorps Mannschaftsakten 13/224, o.Bl.; Sebottendorff, *Hitler*, S. 125; Hans Jürgen
　　Kuron, *Freikorps und Bund Oberland*, Erlangen 1960, S. 17-18; Gilbhard, *Thule-Gesellschaft*, S.
　　105-106; Rose, *Thule-Gesellschaft*, S. 57-58.
27)　Beckh, Kurze Notizen.
28)　Sebottendorff, *Hitler*, S. 106-107.
29)　Beckh, Kurze Notizen; Gilbhard, *Thule-Gesellschaft*, S. 106.
30)　Zeugenbefragung von Herrn Dr. Heinz Kurz, München, Juni 1975, S. 4.

170

　この点に関して，幾つかの先行研究では，レーマーがもともとトゥーレ協会のメンバーであったとの断定がなされている[31]。ただしクルツの回想によると，レーマーは確かにクルツを通じてゼボッテンドルフと面識は得ていたものの，トゥーレ協会やトゥーレ闘争同盟には所属していなかった。クルツ曰く，「ベッポ・レーマーはただ，アカとの闘争という利害上の一致によって，トゥーレと結びついていたに過ぎない」[32]。実際，彼らの関係が一時的な同盟関係でしかなかったことは，その後の展開によって証明されることになる。

2　コミュニストとの闘争からコミュニストとの共闘へ

1　コミュニストとの闘争とその結末

　1919年5月1日，オーバーラント義勇軍は他の義勇軍や暫定国軍部隊とともにコミュニスト支配下のミュンヘンへと侵攻し，赤軍との交戦の末，翌2日の夕方までに市内の制圧に成功した。そしてこれ以降，ミュンヘンの各所ではコミュニストへの報復措置として，義勇軍による剥き出しの暴力が振るわれることとなる[33]。例えば2日の夕方，オーバーラント義勇軍は「スパルタキストの指導者」と目されるゾントハイマーなる人物を拘束し，翌3日に，逃亡をはかったとの理由で彼を即刻射殺した[34]。同様の行為はその後も幾度となく繰り返され，この結果ミュンヘンでは，闘争終結後のわずか数日のうちに，レーテ共和国関係者や労働者を中心とする200名以上もの命が失われた[35]。

　バイエルン・レーテ共和国の打倒は，このような多くの流血の末に達成された。だが，反レーテ共和国の旗のもとに結成されたオーバーラント義勇軍の内部では，当初の目的が達成されたことを境に，義勇軍戦士たちとゼボッテンドルフとの間に軋轢が生じることになる。1919年5月14日，ベックフ少佐はバイ

---

31)　Gerhard Schulz, *Aufstieg des Nationalsozialismus. Krise und Revolution in Deutschland*, Frankfurt a.M. 1975, S. 707；Dupeux, *Nationalbolschewismus*, S. 164；Mües-Baron, *Himmler*, S. 109, Anm. 101.

32)　Zeugenbefragung von Herrn Dr. Heinz Kurz, München, Juni 1975, S. 3.

33)　Kuron, *Oberland*, S. 25-28；Mües-Baron, *Himmler*, S. 102-103.

34)　Beckh, Kurze Notizen；Gefechtsbericht des Freikorps Oberland, 10.5.1919, in：BayHStA, Abt. IV, Freikorps Mannschaftsakten 13/224, o.Bl.

35)　Mües-Baron, *Himmler*, S. 103.

第4章　コミュニストとの共闘　171

エルンとヴュルテンベルクの暫定国軍・義勇軍全体を統括するアルノルト・フォン・メール少将に向けて，ゼボッテンドルフの専横的態度を批判する内容の文書を送った。それによると，ゼボッテンドルフはオーバーラント義勇軍結成後も，「自らが選抜した，義勇軍とは馴染みの薄い将校たちの一団」を常に周囲におき，あろうことか指揮官であるベックフの存在をよそに，「オーバーラント義勇軍中央指令部」を自称したのであった。これに憤激したベックフは，ゼボッテンドルフこそが組織内に二重権力状態と「絶えざる軋轢」をもたらした張本人だとし，メールに対してゼボッテンドルフとの「関係解消」を申し出たのである。またそこでは，ゼボッテンドルフの政治主義に対する義勇軍戦士たちの強い懸念も作用していた。すなわち，ゼボッテンドルフが「政治活動と煽動活動に邁進し，その偏った考えゆえに，世間からの激しい非難や攻撃に晒されている」ことは，ベックフをはじめとする義勇軍戦士にとって，オーバーラント義勇軍の存続に関わる由々しき事態と受け止められたのである[36]。

　指揮官ベックフがゼボッテンドルフとの「関係解消」を申し入れ，それをメールが受け取って以降，オーバーラント義勇軍関係文書に，ゼボッテンドルフの名は一切登場しない。クーロンも指摘するように，このことは両者の「関係解消」が実行に移されたことを意味するものであろう[37]。そしてレーマーもまた，これを機にトゥーレ協会との同盟関係を完全に解消し，引き続きオーバーラント義勇軍に留まることになる[38]。

　オーバーラント義勇軍の指揮権は，その後1919年5月28日にベックフ少佐からペトリ少佐へと引き継がれ，6月17日にはレーマーと親しいエルンスト・ホラダム大尉の手に渡った[39]。またこれにともない，メンバーらの暫定国軍への統

---

36) Freikorps Oberland an das Reichswehr-Gruppenkommando Möhl, 14.5.1919, in : BayHStA, Abt. IV, Freikorps Mannschaftsakten 13/224, o.Bl.　オーバーラント義勇軍内部の二重権力状態は，レーテ共和国指導者レヴィネの拘束に際しても問題を巻き起こした。レヴィネを捕えたのはゼボッテンドルフ周辺の将校らであったが，彼らはそれをオーバーラント義勇軍に一切知らせることなく執りおこなったのである。

37) Kuron, *Oberland*, S. 37.

38) Offiziersstellenbesetzungsliste des Freikorps Oberland, München, 21.5.1919, in : BayHStA, Abt. IV, Freikorps Mannschaftsakten 13/242.

39) Kuron, *Oberland*, S. 40-41, 44 ; Ingo Korzetz, *Die Freikorps in der Weimarer Republik. Freiheitskämpfer oder Landsknechthaufen？ Aufstellung, Einsatz und Wesen bayerischer Freikorps 1918-1920*, Marburg 2009, S. 97 ; Johannes Timmermann, Die Entstehung der Freikorpsbewegung 1919 in Memmingen und im Unterallgäu, in : Reinhard Baumann / Paul Hoser (Hgg.), *Die Revolution von 1918/19 in der Provinz*, Konstanz 1996, S. 173-188, ここでは S. 186-187, Anm. 59.

172

合も進められた。彼らはまず，ペトリのもとで暫定国軍第21旅団に組み入れら
れたのち，続いてホラダムのもと，暫定国軍第42狙撃兵連隊第３大隊へと配属
された。こうした措置はいうまでもなく，ベルリン中央政府の軍事力「国有
化」政策，ならびにヴェルサイユ条約締結によりドイツに課せられた軍備制限
によってもたらされたものだった。[40]

　ただ，レーマーはそうした中にあっても，国軍へと合流することなく，これ
とは別にホラダムが結成した「オーバーラント予備役中隊」の第１小隊長に就
任した。この予備役中隊は，ミュンヘン市内もしくはその郊外に居住する予備
役軍人から構成され，有事に際してはメンバーらが武器を手に携え再び集結す
ることになっていた。そして彼らのネットワークは，1919年８月19日にオー
バーラント予備役中隊そのものが解体されて以降も維持され，次第に秘密結社
へと変貌していくこととなる。[41]

2　鉄拳団の結成とバイエルンの「秩序細胞」化

　レーマーは1919年夏以降，オーバーラント義勇軍の元メンバーを含む将校た
ちを生家に呼び集める形で，軍人として培った人的ネットワークを維持した。
レーマーの母親の証言によると，レーマー家はすでに第一次世界大戦前から
「愛国心の牙城」と化しており，大戦中にはレーマーを含む６人の息子全員が
前線に立ち，大戦後には生還した５人全員がオーバーラント義勇軍に参加して
いた。[42]つまりレーマーの生家は，将校たちの集会場所として，何かと好都合
だったのである。そしてレーマーはここにおいて，「鉄拳団［Eiserne Faust］」
と呼ばれる秘密結社を結成した。メンバーの中には，エルンスト・ホラダム大
尉やルートヴィヒ・エストライヒャー少尉といったオーバーラント義勇軍出身
の将校のほか，エップ義勇軍への参加後に国軍将校となったエルンスト・レー
ム中尉や，バイエルン第４集団司令部第４局（Ib 部）の諜報・プロパガンダ部
長であるカール・マイヤー中尉の名もあった。レームの回想によると，彼らは
「ナショナリスト的で，ともすれば革命的な目標」のもとに集まった同志たち

---

40) Kuron, *Oberland*, S. 40-47.
41) Ebd., S. 47-48.
42) Gesuch der Mutter Maria Römer an Hitler, München, 24.7.1934, S. 1, in : Bindrich/Römer, *Römer*, Dok. 37, S. 169-171, ここでは S. 169.

第 4 章　コミュニストとの共闘　173

だった。[43]

　興味深いのは，こうしてレーマーの生家で開催されていた鉄拳団の集会が，その後のナチ党の中心人物たちの邂逅の場となった点である。とりわけ1919年の秋には，アドルフ・ヒトラーがマイヤーの仲介で鉄拳団の集会に参加するようになり，彼はそこでレーマーやレームとの知己を得た。[44] けれども，ヒトラーとレーマーは決して良好な関係にはなかったようである。鉄拳団は1920年春までに活動を停止するものの，[45] そこから約 1 年後にミュンヘン市警察本部がおこなった報告によれば，両者の関係は「完全に決裂して」おり，さらにヒトラーは「自党員のほとんどがレーマー陣営に寝返るのではないかと恐怖していた」。[46] 確かに，バイエルン・レーテ共和国が崩壊した1919年 5 月初頭の時点で，ヒトラーはレーテ共和国のもとで働く一介の上等兵に過ぎず，また義勇軍運動にも不参加であった。[47] 軍人としてのヒトラーがレーマーに遠く及ばなかったことを考えると，彼のそのようなコンプレックスも頷けよう。

　さて，バイエルンにおける保守派・右翼急進派の動きは，1920年 3 月の反政府クーデタ・カップ一揆を経てさらに加速化した。そこでは一揆と連動する形で 3 月16日に無血クーデタが勃発し，この結果，SPD のホフマン政府は瓦解し，代わって保守派のグスタフ・フォン・カールを首相とするバイエルン人民党（BVP）政府が成立することとなる。そしてこのカール政府のもと，バイエルンはドイツにおける保守派・右翼急進派の拠点へと変貌を遂げた。[48] そこでは

---

43)　Ernst Röhm, *Die Geschichte eines Hochverräters*, München 1928, S. 100-101 ; Eleanor Hancock, *Ernst Röhm. Hitler's SA Chief of Staff*, New York 2008, pp. 40-41 ; マーザー『ヒトラー』108頁。

44)　Ebd.

45)　Bindrich, Römer, S. 29.　ちなみに活動停止の理由は明らかでない。

46)　Polizeidirektion München an das Staatsministerium des Innern, München, 2.3.1921, S. 5, in : BayHStA, MInn, Nr. 73675, o.Bl.

47)　最近の研究では，こうした初期ヒトラーの受動的態度に注目が集まっている。Thomas Weber, *Hitler's First War. Adolf Hitler, the Men of the List Regiment, and the First World War*, Oxford 2010 ; Plöckinger, *Soldaten*. 石田勇治氏もこの傾向に倣い，ドイツ革命期のヒトラーを「受け身の日和見主義者」と評している。石田勇治『ヒトラーとナチ・ドイツ』講談社，2015年，28-30頁。

48)　Martin H. Geyer, *Verkehrte Welt. Revolution, Inflation und Moderne. München 1914-1924*, Göttingen 1998, S. 112-117.　クーデタの直接的契機となったのは，ミュンヘンの労働者層における反カップの動きだった。1920年 3 月13日，シュトゥットガルトに亡命中の共和国政府が全国の労働者に対しゼネストを呼びかけると，ミュンヘンの労働者たちは志願兵部隊の武装解除と武器の確保に乗り出した。これに危機感を覚えた志願兵部隊の指導者たちは，14日以降，国軍の将軍や警視総監エルンスト・ペーナーらとともに軍への執行権移譲をホフマンに迫り，この結果16日に DVP 政府が成立した。Mües-Baron, *Himmler*, S. 128-133. ↗

174

まずもって，「国土における安寧と秩序の維持」が「最重要の課題」と位置づけられ，[49] またバイエルンこそドイツ全土を「健全化」するための「秩序細胞[Ordnungszelle]」たらねばならないとの考えが広まっていったのである。[50]

とはいえ，レーマーとヒトラーの不和からも窺えるように，バイエルンの保守派・右翼急進派諸勢力が決して一枚岩ではなかったことは付言しておかねばなるまい。その内部では，カップ一揆の挫折後にドイツ各地から集まった義勇軍戦士のほか，ヴィッテルスバッハ家の復興を望む君主主義的分離主義者や，帝政ドイツへの回帰を目論む反動派，ユダヤ人を敵視する民族至上主義者や革命的傾向をもつナショナリストなどが入り乱れており，彼らは「共和国の打倒」という点において一致していたものの，それはやはり不安定な提携でしかなく，バイエルンでは以後，様々な組織や一揆計画が競合し交差するという，混沌たる状況が生み出されていくこととなる。[51]

このように保守派・右翼急進派諸勢力の陰謀渦巻く政治空間と化したバイエルンにおいて，1920年4月，ルール地方における労働者の武装解除を終えて帰還したオーバーラント義勇軍は，[52] しばしば組織内外からの「裏切り」の脅威に晒されるようになった。1920年12月19日，レーマーを筆頭とする62名のメンバーによって作成された「ベッポ・レーマーに対する秘密宣誓文」という文書からは，当時のメンバーらの間で，「撹乱工作」や「奸計」に対する危機意識が強まっていた事実を確認することができる。そして彼らは事態への対応策として，指導者レーマーに対する「独裁的権限の付与」と「無条件の信頼」，そして「真なるニーベルンゲンの忠誠」にもとづいた規律と団結の強化をはかる

なお，ホフマン政府との「交渉」に際しては，オーバーラント義勇軍が屋外に集合し，無言の圧力をかけていた。Hofmann, *Verräter*, S. 3, 39 ; Kai Uwe Tapken, *Die Reichswehr in Bayern von 1919 bis 1924*, Hamburg 2004, S. 359.

49) こうした方針は，カールが1920年5月2日のBVP党大会でおこなった演説において掲げられた。Landesparteitag der Bayerischen Volkspartei, in : *Bayerischer Kurier*, 3.5.1920.

50) Fenske, *Konservatismus*, S. 312. BVP政府による「秩序細胞」政策の全容については，古田雅雄「「秩序細胞」政策とは何か：バイエルン人民党政治 1920〜1923年」『六甲台論集』35巻2号（1988年）57-67頁を参照。

51) ヨアヒム・フェスト（赤羽龍夫［他］訳）『ヒトラー（上）』河出書房新社，1975年，172頁；松本洋子「バイエルンの分離主義について（Ⅱ）：ヴァイマル期におけるバイエルンの特異な政治的状況に関する考察」『論集（駒澤大学）』15号（1982年）1-22頁，ここでは18-19頁。

52) カップ一揆の挫折後，ルール地方では一揆に対する反動として労働者による武装蜂起が起きた。オーバーラント義勇軍はこのとき，蜂起鎮圧のために派遣されたが，現地到着時にはすでに主要な戦闘は終了していた。Kuron, *Oberland*, S. 57.

とともに,「悪意ある目論見における不義不忠と裏切りは,裏切り者の死によってのみ償われる」との取り決めを結んだ。だが,実際にはこうした宣誓と暴力的制裁の宣言が問題解決に結びつくことはなく,1921年2月2日には新たにレーマー暗殺計画が露見するに至る。[54]

3 コミュニストへの接近

レーマー暗殺を企んだのが,はたして誰なのかは判然としない。[55]しかし彼の命がねらわれた背景には,オーバーラント義勇軍において採用された,他の義勇軍とは異なる独自路線の存在が挙げられる。それはすなわち,コミュニストへの接近であった。

そもそも,1919年5月に「アカとの闘争」を掲げバイエルン・レーテ共和国打倒に参加したオーバーラント義勇軍が,この期に及んでなぜコミュニストへの接近をはかったのだろうか。鍵を握るのは,オットー・グラーフというひとりのコミュニストの存在である。彼はレーマーのギムナジウム時代の学友であると同時に,1920年7月にバイエルン州議会に選出されたKPD議員でもあった。両者は第一次世界大戦中には一度も顔を合わせなかったものの,おそらくはバイエルン・レーテ共和国が崩壊した1919年5月以降に再会を果たし,互いに敵対する立場にありながら,その後緊密な関係を築いていくこととなる。[56]

レーマーとグラーフの接近は,1919年後半以降の国際情勢の変化によって後押しされた。英仏を中心とするヴェルサイユ体制の構築が,第一次世界大戦後の新秩序の形成から独ソを排除し,必然的に両国間の協力関係の構築を促したことは,E・H・カーの古典的研究によってもよく知られるところである。[57]特に1920年に入ると,ソヴィエト=ポーランド戦争が激化し,独ソ間の接近の度

---

53) Geheimschwur „Oberland" auf Beppo Römer, München, 19.12.1920, in : SAPMO-BA, NY 4054/3, Bl. 67-68.

54) Polizeidirektion München an das Staatsministerium des Innern, München, 2.3.1921, S. 5.

55) Ebd., S. 8.

56) Protokoll der Vernehmung Otto Grafs, München, 14.6.1928, in : BAB, R 3003/14 aJ/356/26, Bd. 31, Bl. 30-30RS. グラーフは当時「コント[Comte]」という偽名を使用し,オーバーラント義勇軍の会合にも参加していた。会合が開催されたのはレーマーの自宅であり,そこでは社会主義や労働運動,ロシアについて意見交換がなされた。Schüddekopf, *Nationalbolschewismus*, S. 434, Anm. 37 ; 篠塚敏生『ヴァイマル共和国初期のドイツ共産党:中部ドイツでの1921年「3月行動」の研究』多賀出版,2008年,61頁。

57) E・H・カー（富永幸生訳）『独ソ関係史:世界革命とファシズム』サイマル出版会,1972年。

合いはますます高まっていった。こうした中，国軍と赤軍との間では，軍事協力関係の構築が秘密裏に模索されることとなる[58]。またそれと並行する形で，ドイツ・ナショナリストの中からはソヴィエト・ロシアとの提携論が湧き上がり，逆にモスクワのソヴィエト指導部の中からも，KPD は右翼や義勇軍と協調すべきである，との主張が展開された[59]。そしてこのような状況のもと，バイエルンのコミュニストの間では，「ナショナル・コミュニズム［Nationalkommunismus］」と呼ばれる思想潮流がその影響力を拡大することになる。

　「ヴァイマル共和国の反民主主義思想」を検討したクルト・ゾントハイマーの定義によると，ナショナル・コミュニズムとは，「ボルシェヴィズムの祖国ロシアへの依存，提携を重視する多種多様の民族主義運動」としてのナショナル・ボルシェヴィズムの下位概念であり，「プロレタリア的イデオロギー本来の国際的性格に対して，国家の救済と民族統一のための労働者の意義を強調する」思想・運動である[60]。その端緒は，すでに1919年後半のハンブルクにおいて，フリッツ・ヴォルフハイムとハインリヒ・ラウフェンベルクらを中心とする左翼急進派の中にみられた。彼らは，その当時ハンブルクに駐屯していたレットウ゠フォアベック将軍の義勇軍部隊と接触し，反ヴェルサイユを目的とした将校との共闘を模索したのであった[61]。

　こうしたナショナル・コミュニズムの流れは，その後もドイツ・コミュニストの間で一定の支持を集め，ついにはカップ一揆直後のミュンヘンにおいて，再び大きなうねりを生み出すことになる。まさにその中心にいたのがグラーフであり，また，彼とともにミュンヘンの KPD 機関紙『ノイエ・ツァイトゥン

---

58) Manfred Zeidler, *Reichswehr und Rote Armee 1920-1933. Wege und Stationen einer ungewöhnlichen Zusammenarbeit*, München ²1994, S. 47-53；Vasilij L. Černoperov, Viktor Kopp und die Anfänge der sowjetisch-deutschen Beziehungen 1919 bis 1921, in：*VfZ* 60 (2012), H. 4, S. 529-554, ここでは S. 541-543；富永幸生『独ソ関係の史的分析 1917～1925』岩波書店，1979年，264-265頁。

59) Dupeux, *Nationalbolschewismus*, S. 127-154；ロバート・サーヴィス（三浦元博訳）『情報戦のロシア革命』白水社，2012年，383-384頁；富永『独ソ関係の史的分析』219-224頁。

60) K・ゾントハイマー（河島幸夫／脇圭平訳）『ワイマール共和国の政治思想：ドイツ・ナショナリズムの反民主主義思想』ミネルヴァ書房，1976年，126-127頁。

61) Karl O. Paetel, *Versuchung oder Chance? Zur Geschichte des deutschen Nationalbolschewismus*, Göttingen 1965, S. 37-38；Schüddekopf, *Nationalbolschewismus*, S. 67, 78；Dupeux, *Nationalbolschewismus*, S. 104-106；Uwe Schulte-Varendorff, *Kolonialheld für Kaiser und Führer. General Lettow-Vorbeck*, Berlin 2006, S. 92.

第4章 コミュニストとの共闘　177

グ［Neue Zeitung］』の編集を務めるオットー・トーマスだった。[62]「協商国に
対する『革命的』戦争」を唱える彼らは，ナショナリスト青年に向けて「革命
を起こし，資本主義と協商国に対抗すべく，プロレタリアートと合同せよ」と
訴えており，労働者には「頭の弱い君主主義者などとは一線を画する，一握り
の将校」の助けが必要だと主張していた。[63]そしてその「一握りの将校」として
白羽の矢が立ったのは，グラーフの知人であるレーマーだった。グラーフの回
想によると，「レーマーは社会的な見識のある男」であり，「その点で彼の戦友
たちとも，一線を画す存在だった」。[64]

　この点に関しては，ミュンヘン市警察本部による1921年3月2日付報告の中
に，注目すべき一節がある。それによると，レーマーは「将校，学生，そして
市民との関係を深めるだけでなく，労働者層との協働ないし接触を実現するこ
とを最重要の目的に据えていた」。[65]バイエルンの義勇軍運動やナショナリスト
系秘密結社の形成において中核的な役割を担ったレーマーが，「労働者層との
協働」を目指していたことは，グラーフやトーマスの心を大きく動かしたこと
だろう。実際にレーマーと彼らの間では，1921年に軍縮の一環として計画され
た住民軍の解体を共同で阻止しようとする動きもみられた。これは反協商国の
ための武器を温存するという点で，義勇軍指導者であるレーマーにとっても，
またナショナル・コミュニストであるグラーフやトーマスにとっても，重要な
案件だったのである。[66]

---

62)　Paul Hoser, *Die politischen, wirtschaftlichen und sozialen Hintergründe der Münchner Tages-
　　presse zwischen 1914 und 1934. Methoden der Pressebeeinflussung*, Frankfurt a. M. 1990, T. 1,
　　S. 116 ; Wolfgang Graf, Das Leben meines Vaters bis 1933, in : Otto und Wolfgang Graf, *Leben
　　in bewegter Zeit 1900-2000*, hg. von Ingelore Pilwousek, München 2003, S. 13-39, ここでは S. 25-26.

63)　Fenske, *Konservatismus*, S. 161 ; Dupeux, *Nationalbolschewismus*, S. 162-163 ; Conan Fischer,
　　The German Communists and the Rise of Nazism, Basingstoke 1991, p. 31.

64)　Protokoll der Vernehmung Otto Grafs, München, 14.6.1928.

65)　Polizeidirektion München an das Staatsministerium des Innern, München, 2.3.1921, S. 5. なお，
　　レーマーは1921年4月にナショナル・ボルシェヴィストであるという嫌疑から，一度警察に逮捕されている。
　　Bindrich, Römer, S. 32.

66)　Hofmann, *Verräter*, S. 116-117. なお，住民軍解体問題は最終的にひとつの事件へと帰結する。1921年
　　6月9日，解体に積極的だったバイエルンの USPD 議員カール・ガライスが，何者かに暗殺されたのであ
　　る。犯人は不明だったものの，オーバーラント義勇軍のメンバーによる犯行の可能性が当時から指摘されてい
　　る［Ebd., S. 118-119；篠塚『ヴァイマル共和国初期のドイツ共産党』24-25頁］。
　　　確かにこの時期，オーバーラント義勇軍のメンバーは「オルゲシュ［Orgesch］」と呼ばれる住民軍・エ
　　シェリヒ機関に組み入れられる形で活動を継続しており，それゆえ彼らが住民軍の解体を身に迫る問題として
　　認識していたことは間違いない［Kuron, *Oberland*, S. 63-71］。ただしその内部に目を向けると，レー↗

4 オーバーシュレージエンにおけるコミュニストとの共闘

レーマーとグラーフの関係は，オーバーシュレージエンでの国境闘争を軸に，さらなる展開を迎えた。第一次世界大戦直後からドイツ＝ポーランド間の紛争が絶えなかった同地では，ドイツへの帰属を求める現地の多数派住民の声に抗う形で，1921年5月3日にポーランド志願兵部隊による大規模な蜂起が勃発した。[67]これに対し，ヴェルサイユ条約により国軍部隊の投入を禁じられていたドイツ政府は，[68]代わりに義勇軍ないしはその流れを汲む民間の国防団体を動員することで，蜂起の鎮圧へと踏み切ることとなる。[69]

かくして始まったオーバーシュレージエン闘争において，オーバーラント義勇軍は指揮官ホラダムと幕僚長レーマーのもと，ロスバッハ，アウロック，ハイデブレック，プフェファー，コンズル，そしてハインツといった他の義勇軍やその後継組織とともに，「オーバーシュレージエン自警団 [Selbstschutz Oberschlesien]」を形成し，ポーランドの志願兵部隊や，それを支援するフランス駐留部隊との国境闘争を展開することとなる。[70]

ただし，開始早々ポーランド側の優位が常態化し，またオーバーシュレージ

　＼マーや彼に共鳴するオーバーラント義勇軍のメンバーとオルゲシュの間では不和が存在していたし [Rudolf Kanzler, *Bayerns Kampf gegen den Bolschewismus. Geschichte der bayerischen Einwohnerwehren*, München 1931, S. 166-168]，また1920年代のバイエルンにおける数々の暗殺事件を詳細に検討したホフマンも指摘しているように，当時のバイエルンの政治的風土を考慮すれば，ガライスの暗殺者をコミュニストとの提携を重視するレーマー周辺のメンバーに求めるのは困難といえよう [Hofmann, *Verräter*, S. 115-116]。

67) オーバーシュレージエン闘争のきっかけとなったのは，1921年3月20日に開催された住民投票である。そこでは有権者のおよそ6割を占める約70万7,500人がドイツに留まることを選択したものの，ポーランド系住民投票委員会の会長であるヴォイチェフ・コルファンティはこの結果に強く反発し，5月3日に志願兵部隊を率いて単独武装蜂起を開始した。Hannsjoachim W. Koch, *Der deutsche Bürgerkrieg. Eine Geschichte der deutschen und österreichischen Freikorps 1918-1923*, Dresden ³2014, S. 265-267；伊藤定良「国民国家・地域・マイノリティ」田村栄子／星乃治彦編『ヴァイマル共和国の光芒：ナチズムと近代の相克』昭和堂，2007年，42-75頁，ここでは59-60頁。

68) ベルリンのフランス大使は1921年5月9日，ドイツがオーバーシュレージエンに国軍部隊を動員した場合，それがヴェルサイユ条約違反にあたると主張し，もしそのような動員が実行された場合には，報復措置としてフランス軍によるルール地方の占領が決行されると宣言した。Waldemar Erfurth, *Die Geschichte des deutschen Generalstabes von 1918 bis 1945*, Göttingen ²1960, S. 95；Černoperov, Kopp, S. 547.

69) Jun Nakata, *Der Grenz- und Landesschutz in der Weimarer Republik 1918-1933. Die geheime Aufrüstung und die deutsche Gesellschaft*, Freiburg 2002, S. 150-151.

70) Ebd., S. 151-152；Kuron, *Oberland*, S. 72-74；Bernhard Sauer, „Auf nach Oberschlesien". Die Kämpfe der deutschen Freikorps 1921 in Oberschlesien und den anderen ehemaligen deutschen Ostproivinzen, in：*ZfG* 58 (2010), H. 4, S. 297-320, ここでは S. 297, 311-312.

第4章 コミュニストとの共闘　179

エン自警団が暴走の兆しをみせ始めると，ドイツ政府と国軍はポーランドへの
攻撃中止を求めるようになる。首相ヴィルト（中央党）は，オーバーシュレー
ジエン闘争が1919年のバルト出兵と同じように，義勇軍の暴走を招くのではな
いかと危惧していたし，また陸軍司令部長官ゼークトも，義勇軍の闘争を支援
する方針を改め，見込みのない戦闘は即刻中止すべきであるとの立場へと転じ
ていた。[71]

　しかしながら，義勇軍による戦闘行為は，こうしたドイツ本国からの攻撃中
止命令を振り切る形で継続された。特に1921年5月21日には，オーバーシュ
レージエンの最高峰にして，戦略的にも重要な「聖山」アナベルクを獲得すべ
く，レーマー率いるオーバーラント義勇軍が突撃作戦を実行した。このアナベ
ルクをめぐる戦いは，オーバーシュレージエン闘争における最大規模の戦闘と
なり，敵味方あわせて少なくとも1,500名の死傷者を出すこととなる。[72]

　レーマーらは激戦の末，1921年5月23日にアナベルクの獲得に成功した。こ[73]
れによりオーバーシュレージエンをめぐる勢力図は一変し，ドイツ側の優位が
確定するに至った。そしてこのアナベルク獲得以降，オーバーシュレージエン
闘争はドイツ側，ポーランド側の双方が，互いに「敵の完全なる殲滅」を目論
むという，血塗られた様相を呈することとなる。[74]

　その際，驚くべきは「グラーフもまた，オーバーラントとともにオーバー
シュレージエンに赴き，そこで目覚ましい成果を上げた」というレーマーの証
言である。レーマーによると，「グラーフはとりわけブレスラウにおいて，
オーバーシュレージエン行動に対する社会主義政党と共産主義諸政党の反対の
声をなだめることに成功した」。そしてグラーフはその見返りに，レーマーか[75]
ら総計30万ないし35万マルクの資金を受け取ったとされる。その資金は，ミュ

---

71)　Koch, *Bürgerkrieg*, S. 270 ; Sauer, Oberschlesien, S. 312-313.

72)　Kuron, *Oberland*, S. 90-105 ; Guido Hitze, *Carl Ulitzka（1873-1953）oder Oberschlesien zwischen den Weltkriegen*, Düsseldorf 2002, S. 408-409.

73)　Ebd. このように義勇軍が勝利を収めたアナベルクへの突撃は，その後の義勇軍文学において青年神話的な意味づけを施されながら，英雄譚として顕彰された。この点については，Sprenger, *Landsknechte*, S. 155-163を参照。

74)　Hitze, *Ulitzka*, S. 409. そこでは，1921年5月末から6月末までの間に，ポーランドに加担しているとみなされた地域住民約60名が，義勇軍の手により殺害されたのであった。

75)　Protokoll der Vernehmung Josef „Beppo" Römers, München, 19.10.1922, S. 4, in : StAM, StAnw, Nr. 2870a/2, Bl. 328-333, ここでは Bl. 329RS.

ンヘンの KPD 機関紙『ノイエ・ツァイトゥング』の発行のために活用された
のであった。[76]

　またさらにグラーフは，オーバーシュレージエン闘争に際して労働者を説得
し，オーバーラント義勇軍に招き入れることに成功した。[77]ドイツの敗戦以来，
常にポーランドの脅威に晒されていたオーバーシュレージエンの労働者たち
は，すでに1920年夏の段階から反ポーランド・反フランスの好戦的ナショナリ
ズムに染まりつつあった。[78]そんな彼らがグラーフの提言に応じたことは，ある
種当然の流れであったといえよう。そしてこうしたグラーフの活躍により，
オーバーラント義勇軍の隊列には，軍人や学生，手工業者のみならず，ルール
地方出身の鉱山労働者や，バイエルン出身の労働者，そしてコミュニストの姿
も見られるようになった。[79]レーマーが目指した「労働者層との協働」は，コ
ミュニストであるグラーフとの共闘を通じて，まさにオーバーシュレージエン
の地で実現することとなったのである。

3　「国の一体性（ライヒ）」とナショナル・ボルシェヴィズム

1　オーバーラント同盟の結成

　オーバーシュレージエン闘争は結局のところ，国際連盟による政治的介入を
機に，ドイツにきわめて不利な形で終結した。[80]そしてオーバーラント義勇軍も
また，連合国の要請に応じる形で，1921年7月初頭に解散を余儀なくされる。[81]

---

76)　Ebd., S. 5, 9；Protokoll der Vernehmung Josef „Beppo" Römers, Berlin, 28.10.1926, S. 5-6. この
　　点についてはさらに，Kuron, *Oberland*, S. 144-145；Dupeux, *Nationalbolschewismus*, S. 165-166；
　　Geyer, *Welt*, S. 298；Graf, *Leben*, S. 29-30 も参照。

77)　Protokoll der Vernehmung Josef „Beppo" Römers, München, 19.10.1922, S. 4.

78)　Dupeux, *Nationalbolschewismus*, S. 149-150.

79)　Aussage des Angeklagten Friedrich Weber am 2. Verhandlungstag, 27.2.1924, vorm., in：*Der
　　Hitler-Prozess 1924. Wortlaut der Hauptverhandlung vor dem Volksgericht München I*, Teil 1：
　　1.-4. Verhandlungstag, hgg. und komm. von Lothar Gruchmann / Reinhard Weber unter Mitar-
　　beit von Otto Gritschneder, München 1997, S. 67-103, ここでは S. 69；Kuron, *Oberland*, S. 144.
　　　グラーフとともにオーバーシュレージエン闘争に参加したバイエルンの KPD 議員，アントン・アシャウ
　　アーは，闘争中にオーバーラント義勇軍のメンバーにもなっていた。Günther Gerstenberg, *Freiheit!
　　Sozialdemokratischer Selbstschutz im München der zwanziger und frühen dreißiger Jahre*, Bd.
　　2：*Bilder und Dokumente*, Andechs 1997, S. 255；Graf, *Leben*, S. 22-23, 249；篠塚『ヴァイマル共和
　　国初期のドイツ共産党』440頁，註142。

80)　本論第 2 章第 7 節第 1 項を参照。

81)　Kuron, *Oberland*, S. 124-126.

第 4 章　コミュニストとの共闘　181

しかしレーマーらはその後も引き続き活動を展開し，10月31日にはオーバーラ
ント義勇軍の後継組織「オーバーラント同盟［Bund Oberland：BO］」を結成
するに至った。結成と同時期に発行された BO のパンフレットによると，そ
の基本思想には，①ヴェルサイユ条約の破棄，②国への無条件の忠誠および
国の一体性の維持，③階級闘争の拒否，という 3 つの原則が掲げられている。
クーロンも指摘するように，この三原則がオーバーシュレージエンの分割に対
し，コミュニストや労働者とともに抵抗した経験に由来していることは明らか
であろう。中でも，とりわけ一揆主義との対決姿勢は，オーバーシュレージエ
ン闘争直後からレーマーらによって繰り返し主張されていた。

　だが，BO とて一枚岩ではなかった。まず指導部を構成したのは，レーマー
周辺の兵士的かつナショナル・ボルシェヴィスト的な古参メンバーではなく，
財政的な影響力をもつ市民的な新参メンバーであった。彼らはオーバーシュ
レージエンからの帰還後，大規模な人員補充の影響から深刻な財政難に陥って
いた組織を救い，その見返りに組織の主導権を獲得しようと試みたのだった。

　また BO のメンバーの間でも，常に 3 つの路線が鼎立状態にあった。まず
第 1 の路線は君主主義的分離主義の傾向，ないしはそれと提携する市民的傾向
であり，前者はバイエルンの独立とヴィッテルスバッハ家の皇太子ルプレヒト
が統治するアルペン国家の形成を熱望し，また後者は反共和国という点で前者
と共闘関係にあった。次いで第 2 の路線はナショナリスト的傾向であり，彼ら
の多くはナチズムに共鳴し，その後1923年11月のミュンヘン一揆に参加するこ
ととなる。そして第 3 の路線はレーマー周辺，特にかつてのオーバーラント義

---

82)　BAB, R 43-I/2707, Bl. 143-144.

83)　Kuron, *Oberland*, S. 131.

84)　*Oberland*, München, o.J. [ca. 1921], S. 6, in：BAB, NS 26/700, o.Bl., abgedruckt in：Bindrich/Rö-
　　mer, *Römer*, Dok. 9, S. 95-96.

85)　Kuron, *Oberland*, S. 144.

86)　RKÜO an Reichskanzler, Berlin 13.8.1921, in：BAB, R 43-I/2707, Bl. 79-80.

87)　Kuron, *Oberland*, S. 131-132；Sauer, Oberschlesien, S. 318-319.

88)　ここではヴェルナー・ザロモンによる区分けを参考にした。Salomon, *Römer*, S. 322.　なお，クーロン
　　やビントリヒは，青年運動からの影響を受けた社会主義的傾向の存在を指摘しており，その代表者として，の
　　ちに「ドイツ獣医帝国指導者［Reichsführer der Deutschen Tierärzte］」となるフリードリヒ・ヴェー
　　バーの名を挙げている［Kuron, *Oberland*, S. 131-132；Bindrich, *Römer*, S. 35］。しかしながらガイヤー
　　の指摘するように，ヴェーバーは「ナチ党との提携を支持しており，また疑いの余地なく，［レーマーと同じ
　　ような―今井］ナショナル・ボルシェヴィスト的理念を胸に抱いてはいなかった」［Geyer, *Welt*, S. 299］。
　　ヴェーバーとナチ党との関係については，本論第 5 章第 1 節第 3 項・第 4 項を参照。

勇軍の指導者層を中核とした兵士的かつナショナル・ボルシェヴィスト的傾向
であった。レーマーがのちに回顧したところによると，こうした3つの路線の
鼎立状況の中にあって，BO は義勇軍時代とは「もはやまったく別の面子から
構成されて」いた。[89]

さらにいえば，レーマーとその同志たちは，バイエルンの保守派・右翼急進
派諸勢力の中で，ほとんど孤立した状態にあった。コミュニストへの友好的態
度とは対照的に，義勇軍運動内部の一揆主義や分離主義に懐疑的なまなざしを
向けていた彼らは，BO の内外から反感を買っていたのである。[90]

そうした中，レーマーは1922年10月に OC の指導者であるエーアハルト大
佐と，BO 所属のズィープリングハウス少佐の暗殺を指示したとの疑いをかけ
られ，ミュンヘン市警により一時拘禁状態におかれることとなる。事件の背後[91]
には，BO 内の市民的・分離主義的路線を代表するフリードリヒ・クナウフの
陰謀が存在していた。すなわち，クナウフはレーマーとその同志たちを BO
から排除し，自らを中心とする「トロイ＝オーバーラント同盟［Bund
Treu-Oberland］」を新たに結成するべく，レーマーに濡れ衣を着せたのであ
る。そして当然ながら，レーマーは裁判の末，無罪放免で釈放されるに至っ[92]
た。[93]

2　一揆主義批判と「国の一体性」

とはいえ，レーマーがエーアハルトの武断主義的なやり方を快く思っていな
かったことは確かである。1922年10月14日の尋問において，その関係について
問われたレーマーは，「エーアハルト大佐とは個人的に知り合いであり，その
性格を高く評価している」としながらも，次のような批判をおこなっている。

---

89)　Protokoll der Vernehmung Josef „Beppo" Römers, Berlin, 28.10.1926, S. 6.

90)　Röhm, *Geschichte*, S. 122 ; Kuron, *Oberland*, S. 138-139 ; Fenske, *Konservatismus*, S. 162-163 ;
　　Bindrich, Römer, S. 37.

91)　*Politik in Bayern 1919-1933. Berichte des württembergischen Gesandten*, von Carl Moser von
　　Filseck, hg. und komm. von Wolfgang Benz, Stuttgart 1971, Dok. 95, S. 114-115 (21.11.1922); Gum-
　　bel, *Verschwörer. Zur Geschichte und Soziologie der deutschen nationalistischen Geheim-
　　bünde 1918-1924*, Frankfurt a.M. ³1984, S. 238 ; Bindrich, Römer, S. 37-38 ; Geyer, *Welt*, S. 299.

92)　Dupeux, *Nationalbolschewismus*, S. 166-167.

93)　Gumbel, *Verschwörer*, S. 238 ; Fenske, *Konservatismus*, S. 164.

しかしながら，オーバーラントはエーアハルトと距離を置き，その政治と鋭く対立した。われわれはエーアハルトを，その冒険的かつ一揆主義的な見解ゆえに，政治的に有害な人物［Schädling］だとみなしていた。彼はベルリンから策謀をめぐらす分離主義者のサークル，もしくはその他のあらゆる方向性をもったサークルと，共同で政治をおこなおうとすらしていた。それはまずもって，闘争を標榜するしか能のない政治であった。われわれオーバーレンダーはその政治を，典型的な下級将校の政治［Majorspolitik］と呼んでいた。[94]

　この供述からは，エーアハルトの「冒険的かつ一揆主義的な見解」と，「闘争を標榜するしか能のない政治」に対する，レーマーの強い怒りをみて取れる。レーマーは，そうした「典型的な下級将校の政治」が，分離主義者を含むあらゆる勢力との無節操な提携を生み出している点を問題視し，その実践者であるエーアハルトを「政治的に有害な人物」とすら呼んだのであった。けれどもレーマーはそこで，エーアハルトの政治が何にとって「有害」なのかを明らかにしていない。この点については，それがレーマーにとってあまりにも自明なことだったがゆえに，あえて明言されなかったと考えるのが自然であろう。というのも，一揆主義者に対する批判は，すでに1921年秋に作成された BO 三原則の中でも展開されているからである。

　　　分離主義者，政治屋，左右の一揆主義者は例外なく，国外の資本と手を携えながら，国に背くような目標を追求している。連中はそうして，全ドイツ人を包含する唯一無二の国を危険に晒しているのである。[95]

　ここからわかるのは，レーマーら BO の古参メンバーが，エーアハルトのような一揆主義者を「国の一体性」にとって危険な存在とみなしていた点である。そしてこの「国の一体性」がレーマーにとってかなりの重要事項であった

---

94)　Protokoll der Vernehmung Josef „Beppo" Römers, München, 14. 10. 1922, S. 1-2, in : StAM, StAnw, Nr. 2870a/2, Bl. 10-12, ここでは Bl. 10-10RS.

95)　*Oberland*, S. 6.

184

ことは，彼自身が国の分割を阻止すべく，仲間とともにオーバーシュレージエンへと赴いたという事実からも明らかである。レーマー自身の経験的語りに即すのなら，オーバーラント義勇軍のメンバーはオーバーシュレージエンの地において，「艱難辛苦に耐えながら，倦まず弛まず行動をともにした」のだった[96]。つまりレーマーのエーアハルト批判の背後に存在していたのは，自分とその戦友たちが身を賭してまで守ろうとした「国の一体性」が，エーアハルトに代表される義勇軍内の一揆主義によって危険に晒されることに対する，強い危惧と憤りの感情だったといえる[97]。

ただ，レーマーがエーアハルトのことを「高く評価している」と述べたことからもわかるように，そのエーアハルト批判は，労働者を殺害し，一揆主義を生み出した義勇軍運動全体の反省につながるものではなかった。レーマーは次のように述べる。

　　われわれオーバーレンダーはしかし，エーアハルトがいつの日か自身の
　　政治路線の有害ぶりを自覚するだろうと絶対的に確信しているし，また，
　　あらゆる国民的サークルが一致団結して外敵と対峙する日に，彼がわれわ
　　れと肩を並べて戦うことを，はっきりとわかっているのだ[98]。

ここではエーアハルトもまた，義勇軍運動を牽引した戦友のひとりとして位置づけられており，彼が「いつの日か自身の政治路線の有害ぶりを自覚」し，かつてと同じように「外敵」との闘争をともに展開するであろうという希望的観測を確認することができる。しかしその後，レーマーとエーアハルトが和解し「肩を並べて戦う」日は，ついに来なかったのである。

---

96) Protokoll der Vernehmung Josef „Beppo" Römers, München, 19.10.1922, S. 11.

97) レーマーは1921年12月以降，エーアハルトとは別に，君主主義的分離主義者であるオットー・ピッティンガー率いる「ピッティンガー機関 [Organisation Pittinger]」に対する批判も展開している。そこでも焦点となったのは，ピッティンガー機関がドイツの分裂を目論むフランスの庇護のもと，一揆によってバイエルンをドイツ国から独立させ，ヴィッテルスバッハの王政復古，そしてオーストリア，ハンガリーとのドナウ連合国家の建国を計画しているという陰謀論だった。この点については，Roy G. Koepp, *Conservative Radicals. The Einwohnerwehr, Bund Bayern und Reich, and the Limits of Paramilitary Politics in Bavaria 1918-1928*, Nebraska 2010, pp. 175-176 を参照。

98) Protokoll der Vernehmung Josef „Beppo" Römers, München, 14.10.1922, S. 2.

3 ナショナル・ボルシェヴィストとして

オーバーシュレージエン闘争終結後，当時先鋭化の一途を遂げていたエーア
ハルトの無思慮な一揆主義を批判したレーマーは，その一方でコミュニストと
の協力関係を深めていった。特にオーバーシュレージエン闘争において「行動
をともにした」グラーフへの信頼は，今やレーマーの中で確固たるものとなっ
ていた。尋問中，レーマーは官憲の目があるにもかかわらず，グラーフを「ユ
ダヤ人と社会主義者の政治がもつ有害性 [Schädlichkeit] を見抜いた，数少な
い共産党指導者のひとり」として賞賛している[99]。ここでいう「有害性」が，
「国の一体性」にとってのそれであることは明白であろう。両者がギムナジウ
ム時代からの知り合いである点を差し引いたとしても，グラーフはレーマーに
とって，今や単なる同盟相手ではなく，ともに立場を同じくする同志となって
いた。

また，オーバーシュレージエン闘争の経験は，レーマーの東方志向を決定的
なものとした。1922年10月，官憲側はレーマーによるエーアハルト暗殺教唆の
疑いと並んで，彼がソヴィエト・ロシアと結託してドイツ国内にボルシェヴィ
ズムをもたらそうとしているとの情報をつかみ，この点についても尋問をおこ
なった。レーマーはそれが政敵によって流布されたデマであると主張しながら
も，ドイツがソヴィエト・ロシアと同盟関係を結ぶことの重要性については否
定しなかった。彼はポーランド人がシュレージエンに侵入し，さらには「フラ
ンスと組んでドイツに対する絶滅戦争を遂行した」ことへの怒りを露わにしな
がら，ドイツ人がこうした「民族の敵」に対抗するためには，ソヴィエト・ロ
シアとともに敵を挟撃するほかないと訴えた。レーマーによると，それは国防
軍指導部の熱心な試みに支えられた「理屈抜きに軍事的な構想」であり，ボル
シェヴィズムへの傾倒を意味するものでは決してなかった[100]。

では，レーマーははたしてドイツがどのような社会になることを理想として
いたのだろうか。この点を考えるうえで参考となるのは，彼が1922年2月に

---

99) Ebd. 実際のところ，グラーフをはじめとするバイエルンのコミュニストは，少なからずの反セム主義的
傾向を有していた。Hans-Helmuth Knütter, *Die Juden und die deutsche Linke in der Weimarer
Republik 1918-1933*, Düsseldorf 1973, S. 184-185; Ulrich Neuhäußer-Wespy, *Die KPD in Nord-
bayern 1919-1933. Ein Beitrag zur Regional- und Lokalgeschichte des deutschen Kommunis-
mus*, Nürnberg 1981, S. 47.

100) Protokoll der Vernehmung Josef „Beppo" Römers, München, 19.10.1922, S. 4.

ヴュルツブルク大学に提出した『職能身分代表団の思想と全国経済評議会』と題する博士論文である。この論文はオーバーシュレージエン闘争終結後，一時的に闘争の世界から身を引いたレーマーが，短期間のうちに書き上げたものである。ここで彼は，ドイツの伝統的な職能身分思想が労働者の立場を代表せず，また逆にコミュニストの唱えるプロレタリア独裁が企業家や経営者を排除する点を問題視したうえで，その解決策をビスマルクの「国民経済評議会[Volkswirtschaftsrat]」に求めている。すなわち，1880年にプロイセンで成立したこの評議会は，代表者の半数以上を手工業者と労働者から選出する形で，階級間の利害調整をはかっていた。そしてレーマーは，この当時ヴァイマル憲政下で構想されていた「全国経済評議会[Reichswirtschaftsrat]」を議論の俎上に乗せ，それが第一次世界大戦後のドイツにおいて，ビスマルク時代の国民経済評議会と同様の機能を果たすことに期待を寄せたのである。

　こうしたレーマーの問題感心と議論からは，階級間の調和をはかることで，「国の一体性」を担保しようとする彼のナショナル・ボルシェヴィストとしての一面を垣間みることができよう。つまり彼は，ヴァイマル共和国の崩壊よりも，まずは目下の内戦状況が克服され，ドイツ国民が全体として協働することのできる社会が到来することを望んでいたといえる。そしてこのような発想はおそらく，かつての宿敵であったコミュニストと共闘関係を結び，労働者とともに国の分割を阻止しようと奮戦した，オーバーシュレージエンでの義勇軍経験に裏打ちされていたと考えられるのである。

小 括

　バイエルンの愛国的な教育者家庭で育ち，士官学校を経て将校となったレーマーは，第一次世界大戦の勃発とともに前線へと赴き，東西両戦線において活

---

101) Josef Römer, *Der Gedanke der Berufsständischen Vertretung und der Reichswirtschaftsrat*, Würzburg 1922, in：SAPMO-BArch：NY4054/4. 彼はこれにより法学博士号を取得している。

102) Ebd., S. 59-60.

103) Ebd. 全国経済評議会は，新生ドイツ共和国の政策審議機関として，第一次世界大戦後のドイツにおける経済体制の基本方針を示したヴァイマル憲法第165条第3項において設置が予告された。そして1920年5月4日公布の法令にもとづき，実際に「暫定全国経済評議会」という形でスタートを切ることとなる。そこでは基本的に，労使間の利害調整と，国民的な労使労働共同体の形成が目指された。この点については，臼井英之「全国経済協議会をめぐる政策構想と『暫定全国経済協議会令』：第一次大戦後ドイツにおける暫定全国経済協議会の成立」『成城大學經濟研究』108号（1990年）67-111頁を参照。

躍した。だが，戦場での負傷により故郷ミュンヘンへの帰還を余儀なくされた彼は，そこで1918年秋の敗戦と革命に遭遇することになる。そして1919年4月にバイエルン・レーテ共和国が成立すると，極右秘密結社・トゥーレ協会の力を借りながらオーバーラント義勇軍を組織し，レーテ共和国の打倒を遂行したのだった。

　レーテ共和国崩壊後，オーバーラント義勇軍はトゥーレ協会との同盟関係を解消し，さらには国防軍へと編入された。だが，レーマーは国防軍ではなくオーバーラント予備役中隊に留まり，中隊解体後はナショナリスト系秘密結社・鉄拳団を結成することとなる。この鉄拳団には，ヒトラーやレームといったのちのナチ党幹部も出入りしており，その存在はバイエルンの右翼シーンにおいてそれなりの影響力をもっていた。

　だが，1920年3月のカップ一揆の結果，バイエルンが陰謀渦巻く「秩序細胞」へと変貌していく中にあって，レーマーはその命をねらわれる存在となる。その背景には，彼を中心とするオーバーラント義勇軍の古参メンバーが，反ヴェルサイユの旗のもとにコミュニストに接近するというナショナル・ボルシェヴィスト的傾向を強めていったことが挙げられる。この点については，レーマーがバイエルンのKPD議員グラーフと旧知の仲であり，またグラーフ自身がナショナリストとの提携を重視するナショナル・コミュニストだったという事情も大きく作用していた。そしてオーバーラント義勇軍とコミュニストとの共闘関係は，1921年5月から7月にかけてのオーバーシュレージエン闘争を経て，さらに盤石なものとなっていく。

　オーバーシュレージエン闘争の終結後，オーバーラント義勇軍はオーバーラント同盟（BO）へと改組されるが，そこではレーマー周辺の兵士的かつナショナル・ボルシェヴィスト的な傾向とならんで，分離主義者との共闘を目指す市民的傾向や，ナチとの共闘を目指すナショナリスト的傾向が存在していた。そうした中でレーマーは，エーアハルト旅団の元指導者ヘルマン・エーアハルトの暗殺を教唆したかどで1922年10月に一時逮捕拘禁される。これは誤認逮捕であったが，少なくともレーマーはエーアハルトの武断主義的かつ一揆主義的な政治が「国の一体性」にとって「有害」だとの批判を展開していた。その反面，オーバーシュレージエン闘争において「国の一体性」のために共闘関

係を結んだコミュニストのグラーフに対して，レーマーは今や多大なる信頼を
寄せていたのであった。

第5章

ルール闘争期における義勇軍経験の交差

はじめに

　1923年は，ドイツにとって「危機の1年」といわれる。フランス＝ベルギー連合軍によるルール地方占領とともに始まるこの年は，1918年秋以降，内戦状態に陥っていたドイツ社会において，再び大きな国民的一体感をもたらす反面，占領に起因するインフレや左右の急進派諸勢力の活動激化などの困難をも生み出した。そしてその際，義勇軍運動もまた，オーバーシュレージエン闘争（1921年初夏）以来の盛り上がりをみせることとなる。

　しかし第4章で確認したように，義勇軍運動内部における政治的な路線対立は確実に深まっており，このことはルール占領への対応においても，足並みの乱れをもたらした。1919年後半以降に進んだ義勇軍運動の政治的分裂は，皮肉にも，その国民運動的性格を著しく損なわせるに至ったといえよう。

　ところで，ルール占領に対する抵抗運動は一般的にルール闘争と呼ばれ，さらに闘争方法の点で，非暴力の「消極的抵抗［Passiver Widerstand］」と，暴力をともなう「積極的抵抗［Aktiver Widerstand］」に大別される。前者が労働者や公務員に向けて公示された，共和国政府公認の動きだったのに対し，後者は主に，義勇軍出身の右翼アクティヴィストたちによって展開された非合法の抵抗運動だった。

　ただし，このふたつのルール闘争は，「消極的抵抗」＝共和派，「積極的抵抗」＝反共和派といったような，単純な二項対立で説明できるものでもない。共和派内部においては，「積極的抵抗」を批判する者がいる一方で，それを秘密裏に支援する動きもみられたし，また共和国政府にとっても，「積極的抵抗」は保守的・右翼急進的な反共和国運動と化した義勇軍運動を，再び共和国防衛のための国民運動へと転じさせる可能性を有していた。さらにいうと，「積極的抵抗」にはフランス帝国主義との闘争を唱えるコミュニストも参加しており，

それによって左右の政治的枠組みを超えた共闘関係が成立する局面もみられたのである。

本章では，第2章から第4章で扱ったアルベルト・レオ・シュラーゲター，ユリウス・レーバー，ヨーゼフ・ベッポ・レーマーのルール占領への対応を軸に，開始以来約4年の間に分極化していったそれぞれの義勇軍経験が，運動の最終局面であるルール闘争において，どのように展開したのかを検討してみよう。結論を先取りすると，彼らの経験は，ナチ党をはじめとする反共和派，SPD をはじめとする共和派，そしてコミンテルンと KPD といった各勢力の思惑が複雑に絡み合う中で，ダイナミックな交差をみせることとなる。[1]

1 ふたつのルール闘争

1 「国民的統一戦線」の形成

1923年1月4日，フランスの首相レイモン・ポアンカレは，ドイツによる第一次世界大戦の賠償不履行を理由に，ドイツ産業の心臓部であるルール地方を占領する旨を発表した。そして1週間後の1月11日には，フランス軍約3万，ベルギー軍約2万5,000がルール地方に進駐し，ドイツの鉱山および工業地帯を占拠することとなる。これに対してドイツ側では，中央党・ドイツ民主党（DDP）・ドイツ人民党（DVP）・バイエルン人民党（BVP）からなるブルジョワ連立政府の首相ヴィルヘルム・クーノが，フランスとベルギーへの賠償支払いを停止すると同時に，ルール地方の住民に向けて，占領軍当局への不服従と非協力を呼びかけたのであった。

かくして占領軍への「消極的抵抗」が始まった。ルール地方の公務員や鉄道労働者たちは，クーノ政府からの財政的支援のもと，占領に対する抗議ストを展開するとともに，フランスとベルギーへの石炭とコークスの引き渡しを拒んだ。しかしこれらの活動は，占領軍による戒厳令の布告や鉄道の押収，抵抗に

---

1) ここでいう「経験の交差」とは，政治社会学者・栗原彬氏の社会意識論における以下の指摘からヒントを得ている。「私の身体性を基礎とする私の諸々の存在様式に応じた諸経験の交差する領域に，また，私の経験と他者の経験の交差する領域に，これら諸経験の関係の総体として，共同の意味の世界があらわれてくる。」栗原彬「日本型管理社会の社会意識：内面支配のメカニズム」見田宗介編『社会学講座第〈12〉：社会意識論』東京大学出版会，1976年117-162頁，ここでは120頁。

及んだ職員の逮捕や解雇という報復措置をもって返されることとなる。またそれと同時に，占領によってもたらされたルール地方とドイツ国（ライヒ）との経済的遮断は，敗戦直後から続くインフレの拡大を招き，結果として小市民層の零落と労働者層のさらなる困窮をもたらした。そうした中，ドイツ国内では占領下のルール地方を中心に，反フランス・反ベルギー感情にもとづく好戦的ナショナリズムが高まりをみせることとなる[2]。そこでは，「城内平和」構築という「1914年8月」の経験が，右翼知識人をはじめとする多くの人びとに想起されるとともに，フランス＝ベルギー連合軍による目下の占領状態を，新たな戦争の始まりと捉える見方が強まっていった[3]。

　ルール占領はそれゆえ，ドイツにとっての政治的・経済的な危機であると同時に，国民統合を推し進めるうえでの好機でもあった。クーノ政府はこの点を早くから熟知しており，実際にルール占領が予告された1923年初頭には，ルール占領を契機とする「強烈な国民的うねり」を利用し，国内世論の統合を推し進めるべきであるとの議論を展開している。またそこでは，目下の「国民的うねり」を「鉤十字の紋章や黒・白・赤旗［それぞれ民族至上派と保守派を指す―今井］のもとに委ねることなく，国家に従順ならしめること」が重要とされた[4]。というのも，ルール占領への反動としてドイツに出現した好戦的ナショナリズムは，1919年に高揚した反ボルシェヴィズムのムードと同じく，右翼急進的な反共和国運動へと容易に転じる危険性を孕んでいたからである[5]。

　そこでクーノ政府は，各州政府や政党から幅広い支持をとりつけることで，共和国の基盤を盤石なものにしようとした。そしてこの試みは，ある程度の成功を収めたといえる。まず州レヴェルにおいては，SPD が君臨する「赤いプ

---

2) 高橋進『ドイツ賠償問題の史的展開：国際紛争および連繋政治の視角から』岩波書店，1983年，103-113頁；山田徹『ヴァイマル共和国初期のドイツ共産党』御茶の水書房，1997年，184-185頁。

3) Gerd Krumeich, Der „Ruhrkampf" als Krieg. Überlegungen zu einem verdrängten deutsch-französischen Konflikt, in : Gerd Krumeich / Joachim Schröder (Hgg.), Der Schatten des Weltkriegs. Die Ruhrbesetzung 1923. Essen 2004. S. 9-24；Claudia Kemper, Das „Gewissen" 1919 -1925. Kommunikation und Vernetzung der Jungkonservativen, München 2011, S. 199；ヴォルフガング・シヴェルブシュ（福本義憲／高本教之／白木和美訳）『敗北の文化：敗戦トラウマ・回復・再生』法政大学出版局，2007年，原註21。

4) Akten der Reichskanzlei. Weimarer Republik. Das Kabinett Cuno. 22. November 1922 bis 12. August 1923, bearb. von Karl-Heinz Harbeck, Boppard a.Rh. 1968, Nr.37, S. 122-123, Anm. 3.

5) Rüdiger Bergien, Die bellizistische Republik. Wehrkonsens und „Wehrhaftmachung" in Deutschland 1918-1933, München 2012, S. 122；高橋『ドイツ賠償問題の史的展開』113-118頁。

ロイセン」から，BVP が君臨する「秩序細胞バイエルン」に至るまで，各州政府が満場一致でクーノ政府への支持を明らかにした。また政党レヴェルでは，連立与党を組む中央党・DDP・DVP・BVP を中心としながら，保守派のドイツ国家国民党（DNVP）・ドイツ＝ハノーファー党（DHP）・バイエルン農民同盟をも含む形で，ルール占領に対抗する「国民的統一戦線」が形成された[6]。

2　ユリウス・レーバーと「消極的抵抗」

だが，1922年11月22日のクーノ政府成立と同時に与党の座を追われた SPD は，政府の方策とはまた別の形で反共和国運動の台頭を抑えこもうとした。そこでは，クーノ政府の唱えた「消極的抵抗」への支持とフランス帝国主義への対決姿勢が示される一方，第一次世界大戦中のドイツ帝国主義への反省が促され，目下の状況を第一次世界大戦勃発時の「城内平和」の再来として歓迎する見方に疑問が投げかけられた。そして1923年1月後半に入り，ドイツ・ナショナリズムがその好戦性をますます強めていく中にあって，多くの社会民主党員は「国民的統一戦線」への反対姿勢を表明したのであった[7]。

帝政時代の残滓たる「カップの兄弟たち」への批判を続けてきたユリウス・レーバーも，「国民的統一戦線」に反対した社会民主党員のひとりだった。彼は1923年1月27日付『リューベッカー・フォルクスボーテ』紙上において，「1914年8月」への反省に立ちながら，かつて「ドイツを奈落へと，困窮へと，破局へと，飢えと破壊という地獄へと突き落とした」好戦的ナショナリズムの再来に対し警告を発した。レーバーによれば，「ドイツ労働者には，ナショナリスティックな言辞を毒蛇の噛みつきのように恐れるだけの理由と経験がある。それは時として蜜のように，偽善的な聖職者の口からスムーズに発せられ，また時として，やけに無邪気に，資本家という俗物どもの脂ぎった唇から湧き出てくるのだ。ナショナリスティックな言辞はドイツ人民にとっての害毒であるし，これからもそうであり続けるだろう」。したがって第一次世界大戦

---

6) Thomas Raithel, *Das schwierige Spiel des Parlamentarismus. Deutscher Reichstag und französische Chambre des Députés in den Inflationskrisen der 1920er Jahre*, München 2005, S. 196-197；高橋『ドイツ賠償問題の史的展開』118-121頁。

7) Raithel, *Spiel*, S. 197；Krumeich, *Ruhrkampf*, S. 18；同上，121-123頁。

前と同じく「資本家という俗物どもが大声で統一戦線を唱えている」現状こ
そ，レーバーにとっては真に危惧すべき事態であった[8]。

このように「1914年8月」の再来を恐れたレーバーは，クーノ政府の唱える
「国民的統一戦線」に与するのではなく，それに代わる「真の統一戦線」の構
築を提唱した。レーバーによれば，その理想的な基盤は，占領軍への不服従を
貫いている「ルール地方におけるわれらが同志たち」の中に見出すことができ
る。なぜなら彼らは，「軍国主義に対する，ドイツ共和国のための熾烈な闘争」
を展開しているからであり，それはまさに「あらゆる民族の解放，ならびに理
性と労働を通じた軍国主義と帝国主義の最終的な克服という，社会主義が古く
からもつ理念のための闘争」であった[9]。

またレーバーは，「消極的抵抗」がフランス帝国主義ならびに軍国主義への
抵抗にとどまることなく，独仏両国の資本主義への抵抗へと発展することを期
待した[10]。なぜなら，単に「フランスへの抵抗」を掲げるだけでは，ドイツ人民
が「俗物ども」の「ナショナリスティックな言辞」にいつぞ絡め取られてしま
うかわからないからである。レーバーにとって重要なのは，「フランスの暴力
行為」に毅然と対峙し，なおかつドイツ国内で鳴り響く「ナショナリスティッ
クな警鐘」にも惑わされることなく，「何が問題なのか」を見据えることで
あった。レーバーはそこで，「これから理性と正義が世界を統治する日が来る
のだろうか，それとも軍国主義と愚かしい権力欲が，引き続き世界中から平和
と自由を奪うのだろうか」というふたつの可能性を提示している。前者が共和
国という未完のプロジェクトであり，来るべき未来であるとすれば，後者は逆
に，帝政ドイツという，二度と繰り返してはならない過去であった[11]。

3　義勇軍運動の再活性化とナチ党の政治主義

しかしながら，そうしたレーバーの提言とは裏腹に，首相クーノと大統領
エーベルトはルール地方における武力衝突に備え，軍備拡張に向けて大きく舵

---

8) Julius Leber, Auf diese Einheitsfront pfeifen wir!, in : *LV*, 27.1.1923.

9) Julius Leber, Einheitsfront?, in : *LV*, 22.2.1923.

10) Dorothea Beck, *Julius Leber. Sozialdemokrat zwischen Reform und Widerstand*. Berlin ²1994,
S. 68.

11) Julius Leber, Die Irrwahn geht weiter!, in : *LV*, 5.2.1923.

を切り始めていた。1923年1月，クーノ政府は「消極的抵抗」を唱えるかたわら，フランス＝ベルギー連合軍との衝突を想定し，国軍に約1億金マルクの「ルール資金」を提供した。そして国軍はこの資金を元手に，連合国による監視をかわす形で秘密再軍備を進めていくこととなる。その際，国軍にとって最も強い後ろ盾となったのは，1922年4月のラパロ条約締結以降，反ヴェルサイユ体制を旗印に水面下で構築されたソヴィエト・ロシアとの軍事協力関係であった。[12]

　また，再軍備を目指す国軍が人的な面において頼りにしたのは，義勇軍の後継組織の存在であった。つまり陸軍司令部長官ハンス・フォン・ゼークトは，ルール工業界のトップや現地の政府機関との連携を強めながら，国軍の外部に存在する民間の国防団体や協働団，短期志願兵部隊などを資金面において援助することにより，ルール地方における武力闘争の手はずを整えていったのである。[13] こうした「積極的抵抗」に呼応する動きは，とりわけ東部ドイツにおいて顕著だった。なぜならそこには，ポーランドとの国境闘争を目的に義勇軍の残党が集結していたからである。例えばシュレージエンでは，1922年11月に「ナチ党ベルリン支部」たる大ドイツ労働者党（GDAP）の結成に関与したゲルハルト・ロスバッハが，配下の協働団を復活させており，軍事的訓練を施したメンバーらをルール闘争に動員しようと試みていた。[14]

　このように義勇軍運動が再び盛り上がりをみせる中で，オーバーラント義勇軍の後継組織であるオーバーラント同盟（BO）においても，「積極的抵抗」への参加の気運が高まることになる。BO は当時，その活動領域を全国規模にまで拡大させつつあり，1923年に入る頃には，ドイツ各地に地方支部をおくよう

---

12)　独ソ秘密軍事協定は，コミンテルンのラデックと国防軍のゼークトとの間で，ヴェルサイユ体制および協商国への対抗を念頭に結ばれた。この点については，Manfred Zeidler, *Reichswehr und Rote Armee 1920-1933. Wege und Stationen einer ungewöhn- lichen Zusammenarbeit*, München ²1994；富永幸生『独ソ関係の史的分析 1917〜1925』岩波書店，1979年，247-275頁を参照。

13)　「積極的抵抗」の拠点は，国防軍第6師団指揮官フリッツ・フォン・ロスベルク中将（ちなみに彼は，1919年にブレスラウの南方総司令部幕僚長として「東方国家構想」に参加していた）が管理するミュンスターにおかれた。また，そこで破壊工作部隊の組織化を担ったのは，ゼークトの部下であるヨアヒム・フォン・シュテュルプナーゲル中佐であった。G・W・F・ハルガルテン（富永幸生訳）『ヒトラー・国防軍・産業界：1918〜1933年のドイツ史に関する覚書』未来社，1969年，35頁；鹿毛達雄「ヴァイマル共和国初期の国防軍とその政策」『明治学院論叢研究年報 法学』1号（1967年）179-211頁，ここでは200頁。

14)　Jun Nakata, *Der Grenz- und Landesschutz in der Weimarer Republik 1918-1933. Die geheime Aufrüstung und die deutsche Gesellschaft*, Freiburg 2002, S. 179-182.

になっていた。そしてフランス＝ベルギー連合軍によるルール占領が開始されると、BO のルール地方支部から全国の BO メンバーに向けて、破壊工作部隊の結成が呼びかけられたのであった。だが意外なことに、バイエルンの BO 指導部はこの呼びかけに応じず、配下の部隊をルール地方に派遣することを拒否した。その表立っての理由は、バイエルンでの来たる内乱に備え、これ以上の兵力の分散を避けるためであった。[15]

　しかし実際のところ、BO 指導部が「積極的抵抗」への不参加を掲げた背景には、ヒトラーおよびナチ党中央からの影響があった。1923年 1 月11日、ルール占領が始まって間もないこの時期、ヒトラーはミュンヘンのクローネ・サーカス場で開催された集会において、「われわれのスローガンは『フランスを打ち倒せ！』ではなく『11月の犯罪者を打ち倒せ！』でなければならない」との宣言をおこなった。[16] つまり、目下の状況でとるべき行動は、占領軍への「積極的抵抗」ではなく、共和国の打倒だというのである。「11月の犯罪者」を排除するためには、いかなる手段も選ばないというのが、ヒトラーの基本的な方針だった。

　問題は、このようなヒトラーの政治主義が、BO 指導部の方針をも規定したことにある。その際、大きな役割を担ったのは、BO 内のナショナリスト的傾向を代表するフリードリヒ・ヴェーバーという人物であった。ヴェーバーはもともと、ナチ党員の巣窟として名高いエップ義勇軍の出身者であり、1921年初夏のオーバーシュレージエン闘争を経て、オーバーラント義勇軍のメンバーとなっていた。だが、彼はこのように新参の身でありながらも、わずか 1 年のうちに BO 内部で影響力を強めていった。そして1922年10月には、レーマーの逮捕と前後する形で、組織の主導権を握るに至ったのである。[17] バイエルンの BO 指導部は以後、この指導者ヴェーバーの方針に従う形で、ナチ党への接近

---

15)　Kuron, *Oberland*, S. 158. なお、BO のルール地方支部の前身となったのは、オーバーラント義勇軍が1920年春にルール地方における労働者の武装解除を執りおこなった際、現地で組織されたオーバーラント義勇軍の支部組織であった。

16)　Georg Franz-Willing, *Ursprung der Hitlerbewegung 1919-1922*, Preussisch Oldendorf ²1974, S. 252 ; Mües-Baron, *Himmler*, S. 181-182 ; H・A・ヴィンクラー（後藤俊明／奥田隆男／中谷毅／野田昌吾訳）『自由と統一への長い道〈 I 〉：ドイツ近現代史 1789-1933年』昭和堂、2008年、433頁；高橋『ドイツ賠償問題の史的展開』210頁。

17)　Svantje Insenhöfer, *Dr. Friedrich Weber. Reichstierärzteführer von 1934 bis 1945*, Hannover 2008, S. 31-33.

路線を採用することになる。したがってルール占領に際しても，BO 指導部は占領軍に対する「積極的抵抗」ではなく，「11月の犯罪者」たちへの復讐の方を優先したのであった。[18] ヒトラーとその追従者にとって，ルール占領は共和国崩壊のまたとない好機だったといえよう。

4　ヨーゼフ・ベッポ・レーマーと「積極的抵抗」

　共和国の打倒のためなら手段を選ばないヒトラーと，それに追従するヴェーバーに対し，BO 内の兵士的かつナショナル・ボルシェスト的傾向を代表するヨーゼフ・ベッポ・レーマーは，逆に「積極的抵抗」の方を優先すべきであると考えた。彼は1921年夏にオーバーシュレージエンからミュンヘンへと帰還したのち，博士論文の執筆と並行して，保守派・右翼急進派の最大の資金源であるシュティンネス・コンツェルン系の企業と契約を結び，博士号取得後はその顧問弁護士として活躍していた。[19] だが，ルール占領を目の前にして，彼は再び闘争の世界に身を投じていくこととなる。

　バイエルンの BO 指導部がルール地方支部からの応援要請を拒絶する中，レーマーは同志であるオーバーラント義勇軍の元指揮官ホラダムとの協力のもと，ヴェーバー率いる BO 指導部による監視の目を欺きながら，「積極的抵抗」に向けた人員募集を開始した。だが，この動きはやがて BO 指導部の感知するところとなり，この結果レーマーらは，規律違反と組織への不義不忠のかどで，1923年3月15日に BO から除名されたのだった。[20]

　ただし，レーマーの同志である義勇軍戦士カール＝ギュンター・ハイムゾートの回想によると，BO の古参メンバーらは，指導者ヴェーバーに従うことなく，「レーマーに忠誠を捧げていた」。そしてそれは「ミュンヘンの協会荘園よりも，ルール闘争の方を重要とみなす」ような，レーマーのアクティヴィズムに対する共感からであった。[21] BO の精神的支柱としてのレーマーの求心力は，

---

18)　ヨアヒム・フェスト（赤羽龍夫［他］訳）『ヒトラー（上）』河出書房新社，1975年，212-215頁。

19)　Oswald Bindrich, Beppo Römer, in: Oswald Bindrich / Susanne Römer, *Beppo Römer. Ein Leben zwischen Revolution und Nation*, Berlin 1991, S. 25-63, ここでは S. 35.

20)　Ebd., S. 38; Dietrolf Berg, *Der Wehrwolf 1923-1933. Vom Wehrverband zur nationalpolitischen Bewegung*, Toppenstedt 2008, S. 186.

21)　Karl Günter Heimsoth, *Freikorps greift an! Militärpolitische Geschichte und Kritik der Angriffs - Unternehmen in Oberschlesien 1921*, Berlin 1930, S. 25-26.

依然として健在であったといえよう。

レーマーと同志たちはその後，BO のルール地方支部と協働しながら，ルール地方の北東に位置するハムを拠点に「積極的抵抗」を展開した。彼らは1923年3月から5月にかけて，ルール地方の鉄道施設や企業の一部を繰り返し爆破したが，その活動はフランス軍事法廷から死刑を宣告されるほど過激なものだった[22]。また，ここで特筆すべきは，レーマーを中心とする BO のメンバーと，ルール赤軍出身の鉱山労働者が，占領軍に対する共闘関係を結んだ点であろう[23]。

こうした共闘の背景には，ルール占領に際するコミュニストの現状認識の変化があった。1919年の結党当初，KPD は敗戦とヴェルサイユ体制がドイツ資本主義に与える影響を過小評価し，ドイツ資本主義のもつ攻撃性を批判の対象としていた。だが1923年に入り，ルール占領にともなうインフレの拡大がドイツを覆うにつれて，コミュニストの間でも，ドイツがフランス帝国主義の従属国であるとの見方が支配的になってくる。こうした中，KPD 中央においては，ルール占領への対応をめぐって路線対立が生じた。そこでは，ハインリヒ・ブランドラーやアウグスト・タールハイマー，クララ・ツェトキンらを中心とする右派（多数派）が，フランス帝国主義に対する統一戦線構築を模索したのに対し，エルンスト・テールマンやルート・フィッシャーといった左派（少数派）は，目下の「ブルジョワジーの危機」を利用し，現行のクーノ政府を打倒すべきだと主張した[24]。そしてモスクワから事態を眺めていたコミンテルンは，基本的に右派と同じ立場をとり，その活動を支援した。コミンテルンにとっても，ルール占領はドイツを西欧資本主義諸国から今まで以上に引き離し，「社会主義の祖国」ソ連へと接近させるうえでの絶好の機会だった[25]。

その際，コミンテルンの理論家らは，高度に発達した工業をもちながら，西

---

22) Bindrich, Römer, S. 38-39.

23) Hannsjoachim W. Koch, *Der deutsche Bürgerkrieg. Eine Geschichte der deutschen und österreichischen Freikorps 1918-1923*, Dresden ³2014, S. 335-336.

24) これは前者が漸進的革命を志向し，後者が急進的革命を志向したことに起因していた。O・K・フレヒトハイム著（高田爾郎訳）『ワイマル共和国期のドイツ共産党』追補新版，ぺりかん社，1980年，165-167頁；富永幸生／鹿毛達雄／下村由一／西川正雄『ファシズムとコミンテルン』東京大学出版会，1978年，28頁；勝部元「ドイツ革命と『民族ボリシェヴィズム』」同編『現代世界の政治状況：歴史と現状分析』勁草書房，1989年，17-103頁，ここでは72-77頁。

25) 富永幸生『独ソ関係の史的分析 1917～1925』岩波書店，1979年，84-87頁。

欧経済システムの従属下におかれた「新たなタイプの植民地の最初の実例」と
してドイツを分析し，KPD に民族解放闘争としてのルール闘争を要求した。[26]
KPD 右派はこれを受け，1923年1月28日から2月1日に開催された第8回党
大会の場で，統一戦線戦術を党内左派の反対を押し切る形で採用した。[27] そして
1923年春，KPD はこの統一戦線戦術の一環として「国民の党［Nationale Par-
tei]」というシンボルを掲げるに至った。その根拠について，ツェトキンは次
のように説明している。すなわち，ルール占領という目下の状況において，ま
ずもって重要なのは「祖国ドイツの解放と再興のための第一歩を踏みだすこ
と」であり，KPD はそのために，労働者階級と中間層との同盟を促さねばな
らないのだ，と。[28]

　このような関係から，レーマー周辺の BO メンバーが示したコミュニスト
との共闘路線は，統一戦線戦術の唱導者たちからも歓迎されるに至った。[29] 1921
年にバイエルンのナショナル・コミュニストがレーマーと共闘した際，KPD
中央では彼らに対する批判が噴出したのであるが，[30] レーマーは今や間接的な形
ではあれ，党の公式路線に組み込まれることとなったのである。[31]

2　アルベルト・レオ・シュラーゲターの死

1　ルール地方での破壊工作活動

　ルール占領への「積極的抵抗」が，このような左右のアクティヴィストの活
躍により先鋭化する中，1922年11月に「ナチ党ベルリン支部」たる GDAP の

---

26)　勝部「ドイツ革命と『民族ボリシェヴィズム』」73-75頁。
27)　Schüddekopf, *Nationalbolschewismus*, S. 116-117；Dupeux, *Nationalbolschewismus*, S.181.
28)　石川捷治「ドイツ共産主義運動の《個性》：コミュニズムと『国民的伝統』へのアプローチ」『法政研究』47
　　巻2/4号（1981年）571-600頁，ここでは586-587頁。
29)　Otto Wenzel, *1923　Die gescheiterte deutsche Oktoberrevolution*, Münster 2003, S. 111；Har-
　　ald Jentsch, *Die KPD und der „Deutsche Oktober" 1923*, Rostock 2005, S. 182, Anm. 60.
30)　篠塚『ヴァイマル共和国初期のドイツ共産党』61-62頁。
31)　ただ，フランス情報資料をもとにドイツ革命への外交史的アプローチを試みた柏原竜一氏によれば，ベルリ
　　ンの KPD 中央は，オーバーシュレージエン闘争のまっただなかである1921年6月の時点で，モスクワから提
　　供されたプロパガンダ用の資金を民族至上派に横流ししていたという［柏原竜一『ワイマール共和国の情報戦
　　争：フランス情報資料を用いたドイツ革命とドイツ外交の分析』ITSC 静岡学術出版事業部，2013年，107
　　頁］。オーバーシュレージエン闘争をめぐる KPD 中央の「表の顔」と「裏の顔」については，今後さらなる
　　検討が必要であろう。

結成に携わったアルベルト・レオ・シュラーゲターもまた，盟友ハインツ・オスカー・ハウエンシュタイン率いるハインツ機関（OH）の一員として破壊工作活動に乗り出した。[32] 当然ここで問題となるのは，「討つべきはフランスではなく，11月の犯罪者である」と主張するヒトラーの政治主義を，彼ら「ナチ党ベルリン支部」の元メンバーがどう受け止めたのかである。しかし管見の限りにおいて，この点に関する事実関係は，今なおほとんど明らかでない。[33]

ただ，シュラーゲターの反ヒトラー的姿勢については，義勇軍作家エルンスト・フォン・ザロモンが第二次世界大戦後の回想録の中で言及している。その証言によると，ザロモンは1930年代の中頃，全国政党文書館に収蔵されたハウエンシュタイン文庫において，シュラーゲターのルール地方からの手紙を一通り閲覧したことがあるという。そしてそこには，ヒトラーとナチ党指導部に対する「辛辣な批判」が綴られていたとされるのである。[34]

もちろん，ザロモンの証言の背後では，「非ナチ化」の嵐が吹き荒れた第二次世界大戦直後の言論空間において，義勇軍とナチズムをできるだけ遠ざけようとする彼の明確な意図が働いており，その真正性については，やはり疑問を差し挟まざるを得ない。[35] だが，シュラーゲターがハウエンシュタインとともにルール地方に赴き，「積極的抵抗」を展開したことは紛れもない事実であり，そこから判断するに，シュラーゲターがヒトラーへの忠誠よりもドイツ国家の防衛を優先したことは間違いないだろう。

では，シュラーゲターはルール地方においていかなる活動を展開したのだろうか。1923年5月に武器・爆発物所有のかどでドイツ警察により逮捕されたハウエンシュタインの供述によると，ルール闘争における OH の任務は，まずもって以下の3点にあったとされる。

---

32) Franz Kurfeß, *Albert Leo Schlageter. Bauernsohn und Freiheitsheld. Nach Mitteilungen seines Vaters und seiner Geschwister unter besonderer Berücksichtigung seiner Jugendzeit*, Breslau 1935, S. 81.

33) ルール地方におけるナチ党史を検討したベーンケも，1974年時点で同様の指摘をおこなっている。Wilfried Böhnke, *Die NSDAP im Ruhrgebiet 1920-1933*, Bonn-Bad Godesberg 1974, S. 26.

34) Ernst von Salomon, *Der Fragebogen*, Hamburg 1951, S. 339-341.

35) この点については，今井宏昌「『第三帝国の最初の兵士』？：義勇軍戦士アルベルト・レオ・シュラーゲターをめぐる『語りの闘争』」『西洋史学論集』48号（2010年）61-79頁を参照。

200

① フランス軍とその動きの観察

② フランス諜報機関の監視

③ 押収した石炭の搬出というフランスの試みを，管轄機関の合意を得た
うえで，当該の鉄道路線の爆破によって攪乱すること。[36]

　このうちシュラーゲターの特攻隊が任された最初の任務は，2番目の「フラ
ンス諜報機関の監視」である。特攻隊は当初10人規模で，のちに7人規模とな
る小規模な集団であったが，現地のドイツ警察と緊密に連携しつつ，フランス
諜報機関の監視と追跡を精力的におこなっていた。ハウエンシュタインが証言
したところでは，フランスの諜報機関に所属するズィンダーというコミュニス
トがフランス占領当局の指示で釈放された際，シュラーゲターたちは彼を再び
逮捕し，即刻射殺したという。[37] こうして OH が「排除」したフランスのスパ
イは8名を数えた。[38]

　シュラーゲターの特攻隊は，1923年3月に入るとさらに破壊工作活動をも展
開した。のちにシュラーゲターがハウエンシュタインに向けて獄中から送った
密書によれば，その特攻隊が実行した破壊工作活動は，エッセンのフューゲル
駅での爆破（3月12日）と，デュイスブルク＝デュッセルドルフ間のカルクム
の鉄道橋爆破（3月15日）の2回であった。シュラーゲターは最初の爆破にお
いてクラウゼ，クローン，フェーデラー，ケーニヒといった部下らに命令を下
すのみであったが，2度目の爆破ではクラウゼ，フェーデラー，ケーニヒらと
ともに実際に行動に参加した。[39] ただし，どちらの場合も死者はでなかったとさ

---

36) Bericht von Kriminalkommissar Weitzel über die Tätigkeit der Organisation Hauenstein im be-
setzten Gebiet, Elberfeld, 25.5.1923, in : *Das Krisenjahr 1923. Militär und Innenpolitik 1922-1924*,
bearb. von Heinz Hürten, Düsseldorf 1980, Dok. 16, S. 34-40, ここでは S. 34.

37) Ebd., S. 37. しかしながら，1923年4月14日にヴェルデン刑務所からハウエンシュタインに宛てた密書に
おいて，シュラーゲターは自分たちの犯行を否定している。Brief von Albert Leo Schlageter an Heinz
Oskar Hauenstein, Werden, 14.4.1923 (Fotokopie), in : R 8038/10, Bl. 6-7RS, abgedruckt in : Schla-
geter, *Deutschland*, S. 49-51.
　　また弁護士パウル・ゼングシュトックの回想においても，「シュラーゲターはその他の被告人と同様に，
ズィンダーなる人物の殺害について何も感知していない」とされている。Paul Sengstock, Der Prozeß
und das Urteil des Französischem Kriegsgerichts, in : Paul Sengstock / Hermann Faßbender /
Wilhelm Roggendorf, *Albert Leo Schlageter. Seine Verurteilung und Erschießung durch die
Franzosen in Düsseldorf am 26. Mai 1923*, Düsseldorf ²1933, S. 19-41, ここでは S. 31.

38) Bericht von Kriminalkommisar Weitzel, S. 39.

39) Brief von Albert Leo Schlageter an Heinz Oskar Hauenstein, 14.4.1923.

れる[40]。OH はルール占領期間中，こうした鉄道路線に対する破壊工作活動を計18回にもわたり遂行した[41]。

2　逮捕と投獄

　1923年4月7日の夜，シュラーゲターはエッセンのユニオン・ホテルにおいて，フランス警察の犯罪捜査課「シュールテ［Sûreté］」の手により逮捕された[42]。彼は度重なる尋問ののち，ヴェルデンの刑務所に収容された。獄中からハウエンシュタインに向けて綴られたその密書には，OH 内部に「裏切り者」がいるとの警告が記されている。

　　裏切りが起きたようだ。それはわれわれの最も中枢的なサークルから発生したとみて間違いない。われわれが今までおこなってきたことだけでなく，まさにこれから準備する予定のもろもろのプランのすべてが，文字どおり白日のもとに晒されている。［中略］最も注意すべきは［ハインツ機関への所属を意味する―今井］Hマークを身につけた者たち。表向きはオーバーシュレージエン出身の知り合いを装いながらも，実態はフランスの刑事である[43]。

　また，拘留中のシュラーゲターと接触した弁護士パウル・ゼングシュトックも，「ゲッツとシュナイダーという，ハインツ機関に所属していた2名のドイツ人」が，シュラーゲターをはじめとする「7名の同胞の逮捕に立ち会っていた」と証言している[44]。この「ゲッツとシュナイダー」というのは，正しくは，

---

40)　Franke, *Schlageter*, S. 44-45.

41)　Bericht von Kriminalkommisar Weitzel, S. 39.

42)　逮捕までの経緯はこうである。まず1923年3月15日のカルクムの鉄道橋爆破後に，フランス占領当局によって3人の市民が人質にとられた。翌日，近隣の町であるカイザースヴェルトの町長は，人質解放のために真犯人の逮捕を求め，捜査の過程で浮上した「中肉中背」の男2名の追跡を命じた。さらに4月5日になると，新たに犯人の名前が「フォン・クラムべもしくはフォン・クラウゼと，アルベルト・レオ・シュラークシュタインもしくはシャーベッテン」であると公表された。こうした中，シュラーゲターたちは偽造パスを所有しているにもかかわらず，あろうことか実名を使って本拠地エッセンのホテルに宿泊し，その結果4月7日に逮捕された。Stefan Zwicker, „*Nationale Märtyrer*". *Albert Leo Schlageter und Julius Fučík. Heldenkult, Propaganda und Erinnerungskultur*, Paderborn 2006, S. 57.

43)　Brief von Albert Leo Schlageter an Heinz Oskar Hauenstein, 14.4.1923.

44)　Sengstock, Prozeß, S. 20.

かつてロスバッハ義勇軍のメンバーであったアルフレート・ゲッツェとオットー・シュナイダーのことであり，両者はすでに1923年4月末，フランス人と接触した嫌疑で，エルバーフェルトのドイツ警察から一時的に拘留されていた。そして同年5月末の尋問に同席したハウエンシュタインは，ゲッツェとシュナイダーが犯人であると主張しただけでなく，さらに踏み込んで，すべては自分と仲違いし，OHの分裂を目論んだロスバッハの陰謀であると主張したのであった。[45)]

　シュラーゲターを「敵の手に売り渡した」とされる人物はもうひとり存在する。それは「裏切り者」として排除されたロスバッハ協働団の元メンバーにして，国民学校の教師を務めるヴァルター・カドウという人物だった。だが，カドウはすでに1923年5月31日の段階でメクレンブルクの地方都市パルヒムにおいて殺害されている。犯人はロスバッハ協働団のメンバーと，カドウの教え子である少年たちであった。その中には，のちにアウシュヴィッツ強制収容所所長となるルドルフ・ヘスや，ヒトラーの秘書となるマルティン・ボルマンがおり，彼らの主張によれば，カドウこそがシュラーゲターをフランスに売り渡した張本人だった。[46)] しかしカリン・オルトが指摘するように，この証言はヘスらによる自己正当化のための方便だった可能性が高い。[47)]

　とはいえ，シュラーゲターにとっては誰が自分を「売った」のかということはさしたる問題ではなかったようである。1923年4月23日，すでにデュッセル

---

45) Franke, *Schlageter*, S. 52 ; Zwicker, *Märtyrer*, S. 58-59. ゲッツェとシュナイダーがハウエンシュタインを名誉毀損で訴えたのは，ルール闘争から5年後の1928年のことであった。裁判では結局，偽証の罪でゲッツェに対する有罪判決が下されたものの，そこにおいてシュラーゲターへの「裏切り」が証拠とともに裏づけられることはなかった。さらにナチ党による政権掌握後の1935年にゲシュタポがおこなった調査によれば，ゲッツェとシュナイダーは確かにフランスの機関に所属していたものの，シュラーゲターの逮捕には直接関与しておらず，それゆえ「裏切りは存在しなかった」とされる。

46) Ebd. ; Emil Julius Gumbel, „*Verräter verfallen der Feme*". *Opfer / Mörder / Richter 1919-1929*, Berlin 1929. S. 188-197 ; Karin Orth, *Die Konzentrationslager-SS. Sozialstrukturelle Analysen und biographische Skizzen*, Göttingen 2000, S. 110-111 ; Bernhard Sauer, *Schwarze Reichswehr und Fememorde. Eine Milieustudie zum Rechtsradikalismus in der Weimarer Republik*, Berlin 2004, S. 40, Anm. 89.

　　へスは第二次世界大戦後の回想において，自分がシュラーゲターとバルト地域やルール地方，オーバーシュレージエンで共闘した「古くからの仲の良い戦友だった」と主張している。ルドルフ・ヘス（片岡啓治訳）『アウシュヴィッツ収容所』講談社，1999年，86頁。

47) Orth, *Konzentrationslager-SS*, S. 111-112

ドルフ刑務所に移送されていたシュラーゲターは，両親と兄弟姉妹に宛てて次のように綴っている。

　　　僕はあなた方への，わが祖国への愛ゆえに行動したのです。僕は，その結果を自ら償うことに納得しています。[48]

3　フランス軍事法廷における有罪判決

　シュラーゲターと彼の戦友に対するフランス軍事法廷の公判は，1923年5月8日以降，デュッセルドルフ地方裁判所で開廷された。その間，シュラーゲターはまずエッセンの石炭シンジケートの建物で尋問を受け，それから数日後に収監されたのち，他の被告人とともにデュッセルドルフ゠デレンドルフの刑務所に移送されていた。[49]

　しかしながら，フランス軍事法廷の法的根拠や正当性は非常に疑わしいものであった。なぜなら，それは平時であるにもかかわらず，フランス人がドイツ領内で，ドイツ人を裁くためにおこなったものだったからである。加えてフランス側は，シュラーゲターら被告人たちの自己弁護に対し，間接的な妨害工作をおこなっていた。例えば，法廷への召還命令と起訴状が彼らのもとに届いたのは，公判開始3日前の5月5日のことであり，また裁判資料のドイツ語への翻訳が不十分であったため，被告人たちは自分たちへの告訴内容や，自分たちが抵触したであろうフランスの法令の内容すら正確に理解できていなかった。そして決定的なのは，被告人たちがマルクス博士（シュラーゲター，アロイス・アルフレート・ベッカー，カール・マックス・クルマンの担当），ゼングシュトック博士（ハンス・ザドウスキ，ゲオルク・ツィンマーマンの担当），そしてミュラー博士（カール・ビスピング，ゲオルク・ヴェルナーの担当）といった国選弁護人と，公判開始直前まで連絡をとるのを許されなかったことである。[50]

　弁護士らが公判開始1日前にシュラーゲターに送った重要書類の中には，フランス側から提示された告訴状が存在していた。その中のひとつはシュラーゲ

---

48) Albert Leo an seine Eltern und Geschwister, Düsseldorf, 22.4.1923, in : R 8038/10, Bl. 22-22RS, abgedruckt in : Schlageter, *Deutschland*, S. 53-54.
49) Zwicker, *Märtyrer*, S. 61.
50) Ebd.

ター，ザドウスキ，そしてヴェルナーに向けられたものであり，要約すると次のような内容だった。

① 占領地域（ルール地方）における1923年3月の犯罪結社の形成
② 占領部隊ないしその諜報部員の暗殺を準備するための1923年3月のスパイ活動
③ 1923年3月15日のカルクムでの爆破
④ 1923年3月12日のフューゲルでの爆破
⑤ 1923年4月のヴェルデンとケトヴィヒでの爆破（シュラーゲターとヴェルナーに対してのみ）
⑥ 1923年3月23日のケトヴィヒでの爆破（ザドウスキに対してのみ）[51]

ゼングシュトックによると，1923年5月8日朝に開始された初公判の場では，被告人のほとんどが自らの罪を否定したばかりか，さらに拘留期間中にフランス側がおこなった尋問と虐待の不当性を告発した。しかし公判の終盤，被告人たち一人ひとりに「最後の言葉」が促され，皆が口をつぐむ中，シュラーゲターだけが毅然とした態度で，「私は自分がしたことに責任をもちます。自分の行為がもたらした結果に対する責任を負う覚悟ができているのです」と言い放ったという。[52]

法廷が5月9日の夜に下した判決は，次のように被告人全員の有罪を宣告していた。

シュラーゲターには，スパイ行為と破壊工作の罪で死刑
ザドウスキには，スパイ行為と破壊工作の罪で終身強制労働
ベッカーには，犯罪的陰謀とスパイ行為の罪で15年間の強制労働
ヴェルナーには，犯罪的陰謀とスパイ行為の罪で20年間の強制労働
ツィンマーマンには，犯罪的陰謀とスパイ行為の罪で10年間の強制労働
クルマンに対しては，7年間の投獄

---

51) Sengstock, Prozeß, S. 23-24.
52) Ebd., S. 31-34.

第5章　ルール闘争期における義勇軍経験の交差　205

ビスピングに対しては，5年間の投獄[53]

　この判決に対し，マルクスとゼングシュトックはシュラーゲターとザドウス
キの減刑を求め，ただちに再審を申し入れた。それと同時に両弁護士は，今回
の一連の公判における不備や欠陥を指摘し，軍事法廷そのものの不当性を主張
したのであった。[54]

4　判決の受け入れと「愛国者」意識

　しかしより重要なのは，シュラーゲター自身がこの死刑判決に対して，いか
なる反応を示したのかということである。『書簡集』収録の獄中からの手紙で
は，判決の翌日である1923年5月10日，彼はデュッセルドルフ刑務所から戦友
アウグスト・ユルゲンスに宛てて，次のように綴っている。

　　僕は平穏と静寂の中にいる。仮に犯罪者として処刑されるのに気が重
　　かったとしても，そして人びとが最善を望んでいるだけなのだとしても。
　　こうなってしまった以上，それはまさに人間の運命なんだ。命に執着しな
　　い，そして原告と裁判官の罪を許す。僕はその両方のことをとうにやって
　　しまった。[55]

　またシュラーゲターは同日付の家族への手紙において，自分のこれまでの行
動を振り返っている。

　　わからずやの恩知らずの息子，そして兄の，最後の，しかし本当の言葉
　　に耳を傾けてください。1914年から今日まで，僕は愛情と純粋な誠実さか
　　ら，ドイツというわが故国［Heimat］に全身全霊を捧げてきました。僕
　　は故国の救済のために，故国が危機に瀕している場所に引き寄せられたの
　　です。その最後として，僕は昨日，死刑判決を下されました。僕はそれ

---

53)　Ebd., S. 35.
54)　Ebd., S. 36.
55)　Brief von Albert Leo Schlageter an August Jürgens, Düsseldorf, 10.5.1923, in : R 8038/10, Bl.
　　14-14RS, abgedruckt in : Schlageter, *Deutschland*, S. 59.

を，冷静な気持ちで聞いていました。僕はきっと，弾が命中するときも冷静なのでしょう。僕が追い求めたのは，野蛮な冒険の人生ではなかったし，僕は決して盗賊団のボスではありませんでした。僕はむしろ，密やかな仕事で祖国を救おうとしたのです。卑劣な犯罪も，1回の殺人も，僕は犯してはいません。[中略] 僕の最大の願いは，僕の最後の刻まで，愛する神のもと，あなた方に力と慰めが与えられ，あなた方がこの重苦しい時間を，気丈に過ごすことです。[56]

　シュラーゲターがここで自身の行動の正当性と身の潔白さを主張しているのは，もちろん家族を思いやってのことであろう。しかし彼がここまで主張せざるを得なかったのも，当時のドイツ社会において，義勇軍とその後継組織の悪名が広く浸透していたからにほかならない。これは1919年3月にバルト地域での義勇軍運動に身を投じて以来，数々の闘争に参加してきたシュラーゲターによる，「冒険者」や「犯罪者」といったネガティヴな義勇軍像への対抗的な語りでもあったといえよう。また注目すべきは，彼の祖国救済のための行動の起点が，1919年ではなく1914年におかれている点である。ここからはシュラーゲターにおいて，第一次世界大戦と義勇軍運動がひとつながりの戦いとして総括されていることがわかる。それはルール占領を機に好戦的ナショナリズムが再びドイツ社会を覆う中，1914年当時と同じくフランスへの「戦争」を仕かけた，シュラーゲターなりの「愛国者」としての自分語りであったといえよう。

　シュラーゲターへの死刑判決は，1923年5月18日の再審においても覆らなかった。ゼングシュトックは，判決はすでに最初から決まりきっており，審判は見せかけだけで審議に堕してしまっている，と猛烈に抗議した。[57] なるほど，確かにフランス軍事法廷それ自体の違法性を根拠として，最高裁に上告するという手段も残されてはいた。だが，同様の訴えはすでにティッセン工場の労働者による破壊工作活動を対象とした裁判においてなされ，フランス最高裁により棄却されていた。[58] それゆえシュラーゲターたちの死刑回避のために残された

56）　Brief von Albert Leo Schlageter an seine Eltern und Geschwister, Düsseldorf, 10.5.1923, in : R 8038/10, Bl. 24-24RS, abgedruckt in : Schlageter, *Deutschland*, S. 57-58.
57）　Sengstock, Prozeß, S. 37-38.
58）　Franke, *Schlageter*, S. 62.

道は，今や恩赦しかなかったのである。

　1923年5月12日付の『フライエ・プレッセ［Freie Presse］』紙によれば，弁護士マルクスは早くからシュラーゲターが法廷に恩赦を懇願すべきだと主張していた。なぜならマルクスにとって「シュラーゲターはハインツ［ここではハウエンシュタインを指す―今井］の単なる手駒に過ぎなかった」からである。シュラーゲターを含む被告人たちは「およそ例外なく，正しい人の手に渡っていれば，人類にとってきちんとした仕事をなし遂げることが可能だったにもかかわらず，戦争参加によって道を踏み外し，青年期において善悪の正しい感覚を失ってしまった若者たち」なのであって，いまだ更生の余地を十分に残している，とマルクスは考えていた[59]。しかしゼングシュトックによれば，シュラーゲターは恩赦の請願書に署名する気はまったくなかった。なぜなら彼は「恩赦を懇願することに慣れていないから」であった[60]。

5　刑の執行をめぐるセンセーション

　シュラーゲターの死刑確定の報はドイツ全土において，周辺諸国の要人すら巻き込むほどの一大センセーションを巻き起こした。まず再審で死刑判決が下ってから2日後の1923年5月20日，ゼングシュトックのもとにヴュルツベルクのベッカー博士なる人物から手紙が届いた。この人物は，オーバーシュレージエン闘争時代におけるシュラーゲターの戦友を名乗っており，シュラーゲターが闘争中，敵であるはずのフランス人兵士たちの命を，怒りに駆られた義勇軍のメンバーやドイツ系住民によるリンチから救うという行動に出たことを紹介し，その「持ち前の寛大な道徳的精神」を讃えていた。そしてゼングシュトックはこのベッカー博士からの手紙を，当時デュッセルドルフで占領軍の指揮権を握っていたフランスのシモン将軍に提示し，シュラーゲターの死刑取り消しを求めたのでる。この交渉の影響は，最終的にパリの閣議にまで及ぶこととなった[61]。またこれと同時に，シュラーゲターの精神的な補佐役を担った監獄司祭のヘルマン・ファスベンダーも，ケルン司教やフライブルクの司教と大司

---

59)　*Freie Presse*, 12.5.1923, zit. nach : ebd., S. 61.
60)　Sengstock, Prozeß, S. 39.
61)　Ebd., S. 39-40.

教，スウェーデンの王女やバーデンの姫などに相談をもちかけた。さらにドイ
ツ外務省は，フランス大統領ミルランに対して死刑中止を求める声明を発し，
ヴァティカンに対しても，そのための援助を願い出たのであった。[62]

　しかしこうしたドイツ側からのありとあらゆる手段を尽くした嘆願にもかか
わらず，フランスのポアンカレ政府は，シュラーゲターの死刑を決して撤回し
なかった。これには当時のフランスの内政状況が深く関わっている。つまりポ
アンカレは，シュラーゲターの処刑を早期に決定することによって，対応遅延
に対する各方面からの非難を抑え込むとともに，政府の毅然とした姿勢をフラ
ンスの世論に印象づけようとしたのだった。[63]

　かくして1923年5月25日の夜，ついにシュラーゲターの処刑命令が下され，
翌26日の早朝4時に刑の執行が確定した。この知らせを受けた弁護士ゼング
シュトックと聖職者ファスベンダーは，すぐさまシュラーゲターのもとにかけ
つけた。ファスベンダーはシュラーゲターのために最後の儀式を執りおこなお
うとしたが，死刑執行の責任者であったフランス軍将校がそのために与えた時
間は，きわめて微少であった。[64]シュラーゲターはこのとき，家族に対して最後
の手紙を綴っている。

　　これからもうじき，僕は最後の歩みを始めます。僕はなお懺悔し，自分
　　の考えを告白してみます。ではまた，あの世での楽しいクリスマスで。も
　　う一度，父上，母上，ヨーゼフ，オットー，フリーダ，イーダ，マリー，
　　2人の義兄弟，教父様方に，そして故郷すべてに，さよならを。[65]

　その後2人の地方警官に監視されたシュラーゲターは，主任司祭，弁護士，
そして助任司祭のヴィルヘルム・ロッゲンドルフに付き添われながら，ゴルツ
マハイマー・ハイデの練兵場へとトラックで移送された。このトラックは自動

---

62) Hermann Faßbender, Die Erschießung Schlageters, in : Paul Sengstock / Hermann Faßbend-
er / Wilhelm Roggendorf, *Albert Leo Schlageter. Seine Verurteilung und Erschießung durch
die Franzosen in Düsseldorf am 26. Mai 1923*, Düsseldorf ²1933, S. 43-63, ここでは S. 43-45.

63) Zwicker, *Märtyrer*, S. 66.

64) Faßbender, *Erschießung*, S. 45-51.

65) Brief von Albert Leo Schlageter an seine Eltern, 26.5.1923, in : R 8038/10, Bl. 37RS, abgedruckt
in : Schlageter, *Deutschland*, S. 69.

軍と騎兵中隊によって囲まれていたが，シュラーゲターの処刑を記事にしよう
とする国外のジャーナリストたちが，さらにその周りを囲んだ。ファスベン
ダーによれば，シュラーゲターは彼ら3名の付き添い人に対し，「僕の両親，
兄弟，そして親族，僕の友人と僕のドイツによろしくお伝えください」という
言葉とともに，別れの挨拶を述べたという[66]。

　そして処刑が開始された。シュラーゲターは杭に括りつけられ，ひざまずく
ように指示された。そしてその後，12名のフランス軍兵士の放った銃弾が，彼
の胸を貫いた。処刑が終わったのち，多くのフランスの将校たちがゼングシュ
トックらに対し，シュラーゲターの落ち着いた勇敢な態度について敬意を表明
したとされる。そしてその死体は，近隣に位置するデュッセルドルフの北墓地
に埋葬されたのち，その後再び掘り返され，彼の両親のたっての希望により，
1923年6月10日に故郷シェーナウへと移送されたのだった[67]。

3　シュラーゲター崇拝と共和国の危機

1　シュラーゲター崇拝の高揚

　シュラーゲターの死後，ドイツでは彼に対する世間の関心が急速に高まり，
数々の新聞雑誌において，「シュラーゲターとは何者だったか」が報じられた。
その際，生前のシュラーゲターをよく知る人物として登場したのは，彼が1919
年3月から6月まで所属していたメデム義勇軍の元指導者ヴァルター・エーベ
ルハルト・フォン・メデムであった。

　シュラーゲターの死から2週間後の1923年6月9日，『ドイチェ・アルゲマ
イネ・ツァイトゥング［Deutsche Allgemeine Zeitung］』紙には，彼のかつて
の上官による追悼文が掲載された。メデムはそこで「シュラーゲターとは何者
だったか？」というフレーズを繰り返しながら，バルト地域におけるシュラー
ゲターの「英雄的な」活躍について回顧し，「彼の姿は永遠にわが魂の前にあ
り続けるだろう」と述べている[68]。メデムによれば，「ルールにおけるドイツ防

---

66) Faßbender, Erschießung, S. 53.
67) Ebd., S. 55-60.
68) Walter Eberhard von Medem, An Schlageters Bahre, in: *Deutsche Allgemeine Zeitung*, Nr. 263, 9.6.1923.

210

衛闘争に命を賭けた」シュラーゲターの姿は，「消極的抵抗」に臨むルール労働者を鼓舞し，またその私心なき行動と決然たる態度は，ドイツ青年に模範を示したのであった。このようにメデムは，かつての部下であり戦友であったシュラーゲターの在りし日の姿について語りながら，彼を「ドイツの英雄」として顕彰したのである[70]。

　メデムがおこなったシュラーゲターの英雄化は，その後も「シュラーゲター追悼祭」という催しや，新聞，雑誌，パンフレットなどを通じて，ドイツ各地の右翼急進派により執りおこなわれた[71]。特にバルト地域での闘争に参加した義勇軍戦士，通称バルティクマーらにとって，かつての戦友であるシュラーゲターの死は，特別な意味をもっていた。1919年末のドイツ本国への帰還後，バルティクマーらは「バルト戦士全国連盟 [Reichsverband der Baltikumkämpfer]」という民族至上主義的な互助組織を結成し，その団結力を維持していた[72]。そしてこの組織において，シュラーゲターはバルティクマーを統合し，また励ますためのシンボルとして利用されることになる。例えば1923年6月30日，バルト戦士全国連盟大ベルリン支部により開催されたリガ追憶祭において，連盟の第1代表であるカール・フォン・マントイフェル＝カッツダンゲンは，バルティクマーらを前にして演説をおこなった。そこでは，反仏抵抗運動の闘士シュラーゲターがバルト戦士であったという事実が強調されるとともに，そうした事実がバルティクマーの誇りと正当性の証として位置づけられたのであった。

　ルールにおいて，われらの兄弟が想像を絶する抑圧に抵抗している。そ

---

69) Ebd.

70) また，メデムの追悼文が『ドイチェ・アルゲマイネ・ツァイトゥング』紙に掲載された翌日の1923年6月10日，シュラーゲターの遺体が故郷シェーナウに届けられた。このときメデムは，アウロック義勇軍の元指導者フベルトゥス・フォン・アウロックとともにシェーナウに赴き，シュラーゲターに改めて追悼の意を捧げたのであった。Zwicker, *Märtyrer*, S. 69-70.

71) Herbert Linder, *Von der NSDAP zur SPD. Der politische Lebensweg des Dr. Helmuth Klotz (1894-1943)*, Konstanz 1998, S. 56.

72) バルト戦士全国連盟は「鉄師団協会 [Verein der Eisernen Division]」を前身として，1919年にベルリンで結成された。メンバー数は1924年9月時点で約1万人に達しており，その名誉代表にはバルティクマーの元締めであるリュディガー・フォン・デア・ゴルツが就任していた。Berliner Polizeipräsident an Preußischen Staatskommissar für die Regelung der Wohlfahrtspflege, Berlin-Schöneberg, 11.9.1924, in: GStA PK, I. HA, Rep. 191, Nr. 4370, Bl. 4-4RS.

第5章　ルール闘争期における義勇軍経験の交差　　211

れはわれらが精神に沿うものである。シュラーゲターはバルト戦士であっ
た！　われらは誇りをもって，彼をわれらがシュラーゲターと呼んでしか
るべきであろう。シュラーゲターはわれらの精神とともに戦い，そして壮
烈な最期を迎えたのである。要するに，われらを東方へと誘った政治思想
は，これからもなお真正なものであり続けるのだ。[73]

　またバルト地域全国連盟は，1923年から機関誌『ライター・ゲン・オステン
[Der Reiter gen Osten]』の刊行を開始し，積極的な言論活動を展開した。[74]そし
てここでもまた，シュラーゲターの死が取り上げられることになる。1923年9
月に刊行された第1巻第3号の冒頭文には，次のような宣言が掲げられている。

　　ラインとルールにおけるベルギー＝フランスの蛮行の犠牲となったドイ
　　ツ人，虐げられ陵辱されたわれらが兄弟姉妹，われらがシュラーゲターの
　　流した血，そしてわれらが祖国の受けた冒涜と犯罪を，われらバルト戦士
　　は決して忘れない。[75]

　ここからは，バルティクマーの義勇軍経験とルール地方における占領経験
が，シュラーゲターを介して混交され，さらなる憎悪を生み出していることが
わかる。シュラーゲターの死は，かつての戦友たちの団結のために利用される
と同時に，連合国に対する報復主義の原動力へと変換されたのであった。

73）Rede des 1. Vorsitzenden des Reichsverbandes, Baron von Manteuffel-Katzdangen, bei der
　　Riga-Gedenkfeier der Ortsgruppe Groß-Berlin am 30.6.1923, in : *Der Reiter gen Osten. Erinne-*
　　rungsblätter des Reichsverbandes der Baltikumkämpfer, Jg. 1, Nr. 8, Berlin, September 1923, in :
　　ebd., Bl. 6-9RS.
74）Ebd.　なお，『ライター・ゲン・オステン』というタイトルは，ハウエンシュタインがエルンスト・フォ
　　ン・ザロモンとともに編集を務めた，ヴァイマル末期からナチ期にかけての義勇軍雑誌のそれと同じである。
　　Ernst von Salomon (Hg.), *Das Buch vom deutschen Freikorpskämpfer*, hg. im Auftr. der Frei-
　　korpszeitschrift „Der Reiter gen Osten", Berlin 1938.
　　　クラインのザロモン伝によれば，このタイトルになったのは1931年7月号以降であり，サブタイトルは
　　『シュラーゲター戦友誌：旧バルティクマー・義勇軍戦士・国境守備戦士・自警戦士・ルール戦士ならびにラ
　　イン・ルール捕虜の伝承誌 [Das Blatt der Kameraden Schlageters. Traditionszeitschrift der
　　ehem. Baltikumer, Freikorps-, Grenzschutz-, Selbstschutz- und Ruhrkämpfer sowie der Rhein-
　　u. Ruhrgefangenen]』である。おそらくはバルティクマーであるザロモンが，バルト戦士全国連盟から雑
　　誌名を引き継いだものと考えられるが，詳細は定かで無い。Markus J. Klein, *Ernst von Salomon. Re-*
　　volutionär ohne Utopie, Limburg a.d.Lahn 2002, S. 188.
75）Hdl. (Erhard Heimdall), Um Rhein und Ruhr, in : ebd.

2 共和国批判の先鋭化

他方，シュラーゲターの死は，ルール占領を機に国民統合を推し進めようとしていた共和国政府にとっても，国民統合のための絶好の機会のように思われた。実際，ドイツ国内ではシュラーゲターの死を契機に，反仏ナショナリズムがよりいっそう勢いを増すことになる。だがそれは結果として，共和国にとって思わぬ危機をもたらした。なぜなら，シュラーゲターの死後，ドイツ国内ではフランスへの報復主義のみならず，彼の処刑を阻止することができなかったクーノ政府と「消極的抵抗」に対する失望と非難の声が沸きかえったからである。[76]

また，これと同時に盛り上がりをみせたのが，シュラーゲターの死をめぐる陰謀論であった。そこでは，ドイツ側の何者かが，シュラーゲターをフランスに「売り渡した」のではないかという憶測が，様々な誹謗中傷とともに飛び交った。とりわけその矛先は，プロイセン内務大臣を務めていたカール・ゼーヴェリング（SPD）に向けられた。彼はルール闘争におけるシュラーゲターの行動を非難したがために，シュラーゲターの逮捕と釈放阻止を裏から指示していたとの疑いをかけられたのである。これはもちろん，事実無根のデマであったが，「積極的抵抗」に参加ないし共感していた人びと，特にバルト地域での義勇軍経験を有する右翼急進派は，こうしたデマを現実味をもって受け止めた。なぜなら彼らにとって，反仏抵抗運動の闘士シュラーゲターの処刑は，1918年秋における第一次世界大戦の敗北と，1919年後半におけるバルト地域からの撤退命令に続く，「第3の匕首」にほかならなかったからである。[77]

かくしてシュラーゲターの死を契機に，右からの共和国批判が先鋭化する中で，ルール闘争への不参加方針を掲げていたナチ党もまた，まるで何事もなかったかのようにシュラーゲター崇拝に参入することになる。その方針転換の早さたるや，驚くべきものだった。シュラーゲターの処刑からわずか2週間後の1923年6月10日，ナチ党はミュンヘンのケーニヒスプラッツにおいて，他の右翼急進派とともに「シュラーゲター追悼祭」を開催し，シュラーゲターの勇気ある行動を讃えたのである。[78]またさらに，機関紙『フェルキッシャー・ベオ

---

76) 高橋『ドイツ賠償問題の史的展開』194-195頁。

77) Zwicker, *Märtyrer*, S. 57-60, 72-73.

78) Georg Franz-Willing, *Krisenjahr der Hitlerbewegung 1923*, Preussisch Oldendorf 1975, S. 139；またこれとシュラーゲター崇拝は，その後も SA を中心に執りおこなわれた。Hastings, *Catholicism*,↗

バハター』においては,「シュラーゲターは国民社会主義者であった」との宣伝が大々的になされるとともに,彼が共和国によって「裏切られた」との主張が展開され,読者の共和国への復讐心を煽ったのであった。[79]

　そもそも,ヒトラーおよびナチ党中央がルール闘争への不参加方針を打ち出したのは,ルール危機による共和国の弱体化と瓦解を願ってのことであった。そして皮肉なことに,今度はルール闘争に参加したシュラーゲターの死そのものが,共和国を批判し攻撃するための格好の道具として,ナチ党により利用されたのである。

3 「国民の英雄」か「冒険者」か

　シュラーゲター崇拝の高まりは,レーバーのいるリューベックにも波及し,そこでは民族至上派の活動が活発化しつつあった。そうした中,シュラーゲター処刑から1ヵ月後の1923年6月26日,レーバーが『リューベッカー・フォルクスボーテ』紙上で真っ先に言及したのは,約1年前に起きた共和国外相ラーテナウの暗殺事件についてであった。

　　夏至になり,ラーテナウ大臣の暗殺から1年を迎えた。それは思い出すだけで何千回となく怖気がするような事件であり,これ以上ないほどの勇気と慚愧を呼び覚ます。ドイツ共和国の大臣の一人が,「教養ある」若者たち,元将校たちによって,白昼堂々と無防備なまま射殺されたのである。それはひとえに,彼があえてドイツ国権派の無頼漢どもと一線を画すような主義主張を貫いたからであり,また「共和派」たろうと努めていたからである。ラーテナウ暗殺とともに,ドイツ民族至上派の殺意の月桂冠に,その鮮血が飛び散ったのだ。[80]

　ここからは,シュラーゲターの死を契機とする共和国批判に直面したレー

＼pp. 129-130, 135；黒川康「ヒトラー―挨：ナチズム台頭の諸問題」『史学雑誌』76編3号（1967年）33-67頁,ここでは60頁。

79) Albert Leo Schlageter zum Gedächtnis, in : *Völkischer Beobachter*, Nr. 112, 10/11. 6. 1923 ; Zwicker, *Märtyrer*, S. 122.

80) Julius Leber, „Wir wollen sein ein einzig Volk von Brüder!" Zum Jahrestag des Rathenaumordes - Die Einheitsfront des Gummiknüppels, in : *LV*, 26.6.1923.

バーが，1年前の悲劇を想起しつつ，また「『教養ある』若者たち，元将校た
ち」によるテロリズムへの怒りを湛えながら，筆をとった様子が窺える。そし
てその怒りは，1919年から現在に至るまで，ドイツ全土で活動を展開してきた
民族至上派をはじめとする右翼急進派の青年たちにも向けられることとなる。

　　　夏至がまた来た。古き殺意と無意味な破壊衝動が，戦争と嘘とで荒み
　　きった青年の血の中で，新たにざわめき始めた。彼らは4年にわたり，人
　　類の文化の階段を，ただただただ深く下降していった。彼らは黒・白・赤
　　の目印のもと，ドイツの精神とドイツの勤勉さが世界と人類に授けたすべ
　　てのものを忘却した。そして彼らは，無知蒙昧，嘘偽，匕首，そしてゴム
　　棒を使って共和国への誹謗攻撃を繰り広げること以外，もはやなんの関心
　　ももたないのである。[中略] 要するに！　労働者層と共和国の敵はまた
　　もや，これまで以上に厚顔無恥な態度をとっている。黒・白・赤の旗に付
　　着する血痕は，日増しに大きくなっている。このまますべてが静かに進行
　　していくのだろうか？[81]

　そしてレーバーのこのような危機意識は，ついにクーノ政府に対するまっこ
うからの批判となってあらわれた。なぜならクーノ政府は，「1年前の一昨日
に殺されたラーテナウについて，一言も触れはしない」ばかりか，ドイツ＝
ポーランド間の二重スパイとみられるシュラーゲター[82]を「国民の英雄」として
称賛していたからである。

　　　労働者層への新たなテロルが始まったことに対し，全国政府が何か策を
　　講じているだろうか？　クーノはどうにも信用ならない！　彼は国民の英
　　雄シュラーゲターを称賛している。時にポーランドのスパイであり，時に
　　ドイツのスパイであった人物を。冒険者としてミュンヘン，オーバーシュ

---

81) Ebd.
82) こうしたシュラーゲター二重スパイ説は，シュラーゲターが1921年初夏のオーバーシュレージエン闘争が終
　　結したのち，ポーランド陸軍省の諜報機関への潜入を試みていたことをもって，SPDの機関誌『フォアヴェ
　　ルツ』が立ち上げたものだった。これに対し，保守派の『クロイツ・ツァイトゥング』は，「死者への冒涜」
　　だとして『フォアヴェルツ』を非難した。Die Totenschändung im „Vorwärts“. Schlageters Auftre-
　　ten in Danzig, in : Kreuz-Zeitung, Nr. 286, 23.6.1923.

レージエン，そして最後はルール地方で殴り合いを演じてきた人物を。破
壊工作活動によってドイツに途方もないほどの損害をもたらし，最終的に
その共犯者たちからフランスに売り渡された人物を。なんと素晴らしい国
民の英雄だろう！[83]

　ここでレーバーが立ち上げているのは，「国民の英雄」とは名ばかりの，無
軌道かつ信念なき「冒険者」としてのシュラーゲター像である。そしてそこに
は，レーバーがこれまで対峙してきた反共和派の義勇軍ならびにその後継組織
のメンバーの姿が投影されていたといえよう。レーバーはこのようにして，義
勇軍出身の民族至上主義者であるシュラーゲターを崇拝する風潮と，それへの
迎合的な態度を示すクーノ政府を徹底的に批判したのであった。

4　リューベックにおける共和国協会の結成

　かくしてクーノ政府に見切りをつけたレーバーは，「すべての労働者，サラ
リーマン，そして官公吏たち，ドイツの絶望的な賃金状況に対して家族ととも
に悩むすべての人びと」に対して，保守的・右翼急進的な反共和国勢力に対抗
するための「一致団結した労働の統一戦線」の構築を呼びかけた。そして自身
も実際に街頭へと繰り出し，シュラーゲターの処刑後に活動を活発化させつつ
あった民族至上派の街頭行動と対峙することとなる。[84]

　1923年7月1日，リューベック近隣のバート・シュヴァルタウにおいて，民
族至上派の団体「シュヴァルタウ鉤十字同盟［Schwartauer Hakenkreuz-
bund］」が軍旗授与式を計画した。この情報を聞きつけたレーバーは，同地の
SPD指導者が組織したカウンター・デモに参加し，その終了演説をおこなう
ことになった。だが，双方のデモ隊が衝突し，流血の惨事が迫ったとき，レー
バーは事態がこれ以上エスカレートしないよう仲裁にまわった。彼は鉤十字同
盟の指導者との交渉の中で，同盟側が旗を引き渡すことを条件にカウンター・
デモの解散を約束した。交渉は結果として成功し，デモは平和的に解散され

---

83) Julius Leber, „Wir wollen sein ein einzig Volk von Brüder！" Zum Jahrestag des Rathenau-
　　mordes - Die Einheitsfront des Gummiknüppels, in : *LV*, 26.6.1923.

84) Ebd.

た。レーバーは敵から旗を押収するという象徴的行為により，憤激に駆られた同志たちの気を鎮め，流血の惨事を回避したのである。[85]

この一連の出来事は，1920年3月のベルガルトでのカップ一揆において，レーバーが当初，交渉による内戦の回避を試みたことを想起させる。直接行動による「共和国の防衛」を掲げたとはいえ，無用な流血はできるだけ防ぐというのが，義勇軍時代から一貫するレーバーのポリシーだったといえよう。

だが1923年8月のリューベックでは，そうしたレーバーのポリシーを揺さぶるような事件が起きた。8月9日，インフレを背景に始まったリューベックの労働者ストが，警察の射撃や手榴弾攻撃などによって，流血の末に鎮圧されたのである。そしてこの事件を機に，レーバーは労働組合やSPDが警察権力に頼らず，独自に共和国の秩序を維持していく必要性を痛感することとなる。かくして，共和派の自衛組織「共和国協会［Vereinigung Republik］」がリューベックにおいて結成され，レーバーはその代表委員に就任した。[86] そしてこの共和国協会は，1924年3月22日に共和派の自衛組織「黒・赤・金の国旗団［Reichsbanner Schwarz-Rot-Gold］」がマグデブルクに続いてリューベックで結成される際，その前身としての役割を果たすこととなる。[87]

このように，シュラーゲターの処刑後に高まりをみせたシュラーゲター崇拝は，レーバーにおけるクーノ政府への信用を完全に失墜させると同時に，1923年夏のドイツにおいて，彼を再度街頭の世界に引き戻す重要な契機を形作った。そしてその先には，国旗団へと連なる共和派独自の自衛組織の結成が，ひとつの帰結として存在していたのである。

4　ドイツ共産党の「シュラーゲター路線」

1　カール・ラデックの登場

ただし，シュラーゲターの死の政治利用を考える際に見落としてはならない

---

85)　Beck, *Leber*, S. 41；こうした旗の略奪ないし押収という行為は，ヴァイマル初期における1921年以降のシンボル闘争の中で顕著になった現象だった。Dirk Schumann, *Politische Gewalt in der Weimarer Republik 1918-1933. Kampf um die Straße und Furcht vor dem Bürgerkrieg*, Essen 2001, Kap. IV.

86)　Beck, *Leber*, S. 42

87)　Ebd., S. 355, Anm. 6；岩崎好成「ワイマル共和国防衛組織『国旗団』の登場（I）：その目的と組織構造」『山口大学教育学部研究論叢第1部 人文科学・社会科学』37号（1987年）1-12頁，ここでは3頁。

のは，彼を政治的に利用しようとしたのが，保守派や右翼急進派に限らなかった点である。1923年当時，彼の行動とその死を評価し，自らの政治的戦術の中に取り入れたのは，コミュニストも同じだった。特にコミンテルン執行委員会の幹部委員であり，KPD の中央委員でもあったカール・ラデックは，すでにシュラーゲターが処刑される以前から，ルール危機により「非プロレタリアでありながらプロレタリア化した大衆[89]」を獲得するという問題意識のもと，ドイツの「ファシスト」勢力の中に潜在的な支持者を見出していた。ラデックによれば，「ファシスト」には資本を拠りどころとする者と，ルール危機を契機に零落し，プロレタリア化した小市民というふたつのタイプが存在しており，後者をナショナリズムから解放し，労働者の味方とすることこそ，KPD の目下の課題であった[90]。そしてこうした戦術の一環として，KPD の「シュラーゲター路線」は出現することとなる。

シュラーゲターの処刑からちょうど20日後の1923年6月15日，ラデックはモスクワで開催されていた共産主義インターナショナル拡大執行委員会（EKKI）の総会において，「世界政治の情勢」に関する小講演をおこない，そこで改めて「ドイツはフランスの巨大な植民地である」と主張した[91]。そして翌16日，ラデックは小講演をめぐる議論の結びの言葉において，「われわれの立場はもちろん，いかなるナショナリズムにも抗議していくことにある」と留保しつつも，次のように唱えた。

にもかかわらず，われわれが問題とせねばならないのは，ポアンカレの勝利と敗北のどちらが進歩を意味するのかということである。ポアンカレの

---

88) ラデックは KPD 創立の立役者の一人であった。この点については，斎藤哲「カール＝ラーデクとドイツ共産党：KPD 創立からベルリン1月闘争へ」『明治大学大学院紀要 政治経済学篇』15集（1977年）47-59頁を参照。

89) Zit. nach : Dietrich Möller, *Karl Radek in Deutschland. Revolutionär - Intrigant - Diplomat*, Köln 1976, S. 242.

90) Zwicker, *Märtyrer*, S. 77. ちなみにこのとき，KPD が「ファシズム」として想定していたのは，ナチズムだけではなかった。「ナチズム」が「ファシズム」の範疇に入るのは，ルール占領後の1923年1月28日から2月1日に開催された第8回党大会以降のことであり，むしろ1921年8月の第7回党大会では，バイエルンのオルゲシュや鉄兜団などの「白衛軍の非合法組織」がファシスト団体とみなされていた。石川捷治「コミンテルン初期のファシズム認識：ドイツ共産党の分析との関連を中心に」『法政研究』46巻1号（1979年）35-77頁，ここでは54頁。

91) Zit. nach : Möller, *Radek*, S. 241.

勝利は大陸全土に対する反革命を法外に強めるであろうし，その敗北は逆に，ヴェルサイユ体制を破壊するだろう。それはつまり，革命的な事実だといえる。こうした理由からドイツの党が発言せねばならないのは，そう，ドイツ労働者階級が，そしてフランスに包囲された全世界の労働者階級もまた，ポアンカレの敗北に対し，一致した利害をもつということである。[92]

　このように統一戦線戦術の前提となる国際情勢を再度確認したうえで，ラデックはさらに，チェコスロヴァキアのコミュニスト，アロイス・ノイラートによる「ドイツは今やナショナリズムの波に覆われているが，われわれはそれに迎合するのではなく，立ち向かわねばならない」という批判に反駁する形で，ナショナリズムと「革命的国民的利害」との違いを強調した。

　　党はナショナリズムの波に迎合しなかっただけでなく，いかなるナショナリズムに対しても，激しい闘争を繰り広げた。ドイツの党は，同志ノイラートが見過ごしてきたことを見過ごさなかった。それはつまり，ナショナリズムとドイツの革命的国民的利害との違いである。後者は今や，プロレタリアートの革命的国民的利害と重なり合っている。[93]

2　「反革命の勇敢な兵士」としてのシュラーゲター

　1923年6月20日，ラデックは同じく EKKI の総会において，のちに「シュラーゲター演説」と呼ばれ，注目を集めることになる演説をおこなった。その演説の直前には，ツェトキンによる「ファシズムの危機」についての演説がおこなわれていたが，ラデックはその内容を引き継ぐ形で語り始めた。

　　われわれは同志ツェトキンの非常に広汎かつ深甚な報告をきいた。［中略］私には，このわれらが高齢の指導者の演説を，証明することも補足することもできないし，それをもう一度うまく追求することは不可能だろ

---

92) Ebd., S. 242.
93) Ebd. ラデックはすでにドイツ革命期の段階から，「国民」という象徴を革命派のものにしようと模索していた。だがその一方で，ナショナリズムを標榜することに対しては否定的であり，それは彼にとって，あくまでプロレタリア独裁樹立のための道具に過ぎなかった。斎藤「カール＝ラーデクとドイツ共産党」52-53頁。

第5章　ルール闘争期における義勇軍経験の交差　　219

う。なぜなら私の目には，あるドイツのファシストの屍が，絶えず焼きつ
いて離れないからである。それはわれわれの階級の敵対者であり，フラン
ス帝国主義の手先，つまりはわれわれの階級敵のうち，もう一方の有力な
組織から死刑を宣告され，銃殺された者の屍である。ファシズムの矛盾に
関する同志ツェトキンの演説中，私の頭の中では，シュラーゲターの名と
その悲劇的な運命が，ぐるぐると音をたてて回っていた。[94]

　ここでは，シュラーゲターが「ファシスト」の中でも「フランス帝国主義の
手先」となった者たちとは一線を画す存在であり，むしろ彼らによって「死刑
を宣告され，銃殺された者」であることが強調されている。さらにラデックは
続ける。

　　　この［フランス帝国主義に抵抗し処刑されるという―今井］ドイツ・ナショ
　　ナリズムの殉教者の運命は，決して黙殺されるべきでなく，吐いて捨てる
　　ような決まり文句で片づけられるべきでもない。彼の運命はわれわれに対
　　して，そしてドイツ人民に対して，多くを語らねばならないのである。[95]

　このようにラデックによると，シュラーゲターは今や「プロレタリアートの
革命的国民的利害」とイコールで結ばれる「ドイツの革命的国民的利害」の体
現者となった。ラデックは言う。「反革命の勇敢な兵士シュラーゲターは，革
命の兵士たるわれわれによって，雄々しく誠実な人物として，評価されるに値
する。」[96]

3　「虚無に向かう放浪者」としてのシュラーゲター

　ラデックによるシュラーゲターへの賛辞はしかし，当然ながら単なる賛辞に

---

94)　Karl Radek, Leo Schlageter, der Wanderer ins Nichts, in : Karl Radek / Paul Frölich / Ernst
　　Graf zu Reventlow / Moeller van den Bruck, *Kommunismus und nationale Bewegung. Schla-*
　　geter - eine Auseinandersetzung, Berlin ³1923, S. 5-8, ここでは S. 5. なお，邦訳として，カール・ラ
　　デック（高山洋吉訳）「『無への彷徨者』，シュラーゲター」『世界を変えた言葉 第2巻：両体制の相剋』高山
　　洋吉訳編，誠信書房，1959年，49-58頁があるが，ここでは筆者が原文から再度邦訳した。
95)　Ebd.
96)　Ebd.

はとどまらなかった。なぜならラデックの真意は，いまだドイツ国内でくすぶ
り続けるシュラーゲターのような「ファシスト」青年を，KPD の側に引き込む
ことにあったからである。ラデックは彼らに対して，次のように訴えかける。

　　誠実にドイツ民族に奉仕しようとしているドイツ・ファシストたちの
　　サークルが，シュラーゲターの運命のもつ意味を理解していないとすれ
　　ば，シュラーゲターの死は無駄になり，その墓碑には「虚無に向かう放浪
　　者」と刻まれることになるだろう。[97]

　ここでの「虚無に向かう放浪者」という表現は，義勇軍作家フリードリヒ・
フレクサの同名の小説に由来する。[98] 1920年刊行のこの小説は，ドイツ革命の最
中にスパルタクス団との闘争において命を落とした，ある青年将校の生涯を描
いた作品であるが，[99] ラデックはその題名を用いることで，「ドイツ・ファシス
トたちのサークル」が依然として「反革命」の側に立って闘争を続けるのな
ら，シュラーゲターの死がまったくの無駄になると警鐘を鳴らしたのである。
　そもそも，シュラーゲターが意識的に「反革命の兵士」たろうとしていたの
かという点すら，ラデックは疑わしく思っていた。確かに，「彼はドイツ資本
によるルール労働者への襲撃に参加し，ルール鉱夫たちを鉄鋼王と石炭王らに
従属させるという使命のもと，部隊に加わり戦った」。しかし「われわれには，
シュラーゲターがエゴイスティックな理由から何百という鉱山労働者の鎮圧に
手を貸したとは，とうてい思えない」。[100]

---

97) Ebd.
98) Friedrich Freksa, *Der Wanderer ins Nichts. Roman*, München 1920. この小説のタイトルは明ら
　　かに，1917年に戦死した叙情詩人ヴァルター・フレックスによる戦争文学『二つの世界の放浪者』[Walther
　　Flex, *Der Wanderer zwischen beiden Welten. Ein Kriegserlebnis*, München 1917] を意識してつけ
　　られたものである。またフレクサは，のちにエーアハルトにインタヴューをおこない，それを書籍化してい
　　る。Hermann Ehrhardt, *Kapitän Ehrhardt. Abenteuer und Schicksale*, hg. von Friedrich Freksa,
　　Berlin 1924.
99) この小説の主人公であるロベルト・ハリンクという青年は，もともと自殺願望の持ち主であり，自分の生に
　　意味を見出せなかった。しかし戦争が勃発し，将校となり，1918年に義勇軍戦士となって，スパルタクス団と
　　の闘争の最中に重症を負ったとき，初めて生への執着を抱くようになる。それは「嫌だ！僕は虚無に向かって
　　放浪したくなんかない！［中略］僕は戦いたいんだ！ドイツのために！」との感情からだった。Freksa,
　　Wanderer, S. 365.
100) Radek, *Schlageter*, S. 6.

ラデックはシュラーゲターが無自覚のままに「反革命」，あるいは協商国の帝国主義に手を貸していた可能性を，当時の義勇軍指導者やドイツ・ブルジョワジーの意図を引き合いに出す形で示唆している。

リガに突撃したメデム義勇軍において，シュラーゲターは闘争した。この青年将校が自らの行動の意味を理解していたのかどうかを，われわれは知らない。当時のドイツ政府人民委員で社会民主党員のヴィニヒと，バルティクマーのリーダーであるフォン・デア・ゴルツ将軍は，自分たちが何をしていたのかを知っていた。彼らはロシア人民に対し，協商国の手先としての役目を果たすことで，その厚情を得ようとした。その際，敗者たるドイツのブルジョワジーは，決して勝者に戦争の賠償金を支払わなかった。その代わりに彼らは，世界大戦の弾丸を免れた若きドイツ人の血を，ロシア人民と敵対する協商国に対して，傭兵として差し出したのである。シュラーゲターがこの時代に何を考えていたのかを，われわれは知らない。[101]

さらに興味深いのは，バルト地域におけるシュラーゲターの上官であったメデムをも，ラデックが自らの主張のために利用している点である。

シュラーゲターの指導者であるメデムがのちに悟ったことは，シュラーゲターがバルト地域を通って虚無へと放浪したということであった。そのことを，ドイツ・ナショナリストのすべてが理解していたのだろうか？[102]

4 「何百というシュラーゲター」への訴え

いずれにせよ，ラデックが様々な手を尽くして訴えようとしたのは，「誠実にドイツ民族に奉仕しようとしているドイツ・ファシストのサークル」が，シュラーゲターの死に直面した今，どのように振る舞うべきなのかということだった。ラデックは彼らに二択を突きつける。

---

101) Ebd., S. 5-6.
102) Ebd., S. 6.

ドイツの民族至上派は誰と戦おうとしているのか。協商国資本か，それ
ともロシア人民か？　彼らは誰と手を携えようとしているのか？　ロシアの
労働者や農民とともに協商国資本の重圧を払いのけるのか，ないしは協商
国資本とともにドイツとロシアの人民を奴隷化するのか？　シュラーゲ
ターは死んだ。彼はこの問いに答えることはできない。彼の墓の前で，彼
とともに戦った同志は闘争の継続を誓った。彼らは答えねばならない。誰
の敵となり，誰の味方になるのかを。[103]

　そしてラデックにとって，「ドイツ・ファシスト」，あるいは「ドイツ民族至
上派」がとるべき道はひとつしかなかった。ラデックはそれを，「積極的抵抗」
に至るまでのシュラーゲターの意識の変遷を描き出すことで明らかにしてい
る。以下では，その流れを要約してみよう。

　シュラーゲターは「これまでドイツ民族を導き，名状しがたい不運の中に連
れ込んだ支配者階級が，その支配を立て直す際に手を貸した。彼はそうするこ
とで，自分が誰よりも民族に奉仕していると確信していたのである」。彼に
とって，労働者階級は「統治されねばならない暴民」であり「内なる敵」で
あった。そしてこうした「内なる敵を鎮圧しない限り，協商国に対するいかな
る闘争も不可能である」と考えていた。しかし「1923年のルール占領期間中に
ルール地方に赴いたとき，彼はこうした政策の結果を目のあたりにした。［中
略］彼は，国民の内部分裂がいかにその防衛力を弱めるかということを悟った
のである」[104]。したがって「ドイツの愛国的なサークル」は，こうしたシュラー
ゲターの覚醒した意識を継承し，行動していくべきだ。もし彼らが労働者階
級，つまりは「国民の大多数の問題を自分自身のものとし，協商国資本とド
イツ資本に対する戦線を構築する決心をしなければ，シュラーゲターの道は虚無
に向かう道だったということになる」[105]と。

　ラデックはこう述べたうえで，「ファシスト」青年たちに現状打開へのヒン
トを提示すべく，19世紀初頭のドイツの状況を例として挙げる。1806年の

---

103) Radek, Schlageter, S. 6.
104) Ebd.
105) Ebd., S. 7.

イェーナ・アウエルシュテットの戦いにおいて，プロイセン軍はナポレオン率いるフランス軍に大敗を喫した。改革派将校である「グナイゼナウとシャルンホルストは，どうすればドイツ民族をその恥辱から救い出すことができるか思案し，すぐさま問題の解答を導き出した。それは農民を隷属状態から解放することによってのみ可能となるのであった」。ラデックによれば，この19世紀初頭のドイツ農民集団というのは，20世紀初頭の今日ではまさにドイツ労働者階級に対応する。つまりシュラーゲターの同志たちは「労働者階級を敵に回すのではなく，労働者階級と手を組むことによってのみ，ドイツを奴隷制の枷から解放できるのである」。[106]

　続けてラデックは，シュラーゲターの同志であった義勇軍出身の右翼アクティヴィストたちによる活動の限界性を指摘する。

　　シュラーゲターの同志たちは，彼の墓の前で闘争について語った。闘争をさらに続けるというのが，彼らの誓いであった。その闘争は，ドイツが疲弊していく中で，歯牙に至るまで武装した敵を相手におこなわれる。だが，闘争に関する言葉は決まり文句であってはならず，それは爆破作業隊の中に存してはらない。橋を破壊したところで，敵を空中に吹き飛ばすことはできない。列車を脱線させたところで，協商国資本の凱旋行進を阻止することはできない。[107]

　そしてラデックは演説の最後に，「何百というシュラーゲター」に向けて，次のようなメッセージを送ったのであった。

　　われわれは，全き理想のために死をも辞さなかったシュラーゲターのような男たちが，虚無に向かう放浪者ではなく，全人類のよりよき未来に向かう放浪者となるように，そして彼らが，その熱く滾る私心なき血を，石炭と鉄鋼の男爵たちの利益のためではなく，解放を求め闘争している諸民族の一員たる，偉大なドイツ勤労人民の理想のために散らすよう，全力を

---

106) Ebd.
107) Ebd.

224

尽くすつもりだ。[中略] シュラーゲターはもはや，この真実を耳にする
ことはかなわない。われわれは何百というシュラーゲターがこれを聞き，
そして理解してくれるであろうことを確信している。[108]

5 「シュラーゲター路線」が遺したもの

　以上のようなラデックの「シュラーゲター演説」は，1923年 6 月26日に
『ローテ・ファーネ』紙上に掲載され，各方面から大きな反響を得た。[109]それは
何より，これまで義勇軍を「反革命」とみなしてきたコミュニストたちが，義
勇軍戦士であるシュラーゲターを「反革命の勇敢な兵士」として称賛するとい
う，「シュラーゲター路線」のもつ巨大なインパクトによるものだった。この
路線はむろん，経済的に零落したドイツ小市民層を取り込むための KPD の戦
術であり，ラデックはそこにおいて，コミュニストに通ずる意識と行動をもち
ながらも，結局それらを正しい形で発揮させることができなかった「虚無に向
かう放浪者」として，シュラーゲターを描いたのであった。

　ただし一般的にいって，こうした KPD の「シュラーゲター路線」は，ほと
んど成果を生まなかったとされる。なぜなら，それは大多数のコミュニストに
拒否されたうえ，メインターゲットであった小市民層の獲得にすらつながらな
かったからである。そして1923年 9 月16日，新たに成立したグスタフ・シュト
レーゼマン政府によって「消極的抵抗」の中断が宣言されると，KPD は
「シュラーゲター路線」から完全に撤退し，再び「ファシスト」批判のトーン
を強めたのであった。[110]

　しかしながら，この路線が単なるプロパガンダに終わらず，右翼急進派のオ
ルグという実践をともなう形で展開された点を見逃してはならない。その際，

---

108) Ebd., S. 8.
109) 特に右翼陣営からは，青年保守派のメラー・ファン・デン・ブルックと民族至上派のエルンスト・グラー
　　フ・ツー・レーヴェントロウがラデックに一定の理解を示した。この詳細については，Otto-Ernst Schüd-
　　dekopf, *Nationalbolschewismus in Deutschland 1918-1933.* Frankfurt a. M. 1973, S. 122-123 ;
　　Louis Dupeux, „*Nationalbolschewismus" in Deutschland 1919-1933. Kommunistische Strategie
　　und konservative Dynamik,* München 1985, S. 192-193 ; Zwicker, *Märtyrer,* S. 81-87 ; Volker Weiß,
　　Moderne Antimoderne. Arthur Moeller van den Bruck und der Wandel des Konservatismus,
　　Paderborn 2012, S. 197-203 を参照。
110) Schüddekopf, *Nationalbolschewismus,* S. 119 ; Zwicker, *Märtyrer,* S. 86-87 ; 石川「コミンテルン
　　初期のファシズム認識」57-59頁。

KPD にとって重要人物として浮上したのは，ほかでもないレーマーであった。

ルール闘争が下火になった1923年秋，KPD 諜報部はレーマーとの接触をはかり，彼を通じてバイエルンの右翼急進派シーンに関する有益な情報を入手していた[111]。そしてルール闘争終結後も継続したそのつながりは，最終的に KPD による義勇軍出身のナショナル・ボルシェヴィストへの支援という形へと結実することとなる[112]。かつてバイエルンで「アカ」の掃討に邁進した男は，それからわずか4年余りの時を経て，義勇軍運動と KPD をつなぐ，重要な結節点となったのである。

小 括

ルール占領が始まったとき，リューベックのレーバーは共和国を重んじるがゆえに，それを危険に晒す可能性のあるドイツ政府の「国民的統一戦線」路線を鋭く批判した。なぜなら，彼はそこに，ドイツを第一次世界大戦の破滅へと誘った好戦的ナショナリズムの再来を見出したからである。そしてレーバーは，「消極的抵抗」が独仏両国の資本主義に対する抵抗へと発展することを期待し，理想的な「真の統一戦線」のあり方をルール地方の労働者に見出した。第一次世界大戦に翻弄され，義勇軍運動に失望したレーバーは，その教訓を活かし，ルール闘争に際しては「国民」よりも「階級」に重きをおいたのであった。

反対に「国民」ないし「民族」を重視する立場から「積極的抵抗」を展開したのが，バイエルンのレーマーだった。確かに彼の所属する BO 内部では，すでにルール闘争への不参加方針をとる親ナチ派のヴェーバーが実権を握っており，これによりレーマーたちは BO を追放されるに至った。だが，彼らはルール闘争を民族解放闘争と捉えたコミンテルンと KPD 右派の統一戦線戦術に合流する形で，コミュニストとの共闘を再演し，改めてナショナル・ボルシェヴィストとしての姿勢を示した。そこではやはり，オーバーシュレージエン闘争の経験が息づいていたといえよう。

---

111) Bernd Kaufmann / Eckhard Reisener / Dieter Schwips / Henri Walther, *Der Nachrichtendienst der KPD 1919-1937*, Berlin 1993, S. 84.

112) レーマーとその同志たちは KPD からの支援のもと，1924年9月から1926年半ばまでナショナル・ボルシェヴィスト系の雑誌『ノイエ・フロント [Die Neue Front]』を編纂していた。Ebd., S. 154.

「ナチ党ベルリン支部」の結成に加わったシュラーゲターもまた，ヒトラーの方針に従うことなく，盟友ハウエンシュタインとともに「積極的抵抗」に参加した。確かにシュラーゲターは，その義勇軍経験から共和国を敵視していたが，それよりもまず優先すべきは故国ドイツを防衛することであった。したがって彼らのアクティヴィズムは，やはりヒトラーの政治主義に容易に絡め取られるようなものでなかったといえる。そしてフランス軍に捕まったシュラーゲターは，処刑の直前，自身の第一次世界大戦と義勇軍運動を振り返りながら，自分が「冒険者」や「犯罪者」などではなく，故国ドイツのために戦い続けた「愛国者」である，という意識を強く打ち出したのだった。

シュラーゲターの処刑後，ドイツ全土が反仏ナショナリズムに包まれる中で，右翼急進派による共和国批判は最高潮に達した。シュラーゲターは「国民の英雄」となり，プロイセン内相のゼーヴェリングには，彼の処刑を裏で手びきしていたとの誹謗中傷が寄せられた。レーバーはこれに対して，シュラーゲターが「国民の英雄」などではなく，ただの「冒険者」に過ぎないとし，改めて反共和派義勇軍への怒りを露わにした。そして再び街頭の世界に繰り出した彼は，そこでシュラーゲターと同じ民族至上主義者の台頭を非暴力の方法で抑えこもうとした。だが，警察による暴力的なスト弾圧を前に，労働者自らが武器を持ち「共和国の防衛」を担わねばならないとの思いをよりいっそう強くした彼は，ついに共和派の自衛組織・共和国協会を結成するに至ったのである。

かくしてドイツ国内では，ルール占領による混乱とシュラーゲターの死を背景としながら，街頭のもつ政治的重要性が高まり，アクティヴィズムに拍車をかけた。こうした中でコミンテルンの理論家ラデックは，シュラーゲター崇拝をKPDへの支持につなげようとした。彼はシュラーゲターを「反革命の勇敢な兵士」として称揚しながらも，他方でそのアクティヴィズムを革命的な方向で発揮することができなかった「虚無に向かう放浪者」として位置づけ，「何百というシュラーゲター」に向けて「革命の兵士」となるよう呼びかけたのだった。そしてこの「シュラーゲター路線」には，レーマーらオーバーラント義勇軍出身のナショナル・ボルシェヴィストも組み込まれ，KPDと義勇軍運動とを仲介する重要な役割を果たしたのである。

終 章

義勇軍経験と戦士たちの政治化

　本論では，第一次世界大戦後のドイツにもたらされたとされる「政治の野蛮
化」について，アルベルト・レオ・シュラーゲター，ユリウス・レーバー，そ
してヨーゼフ・ベッポ・レーマーという3人の義勇軍戦士を軸に検討してき
た。ここでは最後に，その検討を通じて得られた結論をまとめることとしよ
う。

1　義勇軍経験をめぐる連続性

1　背景としての第一次世界大戦
　第一次世界大戦の経験を「政治の野蛮化」の起点とみなすモッセの「野蛮
化」テーゼに対し，ツィーマンは大戦が兵士たちにとっての経験上の断絶とは
なり得なかったことを示し，これを反論した。確かに，本論が対象とした義勇
軍戦士たちにおいても，大戦の経験は「野蛮化」の起点ではなかったし，また
そこから義勇軍運動への直接的な連続性は見出せなかった。ただし大戦の経験
は，彼らが義勇軍運動に参加するうえでの大きな背景としては，重要な意味を
もっていたのである。
　例えば，シュヴァルツヴァルトの農民家庭出身で，敬虔なカトリック青年で
あったシュラーゲターにとって，第一次世界大戦は，学友や戦友，そして兄を
亡くすという喪失の経験であり，また軍人としての上昇の経験でもあった。彼
はそうした経験を得る中で，次第に幼少期から志していた聖職者への道を諦
め，大戦後には就職難と将来への不安に苛まれることになる。そして「入植の
機会」を謳うバルト地域での義勇軍運動に自身の活路を見出した彼は，メデム
義勇軍の一員として現地に赴き，そこで赤軍との闘争に身を投じたのだった。
　同様のことはレーバーにもあてはまる。エルザスの貧農家庭の出身者であ

り，苦学の末に大学への進学を果たした彼は，その過程で社会民主党員となり，1914年夏の開戦に際しても，他の SPD エリートと同じく従軍を志願することとなる。第一次世界大戦中，彼はエルザス＝ロートリンゲン出身兵に対する差別的待遇に直面しながらも，あくまでドイツ軍将校として戦場に立ち続けた。そしてその過程で，次第にエルザス＝ロートリンゲン併合肯定論を唱える SPD 右派へと接近することとなる。敗戦と革命ののち，故郷エルザスを喪失したレーバーが，祖国ドイツの防衛を訴える SPD 右派主導の志願兵募集に応じたのも，こうした経験なくしては考えられないだろう。

　また，バイエルンの教育者家庭出身でありながら，第一次世界大戦前から将校としてのキャリアを積んでいたレーマーの場合も，大戦中に培ったネットワークが義勇軍結成のための土台をなした。彼はすでに大戦末期，負傷により故郷ミュンヘンに帰還しており，そこで1918年11月の敗戦と革命を迎えた。当初は目立った動きをみせず，療養中の時間を利用し大学への進学を果たした彼だったが，1919年4月のバイエルン・レーテ共和国成立に直面する中で，再び武器を手にとることを決意することとなる。彼は，友人の将校らを呼び集める形でオーバーラント義勇軍を結成し，レーテ共和国の打倒を率先して遂行したのであった。

　こうしてみると，第一次世界大戦を通じて「野蛮化」した兵士たちが，大戦後に義勇軍運動へと流入したとする見方は斥けられねばならないものの，義勇軍運動の成り立ちは，やはり大戦の経験を抜きには考えられないといえよう。

2 「政治の野蛮化」と「匕首伝説」

　それでは，シューマンやバルトが指摘したように，義勇軍経験は「政治の野蛮化」の直接的な起点だったのだろうか。この点については，ドイツ革命期の義勇軍運動を支えた意識，つまりは「内戦」や「ボルシェヴィズム」に対する反カオス意識を考慮する必要があろう。この意識は1919年前半のドイツにおいて，政治的な立場や党派を超えた「国防上の合意」を形成するうえでの最大公約数的な一致点として機能し，また，それゆえに「敵」に対する容赦のない殺戮行為を生み出した。そして1919年5月にバイエルン・レーテ共和国の打倒が達成されると同時に，ラトヴィアにおける赤軍掃討が成功を収め，さらにはド

イツと連合国との講和条約の内容が明るみになる中で，この意識はもはや一致点として機能しなくなり，そこで育まれた暴力性も，やがて共和国自身に向けられることになる。

そうした傾向は，とりわけシュラーゲターが参加したバルト地域の義勇軍運動に顕著だった。そこではすでに，1919年春の段階から暴走の兆しがみられ，シュラーゲターらが到着した1919年4月中旬には，リバウのラトヴィア政府に対するクーデタ，通称リバウ一揆が勃発し，さらに現地住民の殺害や略奪などの蛮行が蔓延していた。このとき，現地のラトヴィア人部隊は義勇軍への反抗を試みたが，義勇軍はこれに対し，暴力的な掃討作戦をもって応じた。そしてその作戦には，シュラーゲターらメデム義勇軍のメンバーも関与していた。彼らは掃討対象を「アカ」や「ボルシェヴィキ」とみなすことで，自らの行為を正当化したのであった。

1919年6月，連合国がバルト地域からの義勇軍の撤退を要請すると，シュラーゲターらはペータースドルフ義勇軍に移り，さらに8月にはロシア白軍に合流する形で，現地残留を試みた。このときバルト地域における義勇軍の蛮行は，USPD などの告発により，すでにドイツ本国でも広く知られるようになっていた。シュラーゲターはこの件について，本国の両親に自身の潔白を訴えるとともに，ヴェルサイユ条約に束縛された共和国への不信と，義勇軍の蛮行を糾弾する左翼への憎悪を深めていった。

こうしてみると，「政治の野蛮化」は直接的な起点は，やはり義勇軍経験，特にバルト地域におけるそれに存しているように思われる[1]。しかしながら，それが1920年3月に反政府クーデタ・カップ一揆という形で顕在化し，ドイツ政治に影響を及ぼす段階に至るまでには，第一次世界大戦以前からの連続性，つまりはヴィルヘルム期のエリート文化に根ざした「匕首伝説」的解釈との結合を待たねばならなかった。

「匕首伝説」の起源はすでに第一次世界大戦中にもみられたが，それは大戦後の状況下で，軍部が敗戦の責任を「銃後の革命」に転嫁するという形で効力を発揮した。そしてこうした解釈は，全ドイツ連盟に代表されるドイツ国内の

---

1) これはシューマンの結論でもあった。Dirk Schumann, *Politische Gewalt in der Weimarer Republik 1918-1933. Kampf um die Straße und Furcht vor dem Bürgerkrieg*, Essen 2001, S. 359-360.

保守派・右翼急進派がバルト地域の義勇軍運動と接触する中で，しだいにバルティクマーの中にも浸透していき，さらにはバルト地域からの撤退命令を，共和国による「第2の匕首」と捉える解釈へと発展しながら，シュラーゲターらバルティクマーを取り込んだ反共和国戦線の構築を後押しすることとなる。その際，国軍に編入されることのなかった義勇軍戦士たちは，東部ドイツの地主層からの支援のもとに協働団という組織を結成し，カップ一揆に向けた準備を進めていったのであった。

　1920年3月のカップ一揆勃発時，シュラーゲターはレーヴェンフェルト旅団の一員としてブレスラウにおける軍事独裁の成立に貢献した。そこにおいては，レーヴェンフェルト旅団のメンバーによる捕虜への虐待・虐殺行為が横行することとなる。またそうした暴力は，1920年4月から5月にかけてのルール地方における労働者蜂起の鎮圧に際してさらなるエスカレートを遂げ，ついには敵ですらない一般市民にも向けられるようになったのである。

3 「政治の野蛮化」に対する反作用

　しかし義勇軍運動内部では，このような「政治の野蛮化」に対する反作用ともいうべき現象もみられた。特にカップ一揆勃発時，レーバーとその部隊がとった行動は，その最たるものであった。

　1919年を通じ，西プロイセンでの対ポーランド国境守備に従事したレーバーの部隊はその後1920年初頭までに国軍へと編入され，ポンメルンに活動の拠点を移していた。その間，東部国境地域では「東方国家構想」というドイツ本国からの分離主義計画が浮上し，挫折しており，また1919年末以降はバルティクマーの流入により，反共和派義勇軍の牙城が形成されていた。それゆえ1920年3月にカップ一揆が勃発した際，レーバーらが駐屯するポンメルンでも，カップ派の国軍将校による軍事独裁が成立することとなる。

　国軍将校の多くが，軍隊的な服従の原則を口実にカップ派の動きに迎合する中，レーバーはカップ派将校に捕えられた SPD の同志たちの釈放を求めると同時に，またカップ派の国軍部隊とコミュニスト系の労働者軍との衝突を回避しようと奔走した。しかし交渉は決裂に終わり，カップ派国軍部隊はレーバーの部隊への銃撃を開始することとなる。これに対し，彼の部隊はやむを得ず労

働者軍と共闘し，一揆の鎮圧を遂行した。このときレーバーは，カップ派の動きを「反革命」と呼び，それが無用な流血をもたらしたことを痛烈に批判した。こうした彼の行動を支えていたのは，第一次世界大戦前からの SPD 経験と同時に，「最も優秀な部隊」を率いて東部国境守備に従事してきた将校としての矜持であった。

　また，こうした一揆主義との対決姿勢は，レーマーの中にもみて取ることができる。バイエルン・レーテ共和国の打倒後，彼は義勇軍戦士を中心とする右翼急進派ネットワークの中核を担うまでになっていた。しかしながら，1920年３月のカップ一揆にともない，バイエルンが陰謀渦巻く「秩序細胞」へと変貌していく中にあって，彼は義勇軍の内外からその命をねらわれる存在となる。それは彼を中心とするオーバーラント義勇軍の古参メンバーが，敵であるはずのコミュニストとの関係を深めていたからであった。

　オーバーラント義勇軍とコミュニストとの接近は，反ヴェルサイユという共通項のほか，ミュンヘンの KPD 議員オットー・グラーフがレーマーと旧知の仲でありナショナリストとの提携を模索していたこと，そしてレーマー自身も，かねてから「労働者層との協働」を目指していたことが要因として挙げられる。そして1921年５月から７月にかけて，グラーフがオーバーラント義勇軍とともにオーバーシュレージエン闘争に参加し，そこで労働者を義勇軍に引き入れるなど八面六臂の活躍をみせたことで，両者の関係はさらに深まっていった。

　このようなオーバーシュレージエンでの経験は，闘争終結後の1921年10月，オーバーラント義勇軍がオーバーラント同盟（BO）へと改組される中で，「国の一体性」を重んじ，階級闘争を拒否するという組織原則として明文化された。そしてそこでは，義勇軍運動内部に急速に拡大しつつあった一揆主義が，「国の一体性」を危険に晒すものとして，打倒の対象とされたのだった。

　かくして，バルト地域の義勇軍運動に参加したシュラーゲターが，反共和国の傾向を強め，最終的にカップ一揆に参加したのに対し，ポンメルンで東部国境守備を担ったレーバー，そしてオーバーシュレージエンでコミュニストとともに国境闘争を展開したレーマーは，むしろそうした一揆主義に対する明確な対決姿勢を示した。このことは，義勇軍経験が必ずしも「政治の野蛮化」を促

232

進せず，むしろそれに対する反作用をも同時に生み出したことを物語っている
といえよう。

2 義勇軍戦士たちの政治化

1 ナチズムへの合流？

　戦間期ドイツにおける暴力と政治文化の関わりについて整理したベルント・
ヴァイスブロートによると，1919年から1923年までの義勇軍による「機動戦
[Bewegungskrieg]」は，ヴァイマルの「相対的安定期」が到来する1924年以
降，各政治党派がそれぞれ独自の「闘争同盟 [Kampfbund]」を有し，街頭で
の殴り合いや集会の妨害ないし防衛を担うという「陣地戦 [Stellungskrieg]」
へと変化することとなる。[2]

　ただし本論でみてきたように，義勇軍戦士たちの政治化は，すでに1919年代
後半から始まっており，それは1920年3月のカップ一揆をもって顕在化した。
さらに1921年初夏のオーバーシュレージエン闘争においては，帝政期からの流
れを汲む反セム主義の大衆組織・ドイツ民族至上主義攻守同盟（DVSTB）が義
勇軍戦士をオルグし，運動内に過激な民族至上主義・反セム主義を浸透させて
いた。そしてそれは，カップ一揆以降の義勇軍運動内部で先鋭化した一揆主義
と結合することにより，最終的に元財務大臣エルツベルガーや外務大臣ラーテ
ナウといった政府要人の暗殺をもたらすことになる。

　シュラーゲター自身は，こうした共和国要人の暗殺に直接関与することはな
かった。だが，彼はカップ一揆の挫折後，東部ドイツに農業労働者として潜伏
しながら，盟友ハインツ・オスカー・ハウエンシュタイン率いる秘密警察・ハ
インツ機関（OH）に合流しており，オーバーシュレージエン闘争の間には，
OH で執行された「裏切り者」に対する私刑行為，通称フェーメ殺人とかなり
近い距離にあった。そして闘争終結後には，ハウエンシュタインとともにベル
リンで商社を立ち上げ，表向きは商人として生計を立てることになる。このよ

---

　2) Bernd Weisbrod, Gewalt in der Politik. Zur politischen Kultur Deutschlands zwischen den
　　beiden Weltkriegen, in : *Geschichte in Wissenschaft und Unterricht* 43 (1992), S. 391-404, ここで
　　は S. 395.

うに，オーバーシュレージエン闘争が終結して以降も，義勇軍のネットワークと経験は密かに温存されていたのである。

こうした中，ハウエンシュタインはゲルハルト・ロスバッハとともに，大ドイツ労働者党（GDAP）という右翼急進派政党を1922年11月に結成している。これはいわゆる「ナチ党ベルリン支部」の偽装組織であり，その背後には，北部ドイツでの党勢拡大をねらうヒトラーの思惑があった。だが，結成直前にプロイセン領内でナチ党が禁止されたことにより，急遽党名を変更することになったというわけである。

ただし，GDAP の結成が単純にナチズムへの合流を意味したかといえば，そうとも断言できない。特にハウエンシュタインとロスバッハは，共和国政府が1921年のエルツベルガー暗殺と1922年のラーテナウ暗殺を教訓に発した共和国防衛法のもと，官憲による厳しい監視下におかれていた。それゆえハウエンシュタインは義勇軍運動から離れ，シュラーゲターとともに商社を設立せねばならなかったし，またロスバッハ率いる協働団の後継組織も解散の憂き目にあった。そうした中，彼らは官憲の目をかわしながら，かつての戦友である義勇軍出身の右翼アクティヴィストたちを政治的に再結集し，その人的ネットワークを維持することを目指すようになる。「ナチ党ベルリン支部」たる GDAP は，まさにそうした流れの中で結成されたのだった。

またさらにいえば，シュラーゲターとヒトラーの間には，一種の緊張関係が存在していたとみるのが妥当であろう。なぜなら，フランス＝ベルギー連合軍によるルール占領への対応に際し，両者は正反対の行動をとったからである。

1923年1月，プロイセン領内ではナチ党に続き GDAP すら禁止された。そうした中，ハウエンシュタインとシュラーゲターはベルリンを離れ，次なる活動の舞台をルール地方に求めるようになる。彼らはそこで，ルール地方を占領下においたフランス＝ベルギー連合軍に対し，暴力的な「積極的抵抗」を試みたのであった。対して，ヒトラーはむしろナチ党員に「積極的抵抗」への不参加を呼びかけていた。彼にとって，優先すべきはフランスやベルギーの打倒ではなく，まずもって共和国の打倒であり，ルール占領もまた，共和国を崩壊の危機に陥れる絶好の機会だったのである。

このとき，シュラーゲターがヒトラー率いるナチ党中央のことをどう見てい

たのか定かではない。しかしヒトラーの政治主義と，彼らのアクティヴィズムとの間に，大きな隔たりがあったことは確かであろう。実際，フランス軍に処刑される直前，シュラーゲターは第一次世界大戦への参加からルール占領への抵抗に至るまでの9年間をひとつなぎの闘争として振り返りながら，自らをあくまで「愛国者」として位置づけたのだった。

2 共和派としての模索

だが，義勇軍経験はこのように当事者を右翼急進的な方向だけに向かわせたのではない。義勇軍経験はむしろ，それより以前の経験に強く規定され，またそれと複合しながら，当事者をまったく逆の方向へと誘うこともあった。

第一次世界大戦前から SPD に所属していたレーバーの場合，そうした傾向は特に顕著だった。彼は駐屯先であるポンメルンのベルガルトで国境守備に従事している間にも，現地の社会民主党員との接触を欠かさなかったし，また1920年3月にカップ派国軍将校による軍事独裁が成立したときも，その動きに屈することなく，SPD の同志たちを救おうとした。このとき，彼の中では社会民主党員としての意識だけでなく，1919年を通じて東部国境守備に従事してきた将校としての矜持もまた，強く働いていた。

しかしながら，こうしたカップ一揆への反対行動は軍隊的服従の原則を破る命令違反として処理され，レーバーは結果として国軍を去らねばならなかった。その後リューベックに拠点を移した彼は，1921年から同市の SPD 機関紙の編集者を務めるとともに，市議会議員に選出されることとなる。かくして，闘争の舞台は街頭から言論と議会政治の場へと移った。レーバーはそこにおいて，ヴェルサイユ条約という「外圧」と，義勇軍出身の右翼アクティヴィストが巻き起こす「国内の騒乱」との間で，ドイツが板挟みになっている現状を憂慮しながら，そこからいかにしてドイツを救済できるかを考えていた。

それゆえ，1921年5月からライプツィヒ法廷で第一次世界大戦の戦犯裁判が開始された際，レーバーはこれを「軍国主義者ども」に公正な裁きを下し，共和国を救済するうえでの絶好の機会として歓迎した。レーバーにとって，「軍国主義者」こそがドイツを破滅に追い込んだ張本人であり，それゆえ彼らは法に則った相応の罰を受けねばならなかった。また，レーバーはそれと同時に，

今なお残存する「カップの兄弟たち」に法の裁きを下すことこそが、「ドイツの救済」を遂行するうえで不可欠であるとの考えを示した。彼にとって、旧体制の残滓との闘争は、カップ一揆以来のひとつの使命であったといえよう。

だが、「ドイツの救済」がヴァイマル司法の保守的態度の前に挫折し、さらには1921年から1922年にかけて、義勇軍出身の右翼アクティヴィストによる政府要人の暗殺が相次いで起きると、レーバーは次第に、労働者自らが「共和国の防衛」にあたるべきとの考えを深めていくこととなる。そこでは、「謀反者の一味」という、完全に他者化された「敵の像」としての義勇軍観と同時に、「神聖なる共和国」という、守るべき対象としての共和国観が、大きな意味をもっていた。

そしてこうしたレーバーの姿勢は、1923年にルール占領が始まり、反仏ナショナリズムが高まりをみせる中で、よりいっそう強まっていくこととなる。とりわけレーバーは、ドイツ政府が共和国への諸勢力の統合を目的に「国民的統一戦線」を唱えた際、そこに「1914年8月」の再来を見出し、人民に対して「ナショナリスティックな警鐘」を鳴らし続ける政府の姿勢を、共和派の立場から厳しく批判した。そして自身は、カップ一揆との対峙を経て培った道徳的性格の強い共和国観にもとづきながら、現地で不服従を貫くルール労働者に期待をかけた。レーバーにとって、それこそまさに「軍国主義に対する、ドイツ共和国のための」闘争であった。

カップ一揆以降、レーバーは義勇軍運動を当事者としてではなく、観察者として経験した。そしてこうした中で、彼は旧体制の残滓や右翼暴力にいかにして立ち向かっていくかという、「共和国の防衛」のための実践的課題を強く意識するようになったといえよう。

3　コミュニズムとの共鳴

レーバーの義勇軍経験と政治化の過程がそれ以前の経験に大きく規定されていたのに対して、レーマーの場合は、むしろ当初の義勇軍経験が新たな義勇軍経験によって刷新されるという事例だった。それは1919年5月にバイエルン・レーテ共和国の打倒とコミュニストとの闘争を展開した彼が、その後1921年初夏のオーバーシュレージエンでコミュニストとの共闘関係を結んだことに象徴

されている。

　レーマーは1921年7月にオーバーシュレージエン闘争が終結したのち，その経験にもとづきながら，次第にナショナル・ボルシェヴィストとしての立場を固めていった。そして彼のこのような姿勢は，10月にオーバーラント義勇軍がオーバーラント同盟（BO）へと改組される中で，その内部の市民的傾向やナショナリスト的傾向との軋轢をもたらすことになる。特にレーマーを中心とする兵士的かつナショナル・ボルシェヴィスト的傾向が，コミュニストとの共闘を志向したのに対して，市民的傾向は分離主義者，そしてナショナリスト的傾向はナチとの共闘をそれぞれ目指していた。ただ，レーマーは依然として BO の精神的な支柱を担っており，それゆえ BO の三原則にも，「国の一体性」を重んじ，階級闘争を拒否するという，オーバーシュレージエン闘争の経験が反映されたのである。

　だが，レーマーは「国の一体性」を重んじるがゆえに，一揆主義者であるエーアハルト旅団の元指導者ヘルマン・エーアハルトと対立し，その結果1922年10月には彼の暗殺を教唆したかどで一時的に逮捕拘禁されることとなる。これはもちろん誤認逮捕であったが，その尋問の中でレーマーは，エーアハルトの一揆主義を政治的に「有害」であると断じ，あくまで対決姿勢を崩さなかった。またその一方で，レーマーはオーバーシュレージエン闘争をともに戦ったバイエルンの KPD 議員グラーフへの信頼を隠そうとせず，そればかりか，官憲の前でありながら独ソ提携論への支持をも表明したのであった。

　かくしてレーマーが逮捕により活動休止を余儀なくされる一方，BO において頭角をあらわしたのは，BO 内のナショナリスト的傾向を代表するフリードリヒ・ヴェーバーだった。彼はオーバーシュレージエン闘争から加入した新参メンバーでありながら，その1年半後には BO の指導者に就任し，以降，組織の基本方針としてナチズムへの接近路線を採用することになる。それゆえバイエルンの BO 指導部は，ルール地方支部から「積極的抵抗」のための応援要請があったにもかかわらず，ヒトラーおよびナチ党中央の路線に従い，「積極的抵抗」への不参加方針を掲げたのである。

　これに対し，レーマー周辺の兵士的かつナショナル・ボルシェヴィスト的傾向をもつ古参メンバーたちは，密かに「積極的抵抗」のための人員募集を開始

した。そしてこの動きが BO 指導部に感知され，除名処分を受けたのちに，レーマーらは実際にルール地方に赴き，占領軍に対する破壊工作活動を展開した。その際，彼らのよき共闘相手となったのは，ほかでもないコミュニストたちであった。このことは，コミンテルンと KPD 右派がルール闘争を民族解放闘争と捉え，統一戦線戦術を提唱する中で，レーマーがオーバーシュレージエンでの左右共闘を再演したことを意味していた。

3 義勇軍経験の行方

1 暴力をともなうアクティヴィズム

それでは，このように別々の政治化過程を辿ったシュラーゲター，レーバー，レーマーらの中に，何か共通性を見出すことは可能であろうか。この点で参考になるのは，クラスニッツァーがモッセの「野蛮化」テーゼを要約する際に使用した，以下のような表現である。

　　　このような［第一次世界大戦に刻印づけられた—今井］前線兵士たちは，その暴力をともなうアクティヴィズム［gewaltbereiter Aktivismus］にもとづき，義勇軍，国防団体，そして最後は SA で，ヴァイマル政治の野蛮化に貢献すると同時に，脆弱なデモクラシーに揺さぶりをかけたのである[3]。

注意すべきは，こうしたクラスニッツァーの要約が，モッセの「野蛮化」テーゼを批判するためになされた点である。もちろん，本論もクラスニッツァーと同じく，モッセの「野蛮化」テーゼに関しては批判的な立場をとっている。ただ，ここでの「暴力をともなうアクティヴィズム」という表現は，本論が検討した3人の義勇軍戦士の共通項を表現する際，非常に適切であるように思われる。なぜなら，シュラーゲター，レーバー，レーマーは，自らの義勇

---

3) Patrick Krassnitzer, Die Geburt des Nationalsozialismus im Schützengraben. Formen der Brutalisierung in den Autobiographien von nationalsozialistischen Frontsoldaten, in: Jost Dülffer / Gerd Krumeich (Hgg.), *Der verlorene Frieden. Politik und Kriegskultur nach 1918*, Essen 2002, S. 119-148, S. 123.

軍経験を積み重ねていく中で，それぞれ相異なる政治化の過程を辿りつつ，ともに街頭での暴力行使による問題解決を志向していったからである。

　そうした暴力をともなうアクティヴィズムは，当然ながら，右翼思想やナチズムに必ずしも帰結するものではなかった。確かにシュラーゲターの場合，「ナチ党ベルリン支部」たる GDAP の結成にも関与していたし，またその死は，義勇軍出身の右翼急進派やナチ党による共和国批判を勢いづかせる結果となった。だがそれと同時に，彼の示した暴力をともなうアクティヴィズムは，右翼急進派やナチだけでなく，コミュニストにとっても魅力的なものと映ったのである。

　実際，コミンテルンのカール・ラデックは，シュラーゲターを「反革命の勇敢な兵士」として称えると同時に，その行動力を正しい方向へと発揮することのできなかった「虚無に向かう放浪者」として総括した。ラデックはそうすることで，シュラーゲターと同じ義勇軍出身の右翼アクティヴィストを，KPDの側に引き込もうと試みたのである。かくして始まった KPD の「シュラーゲター路線」において，義勇軍側の重要人物として浮上したのは，1921年初夏のオーバーシュレージエン闘争以来，コミュニストとの共闘関係を深めていたレーマーだった。シュラーゲターと同じく，ルール占領への「積極的抵抗」を遂行した彼は，「シュラーゲター路線」のもと，KPD への接近の度合いをますます高めていくと同時に，ルール闘争終結後も，KPD 諜報機関の協力者として活躍したのだった。

　このように左右の急進派勢力がシュラーゲターの暴力的かつアクティヴィスティックな行動を讃え，またそれを自身の政治路線に取り込んでいく中で，共和派のレーバーは反対に，シュラーゲターが無軌道な「冒険者」に過ぎなかったと主張し，彼を「国民の英雄」として崇拝する風潮を批判した。そこには，レーバーがこれまで対峙してきた反共和派義勇軍の姿が投影されていたといえる。

　また，レーバー自身の暴力をともなうアクティヴィズムは，カップ一揆以降，ルール闘争の終盤に至るまで鳴りを潜めていた。確かに彼は，実力行使による「共和国の防衛」を展望していたし，またそれを政治的な言説として紡いでもいた。だが，実際の街頭での暴力行使については，かなり慎重な姿勢を

とっていた。これはカップ一揆以降の彼が，活動の重心を街頭から言論と議会政治の場に移していたからであるが，それだけでなく，そもそも彼の中で，内戦状況の到来を回避しようとするポリシーが働いていたからだと考えられる。事実，彼はシュラーゲター崇拝の高揚とともに，1923年7月にリューベック周辺で民族至上派の街頭活動が活発化した際も，あくまで非暴力的な手段をもってそれを中止へと追い込んだのである。

　しかし同年8月，インフレを背景に開催されたリューベックの労働者ストが警察によって暴力的に弾圧されると，レーバーはついに街頭での暴力行使へ向けて動きだすことになる。それは労働組合やSPDが独自に共和国の秩序を維持し，「共和国の防衛」を遂行するための組織の結成を意味していた。かくしてリューベックにおいては，共和派の自衛組織・共和国協会が結成され，レーバーはその代表委員に就任することとなったのである。

2　ナチズム運動への寄与と抵抗運動への回路

　以上のように，第一次世界大戦後のドイツにおける義勇軍経験は，1919年を通じた反カオスの統一戦線ののち，1920年を迎える中で，まずは共和派と反共和派のそれに分極化し，さらには反共和派の中でもコミュニストとの共闘の是非をめぐって分極化が生じていた。そして1923年のルール占領とシュラーゲターの処刑により，これまで以上に義勇軍という存在が広く世に知られるようになる中で，レーバーとレーマーはそれぞれ，共和国の防衛とコミュニストとの共闘といった，自身の義勇軍経験の中で培った行動様式をさらに強く打ち出していくのである。

　それでは最後に，こうした義勇軍経験がその後どのような展開を辿ったのかを確認しながら，本論を終えることとしよう。

　1923年9月，シュトレーゼマン政府により「消極的抵抗」の中断が宣言され，ルール闘争が終結を迎えると，そこで盛り上がりをみせた好戦的ナショナリズムは一挙に政府への不満や政敵への憎悪へと転化した。そうした中で，義勇軍出身の右翼アクティヴィストたちは，2つの反政府クーデタに関与するに至る。すなわち，義勇軍の残党組織「闇国軍［Schwarze Reichswehr］」による10月のキュストリン一揆と，ナチ党を中心としたバイエルンの右翼急進派に

よる11月のミュンヘン一揆がそれである。これら反政府クーデタの準備に際しては，ロスバッハやエーアハルトといった義勇軍指導者たちが協力し，配下のメンバーらを実働部隊として動員していた。彼らの多くはシュラーゲターと同じく，バルト地域や東部国境地域での義勇軍経験を得る中で，共和国への憎悪を深めていった青年たちであった[4]。そして彼らは，2つの一揆の挫折後も，ナチの武装組織たる SA や SS に留まるか，ないしは新規に流入し，ナチズム運動に寄与することになる。

　このような一揆主義的な反共和国の動きが再燃したことについて，共和派のレーバーは，当然ながら強い警戒心を示した。特に彼は，ドイツ共和国宣言から5年目の記念日である1923年11月8日から9日の間に，バイエルンでミュンヘン一揆が勃発したことについて，「ドイツ共和国5度目の誕生日は，悲しむべき日となった」と述べている。そして彼はドイツ人民に対し，「ヒトラーの一味」のような「金の亡者の殺人鬼，雇われ者の傭兵，利益優先の裏切り者」たちに対する，「共和国と自由のための闘争」を訴えたのであった[5]。そこではなお，彼の中での義勇軍観が「敵の像」として有効に機能し，暴力をともなうアクティヴィズムを喚起していたことがわかる。そしてこうした「共和国の防衛」のための闘争は，その後も「右翼一揆に備えての自衛組織」たる国旗団へと引き継がれていくのである[6]。

　対するレーマーも，一揆主義に対しては対決姿勢を崩さなかった。彼はミュンヘン一揆から1年後の1924年11月，KPD からの支援のもとに刊行されたナショナル・ボルシェヴィスト系の雑誌『ノイエ・フロント［Die Neue Front］』において，ミュンヘン一揆とその挫折について論じている。ルートヴィヒ・ヒエロニムスという偽名を使って書かれたその論説によれば，ミュンヘン一揆はドイツからのバイエルン独立を目論む分離主義者の陰謀が引き起こしたもので

---

4) Hannsjoachim W. Koch, *Der deutsche Bürgerkrieg. Eine Geschichte der deutschen und österreichischen Freikorps 1918-1923*, Dresden ³2014, Kap. 12 ; Bernhard Sauer, *Schwarze Reichswehr und Fememorde. Eine Milieustudie zum Rechtsradikalismus in der Weimarer Republik*, Berlin 2004 ; ders., Die Schwarze Reichswehr und der geplante Marsch auf Berlin, in : *Berlin in Geschichte und Gegenwart. Jahrbuch des Landesarchivs Berlin 2008*, S. 113-150 ; Hanns Hubert Hofmann, *Der Hitlerputsch. Krisenjahre deutscher Geschichte 1920-24*, München 1961.

5) Julius Leber, Entscheidung!, in : *LV*, 9.11.1923.

6) 岩崎好成「ワイマル共和国防衛組織『国旗団』の登場（Ⅱ）：何故1924年に，超党派の，準軍隊的組織か」『山口大学教育学部研究論叢 第1部 人文科学・社会科学』38号（1988年）1-16頁，ここでは2頁。

あり，ルーデンドルフやヒトラーなどは，その道具として利用されたに過ぎなかった。

　　彼［ルーデンドルフ―今井］はおめでたいことに，長い間自分がバイエルンで影響力をもっていると思い込んでいた。しかしながら彼は，教皇権を至上とするバイエルン分離主義の道具に過ぎず，［中略］いわば国の一体性に対するその破城槌であった。［中略］民族至上主義運動は無力で分散しており，そして無一文である！［中略］ヒトラーの突撃隊の代わりに，田舎じみたカトリックの，ヴィッテルスバッハに忠誠を誓った「バイエルンとライヒ」同盟の大隊が，今やミュンヘンじゅうを駆けずり回っているのである。[7]

　そしてレーマーはこの論説の最後を，「民族至上派の大ドイツは，紛糾した11月の夜の哀しき夢に終わった。今や誰が国の一体性のために闘うというのか？」という一文で締めくくることで，あくまで「国の一体性」のための闘争を推進すべきだと主張するとともに，分離主義に踊らされた軽率な一揆主義を戒めたのであった。[8]
　このように義勇軍経験は，政治的な右左に関係なく，暴力をともなうアクティヴィズムを基調とする闘争的な態度を，その政治文化にもたらしたといえる。ただし，そうした態度が必然的にヴァイマル共和国の崩壊やナチズムの台頭，そしてホロコーストの発生に結びつくとはいえない。それはむしろ，右翼暴力への対抗と，共和国の防衛，エーアハルト的な一揆主義やヒトラー的な政治主義への嫌悪，そしてコミュニストとの共闘といったように，反ヒトラー・反ナチズムへと至る方向性をも有していた。その意味で義勇軍経験は，ナチズムの台頭とそれへの抵抗に特徴づけられる，その後20年間のドイツ史にとっての，ひとつの起点として位置づけることができるのである。

---

[7]　Ludwig Hieronymus (Josef „Beppo" Römer), Der Bannstrahl, in : *Die Neue Front*, Jg. 1924, Nr. 2 (November).

[8]　Ebd.

結　語

　ヴァイマル共和国の歴史は，一般的に３つの時代に区分される。共和国の誕生と混乱の時代である「初期」（1918-1923），混乱が一応の収束をみせる「相対的安定期」（1924-1928），そして世界恐慌の到来とともに共和国が崩壊を迎える「末期」（1929-1933）である。第一次世界大戦後の義勇軍経験をテーマとする本論では，このうち義勇軍運動が展開された初期に対象時期を限定せざるを得なかった。だが，本論で登場した義勇軍戦士たちは，その後も様々な形でヴァイマル共和国の政治（文化）に影響を及ぼしていくこととなる。以下，きわめて雑駁ではあるものの，本論を結ぶにあたってこの点を概観しておきたい。

1　ナチ党内の路線対立

　まず，ナチ党へと接近した義勇軍戦士である。彼らの多くは，義勇軍運動がルール闘争とともに終焉を迎え，さらにはその残照たるミュンヘン一揆が挫折して以降も，積極的にナチズム運動に関与し続けた。例えば，シュラーゲターの戦友であり，「ナチ党ベルリン支部」を立ち上げたハウエンシュタインは，1924年にレーム率いる「前線団［Frontbann］」（1924年５月末結成）に参加した。前線団とはミュンヘン一揆後，突撃隊（SA）をはじめとする右翼急進派の国防団体が禁止されたことを受けて，各メンバーの受け皿となるべく結成された偽装組織であり，その隊列には，ロスバッハ義勇軍やオーバーラント義勇軍の残党が加わっていた。そしてハウエンシュタインはこの前線団において，戦友シュラーゲターの名を掲げた「シュラーゲター中隊」を率い，ベルリンを拠点に活動を展開することとなる。

　1924年末にヒトラーが仮釈放されると，ミュンヘンでは1925年２月27日，ナチ党の再結成が宣言された。偽装組織である前線団も解体され，メンバーの多くは再建された SA へと合流した。ただその際，前線団・SA を率いていたレームは，一度ヒトラーと袂を分かつことになる。義勇軍時代からバイエルンのパラミリタリ・シーンの中心にいたレームにとって，前線団結成の立役者

244

ルーデンドルフを排除し，また SA を党中央に従属させようとするヒトラーのやり方は，決して許容できるものではなかった。レームはその後，政治の世界から離れて独自の国防団体の結成を試みたのち，1928年にボリビアに渡り，そこで1930年11月まで軍事顧問として活躍した。

　ヒトラーに対する不信感は，1926年 3 月22日に結成されたベルリン SA の中でも渦巻いていた。出獄後のヒトラーは自身の一揆主義路線を見直し，合法路線へとシフトしていたが，ベルリン SA 隊員の多くは一揆主義の堅持を訴え，この路線変更を受け入れようとしなかった。特にハウエンシュタインはその急先鋒であり，事あるごとにベルリンの党組織と衝突を繰り返した。さらに 8 月末に開催された首脳会議では，ハウエンシュタインが次期大管区指導者への意欲をみせたために議論が紛糾し，最終的に乱闘騒ぎにまで発展することとなる。

　こうした事態を受け，ヒトラーは1926年 9 月15日，オットー・シュトラッサーの助言に従いハウエンシュタインを除名処分とした。さらにヒトラーは，ミュンヘン一揆から 3 年後の11月 9 日，腹心であるゲッベルスをベルリン＝ブランデンブルク大管区指導者に任じ，ベルリンの党組織の立て直しをはかることになる。

　これに対し，ハウエンシュタインは合法路線に不満をもつナチ党内の同志を集める形で，11月24日に「ドイツ独立国民社会党［Unabhängige Nationalsozialistische Partei Deutschlands：UNS］」なる政党を立ち上げた。「真の国民社会主義」を標榜する彼らは，機関紙『ドイチェ・フライハイト［Die Deutsche Freiheit］』を通じて，ヒトラーへの批判を繰り返した。時として彼らは，KPD の闘争同盟である「赤色前線戦士同盟［Roter Frontkämpferbund：RFB］」（1924年 7 月結成）に対してすら，共闘を呼びかけた。しかしながら，この活動が実を結ぶことはなく，UNS は1927年に解体され，メンバーたちもナチ党に出戻ることとなった。

2　義勇軍の記憶をめぐって

　このように再建期のナチ党内部では，ヒトラー率いる党中央と，義勇軍出身の SA 隊員とのあいだに，絶えざる路線対立が生じていた。だが，それは結

局，ヒトラーの勝利に終わった。敗れたハウエンシュタインは，1927年12月に「シュラーゲター朋友同盟［Bund der Freunde Schlageters］」を結成し，かつて自身が率いたハインツ機関（OH）のメンバーやルール闘争参加者たちとの親交を絶やすまいとした。そしてこのような形での義勇軍ネットワークの維持は，1929年に入ると，次第に大きな政治的意味をもつようになる。

　第一次世界大戦終結から10年以上が過ぎた1929年，ドイツ国家国民党（DNVP）やナチ党，鉄兜団によるヤング案反対闘争が激化し，また世界恐慌による経済危機と社会不安が深刻化する中で，ドイツでは空前の戦争文学ブームが起きた。その一因には，戦争の記憶をめぐる「（若き）前線世代」と「戦時青少年世代」との世代間抗争が存在していたとされる。これに対し，むしろ両世代間の融和を説いたのは，義勇軍を題材とした義勇軍文学であった。そこにおいては，義勇軍運動が第一次世界大戦と連続する形で捉えられ，かつての前線兵士と前線を知らない青少年たちが，「戦後の戦場」でともに戦ったことの意義が強調された。

　とりわけ，そうした義勇軍文学の代表作として挙げられるのは，エルンスト・フォン・ザロモン（1902年生）の自伝小説『のけ者たち［Die Geächteten］』（1930年）である。彼はバルト出兵（1919年），カップ一揆（1920年3月），オーバーシュレージエン闘争（1921年初夏），ラーテナウ暗殺（1922年6月24日）のすべてに参加した義勇軍戦士であり，5年の禁固刑を経たのち，本作で作家デビューを果たした。国民革命派（あるいは兵士的ナショナリスト）に属するザロモンは，ここにおいて義勇軍時代の自分たちを，向こう見ずで反市民的な「ランツクネヒト」（中近世ヨーロッパで活躍したドイツ傭兵，「ならず者」の代名詞）として描き，崩れゆく市民的世界（観）との対決姿勢を鮮明にした。

　こうした義勇軍作家ザロモンの登場は，ハウエンシュタインにとって願ってもない出来事だった。彼はザロモンと協力しながら，シュラーゲター朋友同盟の組織的基盤を利用し，義勇軍雑誌『ライター・ゲン・オステン［Der Reiter gen Osten］』の編纂を開始した。しかし皮肉にも，ここに集積された義勇軍時代の記憶は，ヒトラーの首相就任を機に強制的同質化の波が押し寄せる中で，ナチズムによる義勇軍出身者統合の道具へと変貌していくことになる。そこにおいて，義勇軍戦士は反市民的な「ランツクネヒト」ではなく，規律正し

く整然とした「第三帝国の最初の兵士」として描き直されることとなり，シュラーゲターはまさにその模範として位置づけられたのであった。

けれども，これは裏を返せば，ヒトラーによる義勇軍出身者の本格的な統合が，政権掌握を経てようやく可能となったことを意味している。実際，ヴァイマル末期の段階では，ヒトラーと義勇軍出身者との摩擦や軋轢が，依然として党の一体性に深刻な影響を及ぼしていた。そしてこのことは，ヴァイマル初期においてナチズム・ヒトラーとの対決姿勢を深めていった２名の義勇軍戦士，つまりはドイツ社会民主党（SPD）の代議士レーバーと，ドイツ共産党（KPD）の非公式協力者レーマーにとっても，大きな関心事だった。

3 「共和国の兵士」

では続いて，レーバーの足取りを追ってみよう。1924年，リューベックでの政治活動も４年目に入ると，彼の SPD 指導者としての地位は確固たるものとなっていた。レーバーの率いる共和派の自衛組織・共和国協会は，1924年春に国旗団へと再編成され，ドイツ民主党（DDP）や中央党のメンバーを含む，共和国派統一戦線の構築が実現した。そしてレーバーはこの統一戦線を維持すべく，マルクス主義的な階級闘争やインターナショナリズムの理念から次第に距離をおくことになる。またこれと並行して，リューベックにおける堅固な支持基盤を武器に国政進出に臨んだ彼は，1924年５月に見事当選を果たし，リューベックの市議会議員と国会議員とを兼任する立場となった。その足取りは順調に思われた。

だがしかし，反共和派義勇軍の亡霊は，いまだ彼の周りを徘徊していた。1924年夏，リューベック市議会において，民族至上派の議員たちがシュラーゲター追悼碑の建立を提案したのである。ちょうど１年前にシュラーゲター崇拝を批判していたレーバーは，当然ながらこの追悼碑建立にも反対し，シュラーゲターを，反共和派のデマに踊らされた「根無し草の若者」と呼んだ。レーバーによると，もし仮に追悼碑が建立されるとしたら，それはシュラーゲターのためではなく，塹壕で命を落とした無数の兵士たちのためになされるべきだった。

レーバーのこうした主張は，彼が結成に携わった共和派の闘争同盟・国旗団

のそれと共鳴する。というのも，そこでは SA や鉄兜団における前線兵士イデオロギーに対抗する形で，自分たちこそが第一次世界大戦を戦い抜いた「共和国の兵士」であるとの主張が展開されていたからである。そしてこうした「共和国の兵士」意識は，レーバーにおける「敵の像」をより鮮明化させていった。1925年10月，彼は「共和国の兵士」たる国旗団員との対比において，かつてのロスバッハ義勇軍のメンバーを「ランツクネヒト」と呼び，鉄兜団員を「ブリキの兵隊」と呼ぶことで，その兵士としての不完全さを批判した。逆にいえば「兵士であること」はレーバーにおいて不動の価値であり，問題はそれが共和国の秩序に利するか否かであった。

4 青年将校への期待

そして1926年に入ると，こうした「共和国の兵士」をいかに増やしていくかが，共和派にとっての実践的課題として浮上することとなる。その契機となったのは，SPD の理論的指導者ルドルフ・ヒルファーディングのある提言であった。SPD は元来，「常備軍に代わって人民軍を」という，アイゼナハ綱領（1869年）以来の伝統的主張を踏襲する形で，ヴァイマル期においても基本的には民兵制の実現を目指していた。だが，軍縮推進を第一と考えるヒルファーディングは，ここで方針を転換し，民兵制思想の放棄を唱え始めたのである。この動きはその後，1927年5月にキールで開催された SPD 党大会において，「国軍に対する闘争ではなく，国軍を獲得する闘争を」というスローガンへと結実した。そしてレーバーもまた，国軍を反共和派の牙城として拒否する立場から離陸し，その肯定へと向かうことになる。

したがって，1929年6月の国会で国軍の増強案が審議されたときも，レーバーら SPD 右派の議員たちは，党内の平和主義的潮流に反する形でこれに賛成した。その際，レーバーが訴えたのは，将兵たちに共和主義的理念を叩き込むことの重要性だった。つまり，彼らが共和国に身を捧げる覚悟を抱くようになれば，国軍は文字どおり「共和国の防衛力」として機能するようになる，というわけである。そしてこの主張は，いわゆるウルム国軍事件を経て，より強固なものとなっていった。

1930年3月，ウルムの国軍砲兵連隊に所属する青年将校たちが，ナチ党によ

る一揆計画への支援を申し出ていたことが発覚した。これは国軍の信用を揺る
がす一大事件となり，またナチ党の合法性問題にも発展した。青年将校たちへ
の裁判が執りおこなわれる中で，レーバーは彼らのようなアクティヴィス
ティックな青年将校を，共和主義に目覚めさせる必要性を訴えた。なぜなら
レーバーによると，青年将校たちの行動を支えた「若者特有の憧憬と熱狂」
は，共和国という「道徳的価値」と高い親和性を有していたからである。

5　ドイツ共産党の「シェリンガー路線」

　しかしながら，このウルム国軍事件は，その後意外な方向へと推移していっ
た。1931年3月，首謀者の一人であるナチ派青年将校リヒャルト・シェリン
ガーが，KPD のエージェントによる説得の末，獄中でコミュニストへの転向
を果たしたのである。彼は，合法路線堅持のために自分を見捨てたヒトラーに
失望しており，コミュニズムに現状変革の望みを託したのだった。そしてこの
シェリンガー事件は，同年4月の東部 SA 指導者ヴァルター・シュテンネス
によるヒトラーへの叛乱と並ぶ形で，ナチ党全体に大きな動揺をもたらした。
　ここで興味深いのは，シェリンガーやシュテンネスといったナチ党内部の叛
逆者が，ともに義勇軍出身者であったという点である。彼らの暴力をともなう
アクティヴィズムに，ヒトラーはいまだ翻弄され続けていた。そしてこの点に
目をつけたのが，この当時ナチ党に対抗する形で「ドイツ人民の民族的・社会
的解放」を掲げていた KPD であった。シェリンガーの転向が成功したのち，
KPD はナチ党，とりわけ SA 内の義勇軍出身者の取り込みを目的とする
「シェリンガー路線」を展開した。その際，重要な役割を担ったのは，1923年
の「シュラーゲター路線」を影で支えたレーマーであった。

6　「民族的・社会的革命の兵士」

　相対的安定期のレーマーは，コミュニストとの関係をよりいっそう深めてい
た。1925年6月，彼は士官候補生時代からの知り合いであった国防省のキル
シュナー大尉の招きにより，モスクワに1週間滞在している。その際，レー
マーが試みたのは，ルール闘争の際に統一戦線の形成を模索し，権力闘争に敗
れたのちに一時モスクワに亡命していた KPD の元党首，ハインリヒ・ブラン

ドラーとの会談であった。結局両者の会談が成立することはなかったものの，レーマーの目的は，おそらく独ソ提携の推進にあった。そして1926年9月30日，彼はベルリンのカフェにおいて，ソ連のスパイとして官憲からの監視を受けていた KPD 諜報機関のオットー・ブラウンと会談し，その途中で逮捕されることとなる。

　ただ，レーマーはその一方で，右翼ナショナリストとのつながりも維持していた。例えば，闇国軍の出身者であり，DNVP の議員であったクルト・ヤーンケや，全国農村同盟のハンス・グリメルト博士との親交をもち，彼らの事務所などを借りて執筆作業に励んでいた。またそれと同時に，レーマーは青年保守派の代表的論客であるエドゥアルト・シュタットラーが設立した「大ドイツ派同盟［Bund der Großdeutschen］」において，ベルリン・ヴィルマースドルフ支部の第2代支部長を務めていたし，さらにはエルンスト・ユンガーやフランツ・シャウヴェッカーなどの国民革命派が編纂する雑誌『シュタンダルテ［Standarte］』への寄稿を準備してもいた。

　このように玉虫色の行動をとっていたレーマーであるが，1931年7月，「シェリンガー路線」の一環として，反ファシズム雑誌『アウフブルッフ［Aufbruch］』（「覚醒」を意味する）の刊行が始まり，義勇軍やナチから転向したコミュニストのための発言の場が用意されると，そこに偽名を使って幾つかの論説を発表した。そして1932年4月，ついに KPD への正式な入党を果たした彼は，雑誌の刊行母体である「アウフブルッフ研究会［Aufbruch-Arbeitskreis：AAK］」の中心人物として，積極的な言論・講演活動を展開するのである。

　レーマーが『アウフブルッフ』誌上でおこなったのは，義勇軍運動の総括だった。彼はレーバーと同じく，義勇軍戦士を「ランツクネヒト」と呼んだが，レーマーの義勇軍批判がレーバーのそれと異なるのは，そこに自己批判的な契機が内在していた点である。レーマーはまず，エーアハルト旅団に代表される多くの義勇軍が，反市民的態度を示しながらも資本家に買収され，ナショナリズムを標榜しながら分離主義者に加担するという，無意味で矛盾した行動に終始したと結論づける。そして自らが率いたオーバーラント義勇軍も例外ではなく，実態としてはブルジョワジーの「番犬」に過ぎなかったと，自己批判

をおこなうのである。

　重要なのは，こうした義勇軍運動の批判的総括が，SA や鉄兜団への実践的な対応へと接続された点である。つまりレーマーにとって，SA や鉄兜団は，かつての自分たちと同じ「番犬」であり，それゆえそのメンバーたちを啓蒙し，「民族的・社会的革命の兵士」へと「覚醒」させることこそが，自分たち AAK に課せられた最大の使命だった。そしてレーマーは，かつてラデックが「シュラーゲター演説」で用いた「虚無への放浪者」というフレーズを再利用し，ルール闘争における義勇軍戦士のアクティヴィズムが，資本家の道具に過ぎなかったと回顧したうえで，今こそそのアクティヴィズムを「民族的・社会的革命」のために発揮すべきだと訴えたのであった。

7　反ナチ抵抗運動へ

　国軍に共和主義的価値観を埋め込もうとしたレーバーと，ナチ党内の義勇軍出身者を KPD に引きこもうとしたレーマー。歴史を紐解けば明らかなように，両者の試みは1933年 1 月30日のヒトラー政権誕生を前に，脆くも挫折した。しかしながら，彼らは決してそこで立ち止まらなかった。ヒトラーが首相に就任した翌日，SA 隊員に国旗団の同志を目の前で殺されたレーバーは，その怒りを湛えながらナチ体制への抵抗を開始した。1933年 3 月23日に全権委任法が制定された際も，彼は SA や親衛隊（SS）による脅しに屈することなく，最後まで反対の声をあげた。また1933年 2 月から 5 月にかけて，コロンビアハウス強制収容所に収容されていたレーマーも，釈放後の1934年にヒトラー暗殺を企て，7 月に再度逮捕されている。両者はその後も幾度となく抵抗を繰り返し，各陣営におけるヒトラー暗殺計画・反ナチ抵抗運動の中心人物となっていった。ここにおいて，暴力をともなうアクティヴィズムの継続を見出すことは，そう難しくないだろう。

略語一覧

【史料・文献】

ADAP	Akten zur deutschen auswärtigen Politik
BAB	Bundesarchiv Berlin-Lichterfelde
BAK	Bundesarchiv Koblenz
BayHStA	Bayerisches Hauptstaatsarchiv
DBFP	Documents on British Foreign Policy
DHM	Deutsches Historisches Museum
EEW	Enzyklopädie Erster Weltkrieg
GStA PK	Geheimes Staatsarchiv Preußischer Kulturbesitz
IfZ	Institut für Zeitgeschichte
JCH	Journal of Contemporary History
JMEH	Journal of Modern European History
KLLP	Kapp-Lüttwitz-Ludendorff-Putsch
LzP	Lexikon zur Parteiengeschichte
LV	Lübecker Volksbote
MGM	Militärgeschichtliche Mitteilungen
MuO	Militarismus und Opportunismus gegen die Novemberrevolution
RdV	Regierung der Volksbeauftragten
SAPMO-BA	Stiftung Archiv der Parteien und Massenorganisationen der DDR im Bundesarchiv
StAM	Staatsarchiv München
ThHStAW	Thüringisches Hauptstaatsarchiv Weimar
UuF	Ursachen und Folgen
VdvDN	Verhandlungen der verfassunggebenden Deutschen Nationalversammlung
VfZ	Vierteljahrshefte für Zeitgeschichte
ZfG	Zeitschrift für Geschichtswissenschaft
ZfO	Zeitschrift für Ostforschung
	Zeitschrift für Ostmitteleuropa-Forschung

【組織・役職】

BO	Bund Oberland（オーバーラント同盟）
BVP	Bayerische Volkspartei（バイエルン人民党）
DDP	Deutsche Demokratische Partei（ドイツ民主党）
DNVP	Deutschnationale Volkspartei（ドイツ国家国民党）

DVFP	Deutschvölkische Freiheitspartei（ドイツ民族至上主義自由党）
DVP	Deutsche Volkspartei（ドイツ人民党）
DVSTB	Deutschvölkischer Schutz- und Trutzbund（ドイツ民族至上主義攻守同盟）
GDAP	Großdeutsche Arbeiterpartei（大ドイツ労働者党）
GKSD	Garde-Kavallerie-Schützen-Division（近衛騎兵隊狙撃兵師団）
KPD	Kommunistische Partei Deutschlands（ドイツ共産党）
OC	Organisation Consul（コンズル機関）
OH	Organisation Heinz（ハインツ機関）
OHL	Oberste Heeresleitung（最高陸軍司令部）
Orgesch	Organisation Escherich（エシェリヒ機関）
RKÜO	Reichskommissar für Überwachung der öffentlichen Ordnung（国家公序監視委員）
SPD	Sozialdemokratische Partei Deutschlands（ドイツ社会民主党）
USPD	Unabhängige Sozialdemokratische Partei（ドイツ独立社会民主党）

史料・文献一覧

I. 史　料

〈未公刊史料〉

Bayerisches Hauptstaatsarchiv, München (BayHStA)
- MInn : Ministerium des Innern
  - Nr. 73675 : Selbstschutzorganisation
- Abt. IV : Kriegsarchiv
  - Freikorps Mannschaftsakten 13 : Freikorps Oberland
  - OP 47214 : Römer, Joseph, 17.11.1892

Bundesarchiv Berlin-Lichterfelde (BAB)
- N 2104 : Nachlaß Konrad Haenisch
- NS 26 : Hauptarchiv der NSDAP
- R 43-I : Reichskanzlei („Alte Reichskanzlei")
- R 3003 : Oberreichsanwalt beim Reichsgericht
- R 8025 : Baltische Landeswehr
- R 8034-III : Reichslandbund – Pressearchiv, Personalia
- R 8038 : Schlageter-Gedächtnis-Museum

Bundesarchiv Koblenz (BAK)
- N 1101 : Nachlaß Franz Ritter von Epp
- N 1732 : Nachlaß Julius Leber

Deutsches Historisches Museum, Berlin (DHM)
- GOS-Nr. D2005020

Geheimes Staatsarchiv Preußischer Kulturbesitz, Berlin-Dahlem (GStA PK)
- I. HA Rep. 191, Nr. 4370 : Reichsverband der Baltikumkämpfer
- XII. HA, Abt. II, Nr. 42 : Freikorps Roßbach

Institut für Zeitgeschichte, München (IfZ)
- ZS 0128 : Gerhard Roßbach
- ZS 1134 : Heinz Oskar Hauenstein
- ZS 1849 : Ernst von Salomon

Staatsarchiv München (StAM)
- StAnw : Staatsanwaltschaft München I

Stiftung Archiv der Parteien und Massenorganisationen der DDR im Bundesarchiv,
Berlin-Lichterfelde (SAPMO-BA)
- NY 4054 : Nachlaß Josef „Beppo" Römer

Thüringisches Hauptstaatsarchiv Weimar (ThHStAW)
- MdI : Ministerium des Innern
  - P 159 : Großdeutsche Arbeiterpartei

〈マイクロ史料〉

*Lageberichte (1920-1929) und Meldungen (1929-1933). Reichskommissar für
Überwachung der Öffentlichen Ordnung und Nachrichtensammelstelle im Reichs-
ministerium des Innern. Bestand R 134 des Bundesarchivs Koblenz,* hg. von
Ernst Ritter, München 1979.

〈公刊史料〉

*Adjutant im preußischen Kriegsministerium Juni 1918-Oktober 1919. Aufzeichnun-
gendes Hauptmanns Gustav Böhm,* hgg. von Heinz Hürten / Georg Meyer, Stutt-
gart 1977.

Akten zur deutschen auswärtigen Politik 1918-1945, Ser. A, Bd. 2, Göttingen 1984.

Die Anfänge der Ära Seeckt. Militär und Innenpolitik 1920-1922, bearb. von Heinz
Hürten, Düsseldorf 1979.

Die Deutsche Revolution 1918-1919. Dokumente, hgg. von Gerhard A. Ritter / Su-
sanne Miller, Frankfurt a.M. 1968.

Die Deutsche Revolution 1918/19. Quellen und Dokumente, hg. von Jörg Berlin, Köln
1979.

Documents on British foreign policy 1919-1939, ed. by E. L. Woodward / Rohan But-
ler, Ser. 1, Vol. 3, London 1949.

*Führer befiehl... Selbstzeugnisse aus der „Kampfzeit" der NSDAP. Dokumentation
und Analyse,* hg. von Albrecht Tyrell, Düsseldorf 1969.

*Das Heer und die Republik. Quellen zur Politik der Reichswehrführung 1918 bis
1933,* hg. von Otto-Ernst Schüddekopf, Hannover/Frankfur a.M. 1955.

*Der Hitler-Prozess 1924. Wortlaut der Hauptverhandlung vor dem Volksgericht Mün-
chen I,* Teil 1 : *1.-4. Verhandlungstag,* hgg. und komm. von Lothar Gruchmann /
Reinhard Weber unter Mitarbeit von Otto Gritschneder, München 1997.

Der Kapp-Lüttwitz-Ludendorff-Putsch. Dokumente, hgg. von Erwin Könnemann /
Gerhard Schulze, München 2002.

*Krieg im Frieden. Die umkämpfte Erinnerung an den Ersten Weltkrieg. Quellen
und Dokumente,* hgg. von Bernd Ulrich / Benjamin Ziemann, Frankfurt a.M. 1997.

史料・文献一覧　255

Das Krisenjahr 1923.　Militär und Innenpolitik 1922-1924, bearb. von Heinz Hürten, Düsseldorf 1980.

Militarismus und Opportunismus gegen die Novemberrevolution, hgg. von Lothar Berthold / Helmut Neef, Frankfurt a.M. [2]1978.

Nationalsozialismus und Revolution.　Ursprung und Geschichte der NSDAP in Hamburg 1922-1933.　Dokumente, hg. von Werner Jochmann, Frankfurt a.M. 1963.

Politik in Bayern 1919-1933.　Berichte des württembergischen Gesandten, von Carl Moser von Filseck, hg. und komm. von Wolfgang Benz, Stuttgart 1971.

Politische Radikalisierung in der Provinz.　Lageberichte und Stärkemeldungen der Politischen Polizei und der Regierungspräsidenten für Osthannover 1922-1933, hg. von Dirk Stegmann, Hannover 1999.

Protokolle der Sitzungen des Parteiausschusses der SPD 1912 bis 1921, hg. von Dieter Dowe, mit einer Einleitung von Friedhelm Boll sowie einem Personen- und Ortsregister von Horst-Peter Schulz, Bd. 2, Berlin/Bonn 1980.

Die Regierung der Volksbeauftragten 1918/19, eingel. von Erich Matthias, bearb. von Susanne Miller, unter Mitw. von Heinrich Potthoff, T. 1-2, Düsseldorf 1969.

Reichsgesetzblatt 1919, hg. von Reichsministerium des Innern, Berlin 1919.

Der Sturm auf den Annaberg 1921 in historischen Dokumenten.　Dokumente zur Geschichte der deutschen Freikorps, hg. von Robert Thoms, Hamburg 2001.

Ursachen und Folgen.　Vom deutschen Zusammenbruch 1918 und 1945 bis zur staatlichen Neuordnung Deutschlands in der Gegenwart.　Eine Urkunden- und Dokumentensammlung zur Zeitgeschichte, hgg. und bearb. von Herbert Michaelis / Ernst Schraepler unter Mitw. von Günter Scheel, Bd. 2-3, Berlin [o.J.]

Der Zentralrat der deutschen sozialistischen Republik 19.12.1918-8.4.1919.　Vom ersten zum zweiten Rätekongress, bearb. von Eberhard Kolb, unter Mitw. von Reinhard Rürup, Leiden 1968.

Verhandlungen der verfassunggebenden Deutschen Nationalversammlung.　Stenographische Berichte, Bd. 326-327, Berlin 1919-1920.

『ドキュメント現代史2　ドイツ革命』野村修編，平凡社，1972年

『ドキュメント現代史3　ナチス』嬉野満洲雄／赤羽龍夫編，平凡社，1973年

『ベルリン・嵐の日々 1914-1918：戦争・民衆・革命』ディーター・グラツァー／ルート・グラツァー編（安藤実／斎藤瑛子訳）有斐閣，1986年

〈事　典〉

Deutsche Kommunisten.　Biographisches Handbuch 1918-1945, von Hermann Weber / Andreas Herbst, Berlin [2]2008.

Enzyklopädie Erster Weltkrieg, hgg. von Gerhard Hirschfeld / Gerd Krumeich / Irina Renz, in Verbindung mit Markus Pöhlmann, aktualisierte und erw. Studienausgabe,

Paderborn [2]2014.

Handbuch des Antisemitismus. Judenfeindschaft in Geschichte und Gegenwart, Bd. 1-7, hg. von Wolfgang Benz, Berlin 2008-2015.

Lexikon zur Parteiengeschichte. Die bürgerlichen und kleinbürgerlichen Parteien und Verbände in Deutschland (1789-1945), Bd. 1-4, hgg. von Dieter Fricke / Werner Fritsch / Herbert Gottwald / Siegfried Schmidt / Manfred Weißbecker, Leipzig/Köln 1983-1986.

『ナチス時代ドイツ人名事典』ロベルト・S・ヴィストリヒ編（滝川義人訳）東洋書林、2002年

『ホロコースト大事典』ウォルター・ラカー編（井上茂子／木畑和子／芝健介／長田浩彰／永岑三千輝／原田一美／望田幸男訳）柏書房、2003年

〈戦史・連隊史〉

Darstellungen aus den Nachkriegskämpfen deutscher Truppen und Freikorps, Bd. 1-3, 6, im Auftr. des Reichskriegsministeriums bearb. und hg. von der Forschungsanstalt für Kriegs- und Heeresgeschichte (später: im Auftr. des Oberkommandos des Heeres, bearb. und hg. von der Kriegsgeschichtlichen Forschungsanstalt des Heeres), Berlin 1936-1938, 1940.

Geschichte des 5. Badischen Feldartillerie-Regiments Nr. 76 1914-1918, hgg. von Werner Moßdorf / Werner von Gallwitz, Berlin 1930.

〈新聞・雑誌〉

Berliner Lokal-Anzeiger

Berliner Tageblatt

Bayerischer Kurier

Deutsche Allgemeine Zeitung

Deutsche Illustrierte

Kreuz-Zeitung

Lübecker Volksbote

Mitteilungen aus dem Verein zur Abwehr des Antisemitismus

Die Neue Front

Das Neue Tage-Buch

Der Reiter gen Osten

Völkischer Beobachter

Vossische Zeitung

〈書簡集・回想録・同時代文献〉

Baden, Max von: *Erinnerungen und Dokumente*, Berlin/Leipzig 1927.

Baltischer Landeswehrverein (Hg.): *Die Baltische Landeswehr im Befreiungskampf gegen den Bolschewismus. Ein Gedenkbuch*, Riga 1929.

Berg, Ludwig: *„Pro Fide et Patria!" Die Kriegstagebücher von Ludwig Berg 1914/18. Katholischer Feldgeistlicher im Großen Hauptquartier Kaiser Wilhelms II*, im Auftr. des Bischöflichen Diözesanarchivs Aachen, eingel. und hgg. von Frank Betker / Almut Kriele, Köln 1998.

Bischoff, Josef: *Die letzte Front. Geschichte der Eisernen Division im Baltikum 1919*, Berlin 1935.

Brammer, Karl: *Fünf Tage Militärdiktatur. Dokumente zum Kapp-Putsch*, Berlin 1920.

Brandt, Rolf: *Albert Leo Schlageter. Leben und Sterben eines deutschen Helden*, Hamburg 1926.

Bronnen, Arnolt: *O.S. Roman*, Berlin 1929.

Bronnen, Arnolt: *Rossbach*, Berlin 1930.

Cleinow, Georg: *Der Verlust der Ostmark. Die Deutschen Volksräte des Bromberger Systems im Kampf um die Erhaltung der Ostmark beim Reich 1918-19*, Berlin 1934.

Ehrhardt, Hermann: *Kapitän Ehrhardt. Abenteuer und Schicksale*, hg. von Friedrich Freksa, Berlin 1924.

Engelbrechten, J. K. von / Volz, Hans: *Wir wandern durch das nationalsozialistische Berlin. Ein Führer durch die Gedenkstätten des Kampfes um die Reichshauptstadt*, München 1937.

Escherich, Georg: *Der Kommunismus in München*, Nr. 8, Sechster Teil: *Der Zusammenbruch der Räteherrschaft*, München 1921.

Faßbender, Hermann: Die Erschießung Schlageters, in: Paul Sengstock / Hermann Faßbender / Wilhelm Roggendorf, *Albert Leo Schlageter. Seine Verurteilung und Erschießung durch die Franzosen in Düsseldorf am 26. Mai 1923*, Düsseldorf [2]1933, S. 43-63.

Flex, Walter: *Der Wanderer zwischen beiden Welten. Ein Kriegserlebnis*, München 1917.

Freksa, Friedrich: *Der Wanderer ins Nichts. Roman*, München 1920.

Gilbert, Hubert E.: *Landsknechte. Roman*, Hannover 1930.

Glombowski, Friedrich: *Organisation Heinz (O.H.). Das Schicksal der Kameraden Schlageters*, Berlin 1934.

Goltz, Rüdiger Graf von der: *Meine Sendung in Finnland und im Baltikum*, Leipzig 1920.

Goltz, Rüdiger Graf von der: *Als politischer General im Osten (Finnland und Baltikum) 1918 und 1919*, Leipzig 1936.

Graf, Otto und Wolfgang: *Leben in bewegter Zeit 1900-2000*, hg. von Ingelore Pilwousek, München 2003.

Graf, Wolfgang, Das Leben meines Vaters bis 1933, in: ebd., S. 13-39.

Groener, Wilhelm: *Lebenserinnerungen. Jugend, Generalstab, Weltkrieg*, hg. von Friedrich Frhr. Hiller von Gaertringen, mit einem Vorw. von Peter Rassow, Göttingen 1957.

Gründel, E. Günther: *Die Sendung der jungen Generation. Versuch einer umfassenden revolutionären Sinndeutung der Krise*, München 1932.

Gumbel, Emil Julius: *Vier Jahre politischer Mord*, Berlin 1922.

Gumbel, Emil Julius: „*Verräter verfallen der Feme". Opfer / Mörder / Richter 1919-1929*, Berlin 1929.

Gumbel, Emil Julius: *Verschwörer. Zur Geschichte und Soziologie der deutschen nationalistischen Geheimbünde 1918-1924*, Frankfurt a.M. [2]1984.

Heimsoth, Karl Günter: *Freikorps greift an! Militärpolitische Geschichte und Kritik der Angriffs-Unternehmen in Oberschlesien 1921*, Berlin 1930.

Heinz, Friedrich Wilhelm: *Sprengstoff*, Berlin 1930.

Heinz, Friedrich Wilhelm: Der deutsche Vorstoß in das Baltikum, in: Curt Hotzel (Hg.), *Deutscher Aufstand. Die Revolution des Nachkriegs*, Stuttgart 1934, S. 45-69.

Höfer, Karl: *Oberschlesien in der Aufstandszeit 1918-1921. Erinnerungen und Dokumente*, Berlin 1938.

Johst, Hanns: *Schlageter. Schauspiel*, München 1933 [ハンス・ヨースト（青木重孝訳）『愛國者シュラーゲター』三學書房，1942年].

Jünger, Ernst (Hg.): *Der Kampf um das Reich*, Essen 1929.

Jünger, Ernst (Hg.): *Krieg und Krieger*, Berlin 1930.

Jung, Edgar Julius: Die Tragik der Kriegsgeneration, in: *Süddeutsche Monatshefte* 27 (1930), H. 8, S. 511-534.

Kanzler, Rudolf: *Bayerns Kampf gegen den Bolschewismus. Geschichte der bayerischen Einwohnerwehren*, München 1931.

Kurfeß, Franz: *Albert Leo Schlageter. Bauernsohn und Freiheitsheld. Nach Mitteilungen seines Vaters und seiner Geschwister unter besonderer Berücksichtigung seiner Jugendzeit*, Breslau 1935.

Leber, Julius: *Die ökonomische Funktion des Geldes im Kapitalismus*, Freiburg 1920.

Leber, Julius: *Ein Mann geht seinen Weg. Schriften, Reden und Briefe*, hgg. von seinen Freunden, Berlin 1952.

Leber, Julius: *Schriften, Reden, Briefe*, hgg. von Dorothea Beck / Wilfried F. Schoeller, München 1976.

Loewenfeld, Wilfried von: Das Freikorps von Loewenfeld. Der letzte Tag der Brigade, in: Hans Roden (Hg.), *Deutsche Soldaten. Vom Frontheer und Freikorps über die Reichswehr zur neuen Wehrmacht*, Leipzig 1935, S. 149-158.

Ludendorff, Erich: *Meine Kriegserinnerungen 1914-1918*, Berlin 1919.

Lüttwitz, Walther Freiherr von: *Im Kampf gegen die November Revolution*, Berlin 1934.

Maercker, Georg Ludwig Rudolf: *Vom Kaiserheer zur Reichswehr. Geschichte des Freiwilligen Landesjägerkorps. Ein Beitrag zur Geschichte der deutschen Revolution*, Leipzig 1921.

Mann, Rudolf: *Mit Ehrhardt durch Deutschland. Erinnerungen eines Mitkämpfers von der 2. Marinebrigade*, Berlin 1921.

Max von Baden, Prinz: *Erinnerungen und Dokumente*, Stuttgart 1927.

Medem, Walter Eberhard Freiherr von: *Stürmer von Riga. Die Geschichte eines Freikorps*, Berlin 1935.

Medem, Walter Eberhard Freiherr von: *Kampf gegen das System als Chronist 1926-1932*, Berlin 1937.

Meyer, Ihno: *Das Jägerbataillon der Eisernen Division im Kampfe gegen Bolschewismus*, Leipzig 1920.

Nehring, Walther K.: Der Grenzschutz Ost 1918/20 in Westpreußen und im Netze-Flußgebiet, in: *Westpreußen-Jahrbuch* 28 (1978), S. 130-144.

Niekisch, Ernst: *Gewagtes Leben. Begegnungen und Begebnisse*, Köln/Berlin 1958.

Noske, Gustav: *Von Kiel bis Kapp. Zur Geschichte der deutschen Revolution*, Berlin 1920.

Noske, Gustav: *Erlebtes aus Aufstieg und Niedergang einer Demokratie*, Offenbach 1946.

Oberland, München, o.J. [ca. 1921]

Oertzen, Friedrich Wilhelm von: *Kamerad, Reich mir die Hände. Freikorps und Grenzschutz, Baltikum und Heimat*, Berlin 1933.

Oertzen, Friedrich Wilhelm von: *Die deutschen Freikorps 1918-1923*, München 1936.

Oertzen, Friedrich Wilhelm von: *Baltenland. Eine Geschichte der deutschen Sendung im Baltikum*, München 1939.

Pieck, Wilhelm: *Gesammelte Reden und Schriften*, Bd. 2: *Januar 1920 bis April 1925*, Berlin (Ost) 1959.

Radek, Karl / Frölich, Paul / Reventlow, Ernst Graf zu / Bruck, Möller van den: *Kommunismus und nationale Bewegung. Schlageter. eine Auseinandersetzung*, Berlin [3]1923.

Radek, Karl: Leo Schlageter, der Wanderer ins Nichts, in: ebd., S. 5-9 [カール・ラデック（高山洋吉訳）「『無への彷徨者』、シュラーゲター」『世界を変えた言葉 第2巻：両体制の相剋』高山洋吉訳編、誠信書房、1959年].

Reinhard, Wilhelm: *1918-19. Die Wehen der Republik*, Berlin 1933.

Richter, Artur Georg: *So war die Jugend großer Deutscher. Paul von Hindenburg, Adolf Hitler, Albert Leo Schlageter, Graf Ferdinand von Zeppelin, Oswald Boelcke*, Stuttgart 1934.

Roden, Hans (Hg.): *Deutsche Soldaten. Vom Frontheer und Freikorps über die Reichswehr und zur neuen Wehrmacht*, Leipzig 1935.

Röhm, Ernst: *Die Geschichte eines Hochverräters*, München 1928.

Römer, Josef: *Der Gedanke der Berufsständischen Vertretung und der Reichswirt-*

schaftsrat, Würzburg 1922.

Roßbach, Leutnant (Gerhard): *Sturmabteilung Roßbach als Grenzschutz in Westpreußen*, Kolberg 1919.

Roßbach, Gerhard: *Mein Weg durch die Zeit. Erinnerungen und Bekenntnisse*, Weilburg a.d. Lahn 1950.

Salomon, Ernst von: *Die Geächteten*, Berlin 1930.

Salomon, Ernst von: Der verlorene Haufe, in: Ernst Jünger (Hg.), *Krieg und Krieger*, Berlin 1930, S. 101-126.

Salomon, Ernst von: *Nahe Geschichte. Ein Überblick*, Berlin 1936.

Salomon, Ernst von (Hg.): *Das Buch vom deutschen Freikorpskämpfer*, hg. im Auftr. der Freikorpszeitschrift „Der Reiter gen Osten", Berlin 1938.

Salomon, Ernst von: Albert Leo Schlageter, in: ebd., S. 475-490.

Salomon, Ernst von: *Der Fragebogen*, Hamburg 1951.

Sengstock, Paul: Der Prozeß und das Urteil des Französichem Kriegsgerichts, in: Paul Sengstock / Hermann Faßbender / Wilhelm Roggendorf, *Albert Leo Schlageter. Seine Verurteilung und Erschießung durch die Franzosen in Düsseldorf am 26. Mai 1923*, Düsseldorf ²1933, S, 19-41.

Scheidemann, Philip: *Die rechtsradikalen Verschwörer. Reichstags-Rede gehalten am 12. Mai 1923*, Berlin 1923.

Schlageter, Albert Leo: *Deutschland muß leben. Gesammelte Briefe*, hg. und mit einem Nachwort versehen von Friedrich Bubendey, Berlin 1934.

Schmidt-Pauli, Edgar von: *Geschichte der Freikorps 1918-1924*, Stuttgart 1936.

Sebottendorff, Rudolf von: *Bevor Hitler kam. Urkundliches aus der Frühzeit der nationalsozialistischen Bewegung*, München 1933.

Stephan, Karl: *Der Todeskampf der Ostmark. Geschichte eines Grenzschutzbataillons 1918/19*, Schneidemühl ²1919.

Thaer, Albrecht von: *Generalstabsdienst an der Front und in der O.H.L. Aus Briefen und Tagebuchaufzeichnungen 1915-1919*, hg. von Siegfried A. Kaehler, Göttingen 1958.

Thöne, Oberleutnant: Freikorps Medem in Kurland 1919. Persöhnliche Erinnerung des Oberlt. Thöne, in: *Geschichte des 5. Badischen Feldartillerie-Regiments Nr. 76 1914-1918*, hgg. von Werner Moßdorf / Werner von Gallwitz, Berlin 1930, S. 298-320.

Uhse, Bodo: *Söldner und Soldat. Roman*, Paris 1935.

Volck, Herbert: *Rebellen um Ehre*, Berlin 1932.

Weber, Friedrich: *„Oberland"*, München 1924.

Winnig, August: *Am Ausgang der deutschen Ostpolitik. Persönliche Erlebnisse und Erinnerungen*, Berlin 1921.

Winnig, August : *Heimkehr*, Hamburg 1935.

Wirsberg, Ernst von : *Heer und Heimat 1914-1918*, Leipzig 1921.

Wulle, Reinhold : *Das Schuldbuch der Republik. 13 Jahredeutsche Politik*, Rostock 1932.

Zöberlein, Hans : *Der Glaube an Deutschland. Ein Kriegserleben von Verdun bis zum Umsturz*, München [14]1935.

ヴェンツケ，パウル（青木重孝訳）「アルベルト・レオ・シュラーゲター」ヴィリー・アンドレーアス／ウィルヘルム・フォン・ショルツ編（青木重孝訳）『新ドイツ偉人傳 第4巻』東京開成館，1943年

フォルクマン（参謀本部訳）『マルクス主義と獨逸軍隊』不二書院，1928年

ヘス，ルドルフ（片岡啓治訳）『アウシュヴィッツ収容所』講談社，1999年

II. 文　献

〈欧語文献〉

Altenhöner, Florian : *Kommunikation und Kontrolle. Gerüchte und städtische Öffentlichkeiten in Berlin und London 1914/1918*, München 2008.

Altrichter, Helmut „Politik ist keine Religion" - Julius Leber (1891-1945), in : Bastian Hein / Manfred Kittel / Horst Möller (Hgg.), *Gesichter der Demokratie. Porträts zur deutschen Zeitgeschichte*, München 2012, S. 78-88.

Ascher, Abraham / Lewy, Guenter : National Bolshevism in Weimar Germany. Alliance of Political Extremes Against Democracy, in : *Social Research* 23, (1956), No. 4, pp. 450-480.

Audoin-Rouzeau, Stéphane / Becker, Annette : *14-18. Understanding the Great War*, New York 2003.

Autorenkollektiv des Instituts für Deutsche Miliärgeschichte : *Militarismus gegen Sowjetmacht 1917 bis 1919. Das Fiasko der ersten antisowjetischen Aggression des deutschen Militarismus*, Berlin (Ost) 1967.

Ay, Karl-Ludwig : *Die Entstehung einer Revolution. Die Volksstimmung in Bayern während des Ersten Weltkrieges*, Berlin 1968.

Barth, Boris : *Dolchstoßlegenden und politische Desintegration. Das Trauma der deutschen Niederlage im ersten Weltkrieg 1914-1933*, Düsseldorf 2003.

Barth, Boris : Die Freikorpskämpfe in Posen und Oberschlesien 1919-1921. Ein Beitrag zum deutsch-polnischen Konflikt nach dem Ersten Weltkrieg, in : Dietmar Neutatz / Volker Zimmermann (Hgg.), *Die Deutschen und das östliche Europa. Aspekte einer vielfältigen Beziehungsgeschichte. Festschrift für Detlef Brandes zum 65. Geburtstag*, Essen 2006, S. 317-333.

Barth, Boris : Freiwilligenverbände in der Novemberrevolution, in : Rüdiger Bergien / Ralf Pröve (Hgg.), *Spießer, Patrioten, Revolutionäre. Militärische Mobilisierung und gesellschaftliche Ordnung in der Neuzeit*, Göttingen 2010, S. 95-115.

Beaupré, Nicolas: Brutalisierte Gesellschaften? Zur Entfesselung der Kriegsgewalt in und nach dem Ersten Weltkrieg, in: Martin Sabrow (Hg.), *Das Jahrhundert der Gewalt*, Leipzig 2014, S. 49-63.

Beck, Dorothea: *Julius Leber. Sozialdemokrat zwischen Reform und Widerstand*, Berlin [2]1994.

Beck, Dorothea: Theodor Haubach, Julius Leber, Carlo Mierendorff, Kurt Schumacher. Zum Selbstverständnis der „Militanten Sozialisten" in der Weimarer Republik, in: *Archiv für Sozialgeschichte* 26 (1986), S. 87-123.

Behrend, Hanna: *Die Beziehungen zwischen der NSDAP-Zentrale und dem Gauverband Süd-Hannover-Braunschweig 1921-1933. Ein Beitrag zur Führungsstruktur der Nationalsozialistischen Partei*, Frankfurt a.M. 1980.

Benz, Wolfgang: *Süddeutschland in der Weimarer Republik. Ein Beitrag zur deutschen Innenpolitik 1918-1923*, Berlin 1970.

Berg, Dietrolf: *Der Wehrwolf 1923-1933. Vom Wehrverband zur nationalpolitischen Bewegung*, Toppenstedt 2008.

Berghahn, Volker R.: *Der Stahlhelm, Bund der Frontsoldaten 1918-1935*, Düsseldorf 1966.

Bergien, Rüdiger: Republikschützer oder Terroristen? Die Freikorpsbewegung in Deutschland nach dem Ersten Weltkrieg, in: *Militärgeschichte. Zeitschrift für historische Bildung* 3 (2008), S. 14-17.

Bergien, Rüdiger: *Die bellizistische Republik. Wehrkonsens und „Wehrhaftmachung" in Deutschland 1918-1933*, München 2012.

Bessel, Richerd: Militarismus im innenpolitischen Leben der Weimarer Republik. Von den Freikorps zur SA, in: Klaus-Jürgen Müller / Eckardt Opitz (Hgg.): *Militär und Militarismus in der Weimarer Republik. Beiträge eines internationalen Symposiums an der Hochschule der Bundeswehr Hamburg am 5. und 6. Mai 1977*, Düsseldorf 1978, S. 193-222.

Bessel, Richard: *Germany after the First World War*, Oxford 1993.

Bindrich, Oswald / Römer, Susanne: *Beppo Römer. Ein Leben zwischen Revolution und Nation*, Berlin 1991.

Bischkopf, Alexander: *„Aufbruch" zwischen den Fronten? Der „Fall Scheringer" in der Werbe- strategie der KPD um das nationalsozialistische Wähler- und Mitgliederpotential*, Berlin 2013.

Blasius, Dirk: *Weimars Ende. Bürgerkrieg und Politik 1930-1933*, Göttingen 2005.

Bloxham, Donald: *The Final Solution. A Genocide*, Oxford 2009.

Böhnke, Wilfried: *Die NSDAP im Ruhrgebiet 1920-1933*, Bonn-Bad Godesberg 1974.

Böttcher, Bernhard: *Gefallen für Volk und Heimat. Kriegerdenkmäler deutscher Minderheiten in Ostmitteleuropa während der Zwischenkriegszeit*, Köln 2009.

Brandt, Peter / Rürup, Reinhard: *Volksbewegung und demokratische Neuordnung in Baden 1918/19. Zur Vorgeschichte und Geschichte der Revolution*, hgg. von den Stadtarchiven Karlsruhe und Mannheim, Sigmaringen 1991.

Brown, Timothy S.: Richard Scheringer. The KPD and the Politics of Class and Nation in Germany 1922-1969, in: *Contemporary European History* 14 (2005), pp. 317-346.

Brown, Timothy S.: *Weimar Radicals. Nazis and Communists between Authenticity and Performance*, New York 2009.

Brüggemann, Karsten: Legenden aus dem Landeswehrkrieg. Vom „Wunder an der Düna" oder Als die Esten Riga befreiten, in: *ZfO* 51 (2002), H. 4, S. 576-591.

Brüggemann, Karsten: *Die Gründung der Republik Estland und das Ende des „Einen und unteilbaren Russland". Die Petrograder Front des Russischen Bürgerkrieges 1918-1920*, Wiesbaden 2002.

Büttner, Ursula: *Weimar. Die überforderte Republik 1918-1933. Leistung und Versagen in Staat, Gesellschaft, Wirtschaft und Kultur*, Stuttgart 2008.

Bucher, Peter: Zur Geschichte der Einwohnerwehren in Preußen 1918-1921, in: *MGM* 9 (1971), S. 15-59.

Campbell, Bruce: *The SA Generals and the rise of Nazism*, Lexington 1998.

Carsten, Francis L.: *Reichswehr und Politik 1918-1933*, Köln/Berlin 1964.

Černoperov, Vasilij L.: Viktor Kopp und die Anfänge der sowjetisch-deutschen Beziehungen 1919 bis 1921, in: *VfZ* 60 (2012), H. 4, S. 529-554.

Coppi, Hans: „Aufbruch" im Spannungsfeld von Nationalismus und Kommunismus – eine Zeitschrift für Grenzgänger, in: Susanne Römer / Hans Coppi (Hgg.), *„Aufbruch" – Dokumentation einer Zeitschrift zwischen den Fronten*, Koblenz 2001, S. 15-59.

Deist, Wilhelm: *Militär, Staat und Gesellschaft. Studien zur preußisch-deutschen Militärgeschichte*, München 1991.

Demeter, Karl: *Das deutsche Offizierkorps in Gesellschaft und Staat 1650-1945*, Frankfurt a.M. [4]1965.

Diehl, James M.: *Paramilitary Politics in Weimar Germany*, Bloomington 1977.

Dillon, Christopher: 'We'll Meet Again in Dachau'. The Early Dachau SS and the Narrative of Civil War, *JCH* 45 (2010), No. 3, pp. 535-554.

Dillon, Christopher: *Dachau and the SS. A Schooling in Violence*, Oxford 2015.

Doehler, Edgar / Fischer, Egbert: *Revolutionäre Militärpolitik gegen faschistische Gefahr. Militärpolitische Probleme des antifaschistischen Kampfes der KPD von 1929 bis 1933*, Berlin (Ost) 1982.

Döser, Ute: *Das bolschewistische Rußland in der deutschen Rechtspresse 1918-1925. Eine Studie zum publizistischen Kampf in der Weimarer Republik*, Berlin 1961.

Dreetz, Dieter: Methoden der Ersatzgewinnung für das deutsche Heer 1914 bis 1918, in: *Militärgeschichte* 16 (1977), S. 700-707.

Dreetz, Dieter / Gessner, Klaus / Sperlin, Heinz: *Bewaffnete Kämpfe in Deutschland 1918-1923*, Berlin (Ost) 1988.

Dupeux, Louis: „*Nationalbolschewismus*" *in Deutschland 1919-1933. Kommunistische Strategie und konservative Dynamik*, München 1985.

Duppler, Jörg / Groß, Gerhard P. (Hgg.): *Kriegsende 1918. Ereignis, Wirkung, Nachwirkung*, München 1999.

Epkenhans, Michael: 'Wir als deutsches Volk sind doch nicht zu klein zu krieg ...' Aus den Tagebüchern des Fregattenkapitäns Bogislav von Selchow 1918/19, in: *MGM*, 55 (1996), S. 165-224.

Epkenhans, Michael / Förster, Stig / Hagemann, Karen (Hgg.): *Militärische Erinnerungskultur. Soldaten im Spiegel von Biographien, Memoiren und Selbstzeugnissen*, Paderborn 2006.

Epkenhans, Michael / Förster, Stig / Hagemann, Karen: Einführung. Biographien und Selbst- zeugnisse in der Militärgeschichte – Möglichkeiten und Grenzen, in: ebd., S. IX-XVI

Erfurth, Waldemar: *Die Geschichte des deutschen Generalstabes von 1918 bis 1945*, Göttingen ²1960.

Erger, Johannes: *Der Kapp-Lüttwitz-Putsch. Ein Beitrag zur deutschen Innenpolitik 1919/20*, Düsseldorf 1967.

Falch, Sabine: Zwischen Heimatwehr und Nationalsozialismus. Der Bund „Oberland" in Tirol, in: *Geschichte und Region* 6 (1997), S. 51-86.

Fensch, Dorothea: Deutscher Schutzbund (DtSB) 1919-1933/34, in: *LzP*, S. 290-310.

Fenske, Hans: *Konservativismus und Rechtsradikalismus in Bayern nach 1918*, Bad Homburg 1969.

Fischer, Conan: *The German Communists and the Rise of Nazism*, Basingstoke 1991.

Fischer, Michael: *Dr. phil. habil. Hans Jüngst 1901-1944. Ein Leben im deutschen Zeitalter der Extreme*, Karlsruhe 2012.

Föhr, Ernst: Zur Geschichte des St. Konradihauses in Konstanz, in: *Erzbischöfliches Studienheim St. Konrad Konstanz. Festschrift zur Einweihung unseres Hauses am 9. Mai 1962*, Freiburg 1962, S. 23-43.

Föllmer, Moritz / Graf, Rüdiger (Hgg.): *Die „Krise" der Weimarer Republik. Zur Kritik eines Deutungsmusters*, Frankfurt a.M./New York 2005.

Föllmer, Moritz / Graf, Rüdiger / Leo, Per: Einleitung. Die Kultur der Krise in der Weimarer Republik, in: ebd., S. 9-41.

Franz-Willing, Georg: *Ursprung der Hitlerbewegung 1919-1922*, Preussisch Oldendorf ²1974.

史料・文献一覧　265

Franz-Willing, Georg: *Krisenjahr der Hitlerbewegung 1923*, Preussisch Oldendorf 1975.

Fricke, Dieter (Hg.): *Deutsche Demokraten. Die nichtproletarischen demokratischen Kräfte in der deutschen Geschichte 1830 bis 1945*, Berlin (Ost) 1981.

Friedrich, Thomas: *Die missbrauchte Hauptstadt. Hitler und Berlin 1916-1945*, Berlin 2007.

Gaertringen, Friedrich Frhr. Hiller von: „Dolchstoß"-Diskussion und „Dolchstoßlegende" im Wandel von vier Jahrzehnten, in: Waldemar Besson / Friedrich Frhr. Hiller von Gaertringen (Hgg.), *Geschichte und Gegenwartsbewusstsein. Festschrift für Hans Rothfels zum 70. Geburtstag*, Göttingen 1963, S. 122-160.

Gebhardt, Cord: *Der Fall des Erzberger-Mörders Heinrich Tillessen. Ein Beitrag zur Justizgeschichte nach 1945*, Tübingen 1995.

Geinitz, Christian: *Kriegsfurcht und Kampfbereitschaft. Das Augusterlebenis in Freiburg. Ein Studie zum Kriegsbeginn 1914*, Essen 1998.

Gerstenberg, Günther: *Freiheit! Sozialdemokratischer Selbstschutz im München der zwanziger und frühen dreißiger Jahre*, Bd. 2: *Bilder und Dokumente*, Andechs 1997.

Gerwarth, Robert: Fighting the Red beast. Counter-Revolutionary Violence in the Defeated States of Central Europe, in: Robert Gerwarth / John Horne (eds.), *War in Peace. Paramilitary Violence in Europe After the Great War*, Oxford 2012, pp. 52-71.

Gerwarth, Robert / Horne, John: (eds.), *War in Peace. Paramilitary Violence in Europe After the Great War*, Oxford 2012.

Gerwarth, Robert / Horne, John: Paramilitarism in Europe after the Great War. An Introduction, *ibid.*, pp. 1-18.

Geyer, Martin H.: *Verkehrte Welt. Revolution, Inflation und Moderne. München 1914-1924*, Göttingen 1998.

Gietinger, Klaus: *Eine Leiche im Landwehrkanal. Die Ermordung Rosa Luxemburgs*, Hamburg ²2009.

Gietinger, Klaus: *Der Konterrevolutionär. Waldemar Pabst - eine deutsche Karriere*, Hamburg 2009.

Gilbhard, Hermann: *Die Thule-Gesellschaft. Vom okkulten Mummenschanz zum Hakenkreuz*, München 1994.

Goodrick-Clarke, Nicolas: *The Occult Roots of Nazism. Secret Aryan Cults and their Influence on Nazi Ideology*, London 2004.

Gordon, Harold J.: *The Reichswehr and the German Republic 1919-1926*, Princeton 1957.

Gotschlich, Helga: *Zwischen Kampf und Kapitulation. Zur Geschichte des Reichsbanners Schwarz- Rot-Gold*, Berlin (Ost) 1987.

Grimm, Claus: *Vor den Toren Europas 1918-1920. Geschichte der Baltischen Lan-*

deswehr, Hamburg 1963.

Grünthaler, Mathias: *Parteiverbote in der Weimarer Republik*, Frankfurt a.m. 1995.

Guth, Ekkehart P.: *Der Loyalitätskonflikt des deutschen Offizierkorps in der Revolution 1918-20*, Frankfurt a.m. 1983.

Hastings, Derek: *Catholicism and the Roots of Nazism. Religious Identity and National Socialism*, Oxford 2010.

Mechthild Hempe, *Ländliche Gesellschaft in der Krise. Mecklenburg in der Weimarer Republik*, Köln 2002.

Hancock, Eleanor: *Ernst Röhm. Hitler's SA Chief of Staff*, New York 2008.

Herbert, Ulrich: *Best. biographische Studien über Radikalismus, Weltanschauung und Vernunft 1903-1989*, Bonn 1996.

Hettling, Manfred / Jeismann, Michael: Der Weltkrieg als Epos. Philip Witkops „Kriegsbriefe gefallener Studenten", in: Gerhard Hirschfeld / Gerd Krumeich / Ina Renz (Hgg.), *'Keiner fühlt sich hier mehr als Mensch...'. Erlebnis und Wirkung des Ersten Weltkriegs*, Essen 1993, S. 175-198.

Hillmayr, Heinrich: *Roter und Weisser Terror in Bayern nach 1918. Ursachen, Erscheinungsformen und Folgen der Gewalttätigkeiten im Verlauf der revolutionären Ereignisse nach dem Ende des Ersten Weltkrieges*, München 1974.

Hirschfeld, Gerhard / Krumeich, Gerd / Renz, Irina (Hgg.): *'Keiner fühlt sich hier mehr als Mensch...'. Erlebnis und Wirkung des Ersten Weltkriegs*, Essen 1993.

Hitze, Guido: *Carl Ulitzka (1873-1953) oder Oberschlesien zwischen den Weltkriegen*, Düsseldorf 2002.

Hitzer, Friedrich: *Anton Graf Arco. Das Attentat auf Kurt Eisner und die Schüsse im Landtag*, München 1988.

Hofmann, Hanns Hubert: *Der Hitlerputsch. Krisenjahre deutscher Geschichte 1920 -24*, München 1961.

Hofmann, Ulrike Claudia: *„Verräter verfallen der Feme!". Fememorde in Bayern in den zwanziger Jahren*, Köln 2000.

Hornung, Klaus: *Alternativen zu Hitler. Wilhelm Groener – Soldat und Politiker in der Weimarer Republik*, Graz 2008.

Hoser, Paul: *Die politischen, wirtschaftlichen und sozialen Hintergründe der Münchner Tagespresse zwischen 1914 und 1934. Methoden der Pressebeeinflussung*, 2 Teile, Frankfurt a. M. 1990.

Hürten, Heinz: Revolution und Zeit der Weimarer Republik, in: Alois Schmid (Hg.), *Handbuch der bayerischen Geschichte*, Bd. 4: *Das Neue Bayern. Von 1800 bis zur Gegenwart*, T. 1: *Staat und Politik*, München [2]2003, S. 439-498.

Hürter, Johannes: *Hitlers Heerführer. Die deutschen Oberbefehlshaber im Krieg gegen die Sowjetunion 1941/42*, München [2]2007.

Insenhöfer, Svantje : *Dr. Friedrich Weber. Reichstierärzteführer von 1934 bis 1945*, Hannover 2008.

Ishida, Yuji : *Jungkonservative in der Weimarer Republik. Der Ring-Kreis 1928-1933*, Frankfurt a.M. 1988.

Jahr, Christoph : *Gewöhnliche Soldaten. Desertion und Deserteure im deutschen und britischen Heer 1914-1918*, Göttingen 1998.

Jarausch, Konrad H. : *Deutsche Studenten 1800-1970*, Frankfurt a.M. 1984.

Jasper, Gotthard : Aus den Akten der Prozesse gegen die Erzberger-Mörder, in : *VfZ* 10 (1962), H. 4, S. 430-453.

Jones, Nigel H. : *Hitler's Heralds. The Story of the Freikorps 1918-1923*, London 1987.

Jones, Nigel H. : *A Brief History of the Birth of the Nazis. How the Freikorps blazed a Trail for Hitler*, London 2004.

Jung, Otmar : "Da gelten Paragraphen nichts, sondern da gilt lediglich der Erfolg …". Noskes Erschießungsbefehl während des Märzaufstandes in Berlin 1919 - Rechtshistorisch betrachtet, in : *MGM* 45 (1989), S. 51-79.

Kameradschaft Freikorps und Bund Oberland : *Bildchronik zur Geschichte des Freikorps und Bundes Oberland*, München 1974.

Kaufmann, Bernd / Reisener, Eckhard / Schwips, Dieter / Walther, Henri : *Der Nachrichtendienst der KPD 1919-1937*, Berlin 1993.

Keil, Lars-Broder / Kellerhoff, Sven Felix : *Deutsche Legenden. Vom „Dolchstoß" und anderen Mythen der Geschichte*, Berlin [2]2003.

Keller, Peter : *„Die Wehrmacht der Deutschen Republik ist die Reichswehr". Die deutsche Armee 1918-1921*, Paderborn 2014.

Kellogg, Michael : *The Russian Roots of Nazism. White Émigrés and the Making of National Socialism 1917-1945*, Cambridge 2005.

Kemper, Claudia : *Das „Gewissen" 1919-1925. Kommunikation und Vernetzung der Jung- konservativen*, München 2011.

Klatt, Rudorf : *Ostpreussen unter dem Reichskommissariat 1919/1920*, Heidelberg 1958.

Klein, Markus J. : *Ernst von Salomon. Eine politische Biographie. Mit einer vollständigen Bibliographie*, Limburg a.d.Lahn 1994.

Klein, Markus J. : *Ernst von Salomon. Revolutionär ohne Utopie*, Limburg a.d.Lahn 2002.

Klopsch, Angela : *Die Geschichte der juristischen Fakultät der Friedrich-Wilhelms-Universität zu Berlin im Umbruch von Weimar*, Berlin 2009.

Kluge, Ulrich : Die Militär- und Rätepolitik der bayerischen Regierungen Eisner und Hoffmann 1918/1919, in : *MGM* 13 (1973), S. 7-58.

Kluge, Ulrich : *Soldatenräte und Revolution. Studien zur Militärpolitik in Deutschland 1918/19*, Göttingen 1975.

Kluge, Ulrich : *Die deutsche Revolution 1918/1919. Staat, Politik und Gesellschaft zwischen Weltkrieg und Kapp-Putsch*, Frankfurt a.m. 1985.

Knigge, Jobst: *Kontinuität deutscher Kriegsziele im Baltikum. Deutsche Baltikum-Politik 1918/19 und das Kontinuitätsproblem*, Hamburg 2003.

Knütter, Hans-Helmuth: *Die Juden und die deutsche Linke in der Weimarer Republik 1918-1933*, Düsseldorf 1973.

Koch, Hannsjoachim W.: *Der deutsche Bürgerkrieg. Eine Geschichte der deutschen und öster- reichischen Freikorps 1918-1923*, Dresden [3]2014.

Kocka, Jürgen: German History before Hitler. The Debate about the German Sonderweg, in: *JCH* 23 (1988), No. 1, pp. 3-16.

Koenen, Gerd: *Der Russland-Komplex. Die Deutschen und der Osten 1900-1945*, München 2005.

König, André: *Köpenick unter dem Hakenkreuz. Die Geschichte des Nationalsozialismus in Berlin-Köpenick*, Mahlow 2004.

Könnemann, Erwin: *Einwohnerwehren und Zeitfreiwilligenverbände. Ihre Funktion beim Aufbau eines neuen imperialistischen Militärsystems (November 1918 bis 1920)*, Berlin (Ost) 1971.

Könnemann, Erwin: Einwohnerwehren (EW) 1919-1920, in: *LzP*, Bd. 2, S. 569-579.

Könnemann, Erwin: Freikorps 1918-1920, in: ebd., S. 669-676.

Könnemann, Erwin: Freikorps Oberland 1918-1930 (1921-1930 Bund Oberland [BO]), in: ebd., S. 677-681.

Könnemann, Erwin / Krusch, Hans-Joachim: *Aktionseinheit contra Kapp-Putsch. Der Kapp- Putsch im März 1920 und der Kampf der deutschen Arbeiterklasse sowie anderer Werktätiger gegen die Errichtung der Militärdiktatur und für demokratische Verhältnisse*, Berlin (Ost) 1972.

Koepp, Roy G.: *Conservative Radicals. The Einwohnerwehr, Bund Bayern und Reich, and the Limits of Paramilitary Politics in Bavaria 1918-1928*, Nebraska 2010.

Korzetz, Ingo: *Die Freikorps in der Weimarer Republik. Freiheitskämpfer oder Landsknechthaufen? Aufstellung, Einsatz und Wesen bayerischer Freikorps 1918-1920*, Marburg 2009.

Koselleck, Reinhart (Hg.): *Historische Semantik und Begriffsgeschichte*, Stuttgart 1979.

Koselleck, Reinhart (Hg.): *Vergangene Zukunft. Zur Semantik geschichtlicher Zeiten*, Frankfurt a.M. [4]2000.

Koselleck, Reinhart: „Erfahrungsraum" und „Erwartungshorizont" - zwei historische Kategorien, in: ebd., S. 349-375.

Krassnitzer, Patrick: Die Geburt des Nationalsozialismus im Schützengraben. Formen der Brutalisierung in den Autobiographien von nationalsozialistischen Frontsoldaten, in: Jost Dülffer / Gerd Krumeich (Hgg.), *Der verlorene Frieden. Politik und Kriegskultur nach 1918*, Essen 2002, S. 119-148.

史料・文献一覧　269

Kroener, Bernhard R.: *Generaloberst Friedrich Fromm. Der starke Mann im Heimatkriegsgebiet – eine Biographie*, Paderborn 2005.

Krüger, Gabriele: *Die Brigade Ehrhardt*, Hamburg 1971.

Krüger, Gerd: „*Treudeutsch allewege!*" *Gruppen, Vereine und Verbände der Rechten in Münster*（*1887-1929/30*）, Münster 1992.

Krumeich, Gerd: Einleitung. Die Präsenz des Krieges im Frieden, in: Jost Dülffer / Gerd Krumeich（Hgg.）, *Der verlorene Frieden. Politik und Kriegskultur nach 1918*, Essen 2002, S. 7-18.

Krumeich, Gerd / Schröder, Joachim（Hgg.）: *Der Schatten des Weltkriegs. Die Ruhrbesetzung 1923*, Essen 2004.

Krumeich, Gerd: Der „Ruhrkampf" als Krieg. Überlegungen zu einem verdrängten deutsch- französischen Konflikt, in: ebd., S. 9-24.

Kruppa, Bernd: *Rechtsradikalismus in Berlin 1918-1928*, Berlin 1988.

Kühn, Detlef: Alexander Graf Stenbock-Fermor und Bernt von Kügelgen. Zwei deutschbaltische „Linke", in: Michael Garleff（Hg.）, *Deutschbalten, Weimarer Republik und Drittes Reich*, Köln 2008, S. 227-243.

Kühne, Thomas / Ziemann, Benjamin（Hgg.）: *Was ist Militärgeschichte?*, Paderborn 2000.

Kuron, Hans Jürgen: *Freikorps und Bund Oberland*, Erlangen 1960.

Hoffmann-Curtius, Kathrin: Terror in Germany 1918/19. Visual Commentaries on Rosa Luxem- burg's Assassination, in: Sarah Colvin / Helen Watanabe-O'Kelly（eds.）, *Women and Death*, Vol. 2: *Warlike Women in the German Literary and Cultural Imagination since 1500*, London 2009, pp. 127-166.

Lange, Dietmar: *Massenstreik und Schießbefehl. Generalstreik und Märzkämpfe in Berlin 1919*, Münster 2012.

Latzel, Klaus: Vom Kriegserlebnis zur Kriegserfahrung. Theoretische und methodische Überlegungen zur erfahrungsgeschichtlichen Untersuchung von Feldpostbriefen, in: *MGM* 56（1997）, S. 1-30.

Lenz, Wilhelm: Deutsche Machtpolitik in Lettland im Jahre 1919. Ausgewählte Dokumente des von General Rüdiger Graf von der Goltz geführten Generalkommandos des VI. Reservekorps, in: *ZfO* 36（1987）, S. 523-576.

Linder, Herbert: *Von der NSDAP zur SPD. Der politische Lebensweg des Dr. Helmuth Klotz*（*1894-1943*）, Konstanz 1998.

Lingelbach, Gerhard: Weimar 1919 – Weg in eine Demokratie, in: Eberhard Eichenhofer（Hg.）, *80 Jahre Weimarer Reichsverfassung – Was ist geblieben?*, Tübingen 1999.

Lipp, Anne: *Meinungslenkung im Krieg. Kriegserfahrungen deutscher Soldaten und ihre Deutung 1914-1918*, Göttingen 2003.

Liulevicius, Vejas G.: *War Land on the Eastern Front. Culture, National Identity and German Occupation in World War I*, Cambridge 2000.

Liulevicius, Vejas G.: *The German Myth of the East. 1800 to the Present*, Oxford 2009.

Luhrssen, David: *Hammer of the Gods. The Thule Society and the Birth of Nazism*, Washington 2012.

Lohalm, Uwe: *Völkischer Radikalismus. Die Geschichte des Deutschvölkischen Schutz- und Trutz- Bundes 1919-1923*, Hamburg 1970.

Longerich, Peter: *Geschichte der SA*, München 2003.

Malinowski, Stephan: *Vom König zum Führer. Sozialer Niedergang und politische Radikalisierung im deutschen Adel zwischen Kaiserreich und NS-Staat*, Berlin 2003.

Mallmann, Klaus-Michael / Paul, Gerhard (Hgg.): *Karrieren der Gewalt. Nationalsozialistische Täterbiographien*, Darmstadt 2004.

Mauch, Hans-Joachim: *Nationalistische Wehrorganisation in der Weimarer Republik. Zur Entwicklung und Ideologie des „Paramilitarismus"*, Frankfurt a.M./Bern 1982.

Mehringer, Hartmut / Großmann, Anton / Schönhoven, Klaus: *Bayern in der NS-Zeit*, Bd. 5: *Die Parteien KPD, SPD, BVP in Verfolgung und Widerstand*, München/ Wien 1983.

Mertelsmann, Olaf: *Zwischen Krieg, Revolution und Inflation. Die Werft Blohm & Voss 1914-1923*, München 2003.

Meindl, Ralf: *Ostpreußens Gauleiter. Erich Koch - eine politische Biographie*, Osnabrück 2007.

Meinl, Susanne: *Nationalsozialisten gegen Hitler. Die nationalrevolutionäre Opposition um Friedrich Wilhelm Heinz*, Berlin 2000.

Meinl, Susanne: Vom Fememord zum Völkermord? Freikorpsbewegung und Nationalsozialismus, in: Helgard Kramer (Hg.), *NS-Täter aus interdisziplinärer Perspektive*, München 2006, S. 311-326.

Michels, Eckard: *„Der Held von Deutsch-Ostafrika". Paul von Lettow-Vorbeck. Ein preußischer Kolonialoffizier*, Paderborn 2008.

Mittenzwei, Werner: *Der Untergang einer Akademie oder Die Mentalität des ewigen Deutschen. Der Einfluß der nationalkonservativen Dichter an der Preußischen Akademie der Künste 1918 bis 1947*, Berlin 1992.

Mizinski, Jan: Literarische Freikorpslegende in Deutschland nach 1918, in: *Krieg und Literatur / War and Literature* 3 (1991), H. 5/6, S. 215-227.

Möller, Dietrich: *Karl Radek in Deutschland. Revolutionär - Intrigant - Diplomat*, Köln 1976.

Möller, Horst: 60 Jahre Institut für Zeitgeschichte 1949-2009, in: Horst Möller / Udo Wengst (Hgg.), *60 Jahre Institut für Zeitgeschichte München - Berlin. Geschichte - Veröffentlichungen - Personalien*, München 2009, S. 9-100.

Mohler, Armin / Weissmann, Karlheinz: *Die konservative Revolution in Deutschland 1918-1932. Ein Handbuch*, Graz [6]2005.

Mommsen, Wolfgang J.: Die Regierung Bethmann Hollweg und die öffentliche Meinung, in: *VfZ* 17 (1969), S. 117-159.

Mommsen, Wolfgang J.: Kriegsalltag und Kriegserlebnis im Ersten Weltkrieg, in: *MGZ* 59 (2000), S. 125-138.

Mommsen, Hans (Hg.): *Der Erste Weltkrieg und die europäische Nachkriegsordnung. Sozialer Wandel und Formveränderung*, Köln/Weimar/Wien 2000.

Mosse, George L.: *The Crisis of German Ideology. Intellectual Origins of the Third Reich*, New York [2]1981 [ジョージ・L・モッセ (植村和秀/大川清丈/城達也/野村耕一訳)『フェルキッシュ革命：ドイツ民族主義から反ユダヤ主義へ』柏書房，1998年].

Mosse, George L.: Two World Wars and the Myth of the War Experience, in: *JCH* 21 (1986), No. 4, pp. 491-513.

Mosse, George L.: Der Erste Weltkrieg und die Brutalisierung der Politik. Betrachtungen über die politische Rechte, den Rassismus und den deutschen Sonderweg, in: Manfred Funke / Hans-Adolf Jacobsen / Hans-Helmuth Knütter / Hans-Peter Schwarz (Hgg.), *Demokratie und Diktatur. Geist und Gestalt politischer Herrschaft in Deutschland und Europa*, Düsseldorf 1987, S. 127-139.

Mosse, George L.: *Fallen Soldiers. Reshaping the Memory of the World Wars*, Oxford 1990 [ジョージ・L・モッセ (宮武実知子訳)『英霊：創られた世界大戦の記憶』柏書房，2002年].

Mosse, George L.: *The Image of Man. The Creation of Modern Masculinity*, Oxford 1996 [ジョージ・L・モッセ (細谷実/小玉亮子/海妻径子訳)『男のイメージ：男性性の創造と近代社会』作品社，2005年].

Mergen, Torsten: *Ein Kampf für das Recht der Musen. Leben und Werk von Karl Christian Müller alias Teut Ansolt (1900-1975)*, Göttingen 2012.

Mües-Baron, Klaus: *Heinrich Himmler. Aufstieg des Reichsführers SS (1900-1933)*, Göttingen 2011.

Mühlhausen, Walter: Hans von Seeckt und die Organisation der Reichswehr in der Weimarer Republik, in: Karl-Heinz Lutz / Martin Rink / Marcus von Salisch (Hgg.), *Reform - Reorganisation - Transformation. Zum Wandel in deutschen Streitkräften von den preußischen Heeresreformen bis zur Transformation der Bundeswehr*, München 2010, S. 245-262.

Nakata, Jun: *Der Grenz- und Landesschutz in der Weimarer Republik 1918-1933. Die geheime Aufrüstung und die deutsche Gesellschaft*, Freiburg 2002.

Neuhäußer-Wespy, Ulrich: *Die KPD in Nordbayern 1919-1933. Ein Beitrag zur Regional- und Lokalgeschichte des deutschen Kommunismus*, Nürnberg 1981.

Niess, Wolfgang: *Die Revolution von 1918/19 in der deutschen Geschichtsschreibung. Deutungen von der Weimarer Republik bis ins 21. Jahrhundert*, Berlin 2013.

Nipperdey, Thomas: 1933 und Kontinuität der deutschen Geschichte, in: *Historische Zeitschrift* 227 (1978), S. 86-111.

Nolte, Ernst: *Die Weimarer Republik. Demokratie zwischen Lenin und Hitler*, München 2006.

Nusser, Horst G. W.: *Konservative Wehrverbände in Bayern, Preußen und Österreich 1918-1933. Mit einer Biographie von Forstrat Georg Escherich 1870-1941*, München, 1973.

Oeckel, Heinz: *Die revolutionäre Volkswehr 1918/19. Die deutsche Arbeiterklasse im Kampf um die revolutionäre Volkswehr (November 1918 bis Mai 1919)*, Berlin 1968.

Orlow, Dietrich: *Weimar Prussia 1918-1925. The Unlikely Rock of Democracy*, Pittsburgh 1986.

Ortmann, Alexandra: *Machtvolle Verhandlungen. Zur Kulturgeschichte der deutschen Strafjustiz 1879-1924*, Göttingen 2014.

Paetel, Karl O.: *Versuchung oder Chance? Zur Geschichte des deutschen Nationalbolschewismus*, Göttingen 1965.

Paulus, Günter: Die soziale Struktur der Freikorps in den ersten Monaten nach der November- revolution, in: *ZfG* 3 (1955), H. 5, S. 685-704.

Philippi, Klaus: *Die Genese des „Kreisauer Kreises"*, Berlin 2013.

Plöckinger, Othmar: *Unter Soldaten und Agitatoren. Hitlers prägende Jahre im deutschen Militär 1918-1920*, Paderborn 2013.

Pohl, Dieter: *Die Herrschaft der Wehrmacht. Deutsche Militärbesatzung und einheimische Bevölkerung in der Sowjetunion 1941-1944*, Frankfurt a.M. [2]2011.

Prost, Antoine: The Impact of War on French and German Political Cultures, in: *The Historical Journal* 37 (1994), No. 1, pp. 209-217.

Prümm, Karl: *Die Literatur des Soldatischen Nationalismus der 20er Jahre (1918-1933)*, Bd. 1-2, Kronberg 1974.

Purkl, Andreas: *Die Lettlandpolitik der Weimarer Republik. Studien zu den deutsch-lettischen Beziehungen der Zwischenkriegszeit*, Münster 1997.

Raithel, Thomas: *Das schwierige Spiel des Parlamentarismus. Deutscher Reichstag und französische Chambre des Députés in den Inflationskrisen der 1920er Jahre*, München 2005.

Rauh-Kühne, Cornelia: Gelegentlich wurde auch geschossen. Zum Kriegserlebnis eines deutschen Offiziers auf dem Balkan und in Finnland, in: Gerhard Hirschfeld / Gerd Krumeich / Dieter Langewiesche / Hans-Peter Ullmann (Hgg.), *Kriegserfahrungen. Studien zur Sozial- und Mentalitätsgeschichte des Ersten Weltkrieges*, Essen 1997, S. 146-169.

Rauh-Kühne, Cornelia: Hans Constantin Paulssen - Sozialpartnerschaft aus dem Geiste der Kriegskameradschaft, in : Paul Erker / Toni Pierenkemper (Hgg.), *Deutsche Unternehmer zwischen Kriegswirtschaft und Wiederaufbau. Studien zur Erfahrungsbildung von Industrie-Eliten*, München 1999, S. 109-192.

Raßloff, Steffen : *Flucht in die nationale Volksgemeinschaft. Das Erfurter Bürgertum zwischen Kaiserreich und NS-Diktatur*, Köln 2003.

Reichardt, Sven : *Faschistische Kampfbünde. Gewalt und Gemeinschaft im italienischen Squadrismus und in der deutschen SA*, Köln 2002.

Reimann, Aribert : *Der große Krieg der Sprachen. Untersuchungen zur historischen Semantik in Deutschland und England zur Zeit des Ersten Weltkrieges*, Essen 2000.

Ribhegge, Wilhelm : *August Winnig. Eine historische Persönlichkeitsanalyse*, Bonn-Bad Godesberg 1973.

Rietzler, Rudolf : *„Kampf in der Nordmark". Das Aufkommen des Nationalsozialismus in Schleswig-Holstein (1919-1928)*, Neumünster 1982.

Römer, Susanne : *„Aufbruch"- fast 70 Jahre nach. Einige erwähnenswerte Aspekte*, in : Susanne Römer / Hans Coppi (Hgg.), *„Aufbruch"- Dokumentation einer Zeitschrift zwischen den Fronten*, Koblenz, S. 11-14.

Rohe, Karl : *Das Reichsbanner Schwarz Rot Gold. Ein Beitrag zur Geschichte und Struktur der politischen Kampfverbände zur Zeit der Weimarer Republik*, Düsseldorf 1966.

Rose, Detlev : *Die Thule-Gesellschaft. Legende - Mythos - Wirklichkeit*, Tübingen 1994.

Rothmund, Paul : Albert Leo Schlageter 1923-1983. Der erste Soldat des 3. Reiches? Der Wanderer ins Nichts? Eine typische deutsche Verlegenheit? Ein Held?, in : *Markgräflerland. Beiträge zu seiner Geschichte und Kultur* 2 (1983), S. 3-36.

Sabrow, Martin : *Der Rathenaumord. Rekonstruktion einer Verschwörung gegen die Republik von Weimar*, München 1994.

Sabrow, Martin (Hg.) : *Das Jahrhundert der Gewalt*, Leipzig 2014.

Salewski, Michael : *Der Erste Weltkrieg*, Paderborn ²2004.

Salomon, Werner : Josef Römer. Vom kaiserlichen Offizier zum Soldaten der Revolution, in : *Militärgeschichte* 13 (1974), S. 321-331.

Sammartino, H. Annemarie : *The Impossible Border. Germany and the East 1914-1922*, New York 2010.

Sauer, Bernhard : Die deutschvölkische Freiheitspartei (DvFP) und der Fall Grütte, in : *Berlin in Geschichte und Gegenwart. Jahrbuch des Landesarchivs Berlin* 1994, S. 179-205.

Sauer, Bernhard : Vom „Mythos eines ewigen Soldatentums". Der Feldzug deutscher Freikorps im Baltikum im Jahre 1919, in : *ZfG* 43 (1995), H. 10, S. 869-902.

Sauer, Bernhard : Gerhard Roßbach - Hitlers Vertreter für Berlin. Zur Frühgeschichte des Rechtsradikalismus in der Weimarer Republik, in : *ZfG* 50 (2002), H. 1, S. 5-21.

Sauer, Bernhard: *Schwarze Reichswehr und Fememorde. Eine Milieustudie zum Rechtsradikalismus in der Weimarer Republik*, Berlin 2004.

Sauer, Bernhard: Zur politischen Haltung der Berliner Sicherheitspolizei in der Weimarer Republik, in: *ZfG* 53 (2005), H. 1, S. 26–45.

Sauer, Bernhard: „Verräter waren bei uns in Mengen erschossen worden". Die Fememorde in Oberschlesien 1921, in: *ZfG* 54 (2006), H. 7/8, S. 644–662.

Sauer, Bernhard: Goebbels' „Rabauken". Zur Geschichte der SA in Berlin-Brandenburg, in: *Berlin in Geschichte und Gegenwart. Jahrbuch des Landesarchivs Berlin* 2006, S. 107–164.

Sauer, Bernhard: Freikorps und Antisemitismus in der Frühzeit der Weimarer Republik, in: *ZfG* 56 (2008), H. 1, S. 5–29.

Sauer, Bernhard: Die Schwarze Reichswehr und der geplante Marsch auf Berlin, in: *Berlin in Geschichte und Gegenwart. Jahrbuch des Landesarchivs Berlin* 2008, S. 113-150.

Sauer, Bernhard: „Auf nach Oberschlesien". Die Kämpfe der deutschen Freikorps 1921 in Oberschlesien und den anderen ehemaligen deutschen Ostproivinzen, in: *ZfG* 58 (2010), H. 4, S. 297–320.

Schaubs, Martin: *Märzstürme in Pommern. Der Kapp-Putsch in Preußens Provinz Pommern*, Marburg 2008.

Schikorsky, Isa: Kommunikation über das Unbeschreibbare. Beobachtungen zum Sprachstil von Kriegsbriefen, in: *Wirkendes Wort* 42 (1992), H. 2, S. 295-315.

Schmidgall, Markus: *Die Revolution 1918/19 in Baden*, Karlsruhe 2012.

Schmidt, Daniel: *Schützen und Dienen. Polizisten im Ruhrgebiet in Demokratie und Diktatur 1919-1939*, Essen 2008.

Schmidt, Daniel: Der SA-Führer Hans Ramshorn. Ein Leben zwischen Gewalt und Gemeinschaft (1892-1934), in: *VfZ* 60 (2012), H. 2, S. 201-235.

Schmidt, Ernst-Heinrich: *Heimatheer und Revolution 1918. Die militärischen Gewalten im Heimatgebiet zwischen Oktoberreform und Novemberrevolution*, Stuttgart 1981.

Schreiber, Arndt: In „unpolitischer" Harmonie. Freiburger Hochschullehrer im Ersten Weltkrieg, in: Marc Zirlewagen (Hg.), *„Wir siegen oder fallen". Deutsche Studenten im Ersten Weltkrieg*, Köln 2008, S. 45-74.

Schüddekopf, Otto-Ernst: *Linke Leute von rechts. Die nationalrevolutionären Minderheiten und der Kommunismus in der Weimarer Republik*, Stuttgart, 1960.

Schüddekopf, Otto-Ernst: *Nationalbolschewismus in Deutschland 1918-1933*, Frankfurt a.M. 1973.

Schulte-Varendorff, Uwe: *Kolonialheld für Kaiser und Führer. General Lettow-Vorbeck*, Berlin 2006.

Schulze, Hagen : *Freikorps und Republik 1918-1920*, Boppard a.Rh. 1969.

Schulze, Hagen : Der Oststaats-Plan 1919, in : *VfZ* 18 (1970), S. 123-163.

Schumacher, Rainer : *Die Preußischen Ostprovinzen und die Politik des Deutschen Reiches 1918-1919. Die Geschichte der östlichen Gebietsverluste Deutschlands im politischen Spannungs- feld zwischen Nationalstaatsprinzip und Machtanspruch*, Köln 1985.

Schumann, Dirk : *Politische Gewalt in der Weimarer Republik 1918-1933. Kampf um die Straße und Furcht vor dem Bürgerkrieg*, Essen 2001.

Schumann, Dirk : Europa, der Erste Weltkrieg und die Nachkriegszeit. Eine Kontinuität der Gewalt?, in : *JMEH* 1 (2003), No. 1, S. 24-43.

Schumann, Dirk : Gewalterfahrungen und ihre nicht zwangsläufigen Folgen. Der Erste Weltkrieg in der Gewaltgeschichte des 20. Jahrhunderts, in : *Historisches Forum* 3 (2004) : *Wirkungen und Wahrnehmungen des Ersten Weltkrieges*, S. 7-28.

Schumann, Dirk : Politische Gewalt in der frühen Weimarer Republik (1919-1923) und ihre Repräsentation in der politischen Tagespresse, in : Ute Daniel / Inge Marszolek / Wolfram Pyta / Thomas Welskopp (Hgg.), *Politische Kultur und Medienwirklichkeiten. Zur Kultur- geschichte des Politischen nach 1918*, Bonn 2010, S. 279-310.

Schuster, Martin : *Die SA in der nationalsozialistischen „Machtergreifung" in Berlin und Brandenburg 1926-1934*, Berlin 2005.

Schwarz, Jürgen : *Studenten in der Weimarer Republik. Die deutsche Studentenschaft in der Zeit von 1918 bis 1923 und ihre Stellung zur Politik*, Berlin 1971.

Seiler, Bernd W. „Dolchstoß" und „Dolchstoßlegende", in : *Zeitschrift für deutsche Sprache* 22 (1966), S. 1-20.

Shindo, Rikako : *Ostpreußen, Litauen und die Sowjetunion in der Zeit der Weimarer Republik. Wirtschaft und Politik im deutschen Osten*, Berlin 2013.

Sigel, Robert : *Die Lensch-Cunow-Haenisch-Gruppe. Eine Studie zum rechten Flügel der SPD im Ersten Weltkrieg*, Berlin 1976.

Sipols, V. : *Die ausländische Intervention in Lettland 1918-1920*, Berlin (Ost) 1961.

Smith, Helmut Walser Jenseits der Sonderweg-Debatte, in : Sven Oliver Müller / Cornelius Torp (Hgg.), *Das deutsche Kaiserreich in der Kontroverse*, Göttingen 2009, S. 31-50.

Sprenger, Matthias : *Landsknechte auf dem Weg ins Dritte Reich? Zu Genese und Wandel des Freikorpsmythos*, Paderborn 2008.

Stang, Knut : *Ritter, Landsknecht, Legionär. Militärmythische Leitbilder in der Ideologie der SS*, Frankfurt a.M. 2009.

Stehling, Jutta : *Weimarer Koalition und SPD in Baden. Ein Beitrag zur Geschichte der Partei- und Kulturpolitik in der Weimarer Republik*, Frankfurt a.M. 1976.

Stein, Katrin: *Parteiverbote in der Weimarer Republik*, Berlin 1999.

Steinbach, Peter: Beppo Römer in der Geschichte des Widerstands gegen den Nationalsozialismus, in: Oswald Bindrich / Susanne Römer, *Beppo Römer. Ein Leben zwischen Revolution und Nation*, Berlin 1991.

Stephenson, Scott: *The Final Battle. Soldiers of the Western Front and the German Revolution of 1918*, Cambridge 2009.

Strauß, Christof: Albert Leo Schlageter. Soldat und Freikorpskämpfer 1894-1923, in: *Lebensbilder aus Baden-Württemberg*, Bd. 22, im Auftr. der Kommission für geschichtliche Landeskunde in Baden-Württemberg, Stuttgart 2007, S. 458-486.

Strazhas, Abba: *Deutsche Ostpolitik im Ersten Weltkrieg. Der Fall Ober Ost 1915-1917*, Wiesbaden 1993.

Striesow, Jan: *Die Deutschnationale Volkspartei und die Völkisch-Radikalen 1918-1922*, 2 Bde., Frankfurt a.M. 1981.

Sullivan, Charles L.: German Freecorps in the Baltic 1918-1919, in: *Journal of Baltic Studies* 7 (1976), No. 2, pp. 124-133.

Sullivan, Charles L.: The 1919 German Campaign in the Baltic. The Final Phase, in: Vytas S. Vardys / Romuald J. Misiunas (eds.): *The Baltic States in peace and war 1917-1945*, University Park 1978, pp. 31-42.

Tapken, Kai Uwe: *Die Reichswehr in Bayern von 1919 bis 1924*, Hamburg 2004.

Tessin, Georg: *Deutsche Verbände und Truppen 1918-1939. Altes Heer, Freiwilligenverbände, Reichswehr, Heer, Luftwaffe, Landespolizei*, Osnabrück 1974.

Thoms, Robert / Pochanke, Stefan: *Handbuch zur Geschichte der deutschen Freikorps*, Bad Soden-Salmünster 2001.

Thoss, Bruno: *Der Ludendorff-Kreis 1919-1923. München als Zentrum der mitteleuropäischen Gegenrevolution zwischen Revolution und Hitler-Putsch*, München 1978.

Thoss, Bruno: Einjährig-Freiwillige, in: *EEW*, S. 452.

Thum, Gregor (Hg.): *Traumland Osten. Deutsche Bilder vom östlichen Europa im 20. Jahrhundert*, Göttingen 2006.

Timmermann, Johannes: Die Entstehung der Freikorpsbewegung 1919 in Memmingen und im Unterallgäu, in: Reinhard Baumann / Paul Hoser (Hgg.), *Die Revolution von 1918/19 in der Provinz*, Konstanz 1996, S. 173-188.

Tornau, Joachim F.: *Gegenrevolution von unten. Bürgaerliche Sammlungsbewegungen in Braunschweig, Hannorver und Göttingen 1918-1920*, Bielefeld 2001.

Tyrell, Albrecht: *Vom „Trommler" zum „Führer". Der Wandel von Hitlers Selbstverständnis zwischen 1919 und 1924 und die Entwicklung der NSDAP*, München 1975.

Ulrich, Bernd: *Die Augenzeugen. Deutsche Feldpostbriefe in Kriegs- und Nachkriegs-

zeit 1914-1933, Essen 1997.

Venner, Dominique : *Söldner ohne Sold. Die deutschen Freikorps 1918-1923*, Wien 1974.

Voigt, Carsten : *Kampfbünde der Arbeiterbewegung. Das Reichsbanner Schwarz-Rot -Gold und der Rote Frontkämpferbund in Sachsen 1924-1933*, Köln 2009.

Vogt, Stefan : *Nationaler Sozialismus und soziale Demokratie. Die sozialdemokratische Junge Rechte 1918-1945*, Bonn 2006.

Wächter, Katja-Maria : *Die Macht der Ohnmacht. Leben und Politik des Franz Xaver Ritter von Epp（1868-1946）*, Frankfurt a.M. 1999.

Wagner, Patrick : *Hitlers Kriminalisten. Die deutsche Kriminalpolizei und der Nationalsozialismus*, München 2002.

Waite, Robert G. L. : *Vanguard of Nazism. The Free Corps Movement in Postwar Germany 1918-1923*, Cambridge ; Massachusetts [3]1970 ［ロバート・G・L・ウェイト（山下貞雄訳）『ナチズムの前衛』新生出版，2007年］.

Walter, Dirk : *Antisemitische Kriminalität und Gewalt. Judenfeindschaft in der Weimarer Republik*, Bonn 1999.

Weber, Thomas : *Hitler's First War. Adolf Hitler, the Men of the List Regiment, and the First World War*, Oxford 2010.

Weisbrod, Bernd : Gewalt in der Politik. Zur politischen Kultur Deutschlands zwischen den beiden Weltkriegen, in : *Geschichte in Wissenschaft und Unterricht* 43 (1992), S. 391-404.

Weiß, Volker : *Moderne Antimoderne. Arthur Moeller van den Bruck und der Wandel des Konservatismus*, Paderborn 2012.

Westermann, Edward B. : *Hitler's Police Battalions. Enforcing Racial War in the East*, Lawrence 2005.

Wette, Wolfram : *Gustav Noske. Eine politische Biographie*, Düsseldorf 1987.

Wette, Wolfram (Hg.) : *Pazifistische Offiziere in Deutschland 1871-1933*, Bremen 1999.

Wildt, Michael : *Generation des Unbedingten. Das Führungskorps des Reichssicherheitshauptamtes*, Hamburg 2002.

Williams, Warren E. : Die Politik der Allierten gegenüber den Freikorps im Baltikum 1918-1919, in : *VfZ* 12 (1964), H. 2, S. 147-169.

Winkler, Heinrich August : *Von der Revolution zur Stabilisierung. Arbeiter und Arbeiterbewegung in der Weimarer Republik 1918 bis 1924*, Berlin 1984.

Winkler, Heinrich August : *Weimar 1918-1933. Die Geschichte der ersten deutschen Demokratie*, München [4]2005.

Wippermann, Wolfgang : *Der Ordensstaat als Ideologie. Das Bild des Deutschen Ordens in der deutschen Geschichtsschreibung und Publizistik*, Berlin 1979.

Wippermann, Wolfgang : *Die Deutschen und der Osten. Feindbild und Traumland*, Darmstadt 2007.

Wirsching, Andreas : *Vom Weltkrieg zum Bürgerkrieg? Politischer Extremismus in Deutschland und Frankreich 1918-1933/39. Berlin und Paris im Vergleich*, München 1999.

Wirsching, Andreas : „Augusterlebnis" 1914 und „Dolchstoß" – zwei Versionen derselben Legende?, in : Volker Dotterweich (Hg.), *Mythen und Legenden in der Geschichte*, München 2004, S. 187-202.

Witt, Peter-Christian : Zur Finanzierung des Abstimmungskampfes und der Selbstschutzorganisationen in Oberschlesien 1920-1922, in : *MGM* 13 (1973), S. 59-76.

Wohlfeil, Rainer / Dollinger, Hans : *Die Deutsche Reichswehr. Bilder, Dokumente, Texte. Zur Geschichte des Hunderttausend-Mann-Heeres 1919-1933*, Frankfurt a.M. 1972.

Woyke, Meik : Die „Generation Schumacher", in : Klaus Schönhoven / Bernd Braun (Hgg.), *Generationen in der Arbeiterbewegung*, München 2005, S. 87-105.

Wulff, Reimer : *Die Deutschvölkische Freiheitspartei 1922-1928*, Marburg 1968.

Zarusky, Jürgen : Vom Zarismus zum Bolschewismus. Die deutsche Sozialdemokratie und der „asiatische Despotismus", in : Gerd Koenen / Lew Kopelew (Hgg.), Deutschland und die Russische Revolution 1917-1924, München 1998, S. 99-133.

Ziemann, Benjamin : *Front und Heimat. Ländliche Kriegserfahrungen im südlichen Bayern 1914-1923*, Essen 1997.

Ziemann, Benjamin : Enttäuschte Erwartung und kollektive Erschöpfung. Die deutschen Soldaten an der Westfront 1918 auf dem Weg zur Revolution, in : Jörg Duppler / Gerhard P. Groß (Hgg.), *Kriegsende 1918. Ereignis, Wirkung, Nachwirkung*, München 1999, S. 165-182.

Ziemann, Benjamin : Das „Fronterlebnis" des Ersten Weltkrieges – eine sozialhistorische Zäsur? Deutungen und Wirkungen in Deutschland und Frankreich, in : Hans Mommsen (Hg.), *Der Erste Weltkrieg und die europäische Nachkriegsordnung. Sozialer Wandel und Form- veränderung*, Köln/Weimar/Wien 2000, S. 43-82.

Ziemann, Benjamin : Germany after the First World War – A Violent Society? Results and Implications of Recent Research on Weimar Germany, in : *JMEH* 1 (2003), No. 1, pp. 80-95.

Ziemann, Benjamin : *War Experiences in Rural Germany 1914-1923*, Oxford / New York 2007.

Ziemann, Benjamin : Weimar was Weimar. Politics, Culture and the Emplotment of the German Republic, in : *German History* 28 (2010), pp. 542-571.

Ziemann, Benjamin : *Die Zukunft der Republik? Das Reichsbanner Schwarz-Rot-Gold 1924-1933*, Bonn 2011.

Ziemann, Benjamin : *Contested Commemorations. Republican War Veterans and Weimar Political Culture*, Cambridge 2013.

史料・文献一覧　279

Ziemann, Benjamin : *Gewalt im Ersten Weltkrieg.　Töten – Überleben – Verweigern*, Essen 2013.

Ziemann, Benjamin : *Veteranen der Republik.　Kriegserinnerung und demokratische Politik 1918-1933*, Bonn 2014.

Ziemann, Benjamin : Freikorps, in : *EEW*, S. 503-505.

Zimmermann, Hannsjörg : Die Einwohnerwehren.　Selbstschutzorganisationen oder konterrevolutionäre Kampforgane?, in : *Zeitschrift der Gesellschaft für Schleswig -Holsteinische Geschichte* 128 (2003), S. 185-212.

Zeidler, Manfred : *Reichswehr und Rote Armee 1920-1933.　Wege und Stationen einer ungewöhnlichen Zusammenarbeit*, München ²1994.

Zwicker, Stefan : *„Nationale Märtyrer".　Albert Leo Schlageter und Julius Fučík.　Heldenkult, Propaganda und Erinnerungskultur*, Paderborn 2006.

〈邦語文献〉

アングラオ，クリスティアン（吉田春美訳）『ナチスの知識人部隊』河出書房新社，2012年

池田優子「ヴァイマル期の学生と東部国境修正活動：戦時青少年世代を中心とした一考察」『史論（東京女子大学）』63集（2010年）

石川捷治「コミンテルン初期のファシズム認識：ドイツ共産党の分析との関連を中心に」『法政研究』46巻1号（1979年）

石川捷治「ドイツ共産主義運動の《個性》：コミュニズムと『国民的伝統』へのアプローチ」同上，47巻2/4号（1981年）

石田勇治「ヴァイマル末期の青年保守派：その思想と行動をめぐって」『西洋史学』141号（1986年）

石田勇治「帝国の幻影：神聖ローマ帝国からナチズムへ」山内昌之／増田一夫／村田雄二郎編『帝国とは何か』岩波書店，1997年

石田勇治『過去の克服：ヒトラー後のドイツ』白水社，2002年

石田勇治『ヒトラーとナチ・ドイツ』講談社，2015年

市村卓彦『アルザス文化史』人文書院，2002年

伊藤定良「国民国家・地域・マイノリティ」田村栄子／星乃治彦編『ヴァイマル共和国の光芒：ナチズムと近代の相克』昭和堂，2007年

糸瀬龍「エルンスト・ユンガーの〈新〉ナショナリズムについて」『METROPOLE』34号（2013年）

井上茂子「西ドイツにおけるナチ時代の日常史研究：背景・有効性・問題点」『教養学科紀要（東京大学）』19号（1986年）

今井宏昌「ドイツ革命期における義勇軍：その成立に関する一考察」『七隈史学』12号（2010年）

今井宏昌「ドイツ革命期における義勇軍と『東方』」『九州歴史科学』38号（2010年）

今井宏昌「『第三帝国の最初の兵士』？：義勇軍戦士アルベルト・レオ・シュラーゲター

をめぐる『語りの闘争』」『西洋史学論集』48号（2010年）

今井宏昌「ドイツ義勇軍戦士の第一次世界大戦：アルベルト・レオ・シュラーゲターの野戦郵便をてがかりに」『七隈史学』13号（2011年）

今井宏昌「ヴァイマル期ドイツ義勇軍指導者ヨーゼフ・ベッポ・レーマーの『越境』：『ナチズムの前衛』テーゼへの一反証」『七隈史学』14号（2012年）

今井宏昌「ヴァイマル共和国初期における義勇軍経験：個人史の比較を通じて」『日独共同大学院プログラム（東京＝ハレ）ワーキングペーパーシリーズ』10号（2012年）

岩崎好成「ナチズム運動と『シュテンネス反乱』」『史学研究』152号（1981年）

岩崎好成「ワイマール共和国における準軍隊的組織の変遷」同上，153号（1981年）

岩崎好成「ワイマル期民間国防団体の政治化」同上，160号（1983年）

岩崎好成「ワイマル共和国防衛組織『国旗団』の登場（Ⅰ・Ⅱ）」『山口大学教育学部研究論叢 第1部 人文科学・社会科学』37-38号（1987-1988年）

岩崎好成「青年ドイツ騎士団団長A・マーラウンの政治思想」同上，39号（1990年）

岩崎好成「赤色前線兵士同盟と『政治闘争団体』」『西洋史学報』17号（1990年）

岩崎好成「自立的政治闘争団体と政党政治（Ⅰ～Ⅳ）」『山口大学教育学部研究論叢 第1部 人文科学・社会科学』42-44，47号（1992-1994，1997年）

岩崎好成「鉄兜団とナチズム運動の競合的共闘に関する一覚書」同上，49号（1999年）

岩崎好成「鉄兜団の自画像と政治思想（上・下）」同上，51，53号（2001-2003年）

ヴィヴィオルカ，ミシェル（田川光照訳）『暴力』新評論，2007年

ヴィッパーマン，ヴォルフガング（林功三／柴田敬二訳）『議論された過去：ナチズムに関する事実と論争』未來社，2005年

ウィーラー＝ベネット，J・W（木原健男訳）『ヒンデンブルクからヒトラーへ：ナチス第三帝国への道』東邦出版社，1970年

ウィーラー＝ベネット，J・W（山口定訳）『国防軍とヒトラー 1918-1945〈Ⅰ・Ⅱ〉』新装版，みすず書房，2002年

ヴィンクラー，H・A（後藤俊明／奥田隆男／中谷毅／野田昌吾訳）『自由と統一への長い道〈Ⅰ〉：ドイツ近現代史 1789-1933年』昭和堂，2008年

ウィンター，ジェイ（小関隆訳）「破局（カタストロフ）を記念・追悼（コメモレイト）する：一〇〇年後の第一次世界大戦」『思想』1086号（2014年）

上杉重二郎『統一戦線と労働者政府：カップ叛乱の研究』風間書店，1976年

ヴェーグナー，ベルント（中田潤／山根徹也訳）「マルスとクリオの間で：ドイツにおける軍事史の勃興，没落およびルネサンス」『現代史研究』51号（2005年）

植村和秀「『『ドイツ』東方をめぐるネイション意識と『学問』」野田宣雄編『よみがえる帝国：ドイツ史とポスト国民国家』ミネルヴァ書房，1998年

臼井英之「全国経済協議会をめぐる政策構想と『暫定全国経済協議会令』：第一次大戦後ドイツにおける暫定全国経済協議会の成立」『成城大學經濟研究』108号（1990年）

ウルブリヒ，クラウディア（服部いつみ訳）「歴史的視点から見たヨーロッパの自己証

言文：新たなアプローチ」鄭昞旭／板垣竜太編『日記が語る近代：韓国・日本・ド
イツの共同研究』同志社コリア研究センター，2014年

エクスタインズ，モードリス（金利光訳）『春の祭典：第一次世界大戦とモダンエイジ
の誕生』新版，みすず書房，2009年

エリアス，ノルベルト（ミヒャエル・シュレーター編／青木隆嘉訳）『ドイツ人論：文
明化と暴力』法政大学出版局，1996年

大野英二『ナチ親衛隊知識人の肖像』未来社，2001年

岡内一樹「青少年期のヴィリー・ブラント：ヴァイマル末期の急進主義（ラディカリス
ムス）のうねりのなかで」『ゲシヒテ』1号（2008年）

小野清美『保守革命とナチズム：E・J・ユングの思想とワイマル末期の政治』名古屋大
学出版会，2004年

小野寺拓也「歴史資料としてのドイツ野戦郵便：第二次世界大戦期の国防軍兵士」『歴
史評論』682号（2007年）

小野寺拓也「ナチズム研究の現在：経験史の観点から」『ゲシヒテ』5号（2012年）

小野寺拓也『野戦郵便から読み解く「ふつうのドイツ兵」：第二次世界大戦末期におけ
るイデオロギーと「主体性」』山川出版社，2012年

小野寺拓也「過程的な問い，引き出されるアクチュアリティ：『野戦郵便から読み解く
「ふつうのドイツ兵」』の舞台裏」『歴史学研究』912号（2013年）

カー，E・H（富永幸生訳）『独ソ関係史：世界革命とファシズム』サイマル出版会，
1972年

ガイス，イマヌエル（鹿毛達雄訳）「第一次世界大戦におけるドイツの戦争目的：『フィッ
シャー論争』と西ドイツの歴史学界（上・下）」『思想』503-504号（1966年）

藤山宏『ワイマール文化とファシズム』みすず書房，1986年

加来浩「ドイツ第二帝政期のエルザスの自治運動（2）」『弘前大学教育学部紀要』63号
（1990年）

加来浩「エルザス・ロートリンゲンの住民投票問題」同上，79号（1998年）

鹿毛達雄「独ソ軍事協力関係（1919-1933）：第一次大戦後のドイツ秘密再軍備の一側
面」『史学雑誌』74巻6号（1965年）

鹿毛達雄「ヴァイマル共和国初期の国防軍とその政策」『明治学院論叢年報 法学』
1号（1967年）

柏原竜一『ワイマール共和国の情報戦争：フランス情報資料を用いたドイツ革命とドイ
ツ外交の分析』ITSC 静岡学術出版事業部，2013年

勝部元「ドイツ革命と『民族ボリシェヴィズム』」同編『現代世界の政治状況：歴史と
現状分析』勁草書房，1989年

川合全弘「前線世代の政治意識とプレナチズム：エルンスト・ユンガーのナショナリズ
ム論」『産大法学』27巻3号（1993年）

川合全弘「戦争体験，世代意識，文化革新：ドイツ前線世代についての一考察」同上，
33巻3/4号（2000年）

川合全弘「エルンスト・ユンガーとナチズム（1〜3）」『産大法学』47巻3/4号，48巻 1/2号・3/4号（2014-2015年）

川井文夫「バイエルン評議会共和国」『歴史研究（大阪教育大学)』12号（1975年）

川手圭一「第一次世界大戦後ドイツの東部国境と『マイノリティ問題』」『歴史評論』 665号（2005年）

川手圭一「フォルク（Volk）と青年：マイノリティ問題とドイツ青年運動」田村栄子／ 星乃治彦編『ヴァイマル共和国の光芒：ナチズムと近代の相克』昭和堂，2007年

川手圭一「20世紀ドイツにおける『世代』の問題」『歴史評論』698号（2008年）

北村陽子「世界大戦の記憶：フランクフルト・アム・マインの戦争記念碑」若尾祐司・ 和田光弘編『歴史の場：史跡・記念碑・記憶』ミネルヴァ書房，2010年

木村靖二「ドイツ国家国民党 1918-20年」『史学雑誌』77編2号（1968年）

木村靖二『兵士の革命：1918年ドイツ』東京大学出版会，1988年

木村靖二「公共圏の変容と転換：第一次世界大戦下のドイツを例に」『岩波講座 世界歴 史 23』岩波書店，1999年

木村靖二／千葉敏之／西山暁義編『ドイツ史研究入門』山川出版社，2014年

キューネ，トーマス（星乃治彦訳）『男の歴史：市民社会と〈男らしさ〉の神話』柏書 房，1997年

熊野直樹「ヨーロッパにおけるドイツの20世紀：ある反西欧的近代の政治社会史」『法 政研究』69巻2号（2002年）

熊野直樹「統一戦線行動・『共産主義の危険』・ユンカー：ヴァイマル共和国末期におけ るドイツ共産党の農村進出と農村同盟」『法政研究』70巻2号（2003年）

熊野直樹「『ファシストの危険』・反ファシズム統一戦線・労働者政府：1923年ドイツに おける社会主義とファシズム」熊野直樹／星乃治彦編『社会主義の世紀：「解放」 の夢にツカれた人たち』法律文化社，2004年

熊野直樹「書評 星乃治彦著『ナチス前夜における「抵抗」の歴史』」『西洋史学』229号 （2008年）

栗原彬「日本型管理社会の社会意識：内面支配のメカニズム」見田宗介編『社会学講座 第〈12〉：社会意識論』東京大学出版会，1976年

黒川康「ヒトラー一揆：ナチズム台頭の諸問題」『史学雑誌』76巻3号（1967年）

黒川康「ドイツ革命期における『赤軍』の社会的構成」『史論（東京女子大学)』38集 （1985年）

黒川康「バイエルンにおける革命と反革命：1922年のナチス党」『史淵』114号（1977 年）

クロル，フランク＝ロタール（小野清美／原田一美訳）『ナチズムの歴史思想：現代政 治の理念と実践』柏書房，2006年

ゲイ，ピーター（亀嶋庸一訳）『ワイマール文化』みすず書房，1999年

小関隆「未完の戦争」『現代の起点 第一次世界大戦〈4〉：遺産』岩波書店，2014年

小林勝『ドイツ社会民主党の社会化論』御茶の水書房，2008年

コルプ，E（柴田敬二訳）『ワイマル共和国史：研究の現状』刀水書房，1987年

今野元『マックス・ヴェーバーとポーランド問題：ヴィルヘルム期ドイツ・ナショナリズム研究序説』東京大学出版会，2003年

今野元『マックス・ヴェーバー：ある西欧派ドイツ・ナショナリストの生涯』東京大学出版会，2007年

今野元『多民族国家プロイセンの夢：「青の国際派」とヨーロッパ秩序』名古屋大学出版会，2009年

今野元「ハインリヒ・アウグスト・ヴィンクラーと「ナショナリズムの機能」論：研究企画『ドイツにおけるナショナリズム研究』」『紀要 地域研究・国際学編（愛知県立大学）』39号（2007年）

今野元「ハンス＝ウルリヒ・ヴェーラーと『批判的』ナショナリズム分析（1・2）」同上，40-41号（2008-2009年）

今野元「ヴォルフガング・J・モムゼンと『修正主義的』ナショナリズム研究（1・2）」同上，42-43号（2010-2011年）

今野元「トーマス・ニッパーダイと『歴史主義的』ナショナリズム研究（1・2）」同上，44-45号（2012-2013年）

サーヴィス，ロバート（三浦元博訳）『情報戦のロシア革命』白水社，2012年

斎藤哲「カール＝ラーデクとドイツ共産党：KPD 創立からベルリン1月闘争へ」『明治大学大学院紀要 政治経済学篇』15集（1977年）

斎藤哲「日常史をめぐる諸問題：J. クチンスキー『ドイツ民衆の日常史』に寄せて」『政経論叢（明治大学）』55巻1/2号（1986年）

斎藤哲「ヴァイマル時代末期（1929〜32/33）のドイツ共産党：研究史素描」『明治大学社会科学研究所紀要』25巻2号（1987年）

阪口修平／丸畠宏太編『近代ヨーロッパの探究12 軍隊』ミネルヴァ書房，2009年

桜井厚「『事実』から『対話』へ：オーラル・ヒストリーの現在」『思想』1036号（2010年）

桜井厚『ライフストーリー論』弘文堂，2012年

佐藤卓己『大衆宣伝の神話：マルクスからヒトラーへのメディア史』増補，筑摩書房，2014年

ザフランスキー，リュディガー（山本尤訳）『ハイデガー：ドイツの生んだ巨匠とその時代』法政大学出版局，1996年

シヴェルブシュ，ヴォルフガング（福本義憲／高本教之／白木和美訳）『敗北の文化：敗戦トラウマ・回復・再生』法政大学出版局，2007年

篠塚敏生『ドイツ革命の研究』多賀出版，1981年

篠塚敏生『ヴァイマル共和国初期のドイツ共産党：中部ドイツでの1921年「3月行動」の研究』多賀出版，2008年

篠原一『ドイツ革命史序説：革命におけるエリートと大衆』岩波書店，1956年

芝健介「闘争期のナチ突撃隊をめぐる問題」『現代史研究』28号（1976年）

芝健介「ヴァイマル末期の国防軍とナチス」『歴史学研究』482号（1980年）

芝健介「ナチズム・総統神話と権力：党大会における象徴化の過程」『シリーズ世界史への問い7：権威と権力』岩波書店，1990年

芝健介『武装 SS：ナチスもう一つの暴力装置』講談社，1995年

芝健介「国際軍事裁判論」倉沢愛子［他］編『岩波講座 アジア・太平洋戦争〈8〉：20世紀の中のアジア・太平洋戦争』岩波書店，2006年

芝健介『武装親衛隊とジェノサイド：暴力装置のメタモルフォーゼ』有志舎，2008年

芝健介「ホロコースト史叙述と『歴史家論争』再考」『史論（東京女子大学）』65集（2012年）

志摩園子「ラトヴィヤ共和国臨時政府 1917-1920年：その成立と崩壊」『国際関係学研究』別冊11号（1985年）

志摩園子「ラトヴィヤ共和国成立前史 1917-1918年：ウルマニス（K. Ulmanis）臨時政府の成立まで」『軍事史学』25巻2号（1989年）

志摩園子「ラトヴィヤ臨時政府の対外政策 1918年-1920年」『国際政治』96号（1991年）

志摩園子「ラトヴィヤにおける民族・国家の形成」『歴史評論』665号（2005年）

下村由一「反ファシズム運動とドイツ共産党」東京大学社会科学研究所編『ファシズム期の国家と社会〈8〉：運動と抵抗（下）』東京大学出版会，1980年

シュタインバッハ，ペーター／トゥヘル，ヨハネス編（田村光彰／小高康正／高津ドロテー／斉藤寛／西村明人／土井香乙里訳）『ドイツにおけるナチスへの抵抗 1933-1945』現代書館，1998年

シュッツ，アルフレッド（桜井厚訳）『現象学的社会学の応用』新装版，御茶の水書房，1997年

末川清『近代ドイツの形成：「特有の道」の起点』晃洋書房，1996年

末川清『『ドイツ特有の道』論再考」『政策科学（立命館大学）』11巻3号（2004年）

菅野瑞治也『ブルシェンシャフト成立史：ドイツ「学生結社」の歴史と意義』春風社，2012年

鈴木直志「新しい軍事史の彼方へ？：テュービンゲン大学特別研究領域『戦争経験』」『戦略研究』5号（2007年）

鈴木直志「ドイツ歴史学における戦争研究：戦争の経験史研究補遺」福間良明／野上元／蘭信三／石原俊『戦争社会学の構想：制度・体験・メディア』勉誠出版，2013年

鈴木直志『広義の軍事史と近世ドイツ：集権的アリストクラシー・近代転換期』彩流社，2014年

スミス，ヘルムート・ヴァルザー（西山暁義訳）「ドイツ社会における暴力：長期的現象としてのナショナリズムと反ユダヤ主義？」『ヨーロッパ研究』12号（2013年）

副島美由紀「ドイツの植民地ジェノサイドとホロコーストの比較論争：ナミビアにおける『ヘレロ・ナマの蜂起』を巡って」『小樽商科大学人文研究』119号（2010年）

ゾントハイマー，K（河島幸夫／脇圭平訳）『ワイマール共和国の政治思想：ドイツナショナリズムの反民主主義思想』ミネルヴァ書房，1976年

高橋進『ドイツ賠償問題の史的展開：国際紛争および連繋政治の視角から』岩波書店，1983年

竹本真希子「来るべき戦争への警告：ヴァイマル共和国時代の平和論から」『専修史学』40号（2006年）

谷喬夫『ナチ・イデオロギーの系譜：ヒトラー東方帝国の起原』新評論，2012年

田村栄子『若き教養市民層とナチズム：ドイツ青年・学生運動の思想の社会史』名古屋大学出版会，1996年

田村栄子「ドイツ近現代史における青年世代 1818-1968」『佐賀大学文化教育学部研究論文集』4巻2号（2000年）

田村栄子「ヴァイマル共和国研究史」田村栄子／星乃治彦編『ヴァイマル共和国の光芒：ナチズムと近代の相克』昭和堂，2007年

垂水節子「ドイツ社会民主党と帝国主義時代の政治：1907年帝国議会選挙を中心に」『お茶の水史学』13号（1970年）

垂水節子『ドイツ・ラディカリズムの諸潮流：革命期の民衆 1916～21年』ミネルヴァ書房，2002年

ダン，オットー（末川清／姫岡とし子／高橋秀寿訳）『ドイツ国民とナショナリズム 1770-1990』名古屋大学出版会，1999年

鄭昞旭／板垣竜太編『日記が語る近代：韓国・日本・ドイツの共同研究』同志社コリア研究センター，2014年

鄭昞旭／板垣竜太「はじめに」同上

ツィンメラー，ユルゲン（猪狩弘美／石田勇治訳）「ホロコーストと植民地主義」石田勇治／武内進一編『ジェノサイドと現代世界』勉誠出版，2011年

テーヴェライト，クラウス（田村和彦訳）『男たちの妄想〈1・2〉』法政大学出版局，1999-2004年

富永幸生／鹿毛達雄／下村由一／西川正雄『ファシズムとコミンテルン』東京大学出版会，1978年

富永幸生『独ソ関係の史的分析 1917-1925』岩波書店，1979年

豊永泰子『ドイツ農村におけるナチズムへの道』ミネルヴァ書房，1994年

中井晶夫『ヒトラー時代の抵抗運動：ナチズムとドイツ人』毎日新聞社，1982年

中村幹雄『ナチ党の思想と運動』名古屋大学出版会，1990年

長田浩彰『われらユダヤ系ドイツ人：マイノリティから見たドイツ現代史1893-1951』広島大学出版会，2011年

長田浩彰『「境界に立つ市民」の誇り：ユダヤ人を家族に持つナチ時代のアーリア人作家クレッパー』丸善出版，2014年

永原陽子「『戦後日本』の『戦後責任』論を考える：植民地ジェノサイドをめぐる論争を手がかりに」『歴史学研究』921号（2014年）

中本真生子『アルザスと国民国家』晃洋書房，2008年

鍋谷郁太郎「戦時社会主義と『初期現代文明』ドイツの出現：第一次世界大戦と近代の

終焉」『史学雑誌』120編3号（2011年）

鍋谷郁太郎「ポスト冷戦期ドイツにおける第一次世界大戦史研究」『軍事史学』50巻3/4号（2015年）

成田龍一『「戦争経験」の戦後史：語られた体験／証言／記憶』岩波書店，2010年

西川伸一「パルヴスと第一次世界大戦：1914-1916年のツァーリ帝国転覆計画」『明治大学大学院紀要政治経済学篇』27集（1990年）

西川正雄編『ドイツ史研究入門』東京大学出版会，1984年

西川正雄『第一次世界大戦と社会主義者たち』岩波書店，1989年

西川正雄『社会主義インターナショナルの群像 1914-1923』岩波書店，2007年

西山暁義「『文明化』と『野蛮化』：ドイツ近現代史における市民社会と暴力」『ヨーロッパ研究』12号（2013年）

野上元／福間良明編『戦争社会学ブックガイド：現代世界を読み解く132冊』創元社，2012年

野村正實『ドイツ労資関係史論：ルール炭鉱業における国家・資本家・労働者』御茶の水書房，1980年

野村真理『隣人が敵国人になる日：第一次世界大戦と東中欧の諸民族』人文書院，2013年

バーガー，ピーター／ルックマン，トーマス（山口節郎訳）『現実の社会的構成：知識社会学論考』新板，新曜社，2003年

長谷川貴彦「物語の復権／主体の復権：ポスト言語論的転回の歴史学」『思想』1036号（2010年）

長谷川貴彦「エゴ・ドキュメント論：欧米の歴史学における新潮流」『歴史評論』777号（2015年）

長谷川貴彦／成田龍一／桜井厚「座談会 個人史研究の現在，そしてエゴ・ドキュメントへ」同上

長谷川まゆ帆「ヘイドン・ホワイトと歴史家たち：時間の中にある歴史叙述」『思想』1036号（2010年）

ハーフ，ジェフリー（中村幹雄／谷口健治／姫岡とし子訳）『保守革命とモダニズム：ワイマール第三帝国のテクノロジー・文化・政治』岩波書店，1991年

原田一美「『ヒンデンブルク崇拝』から『ヒトラー崇拝』へ」『大阪産業大学人間環境論集』7号（2008年）

原田昌博「右翼政治犯救援活動と『労働組合』：ワイマル期ドイツにおける右翼労働運動の一断面」『西洋史学報』37号（2010年）

原田昌博「1920年代後半における鉄兜団の政治的急進化と『労働者問題』」『鳴門教育大学研究紀要』27巻（2012年）

原田昌博「ワイマル共和国相対的安定期のベルリンにおける政治的暴力とナチズム」『史学研究』287号（2015年）

ハール，インゴ（木谷勤訳）「『修正主義的』歴史家と青年運動：ケーニヒスベルクの

例」ペーター・シェットラー（木谷勤／小野清美／芝健介訳）『ナチズムと歴史家たち』名古屋大学出版会，2001年

ハルガルテン，G・W・F（富永幸生訳）『ヒトラー・国防軍・産業界：1918～1933年のドイツ史に関する覚書』未来社，1969年

林健太郎『バイエルン革命史 1918-19年』山川出版社，1997年

姫岡とし子／川越修『ドイツ近現代ジェンダー史入門』青木書店，2009年

ヒルシュフェルト，ゲルハルト（藤原辰史／藤井俊之訳）「ドイツにおける大戦の記憶」『思想』1086号（2014年）

ヒルシュフェルト，ゲルハルト（尾崎修治訳）「第一次世界大戦期のドイツ帝国」『軍事史学』50巻3/4号（2015年）

ファリアス，ヴィクトール（山本尤訳）『ハイデガーとナチズム』名古屋大学出版会，1990年

フィッシャー，フリッツ（村瀬興雄監訳）『世界強国への道：ドイツの挑戦 1914-1918年〈Ⅰ・Ⅱ〉』岩波書店，1972-1983年

フィリップス，ウージェーヌ（宇京頼三訳）『アルザスの言語戦争』白水社，1994年

フェスト，ヨアヒム・C（赤羽龍夫［他］訳）『ヒトラー（上・下）』河出書房新社，1975年

福間良明『殉国と反逆：「特攻」の語りの戦後史』青弓社，2007年

福間良明『「戦争体験」の戦後史：世代・教養・イデオロギー』中央公論新社，2009年

福間良明／野上元／蘭信三／石原俊『戦争社会学の構想：制度・体験・メディア』勉誠出版，2013年

福元圭太『「青年の国」ドイツとトーマス・マン：20世紀初頭のドイツにおける男性同盟と同性愛』九州大学出版会，2005年

藤原辰史『カブラの冬：第一次世界大戦期ドイツの飢饉と民衆』人文書院，2011年

藤原辰史「暴力の行方：革命，義勇軍，ナチズムのはざまで」山室信一／岡田暁生／小関隆／藤原辰史編『現代の起点 第一次世界大戦〈4〉：遺産』岩波書店，2014年

藤本淳雄「エルンスト フォン ザーロモンおぼえがき：〈身上調書〉を中心に」『外国語科研究紀要』29巻1号（1981年）

ブラウニング，クリストファー（谷喬夫訳）『普通の人びと：ホロコーストと第101警察予備大隊』筑摩書房，1997年

ブラックボーン，デーヴィド／イリー，ジェフ（望田幸男訳）『現代歴史叙述の神話：ドイツとイギリス』晃洋書房，1983年

プリダム，G（垂水節子／豊永泰子訳）『ヒトラー権力への道：ナチズムとバイエルン 1923-1933年』時事通信社，1975年

古田雅雄「『秩序細胞』政策とは何か：バイエルン人民党政治 1920～1923年」『六甲台論集』35巻2号（1988年）

古田雅雄「バイエルンにおける政治的カトリシズムの研究：19世紀国民国家形成期における『国家と宗教』の関係から」『社会科学雑誌（奈良学園大学）』7巻（2013年）

ブルデュー，ピエール（小林多寿子訳）「『伝記的幻想』」『日本女子大学紀要 人間社会学部』16号（2005年）

フレヒトハイム，O・K（高田爾郎訳）『ワイマル共和国期のドイツ共産党』追補新版，ぺりかん社，1980年

フレーリヒ，パウル（伊藤成彦訳）『ローザ・ルクセンブルク：その思想と生涯』お茶の水書房，1998年

ベッケール，ジャン＝ジャック／クルマイヒ，ゲルト（剣持久木／西山暁義訳）『仏独共同通史 第一次世界大戦（上・下）』岩波書店，2012年

ベッセル，リチャード（柴田敬二訳）「ナチ突撃隊の役割：政治的暴力とナチの政権奪取」同編（同訳）『ナチ統治下の民衆』刀水書房，1990年

ベッセル，リチャード（大山晶訳）『ナチスの戦争 1918-1949：民族と人種の戦い』中央公論新社，2015年

ヘーネ，ハインツ（森亮一訳）『髑髏の結社＝SS の歴史』フジ出版社，1981年

ベルクハーン，フォルカー（鍋谷郁太郎訳）『第一次世界大戦 1914-1918』東海大学出版部，2014年

ベルトルト，ヴィル（田村光彰／志村恵／中祢勝美／中祢美智子／佐藤文彦／江藤深訳）『ヒトラー暗殺計画・42』社会評論社，2015年

ヘルベルト，ウルリヒ（芝健介訳）「『即物主義の世代』：ドイツ1920年代初期の民族至上主義学生運動（上・下）」『みすず』493-494号（2002年）

ヘルマント，ヨースト（識名章喜訳）『理想郷としての第三帝国：ドイツユートピア思想と大衆文化』柏書房，2002年

星乃治彦「ドイツ民主共和国における最近の研究動向素描：『DDR 国民史』『日常史』等をめぐって」『歴史評論』429号（1986年）

星乃治彦「民衆の目にうつった社会主義：ポスターにみる社会主義イメージの変遷」石川捷治／星乃治彦／木村朗／木永勝也／平井一臣／松井康治『時代のなかの社会主義』法律文化社，1992年

星乃治彦『男たちの帝国：ヴィルヘルム 2 世からナチスへ』岩波書店，2006年

星乃治彦『ナチス前夜における「抵抗」の歴史』ミネルヴァ書房，2007年

星乃治彦「街頭・暴力・抵抗」田村栄子／星乃治彦編『ヴァイマル共和国の光芒：ナチズムと近代の相克』昭和堂，2007年

星乃治彦『赤いゲッベルス：ミュンツェンベルクとその時代』岩波書店，2009年

ポイカート，デートレフ（小野清美／田村栄子／原田一美訳）『ワイマル共和国：古典的近代の危機』名古屋大学出版会，1993年

ホーン，ジョン（伊藤順二訳）「第一次世界大戦とヨーロッパにおける戦後の暴力1917-23：『野蛮化』再考」『思想』1086号（2014年）

槇原茂／長田浩彰／寺田由美／長井伸仁「（フォーラム）市民の自分史：前世紀転換期から戦間期におけるエゴ・ドキュメント」『西洋史学』252号（2013年）

槇原茂編『個人の語りがひらく歴史：ナラティヴ／エゴ・ドキュメント／シティズン

シップ』ミネルヴァ書房，2014年

マーザー，ヴェルナー（村瀬興雄／栗原優訳）『ヒトラー』紀伊國屋書店，1969年

マティアス，E（安世舟／山田徹訳）『なぜヒトラーを阻止できなかったか：社会民主党の政治行動とイデオロギー』岩波書店，1984年

松井康浩『スターリニズムの経験：市民の手紙・日記・回想録から』岩波書店，2014年

松本彰「『ドイツの特殊な道』論争と比較史の方法」『歴史学研究』543号（1985年）

松本洋子「11月革命期における復員省の役割：社会化の挫折とその思想的背景との関連で」『論集（駒沢大学）』12号（1980年）

松本洋子「バイエルンの分離主義について（Ⅰ・Ⅱ）：ヴァイマル期におけるバイエルンの特異な政治的状況に関する考察」同上，14-15号（1981-1982年）

丸畠宏太「下からの軍事史と軍国主義論の展開：ドイツにおける近年の研究から」『西洋史学』226号（2007年）

三宅立『ドイツ海軍の熱い夏：水兵たちと海軍将校団 1917年』山川出版社，2001年

三宅立「〈戦争の神話化〉〈戦争の記憶〉：一ドイツ少女の第一次世界大戦日記を手がかりに」『駿台史學』127号（2006年）

三宅立「農村司祭の第一次世界大戦『年代記』（1917-18年）：バイエルン王国フランケン地方のカトリック農村社会」『駿台史學』133号（2008年）

三宅立「日記の中の第一次世界大戦：バイエルンのカトリック農村から」『明治大学人文科学研究所紀要』63号（2008年）

ムーアハウス，ロジャー（高儀進訳）『ヒトラー暗殺』白水社，2007年

ムート，イェルク（大木毅訳）『コマンド・カルチャー：米独将校教育の比較文化史』中央公論新社，2015年

村上宏昭『世代の歴史社会学：近代ドイツの教養・福祉・戦争』昭和堂，2012年

村瀬興雄「ワイマール共和制とドイツ国防軍」『思想』400号（1957年）

村瀬興雄「西洋史：現代1（1962年の歴史学界：回顧と展望）」『史学雑誌』72巻5号（1963年）

村瀬興雄「ドイツ現代史における連続性の問題」『成蹊法学』3号（1972年）

村瀬興雄「フィッシャー論争と現代史における連続性の問題：批判に対する反批判」『西洋史学』103号（1976年）

室潔『ドイツ軍部の政治史 1914～1933』増補版，早稲田大学出版部，2007年

望田幸男『ドイツ・エリート養成の社会史：ギムナジウムとアビトゥーアの世界』ミネルヴァ書房，1998年

モムゼン，ハンス（住沢とし子訳）「ワイマール共和国における世代間抗争と青年の反乱」『思想』771号（1983年）

モムゼン，ハンス（関口宏道訳）『ヴァイマル共和国史：民主主義の崩壊とナチスの台頭』水声社，2001年

モーレンツ編（船戸満之概説／守山晃訳）『バイエルン 1919年：革命と反革命』白水社，1978年

八田恭昌『ヴァイマルの反逆者たち』世界思想社，1981年

柳原伸洋「ヴァイマル期ドイツの空襲像：未来戦争イメージと民間防空の宣伝」『ヨーロッパ研究』8号（2009年）

山口定「グレーナー路線とゼークト路線：ドイツ国防軍とワイマール共和国」『立命館大学人文科学研究所紀要』6号（1962年）

山口定『アドルフ・ヒトラー：第三帝国への序曲』三一書房，1962年

山口定「秘密再軍備とドイツ社会民主党（1～5・完）：ワイマル体制崩壊原因論の一視角」『立命館法學』71号（1967-1968年）

山口定「第一次大戦後におけるドイツ再軍備の段階的発展と国防軍の政治路線」『季刊国際政治』36号（1969年）

山口定『ヒトラーの抬頭：ワイマール・デモクラシーの悲劇』朝日新聞社，1991年

山下公子『ヒトラー暗殺計画と抵抗運動』講談社，1997年

山田徹『ヴァイマル共和国初期のドイツ共産党』御茶の水書房，1997年

山田義顕「ドイツ第二帝政期の海軍将校団：その社会構成と意識」『大坂府立大学紀要 人文・社会科学』30巻（1982年）

山田義顕「第一次世界大戦後のドイツ海軍将校団」『軍事史学』22巻2号（1986年）

山田義顕「ドイツ祖国党 1917-1918」『人文学論集（大阪府立大学）』4集（1986年）

山田義顕「『カップ＝リュトヴィッツ一揆』と海軍」『歴史研究（大阪府立大学）』25号（1987年）

山田義顕「バルトのドイツ義勇軍（1918～19年）」『軍事史学』28巻1号（1992年）

山田義顕「ドイツ革命期の『人民海兵団』（上・下）」『歴史研究（大阪府立大学）』30号（1992-1993年）

山田義顕「ヴァイマル共和国期の海軍：再建期（1920-27）」『人文学論集（大阪府立大学）』12集（1994年）

山田義顕「ヴァイマル共和国初期の政治的暗殺（Ⅰ・Ⅱ）」『大阪府立大学紀要 人文・社会科学』50-51号（2002-2003年）

山内昭人「ラトヴィヤ・ソヴェト政権と『世界革命』（1918年秋～1919年春）：リュトヘルスとインタナショナル（続1）」『史淵』142号（2005年）

山室信一／岡田暁生／小関隆／藤原辰史編『現代の起点 第一次世界大戦〈1～4〉』岩波書店，2014年

山本健三「1860年代後半のオストゼイ問題とロシア・ナショナリズム：対バルト・ドイツ人観の転換過程における陰謀論の意義に関する考察」『ロシア史研究』83号（2008年）

山本佐門『ドイツ社会民主党とカウツキー』北海道大学図書刊行会，1981年

山本佐門『ドイツ社会民主党日常活動史』北海道大学図書刊行会，1995年

弓削尚子「ドイツにおける戦争とネイション・『人種』：『黒い恥辱』を起点に考える」加藤千香子／細谷実編『ジェンダー史叢書5 暴力と戦争』明石書店，2009年

吉田裕『兵士たちの戦後史』岩波書店，2011年

吉本隆昭「第一次世界大戦におけるヒトラーの戦場体験」『軍事史学』50巻3/4号
　　（2015年）
ラカー，ワルター・Z（西村稔訳）『ドイツ青年運動：ワンダーフォーゲルからナチズム
　　へ』人文書院，1985年
ローゼンベルク，アルトゥール（吉田輝夫訳）『ヴァイマル共和国史』東邦出版，1970
　　年
渡辺和行「退役兵士たちの政治力」福井憲彦編『結社の世界史〈3〉：アソシアシオン
　　で読み解くフランス史』山川出版社，2006年
渡辺和行『フランス人民戦線：反ファシズム・反恐慌・文化革命』人文書院，2013年

あとがき

　本書は，2015年11月20日に東京大学大学院総合文化研究科に提出され，2016年1月18日に公開審査を経て受理された博士論文『第一次世界大戦後ドイツにおける義勇軍経験の史的分析』に，若干の加筆・修正を加えたものである。

　第一次世界大戦後のドイツ義勇軍に関心を寄せ始めたのは，おそらく2007年の初め，学部2回生の終わりごろだったように思う。福岡大学人文学部歴史学科で西洋史を専攻していた筆者は，ドイツ史研究を志しつつも，肝心の卒業論文のテーマを決めかねていた。そんなとき指針を示してくださったのは，当時西洋史基礎演習を担当されていて，それから現在に至るまで，筆者を絶えず導いてくださっている恩師・星乃治彦先生だった。「兵士は好きでしょう。義勇軍なんか面白いんじゃないの」という先生のご助言に，近世ヨーロッパの傭兵に関するグループ報告を終えたばかりの筆者は，すぐさま飛びついた。

　だから，最初から明確な問題関心があったわけではない。ただ，ドイツ史研究でもメジャーとは言いがたいこの組織について，その後時間をかけて調べていくうちに，メンバーたちの経歴に興味を抱くようになった。本書で示したように，義勇軍運動の中核をなしたのは，1890年代に生まれた「（若き）前線世代」と呼ばれる青年男子たちである。自分と同じ20代の青年たちが，なぜここまで暴力的な行為に及んだのか。またその経験は，彼らにとっていかなる意味をもっていたのか。奇しくも義勇軍研究の古典であるロバート・G・L・ウェイト『ナチズムの前衛』が邦訳されたことも手伝って，筆者はだんだんと義勇軍の世界にのめり込んでいった。

　卒業論文では，ヴァイマル共和国に「裏切られた」義勇軍戦士たちの暴力的な憎悪を，彼らの世代経験に即して分析した。いや，彼らの代弁に努めたという方が正しいかもしれない。第一次世界大戦の戦火に晒され，大戦後も国内政治と国際政治に翻弄された彼らの姿は，自分と同世代の中東の青年たちや，自分よりもひとまわり上の「ロスジェネ」と呼ばれる日本の青年たちに，どこか重なって見えた。口頭試問の際，副査である松塚俊三先生から「今井くんはニヒリストだね」とコメントいただいたのを，今でも鮮明に覚えている。

その後，福岡大学大学院人文科学研究科史学専攻に進学し，曲がりなりにも「科学としての歴史学」を意識するようになってからは，義勇軍をどのようにドイツ現代史の中に位置づけるべきか悩んだ。そんなとき，本書の登場人物であるシュラーゲターの手紙が刊行されていることを知り，まずは彼の生涯を歴史学的に解明することを目指した。ただ，シュラーゲターの生涯を明らかにするだけでは不十分なので，彼という存在が死後，どのように語られたのかを検討し，そこに義勇軍の過去をめぐる「語りの闘争」を見出した。本書の基本的な骨組みは，この修士時代の研究をベースとしている。

しかしながら，ドイツ現代史の文脈における義勇軍経験の再評価や，研究史上の間隙を縫う必要性を認識し始めたのは，恥ずべきことに，ようやく博士課程に進学して以降のことだった。進学に際しては福岡を離れ，東京大学大学院総合文化研究科地域文化研究専攻へと「国内留学」を果たす機会に恵まれた。指導教官である石田勇治先生のもとでは，ドイツ現代史やジェノサイド研究に関する最新の議論に触れることができたほか，先生のご専門であるヴァイマル期の保守革命に関する多くの知見を得ることができた。東京での経験がなければ，研究を発展させることはできなかっただろう。

このように，不勉強で優柔不断な筆者が本書を完成させるまでには，あまりにも多くの方々からのご指導，ご支援，お力添えがあった。

まず一番に御礼を申し上げるべきは，星乃先生である。研究対象と同じく叛逆的で，つい道を踏み外しがちな筆者を，先生は見捨てることなく，常に厳しくご指導してくださった。またトラブルに直面した際には必ず相談に乗り，解決策を提示してくださったほか，金銭的な面でも惜しみのない支援をいただいた。今の筆者があるのも，ひとえに先生のおかげである。

石田先生には，2010年8月の福岡大学での集中講義以来，現在に至るまでご指導いただいている。博士課程からの異例の進学希望者であった筆者を，先生はあたたかく迎え入れてくださっただけでなく，ドイツ現代史研究のもつ現在的な意義について，目を開かせてくださった。また研究が少しでも前進するようにと，ドイツ語での報告や，ドイツの若手研究者との交流，そして留学などの様々な貴重な機会を与えていただいた。

卒業論文では星乃先生，松塚先生，森丈夫先生に，修士論文では星乃先生と

あとがき　295

松塚先生にご指導いただく機会を得た。さらに博士論文の審査に際しては，主査の石田先生のほか，副査の相澤隆先生，森井裕一先生，姫岡とし子先生，そして星乃先生のご指導を賜ることができた。相澤先生からは，エゴ・ドキュメントの史料的特質やその分析方法について，歴史研究の立場からご指導をいただいた。また森井先生からは，実証主義的アプローチと構築主義的アプローチの併用など，理論面での整合性についてご指導をいただいた。本書の序章が読みやすいものになっているとすれば，それはひとえに両先生のおかげである。また，姫岡先生は本書がまだ個別の論文だった段階から目を通していただき，最終審査においても，モッセの「野蛮化」テーゼがもつ政治文化研究としての意義と，その有効性についてご指導いただいた。モッセの議論については，本書においても「男らしさ」の問題を中心に，検討すべき部分が多く残っている。この点については，今後の課題とさせていただきたい。

　註をご覧いただければわかるように，本書はまた，日本におけるドイツ現代史研究の分厚い蓄積の上に成り立っている。特に筆者の原点である九州のドイツ現代史研究の先生方からは，非常に多くのことを学ばせていただいた。熊野直樹先生には，学部4回生の頃からお世話になっており，ヴァイマル末期の「共産主義の危険」をめぐる議論や，歴史的オルタナティヴ論について，アナロジーも交えながら丁寧にご指導いただいた。また田村栄子先生からは，ヴァイマル共和国史がもつ多元的な魅力についてご指導いただいた。特に本書第5章は，先生のそうしたヴァイマル論に触発されてのものである。義勇軍とドイツ共産党との関係に関しては，篠塚敏生・石川捷治両先生のお仕事が，論を進めていくうえでの大きな指針となった。

　軍事史の分野では，中田潤先生から義勇軍や国軍に関するご指導の機会を賜った。ヴァイマル期の国境・国土守備を扱った先生の単著は，今なお座右の書であり，少しでもその水準に近づくことが今後の目標である。また丸畠宏太・鈴木直志両先生からは，「軍隊の社会史」のもつ面白さを教えていただいたほか，主催される「軍隊と社会の歴史研究会」にもお招きいただいた。特に鈴木先生は，経験史のもつ様々な論点についてご教示くださった。先生の研究紹介がなければ，経験史の有効性について正しく理解することはできなかっただろう。さらに日本における突撃隊・親衛隊研究の第一人者である芝健介先生

からは，義勇軍からナチズムへの連続性の問題についてご指導いただいた。「義勇軍出身者の中で，親ナチと反ナチ，親ヒトラーと反ヒトラーを分かつのは，いったい何なのか」というご指摘は，依然として筆者の研究の根幹を支えている。

第一次世界大戦研究に関しては，京都大学人文科学研究所のプロジェクト「第一次世界大戦の総合的研究」のメンバーに加えていただき，修士時代から貴重な知見を得ることができた。山室信一先生をはじめとする班員の方々，特に義勇軍研究に関心をお寄せいただき，その後「越境する歴史学」例会での報告の機会をくださった藤原辰史先生と小関隆先生に御礼申し上げたい。また「野蛮化」テーゼに関しては，西山暁義・松沼美穂両先生から，ドイツやフランスでの議論の推移についてご指導いただいた。ツィーマンの研究の背景を理解できたのも，両先生のおかげである。

義勇軍をめぐる様々な神話の解体にあたっては，佐藤卓己先生の方法論から学ばせていただいた。学部4回生の際に受講した先生の集中講義から受けた影響は大きい。また「匕首伝説」について叙述する際には，三宅立先生の先駆的業績のほか，松本彰先生がご恵与くださった数多くの文献に助けられた。さらに「特有の道」論をめぐる史学史的な整理は，松本先生とともに，今野元先生のお仕事に多くを依っている。先生はベルリンやミュンヘン，コブレンツでお会いするたび，筆者を激励してくださった。

地元九州での学会や研究会も，筆者にとって貴重な学びの場であった。学部時代から参加している福大歴史学科の七隈史学会はもちろんのこと，九州歴史科学研究会においても，事務局長の森先生をはじめ，運営委員の花田洋一郎先生，山根直生先生にお世話になっている。西日本ドイツ現代史学会では，河島幸夫先生ら九州を拠点とされる先生方のほか，山口の山本達夫先生，広島の長田浩彰先生，竹本真希子先生，そして以前まで九州に務められていた相馬保夫先生，江頭智宏先生から，本会に続いて懇親会の席でもご指導いただく機会を得た。唯一心残りなのは，故・安野正明先生に本書をご高評いただく機会を失ってしまった点である。

九州史学会西洋史部会での報告の際には，山内昭人先生から尋問調書の読み方についてご指導いただいた。本書のそれが，より改善していることを願うば

かりである。岡崎敦先生が代表理事を務められる九州西洋史学会では，現在でも年2回，西洋史研究に関する知見を広げる機会を得ている。また同会の若手部会では，理事の高田実先生からの多大なるご支援のもと，会長の古城真由美さん，副会長の法花津晃さんとともに，大学の垣根を越えて西洋史研究者の育成に臨むという無二の経験をさせていただいている。

　東大在籍時は，当時ドイツ・ヨーロッパ研究センターの助教を務められていた穐山洋子先生に，並々ならぬお世話になった。また退学後の博論提出と公開審査の際には，後任の平松英人先生をはじめ，石田門下である猪狩弘美さん，長沢優子さん，伊豆田俊輔さん，田村円さん，橋本泰奈さんにお力添えいただいた。さらに学外では，浅田進史さんをはじめとする西洋近現代史研究会に，運営委員として受け入れていただいた。文字どおりの名ばかり委員で，ほとんど何の貢献もできず恐縮の限りだが，近現研のおかげで東京でも議論の場を広げることができた。

　先輩方にも恵まれた。福岡では古城さん，宮崎慶一さん，池上大祐さん，山田雄三さん，松隈達也さん，清原和之さんといった福大西洋史の先輩方に，学部・修士時代から現在まで，公私ともにお世話になっている。筆者にとっては，頼りになる姉さん・兄さんのような存在である。ドイツ現代史研究の分野でも，北村厚さん，村上宏昭さん，小野寺拓也さん，柳原伸洋さん，佐藤公紀さん，増田好純さんといった方々に，ご自身の研究分野や院生生活の心得などについて，多岐にわたり貴重なご教示をいただいた。特に自分なりの経験分析の方法を立ち上げる際には，村上さんの世代史研究，小野寺さんの野戦郵便研究，柳原さんの空襲研究をそれぞれ参考とさせていただいた。また，長谷川晴生・藤崎剛人の両氏からは，ドイツ思想史の立場から貴重なコメントをいただいた。

　ドイツでお世話になった方々にも御礼申し上げたい。パトリック・ヴァーグナー先生（Prof. Dr. Patrick Wagner）は，ドイツ語もおぼつかない筆者を，ハレ大学第一哲学部に客員研究員として迎え入れてくださったほか，筆者の質問に対しても，明快なドイツ語で応じてくださった。先生が文書館への推薦状を書いてくださったおかげで，ドイツでの史料調査もスムーズにおこなうことができた。また，星乃先生の友人であるイェーナ大学文書館長のヨアヒム・バウ

アー博士（Dr. Joachim Bauer）とそのご家族は，筆者の留学生活と研究活動を応援し，熱心に支援してくださった。無事に留学を終えることができたのも，バウアー家あったればこそである。

本書の完成は潤沢な経済的援助によっても成り立っている。修士課程の2年間と博士課程の1年目に得た日本学生支援機構（JASSO）奨学金は，いずれも返還を免除していただいたし，また博士課程の全期間を通じて日本学術振興会（JSPS）とドイツ研究振興協会（DFG）の支援のもと，東京大学大学院総合文化研究科とハレ大学第一哲学部が共同で運営する日独共同大学院プログラム（IGK）から，渡独と留学を支援していただいた。さらに2年目からは JSPS 特別研究員 DC2 として採用され，これ以上なく恵まれた環境のもと，心置きなく研究に打ち込むことができた。

筆者は現在，JSPS 特別研究員 PD として，九州大学大学院比較社会文化研究院の松井康浩先生の研究室に受け入れていただいている。PD に採用されたのは2014年4月であるから，そこから博論提出，本書刊行まで，実に2年以上を費やしたことになる。この間，松井先生には多大なるご心配をおかけしたが，ようやく次なる研究への一歩を踏み出せそうである。ソ連史研究，エゴ・ドキュメント研究の第一人者である先生のもと，本書でも論点となった独ソ関係や干渉戦争の経験について，引き続き学ばせていただきたく思っている。

またこの間，筆者は3つの大学で非常勤講師として教壇に立つ機会を得た。未熟な研究者である筆者に，このようなまたとない機会を与えてくださった福大歴史学科の先生方，佐賀大学の都築彰先生，西南学院大学の朝立康太郎先生に，心より御礼申し上げる。このほか，筆者の拙い講義を熱心に受講し，鋭いコメントを残してくれる各大学の学生さんたち，そしてひとりずつお名前を挙げることはできないが，これまで福岡や東京，そしてドイツでともに学び，議論してくださった方々にも，心から感謝したい。

出版不況が深刻化する昨今，このような形で本書を世に出すことができるのは，ひとえに法律文化社の田靡純子社長のおかげである。筆者の怠慢から，博論の最終審査過程と並行しての出版作業となり，スケジュールの変更など随分とご面倒をおかけしてしまったが，にもかかわらず，田靡社長はその都度誠意を持って対応してくださった。改めて，深く御礼申し上げたい。

最後に，筆者のわがままを許し，その研究活動を応援してくれた父・今井浩三，母・今井美保，祖母・河野ユカリをはじめとする家族，そして帰省のたびに筆者の心を潤わせてくれる故郷・日田の方々に心からの感謝の意を伝えると同時に，第二次世界大戦末期にぎりぎりのところで兵役を逃れ，「平和な戦後」を必死に生きた亡き祖父・河野一郎に本書を捧げたい。

2016年2月

今井宏昌

年　表

西暦	主な出来事	シュラーゲター	レーバー	レーマー	ドイツ国首相
1891					カプリヴィ
1892					
1894		8.12 ヴィーゼンタールのシェーナウで誕生	11.16 エルザスのビースハイムで誕生	3.5 ミュンヘンで誕生	ホーエンローエ
1900	10.26 10.29 中国で義和団戦争				
1901	6.20 10.17 9.7				
1902		フライブルクのベルトルト=ギムナジウムに進学	フライザッハのバーデン大公立中等学校に入学	ミュンヘンのヴィルヘルム=ギムナジウムに進学	
1904	ドイツ領南西アフリカでヘレロ・ナマ戦争				ビューロー
1907					
1908				父親が校長の私立ギムナジウムに転校	
1909	7.14				
1910			フライブルクのロテック上級実科学校に進学		
1911				バイエルンの軍幹部養成学校に進学	
1912			シュトラスブルク大学に進学		
1913		コンスタンツのギムナジウムに進学	フライブルク大学に進学	少尉に昇進	

年　表　301

年	事件				首相
1914	8. ドイツが第一次世界大戦に参戦	ウルムに転校 戦争志願	戦争志願	将校として従軍	ベートマン=ホルヴェーク
1915		3.7 伝令兵として北フランスへ 10.20 フライブルク大学に学生として登録	3.22 少尉に昇進 7. 負傷	東部戦線に転属	
1916	2.21 ヴェルダン会戦開始 4.6 アメリカ参戦 7.1 ソンム会戦開始 12.12 ドイツが連合国に対して和平を提議		東部戦線に転属	7.16 西部戦線に戻り、負傷	
1917	3. ロシア革命勃発 7. ドイツで軍部独裁成立 10.24 10.25 11. ロシアでボルシェヴィキ政府成立	5. ヴァランシエンヌのセヴール射撃訓練場に転属 6. 予備役少尉に昇進	7. 西部戦線で毒ガス攻撃を受ける 10. SPD右派に接近	1.17 中尉に昇進	ヘルドリング
1918	1.8 アメリカ大統領ウィルソン「14ヵ条の平和原則」を発表 3.3 中央同盟諸国と露の間でブレスト＝リトフスク条約締結 3.21 ドイツ軍、西部戦線で三月攻勢開始 8.8 ドイツ軍、英仏両軍を前に大敗 10.1 ドイツ軍内部で志願兵部隊設立構想浮上 10.3 11.3 ドイツ革命勃発 11.8 バイエルンでUSPD系のアイス	三月攻勢に参加		手榴弾攻撃により戦争不能に 6. ミュンヘンに帰還	マックス・フォ

				ン・バーデン
ナー政府成立				
11.9 ベルリンでドイツ共和国宣言				
11.11 コンピエーニュの森でドイツと連合国の休戦協定締結				
11.18 ラトヴィア独立共和国成立				
11.27 プロイセン陸軍省が志願兵の徴募を開始		故郷エルザスがフランスに「復帰」		
12.24 ベルリンで血のクリスマス事件勃発。義勇軍の本格的編成開始		東部国境守備の義勇軍に志願		
12.27 ポーゼンでポーランド系住民が蜂起				
1919				
1.3 ラトヴィアの首都リガでボルシェヴィキ支配成立	フライブルク大学に復学			
1.5 ベルリン一月闘争勃発				
2.6 ヴァイマルで憲法制定国民議会開催				
2.13			2.4 ミュンヘン大学に進学	
2.16 ドイツ、ポーランドへの総攻撃中止を決定				
2.21 アイスナー暗殺				
3.3 ベルリン三月闘争勃発				
3.6 ドイツで暫定国軍設立法成立	メーメ義勇軍に志願			
3.13 東部国境地域で「東方国家構想」浮上				
3.17 バイエルンでSPD系のホフマン政府成立				
3.26 バルト地域の義勇軍、クールラントの大部分を制圧				
4.7 バイエルン・レーテ共和国宣言				
4.16 バルト地域の義勇軍がリバウ一揆を実行	バルト地域でラトヴィア人部隊の粛清に参加		4.15 ダッハウ郊外で赤軍への攻勢開始	シャイデマン(SPD)＋DDP, 中央党

本文年表	個人（注）	個人活動	政権
			バウアー（SPD）＋中央党
		4.25 オーバーラント義勇軍結成	
5.1 暫定国軍、義勇軍がミュンヘンに入城			
5.10 ラトヴィアで親独派政府成立			
5.12 バイエルン・レーテ共和国倒壊			
5.22 バルト地域の義勇軍、リガへの総攻撃開始	東部国境守備に従事		
5.23 リガ陥落			
6.18 バルト地域の義勇軍がエストニアーラントヴィア連合軍と衝突	ベーターストルプ義勇軍に合流		
6.19 「東方国家構想」挫折			
6.20			
		6.21 オーバーラント予備役中隊の第一小隊長に就任	
6.22 バルト地域の義勇軍がエストニアーラントヴィア連合軍に敗北			
6.25 ドイツ政府が講和条約調印を決定			
6.25 東部国境地域でヘロウ一揆が頓挫			
6.28 ヴェルサイユ講和条約調印			
7. 義勇軍内で反共和国クーデタの計画が浮上し頓挫			
8. バルト地域の義勇軍、ロシア白軍に合流　ドイツ国内の保守派がバルト地域の義勇軍と接触	ロシア白軍に合流		
		8.19 オーバーラント予備役中隊解体	
9.8			
10. DVSTB 発足		秘密結社・鉄拳団の中心人物として活動し、トラーヤレームと接触	
12.16 義勇軍、ドイツ本国に完全撤退			
1920			
1.10 ヴェルサイユ条約発効			
2. 連合国間軍事統制委員会、エーアハルト旅団、レーヴェンフェルト旅団の解体を要求	レーヴェンフェルト旅団の配下に		
	3.1 リューベック社会主義協会に入会		
3.12 ドイツでカップ一揆勃発			
3.14 ボンメルンでカップ派将校の軍事	3.15 ボンメルンで		

年					
	独裁成立 3.16 バイエルンで無血クーデタ。BVP系のカール政府成立 3.17 ドイツで反カップのゼネスト開始。ルール地方では労働者が蜂起 3.26 3.27 戦争開始 6.8 6.25	軍事独裁成立に貢献 3.23 ブレスラウからヴェストファーレンと移動 4. ソヴィエト・ロシアがポーランドと戦争開始 5.30 エーアハルト旅団、レーヴェンフェルト旅団が解体	SPD の同志の釈放を求めてカップ派将校と交渉⇔決裂 3.18 ボンメルンで(内戦回避に奔走⇔失敗	ルール地方で労働者の武装解除を遂行	ミュラー (SPD)+DDP, 中央党
1921	5.3 義勇軍の残党、オーバーシュレージエン闘争を開始 5.4 5.10 5.23 ライプツィヒ法廷で戦犯裁判開始 8.26 エルツベルガー暗殺	OH の一員としてオーバーシュレージエン闘争に参加。ポーランド側へのスパイ活動展開	12.3 フライブルク大学で法学博士号取得 リューベックで SPD の機関紙編集者兼市議会議員として活躍	12.19 オーバーラント義勇軍で「ベッポ・レーマー」に対する秘密宣誓文」作成	フェーレンバッハ (中央党) +DDP, DVP
1922	1. 4.16 独露間でラパロ条約調印 6.4 シャイデマン暗殺未遂 6.24 ラーテナウ暗殺		6.28 「共和国の防衛」	2.2 暗殺計画露見 オーバーラント義勇軍の一員としてオーバーシュレージエン闘争に参加。アナーベルク突撃を指揮 7. オーバーラント義勇軍解体 10.31 オーバーラント同盟 (BO) 結成 2. ヴュルツブルク大学で法学博士号取得	ヴィルト (中央党) +SPD, DDP

7.21 共和国防衛法制定 11.14 11.22 **1923** 1.4 フランス=ベルギー連合軍、ルール占領を開始 1.11 ヒトラー、ルール闘争への不参加を掲げる 6.10 ミュンヘンで「シュラーゲター追悼祭」開催	8. ミュンヘンでロスバッハとハウエンシュタインがヒトラーと会談 11.15 プロイセンでナチ党禁止 11.19 「ナチ党ベルリン支部」、GDAPとして結成 1.10 プロイセンでGDAPの活動禁止 2.10 GDAP、DVFPの党内グループに 3.12 エッセンのフューゲル駅での爆破を部下に指示 3.15 デュイスブルク=デュッセルドルフ間のカルクムの鉄道橋を爆破 4.7 エッセンのユニオン・ホテルにおいて、フランス警察により逮捕 5.9 死刑判決 5.18 再審で覆らず 5.26 処刑 6.9 メディアによる追悼文の発表 6.26 シュラーゲターを単なる「冒険者」と批	提唱 好戦的ナショナリズムの台頭を警戒	10. ミュンヘン市警により一時拘禁状態に置かれる BOから除名 ルール地方の鉄道施設や企業の一部を繰り返し爆破	クーン (無所属) +中央党, DDP, DVP, BVP

6.16 ラテック, モスクワで[シュミュラーゲター演説]	6.10 遺体がシェーナウに移送	判	シュトレーゼマン (DVP)＋SPD, DDP, 中央党
		7.1 リューベック近隣で開催された民族至上派デモに対するカウンターに参加	
8.13		8.12 共和国協会を結成し代表委員に就任	KPD 諜報部(にバイエルンの右翼シーンに関する情報提供
10.1 闇国軍によるキュストリン一揆		ミュンヘン一揆を批判	
11.8 ナチ党を中心とするミュンヘン一揆			
11.23			

人名索引

ア 行

アイスナー（Eisner, Kurt）　46,164-168
アイヒホルン（Eichhorn, Emil）　40
アウアー（Auer, Erhard）　166
アウロック（Aulock, Hubertus von）　210
アシャウアー（Aschauer, Anton）　180
アデナウアー（Adenauer, Konrad）　18
アルコ゠ヴァレイ（Arco-Valley, Anton
　von）　167
ヴァルテンブルク（Wartenburg, Ludwig
　Yorck von）　51
ヴィールケ（Wilke, Hermann）　142
ヴィニヒ（Winnig, August）　37,51,58,
　60,141,142,146,221
ヴィリーゼン（Willisen, Friedrich Wilhelm
　von）　50
ウィルソン（Wilson, Woodrow）　89
ヴィルト（Wirth, Joseph）　120,179
ヴィルヘルム2世（Wilhelm II.）　33
ヴェーバー（Weber, Friedrich）　195,
　196,225,236
ヴェルス（Wels, Otto）　38
ヴェルナー（Werner, Georg）　203,204
ヴォルフハイム（Wolffheim, Fritz）　176
ウルマニス（Ulmanis, Kārlis）　37,55,
　58-60,99,102,103
ヴレ（Wulle, Reinhold）　128
エーアハルト（Ehrhardt, Hermann）　63-
　65,113,116,121,122,157,160,182-
　185,187,220,236,240
エーベルト（Ebert, Friedrich）　33-35,
　40,110,115,141,142,193
エールシュレーガー（Oehlschläger, Karl）
　121
エストライヒャー（Oestreicher, Ludwig）
　172
エストルフ（Estorff, Ludwig von）　115
エップ（Epp, Franz von）　46,47,65

エルツベルガー（Erzberger, Matthias）
　49,99,120-122,125,131,156-158,232,
　233
エンゲルブレヒテン（Engelbrechten, Julius
　Karl von）　124,127
オスター（Oster, Hans）　18

カ 行

カーテン（Kathen, Hugo von）　37
カール（Kahr, Gustav von）　143,173,
　174
カイゼン（Kaisen, Wilhelm）　138
カップ（Kapp, Wolfgang）　21,107,112,
　115-117,121,131,134,147,150-152,
　154,155,157,160,174,187,216,230,
　232-235,238,239
カドウ（Kadow, Walter）　202
カナリス（Canaris, Wilhelm）　18
ガライス（Gareis, Karl）　155,177,178,
　196
キリンガー（Killinger, Manfred von）
　122
クヴァタル（Chwatal, Arno）　129
クーノ（Cuno, Wilhelm）　190-194,197,
　212,214-216
クットナー（Kuttner, Erich）　144
クナウフ（Knauf, Friedrich）　182
グラーフ（Graf, Otto）　175-180,185,
　187,188,231,236
クライノフ（Cleinow, Georg）　50
クラウス（Kraus, Edgar）　166
クラウゼ（Krause, ?）　200
グリメルト（Grimmert, Hans）　248
クルツ（Kurz, Heinz）　166,170
クルマン（Kulmann, Karl Max）　203,
　204
グレーナー（Groener, Wilhelm）　34,38,
　52,62,141,146
クレッチュマン（Kretzschmann, Hermann）

129

クローン（Krohn, ?）　200

グロムボウスキ（Glombowski, Friedrich）
123,124

ケーニヒ（König, ?）　200

ゲーリング（Göring, Hermann）　28,201

ゲッツェ（Götze, Alfred）　202

ゲッベルス（Goebbels, Joseph）　28,244

ケルン（Kern, Erwin）　121

ゴルツ（Goltz, Joachim von der）　56

ゴルツ（Goltz, Rüdiger von der）　56-60,
99,102,149,210,221

コルファンティ（Korfanty, Wojciech）
178

サ 行

ザドウスキ（Sadowski, Hans）　203-205

ザロモン（Salomon, Ernst von）　61,88,
124,199,211

ザロモン（Salomon, Franz Pfeffer von）
58

シェリンガー（Scheringer, Richard）
247,248

シャイデマン（Scheidemann, Philipp）
33,43,60,120,125,142,223

シャウヴェッカー（Schauwecker, Franz）
248

シューベッツァー（Schubetzer, Jérôme）
135

シューマッハー（Schumacher, Kurt）
133,138

シュタウフェンベルク（Stauffenberg, Claus
von）　21

シュタットラー（Stadtler, Eduard）　248

シュテークマン（Stegmann, ?）　196

シュテファーニ（Stephani, Franz von）
41

シュテファン（Stephan, Karl）　50

シュテュルプナーゲル（Stülpnagel, Joachim
von）　194

シュテンネス（Stennes, Walther）　248

シュトック（Stock, Karl）　57,58

シュトラッサー（Strasser, Otto）　18,244

シュトリク（Stryk, Heinrich von）　57

シュトレーゼマン（Stresemann, Gustav）
224,239

シュナイダー（Schneider, Otto）　201,
202

シュネッペンホルスト（Schneppenhorst,
Ernst）　46

シュピエッカー（Spiecker, Carl）　119

シュメットウ（Schmettow, Egon von）
115

シュラーゲター（Schlageter, Albert Leo）
20,21,28-30,75,77-87,89-100,103-
106,112,114,117,119,121,123-125,
127-131,190,199-224,226,227,229-
234,237-240

シュルツ（Schulz, Heinrich）　121

ズィーブリングハウス（Siebringhaus, ?）
182

ズィンダー（Sinder, ?）　200

ゼーヴェリング（Severing, Carl）　212,
226

ゼークト（Seeckt, Hans von）　61,115,
194

ゼボッテンドルフ（Sebottendorf, Rudolf
von）　48,165-167,169-171

ゼルテ（Seldte, Franz）　145

ゼングシュトック（Sengstock, Paul）
200,201,203-208

ゾントハイマー（Sontheimer, ?）　170

タ 行

タールハイマー（Thalheimer, August）
197

ダイケ（Deike, Heinz Rudolf）　129

タレンツ（Tallents, Stephen）　55

ツィンマーマン（Zimmermann, Georg）
203,204

ツェーバーライン（Zöberlein, Hans）　97

ツェーラー（Zehrer, Hans）　26

ツェトキン（Zetkin, Clara）　197,198,
218,219

ティレッセン（Tillessen, Heinrich）　121,
122

人名索引　309

テーア（Thaer, Albrecht von）　108,109
テーネ（Thöne, ?）　99-101
テールマン（Thälmann, Ernst）　197
トーマス（Thomas, Otto）　177
トラー（Toller, Ernst）　168
トロツキー（Троцкий, Лев）　143

ナ 行

ニードラ（Needra, Andreas）　58-60,
　103
ノイラート（Neurath, Alois）　218
ノスケ（Noske, Gustav）　39-42,45,46,
　48-60,104,141,142,150

ハ 行

ハーゼ（Haase, Hugo）　104
ハーゼ（Haase, Ludolf）　127,128
ハイエ（Heye, Wilhelm）　37,50,52
ハイデガー（Heidegger, Martin）　79
ハイネ（Heine, Wolfgang）　52
ハイムゾート（Heimsoth, Karl-Günther）
　196
ハインツ（Heinz, Friedrich Wilhelm）　18
バウアー（Bauer, Gustav）　61,115,116,
　150
バウアー（Bauer, Max）　112
ハウエンシュタイン（Hauenstein, Heinz
　Oskar）　114,119,123,124,127-129,
　131,199-202,207,226,232,233
ハウバッハ（Haubach, Theodor）　133
バウマイスター（Baumeister, Albert）
　144
パウルスゼン（Paulssen, Hans Constantin）
　26,27,80,116
バトキ＝フリーベ（Batocki-Friebe, Adolf
　Tortilowicz von）　50
パプスト（Pabst, Waldemar）　39,42,53,
　55,63,112
パルヴス（Parvus, Alexander）　140
バンケ（Banke, ?）　151,152
ピーク（Pieck, Wilhelm）　126
ビーダー（Bieder, Paul）　129
ビショッフ（Bischoff, Josef）　55,59,
　107,113
ビスピング（Bisping, Carl）　203,205
ピッティンガー（Pittinger, Otto）　184
ビスマルク（Bismarck, Otto von）　186
ヒトラー（Hitler, Adolf）　12,18,20,21,
　28,75,129,131,173,174,187,195,196,
　199,202,226,233,234,236,240,241
ヒルファーディング（Hilferding, Rudolf）
　247
ヒュルゼン（Hülsen, Bernhard von）　40
ヒンツェ（Hintze, Paul von）　32
ヒンデンブルク（Hindenburg, Paul von）
　53,85,111
ファーレンホルスト（Fahrenhorst, Karl）
　129
ファスベンダー（Faßbender, Hermann）
　207-209
フィーティングホフ＝シェール
　（Vietinghoff-Scheel, Leopold von）
　107,111
フィッシャー（Fischer, Hermann）　121
フィッシャー（Fischer, Ruth）　197
ブーベンデイ（Bubendey, Friedrich）　76
フェーデラー（Federer, Josef）　200
フェーレンバッハ（Fehrenbach, Konstantin）
　120
フォーゲル（Vogel, Kurt）　42
フォッシュ（Foch, Ferdinand）　49
フォルツ（Volz, Hans）　124,127
フスタート（Hustert, Hans）　121
ブラウン（Braun, Otto）　248
ブランディス（Brandis, Cordt von）　57
ブラント（Brandt, Rolf）　96,97,100
ブランドラー（Brandler, Heinrich）　197,
　248
フリッチュ（Fritsch, Werner von）　60
フレクサ（Freksa, Friedrich）　220
フレックス（Flex, Walter）　220
フレッチャー（Fletcher, Alfred）　55,59,
　60,101,102
ブロックドルフ＝ランツァウ（Brockdorff-
　Rantzau, Ulrich von）　47,51
フロム（Fromm, ?）　44

ペーナー（Pöhner, Ernst）　173
ベートマン = ホルヴェーク（Bethmann Holl-
　weg, Theobald von）　84
ヘーニッシュ（Haenisch, Konrad）　139,
　140,144
ヘス（Höß, Rudolf）　202
ベッカー（Becker, Alois Alfred）　203,
　204,207
ベックフ（Beckh, Albert von）　169-171
ペトリ（Petri, ?）　171,172
ヘルジング（Hörsing, Otto）　50,52
ヘルツベルク（Hertzberg, Gertzlaff von）
　107,111
ベルモント = アヴァロフ（Bermondt-
　Awaloff, Pawel）　60,103
ベロウ（Below, Otto von）　50-53
ポアンカレ（Poincaré, Raymond）　190,
　208,217,218
ホーブス（Hobus, ?）　119
ホッケ（Hocke, Paul）　129
ホフマン（Hoffmann, Johannes）　46-48,
　168,173,174
ホラダム（Horadam, Ernst）　48,171,
　172,196
ボリース（Borries, Hermann von）　113
ボルマン（Bormann, Martin）　202

マ 行

マイヤー（Mayr, Karl）　172,173
マックス・フォン・バーデン（Max von
　Baden）　33
マルクス（Marx, Robert）　203,205,207
マントイフェル = カッツダンゲン
　（Manteuffel-Katzdangen, Karl von）
　210
マントイフェル = スツェーゲ（Manteuffel-
　Szoege, Hans）　58,100
ミルラン（Millerand, Alexandre）　208
ミーレンドルフ（Mierendorff, Carlo）
　133
ミュラー（Müller, ?）　203
メール（Möhl, Arnold von）　171
メデム（Medem, Walter Eberhard von）

94,100,103,209,210,227
メラー・ファン・デン・ブルック（Moeller
　van den Bruck, Arthur）　224
メルカー（Maercker, Georg Ludwig Rudolf）
　37,40,43,55,63,144,145

ヤ 行

ヤーンケ（Jahnke, Kurt）　248
ユルゲンス（Jürgens, August）　205
ユンガー（Jünger, Ernst）　17,18,26,
　248
ユング（Jung, Edgar Julius）　26,80
ユングスト（Jüngst, Hans）　67
ヨースト（Johst, Hans）　88

ラ 行

ラーテナウ（Rathenau, Walther）　120-
　122,125,126,129,131,158,213,214,
　232,233
ラーベナウ（Rabenau, Friedrich von）
　55,56
ラインハルト（Reinhardt, Walther）　50,
　52,116
ラウフェンベルク（Laufenberg, Heinrich）
　176
ラデック（Radek, Karl）　143,194,217-
　224,226,238
ラムスホルン（Ramshorn, Hans）　77
ラング（Lang, Matthäus）　78,79
ランダウアー（Landauer, Gustav）　168
リープクネヒト（Liebknecht, Karl）　33,
　41,143
リーベ（Liebe, Franz）　144
リュトヴィッツ（Lüttwitz, Walther von）
　53,63,115
ルーデンドルフ（Ludendorff, Erich）　32,
　34,35,85,91,108,109,111-113,241
ルクセンブルク（Luxemburg, Rosa）　41,
　42,143
ルフ（Ruch, Ernst）　95
ルプレヒト・フォン・バイエルン
　（Rupprecht, von Bayern）　181
ルンゲ（Runge, Otto Wilhelm）　42

人名索引　311

レヴィーン（Levien, Max）　168
レヴィネ（Leviné, Eugen）　168,171
レーヴェントロウ（Reventlow, Ernst Graf zu）　224
レーヴェンフェルト（Loewenfeld, Wilfried von）　116
レーダー（Roeder, Dietrich von）　40
レーニン（Ленин, Владимир）　140
レーバー（Leber, Hermann）　141
レーバー（Leber, Julius）　19,21,22,28-30,133-136,138-142,145-160,190,192,193,213-216,225-228,230,231,234,235,237-240
レーマー（Römer, Josef „Beppo"）　19,22,28-30,162,163,165-175,177-190,

195-198,225-228,231,235-237,239-241
レーム（Röhm, Ernst）　172,173,187
レクヴィス（Lequis, Arnold）　39
レットウ゠フォアベック（Lettow-Voebek, Paul von）　45,63,115
ロスハウプター（Roßhaupter, Albert）　165
ロスバッハ（Roßbach, Gerhard）　118,123,128,129,131,146,147,157,160,194,202,233,240
ロスベルク（Loßberg, Fritz von）　50,52,53,194
ロッゲンドルフ（Roggendorf, Wilhelm）　208

〈執筆者紹介〉

今井 宏昌（いまい・ひろまさ）

1987年　大分県日田市に出生
2011年　福岡大学大学院人文科学研究科博士課程前期修了
2014年　東京大学大学院総合文化研究科博士課程を単位取得退学
2016年　博士（学術）を取得
現　在　日本学術振興会特別研究員PD（九州大学大学院比較社会文化研究院）

主要業績
「ドイツ革命期における義勇軍と『東方』」『九州歴史科学』38号（2010年）
「『第三帝国の最初の兵士』？：義勇軍戦士アルベルト・レオ・シュラーゲターをめぐる『語りの闘争』」『西洋史学論集』48号（2010年）
「ドイツ義勇軍戦士の第一次世界大戦：アルベルト・レオ・シュラーゲターの野戦郵便をてがかりに」『七隈史学』13号（2011年）
ジェフリー・ハーフ『ナチのプロパガンダとアラブ世界』（星乃治彦・臼杵陽・熊野直樹・北村厚との共訳）岩波書店，2013年

Horitsu Bunka Sha

暴力の経験史
——第一次世界大戦後ドイツの義勇軍経験 1918〜1923

2016年5月10日　初版第1刷発行

著　者　今　井　宏　昌
発行者　田　靡　純　子
発行所　株式会社　法律文化社

〒603-8053
京都市北区上賀茂岩ヶ垣内町71
電話 075(791)7131　FAX 075(721)8400
http://www.hou-bun.com/

＊乱丁など不良本がありましたら、ご連絡ください。
　お取り替えいたします。

印刷：㈱富山房インターナショナル／製本：㈱藤沢製本
装幀：白沢　正

ISBN 978-4-589-03768-8
© 2016 Hiromasa Imai Printed in Japan

JCOPY 〈(社)出版者著作権管理機構 委託出版物〉
本書の無断複写は著作権法上での例外を除き禁じられています。複写される場合は、そのつど事前に、(社)出版者著作権管理機構（電話 03-3513-6969、FAX 03-3513-6979, e-mail: info@jcopy.or.jp）の許諾を得てください。

清水 聡著

東ドイツと「冷戦の起源」 1949〜1955年

A 5 判・262頁・4600円

ドイツ統一から25年。冷戦後の新史料と欧米の先端研究をふまえ，東西ドイツの成立と冷戦秩序の確立に関わる歴史的起源に迫る。「ドイツからの冷戦」論に立脚し，時間軸（ドイツ史）と空間軸のなかで欧米諸国の外交政策を検証。

星乃治彦著

社会主義国における民衆の歴史
―1953年6月17日東ドイツの情景―

A 5 判・274頁・6700円

89年以降の新しい史料をもとに「民衆史としての社会主義国史」を展開。ひとつの事例研究を軸に，モスクワと東ベルリン指導部間の関連，それに対する民衆運動のプロセスを分析し，新たな視点から社会主義体制の歴史的総括を試みる。

熊野直樹著

ナチス一党支配体制成立史序説
―フーゲンベルクの入閣とその失脚をめぐって―

A 5 判・344頁・7000円

ヴァイマル体制の崩壊過程とナチスの一党支配体制の成立過程を，ドイツ国家国民党に重点をおいて考察。通商政策をめぐる農業界と工業界，ユンカーと農民との2つの対立を軸に農業界の政治的影響力に新たな結論を導きだす。

高橋 進・石田 徹編

「再国民化」に揺らぐヨーロッパ
―新たなナショナリズムの隆盛と移民排斥のゆくえ―

A 5 判・240頁・3800円

ナショナリズムの隆盛をふまえ，国家や国民の再編・再定義が進む西欧各国における「再国民化」の諸相を分析。西欧デモクラシーの問題点と課題を提示し，現代デモクラシーとナショナリズムを考えるうえで新たな視座を提供する。

池上大祐著

アメリカの太平洋戦略と国際信託統治
―米国務省の戦後構想 1942〜1947―

A 5 判・184頁・3700円

アメリカ植民地主義の歴史を対太平洋地域政策の観点から考察。1940年代の国務省が，基地の確保という軍事戦略と反植民地主義的姿勢を「国際信託統治」という概念で積極的に結びつけようとしてきた過程を明らかにする。

熊野直樹・柴尾健一・山田良介・中島琢磨
北村 厚・金 哲著〔HBB⁺〕

政治史への問い／政治史からの問い

四六判・256頁・2600円

新保守主義の帰結としての「平成大恐慌」という観点から，世界大恐慌期や新保守主義関連の政治史を考察。新たな歴史的解釈から今後の政治的方向性を示唆する。外交や軍事，経済面の身近な事例を題材に，現在と過去の対話を試みる。

―――――法律文化社―――――

表示価格は本体（税別）価格です